高职高专土建类专业“十三五”规划教材

GAOZHI GAOZHUAN TUJIANLEI ZHUANYE SHIERWU GUIHUA JIAOCAI

建筑构造与建筑施工图

第2版

JIANZHUGOUZAOYUJIANZHUSHIGONGTU

◎主　编　魏秀瑛　李　龙

◎副主编　谢清艳　李威兰　蒋买勇　阮晓玲

◎主　审　陈安生

中南大学出版社

www.csupress.com.cn

内容简介

本书注重培养学生的建筑施工图的识读能力和建筑构造的认知与表达能力，按照最新国家标准和规范组织编写，内容系统全面，好记易懂，专业工程图的内容全部来源于实际工程，具有较强的实用性和借鉴性。

本书包括建筑初识和认识图样上的房屋、建筑施工图的识读、建筑构造知识及构造详图的识读与表达三大模块，共10个学习内容:1 建筑初识，2 认识图样上的房屋，3 建筑施工图的识读，4 基础，5 墙体，6 楼地层，7 楼梯及其他垂直交通设施，8 屋顶，9 门窗，10 变形缝。

本书可作为高等职业技术院校建筑工程技术专业及工程管理类相关专业的教材，亦可供成教、函授、电大等同类专业学生选用，同时，也可以作为建筑业企业“八大员”岗位资格考试的复习参考用书。

本书配有多媒体教学电子课件。

高职高专土建类专业“十三五”规划教材编审委员会

出版说明 INSTRUCTIONS

遵照《国务院关于加快发展现代职业教育的决定》〔国发(2014)19号〕提出的“服务经济社会发展和人的全面发展，推动专业设置与产业需求对接，课程内容与职业标准对接，教学过程与生产过程对接，毕业证书与职业资格证书对接”的基本原则，为全面推进高等职业院校土建类专业教育教学改革，促进高端技术技能型人才的培养，依据国家高职高专教育土建类专业教学指导委员会高等职业教育土建类专业教学基本要求，通过充分的调研，在总结吸收国内优秀高职高专教材建设经验的基础上，我们组织编写和出版了这套高职高专土建类专业“十三五”规划教材。

高职高专教学改革不断深入，土建行业工程技术日新月异，相应国家标准、规范，行业、企业标准、规范不断更新，作为课程内容载体的教材也必然要顺应教学改革和新形式的变化，适应行业的发展变化。教材建设应该按照最新的职业教育教学改革理念构建教材体系，探索新的编写思路，编写出版一套全新的、高等职业院校普遍认同的、能引导土建专业教学改革的“十三五”规划系列教材。为此，我们成立了规划教材编审委员会。教材编审委员会由全国30多所高职院校的权威教授、专家、院长、教学负责人、专业带头人及企业专家组成。编审委员会通过推荐、遴选，聘请了一批学术水平高、教学经验丰富、工程实践能力强的骨干教师及企业专家组成编写队伍。

本套教材具有以下特色：

1. 教材依据国家高职高专教育土建类专业教学指导委员会《高职高专土建类专业教学基本要求》编写，体现科学性、创新性、应用性；体现土建类教材的综合性、实践性、区域性、时效性等特点。

2. 适应高职高专教学改革的要求，以职业能力为主线，采用行动导向、任务驱动、项目载体，教、学、做一体化模式编写，按实际岗位所需的知识能力来选取教材内容，实现教材与工程实际的零距离“无缝对接”。

3. 体现先进性特点。将土建学科的新成果、新技术、新工艺、新材料、新知识纳入教材，结合最新国家标准、行业标准、规范编写。

4. 教材内容与工程实际紧密联系。教材案例选择符合或接近真实工程实际，有利于培养学生的工程实践能力。

5. 以社会需求为基本依据，以就业为导向，融入建筑企业岗位(八大员)职业资格考试、国家职业技能鉴定标准的相关内容，实现学历教育与职业资格认证相衔接。

6. 教材体系立体化。为了方便老师教学和学生学习，本套教材建立了多媒体教学电子课件、电子图集、标准规范、优秀专业网站、教学指导、教学大纲、题库、案例素材等教学资源支持服务平台。

全国高职高专土建类专业规划教材

编审委员会

前 言 PREFACE

建筑构造知识是学习房屋建筑工程必备的专业知识，识读建筑施工图是建筑工程类学生必须具备的专业能力，它们又是学习建筑结构、建筑施工、建筑概预算、施工组织等课程最重要的基础。高职院校建筑工程类学生的就业岗位是施工一线的技术应用性专门人才，就业岗位群一般集中在施工、监理、概预算、资料管理等岗位，这些职业岗位要求学生具有非常强的建筑识图能力和建筑构造的处理能力。因此，本教材遵循建筑工程技术专业以建筑工程施工过程为导向的课程体系，本着一门课程解决一个专业能力的指导思想，将原开设在建筑制图课程中的建筑施工图知识与建筑构造知识整合在一起，解决学生建筑施工图的识读能力和建筑构造处理及大样图的绘制能力。本书中所选用的施工图样均来源于实际工程项目，简单易懂，便于初学者理解掌握。

本书的编写力求从高职院校的教学特点及学生的实际情况出发，突出理论与实践的有机结合，强化学生专业能力的培养。将建筑施工图的识读能力融合在建筑构造知识的学习中，并结合省建筑工程类专业的技能抽查和建筑企业“八大员”考试对建筑构造和建筑施工图要求，每个知识模块后均设有与教学内容对应的能力训练，包括基础理论知识和建筑识图与绘图能力训练，既可以方便学生对学习情况的自我检验，也可以作为教师对学生学习过程考核和阶段考核的依据，同时还可以作为建筑企业“八大员”岗位资格考试和专业技能抽查的复习参考，针对性强，实用性强。

本教材由湖南高速铁路职业技术学院魏秀瑛、李龙任主编，谢清艳、李威兰、蒋买勇、阮晓玲任副主编。参加本书编写的人员及分工：湖南高速铁路职业技术学院魏秀瑛编写模块一，湖南水利水电职业技术学院蒋买勇编写模块三中基础和屋顶部分，湖南高速铁路职业技术学院谢清艳、贾瑞晨编写模块二和模块三中墙体部分，湖南高速铁路职业技术学院李龙编写模块三中楼地层和门窗部分，湖南高速铁路职业技术学院李威兰编写模块三楼梯部分，怀化职业技术学院阮晓玲编写模块三中变形缝部分，湖南城建职业技术学院刘小聪编写教材附录部分。

由于时间仓促，编者水平有限，不妥之处难以避免，恳请读者批评指正。

编　者

2016 年 1 月

目 录 CONTENTS

模块一　建筑初识和认识图样上的房屋

模块二　建筑施工图的识读

模块三 建筑构造知识及构造详图的识读与表达

模块一　建筑初识和认识图样上的房屋

1 建筑初识

教学目标

知识目标:(1)理解建筑的概念,熟悉建筑的分类与等级划分;
(2)掌握建筑的构造组成及作用;
(3)理解建筑模数的概念、熟悉模数数列的应用。

能力目标:(1)能区分不同类别的建筑;
(2)会使用建筑模数。

1.1 建筑的概念及构成要素

1.1.1 建筑的概念

建筑是为了满足人们社会生产、生活的需要,利用适宜的建筑材料和技术手段,按照一定的技术要求和美学法则,设计与营造的社会生活环境。建筑包括建筑物和构筑物。直接供人们生产生活使用的工程实体称为建筑物,如住宅、办公楼、剧院、工厂车间等;为保证建筑物正常运转而提供功能支持,服务于生产、生活的建筑设施称为构筑物,如烟囱、水塔等。

1.1.2 建筑的构成要素

建筑是技术和艺术的综合,必须以一定的物质和技术为基础,必须满足一定的功能要求,必须考虑其对周围自然及人文环境的影响。

建筑的基本要素包括三个方面:建筑功能、建筑技术和建筑形象。

1. 建筑功能

建筑功能是建筑的第一要素,它反映了人们建造建筑的具体目的和使用要求。任何建筑都有其使用功能的要求,不同的功能就产生了不同类别的建筑。建筑功能并不是一成不变的,它会随着社会发展和人们的物质文化水平的提高而不断发生变化。

2. 建筑技术

建筑技术是建筑产生的物质基础,包括建筑材料、建筑设计、建筑施工、建筑设备等技术内容。

3. 建筑形象

建筑形象是建筑物内外感官的具体体现,它通过建筑形体、空间、线条、色彩、质感、细部处理等方面表现建筑的外观形象。受时代、民族、文化、地域等影响,建筑形象各有不同。

建筑的三要素是辩证的统一体,是不可分割的,但又有主次之分。第一是建筑功能,起主导作用；第二是建筑技术，是达到目的的手段，建筑技术对功能又有约束和促进作用；第三是建筑形象，是功能和技术的反映，如果能充分发挥设计者的主观作用，就可以在满足一定的功能要求和技术条件的同时，把建筑设计得更加美观。

1.2 建筑的分类

对建筑进行分类和分级是为了根据其所属的类型和等级，掌握建筑的标准和采取相应的构造做法，这样既有利于保证结构安全，实现建筑功能，又有利于节约基本建设投资。

1.2.1 按功能或使用性质分

(1)民用建筑：指供人们工作、学习、生活、居住用的建筑物，包括居住建筑和公共建筑。

1)居住建筑：指供家庭或集体生活起居用的建筑物，如住宅、宿舍、公寓等。居住建筑以住宅为主体，与人们的生活关系密切，建造量大，分布面广。

2)公共建筑：指供人们进行各种社会活动的建筑物，如：行政办公建筑、文教建筑、科研建筑、托幼建筑、医疗建筑、商业建筑、生活服务建筑、旅游建筑、体育建筑、展览建筑、交通建筑、通讯建筑、娱乐建筑、园林建筑、纪念建筑等。公共建筑的功能差异较大，个体形象特征明显。

有些大型公共建筑可能同时具备两个或两个以上的功能，这类建筑一般被称为综合建筑。

(2)工业建筑：指为工业生产服务的建筑，包括生产及生产辅助车间，动力、运输、仓储用建筑等。

(3)农业建筑：指供农牧业生产、加工、种植用的建筑，如种子库、温室、畜禽饲养场、农机站等。

1.2.2 按高度和层数分

住宅建筑：

(1)低层住宅：1 ~3 层；

(2)多层住宅：4 ~6 层；

(3)中高层住宅：7 ~9 层；

(4)高层住宅：10 层以上。

公共建筑及综合建筑：

(1)普通建筑：建筑高度不超过 24 m 的多层建筑和建筑高度超过 24 m 的单层建筑。

(2)高层建筑：总高度超过 24 m 的公共建筑及综合性建筑为高层建筑(不包括高度超过 24 m 的单层主体建筑)。高层建筑按使用性质、火灾危险性、疏散和扑救难度又可分为一类高层建筑和二类高层建筑，见表 1 -1。

(3)超高层建筑：建筑总高度≥100 m 的住宅建筑、公共建筑及综合建筑。

表 1 -1 高层建筑分类

名称	一 类	二 类
居住建筑	高级住宅 ≥19 层的普通住宅	10 ~ 18 层的普通住宅
公共建筑	1. 医院 2. 高级旅馆 3. 建筑面积 > 1000 m^2 的商业建筑，展览馆、综合楼、电信楼、财贸金融楼 4. 建筑高度 > 50 m 或建筑面积 > 1500 m^2 的商住楼 5. 中央级和省级（含计划单列市）广播电视楼 6. 局级和省级（含计划单列市）电力调度楼 7. 省级（含计划单列市）邮政楼、防灾指挥调度楼 8. 藏书超过 100 万册的图书馆、书库 9. 重要的办公楼、科研楼、档案楼 10. 建筑高度 > 50 m 的教学楼和普通旅馆、办公楼、科研楼、档案楼等	1. 除一类建筑以外的商业楼、展览馆、综合楼、电信楼、财贸金融楼、商住楼、图书馆、书库 2. 省级以下的邮政楼、防灾指挥调度楼、广播电视楼、电力调度楼 3. 建筑高度不超过 50 m 的教学楼和普通旅馆、办公楼、科研楼、档案楼等

1.2.3 按规模和数量分

1. 大量性建筑

指建造量较多、规模不大的民用建筑，如居住建筑和为居民服务的中小型公共建筑（如中小学校、托儿所、幼儿园、商店、诊疗所等）。

2. 大型性建筑

指体量大而数量少的公共建筑，如大型体育馆、火车站、航空港等。大型性建筑在国家或地区往往具有代表性，对城市面貌影响也较大。

1.2.4 按建筑结构类型分

建筑结构是指承受建筑物荷载的主要部分所形成的承重体系。

1. 墙承重的建筑

墙承重建筑是指由墙承受梁、楼板（屋面板）传来的全部荷载的建筑，如图 1 -1 所示。墙承重的建筑适用于内部空间小的低多层建筑。

2. 框架结构建筑

框架结构建筑是指由钢或钢筋混凝土的梁、柱组成的框架来承受建筑的全部荷载的建筑，如图 1 -2 所示。框架结构建筑适用于内部空间大、荷载大的建筑及高层建筑。

3. 内框架结构建筑

建筑内部由梁柱组成的框架来承重，梁的端头搁置在外墙上，四周由外墙来承重，如图 1 -3 所示。内框架承重的建筑可以发挥外墙的承重能力，比较经济节约，适用于内部有较大通透空间但可设柱的建筑，如食堂、底层为商店的多层住宅等。

4. 空间结构建筑

空间结构建筑是由钢材或钢筋混凝土形成空间承重结构（如网架、悬索、薄壳、折板等），来承受全部荷载的建筑，如图 1 -4 所示。空间结构建筑适用于大跨度、大空间而内部又不允许设柱的大型公共建筑，如体育馆、天文馆等。

此外，建筑结构类型还有框架 - 剪力墙结构、剪力墙结构、筒体结构等。

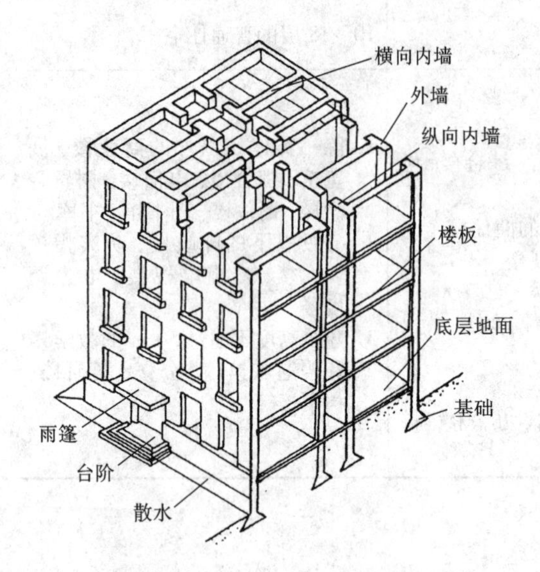

图 1－1　墙承重结构建筑

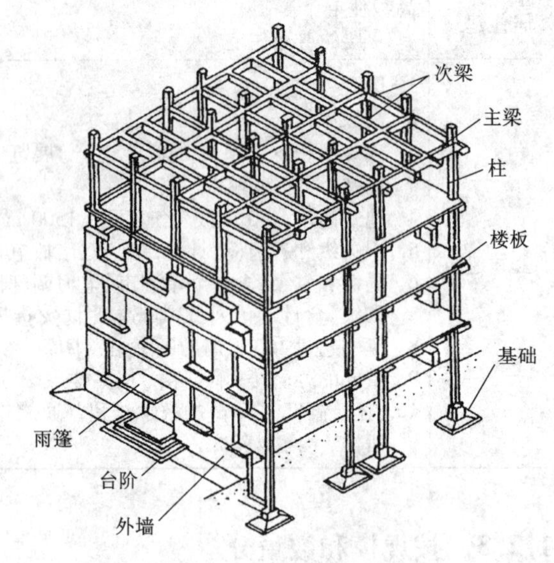

图 1－2　框架结构建筑

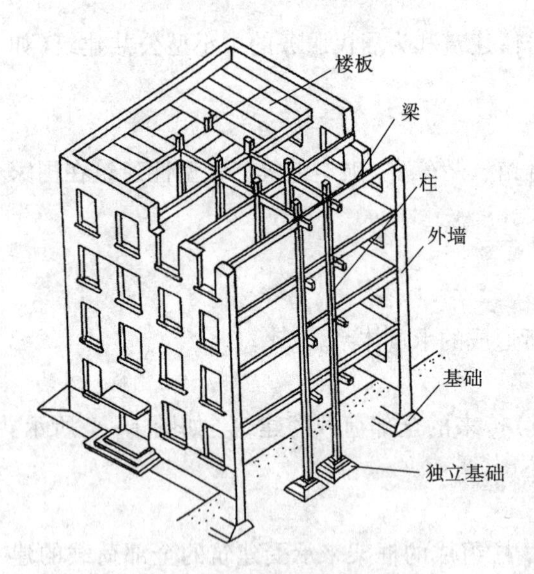

图 1－3　内框架结构建筑

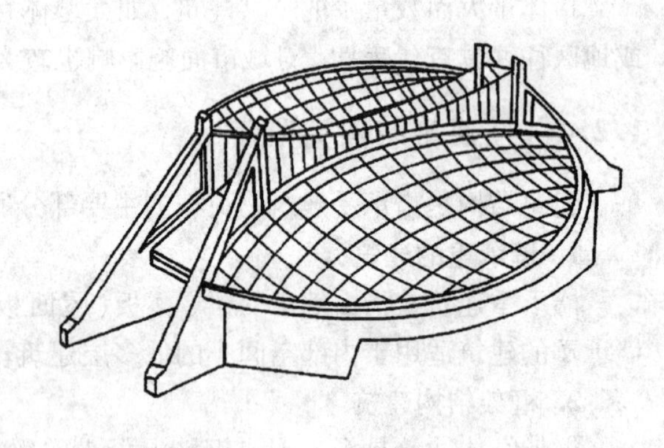

图 1－4　空间结构建筑

1.2.5　按承重结构的材料分

1. 木结构建筑

木结构是指用木材作为建筑承重结构的材料的建筑。木结构的建筑自重轻、施工方便、抗震性能好，我国古代建筑多采用木结构。但木材易燃、易腐，又因为我国森林资源短缺，所以现代建筑较少采用。

2. 砖混结构建筑

砖混结构是指用砖墙(或柱)、钢筋混凝土楼板及屋面板作为主要承重构件的建筑。这种建筑由于取材容易，造价低廉，在我国的居住建筑和中小型公共建筑中大量采用。但随着对环境保护要求的加强，一些地区已经限制或禁止普通黏土砖的采用，砖混结构建筑的建造量将随之而减少。

3. 钢筋混凝土结构建筑

用钢筋混凝土作为结构材料的建筑。这种结构类型强度高、抗震性能好、内部空间划分灵活，大型公共建筑、大跨度建筑、高层建筑多采用这种结构形式。

4. 钢结构建筑

建筑结构的材料全部采用钢材，具有自重轻、强度高的优点，多用于大型公共建筑、工业建筑、大跨度和高层建筑中。国家体育馆“鸟巢”是目前世界上跨度最大的钢结构建筑，最大跨度达343 m，其外罩由不规则的钢结构构件编制而成，“巢”内由一系列辐射门式钢桁架围绕成碗状坐席，图1－5为北京奥运主场馆——鸟巢。

图1－5 北京奥运主场馆——鸟巢

1.3 建筑的等级

1.3.1 按耐久年限分

根据建筑物的主体结构，考虑建筑物的重要性和规模大小，建筑物按耐久年限分为四级，见表1－2。

表1－2 建筑的耐久年限

耐久等级	耐久年限	适用范围
一级	100年以上	适用于重要建筑和高层建筑，如纪念馆、博物馆、国家会堂等
二级	50~100年	适用于一般性建筑，如城市火车站、宾馆、大型体育馆、大剧院等
三级	25~50年	适用于次要建筑，如文教、交通、居住建筑及厂房
四级	15年以下	适用于简易建筑和临时性建筑

1.3.2 按耐火性能分

火灾的发生将会对建筑及其使用者的生命和财产造成巨大的损失，为了提高建筑对火灾的抵抗能力，对建筑采取构造措施来控制火灾的发生和蔓延就显得尤为重要。现行《建筑设计防火规范》根据建筑物主要构件的燃烧性能和耐火极限，将普通建筑的耐火等级分为四级，见表1－3，将高层建筑的耐火等级分为二级，见表1－4。

表 1-3　建筑构件的燃烧性能和耐火极限（普通建筑）

构件名称 \ 燃烧性能和耐火极限/h \ 耐火等级		一级	二级	三级	四级
墙	防火墙	非燃烧体 3.00	非燃烧体 3.00	非燃烧体 3.00	非燃烧体 3.00
	承重墙、楼梯间、电梯井的墙	非燃烧体 3.00	非燃烧体 2.50	非燃烧体 2.50	难燃烧体 0.50
	非承重外墙、疏散走道两侧的隔墙	非燃烧体 1.00	非燃烧体 1.00	非燃烧体 0.50	难燃烧体 0.25
	房间隔墙	非燃烧体 0.75	非燃烧体 0.50	难燃烧体 0.50	难燃烧体 0.25
柱	支承多层的柱	非燃烧体 3.00	非燃烧体 2.50	非燃烧体 2.50	难燃烧体 0.50
	支承单层的柱	非燃烧体 2.50	非燃烧体 2.00	非燃烧体 2.00	燃烧体
梁		非燃烧体 2.00	非燃烧体 1.50	非燃烧体 1.00	难燃烧体 0.50
楼板		非燃烧体 1.50	非燃烧体 1.00	非燃烧体 0.50	难燃烧体 0.25
屋顶承重构件		非燃烧体 1.50	非燃烧体 0.50	燃烧体	燃烧体
疏散楼梯		非燃烧体 1.50	非燃烧体 1.00	非燃烧体 1.00	燃烧体
吊顶（包括吊顶搁栅）		非燃烧体 0.25	难燃烧体 0.25	难燃烧体 0.15	燃烧体

表 1-4　建筑构件的燃烧性能和耐火极限（高层建筑）

构件名称 \ 燃烧性能和耐火极限/h \ 耐火等级		一级	二级
墙	防火墙	非燃烧体　3.00	非燃烧体　3.00
	承重墙、楼梯间、电梯井和住宅单元之间的墙	非燃烧体　2.00	非燃烧体　2.00
	非承重外墙、疏散走道两侧的隔墙	非燃烧体　1.00	非燃烧体　1.00
	房间隔墙	非燃烧体　0.75	非燃烧体　0.50
柱		非燃烧体　3.00	非燃烧体　2.50
梁		非燃烧体　2.00	非燃烧体　1.50
楼板、疏散楼梯、屋顶承重构件		非燃烧体　1.50	非燃烧体　1.00
吊顶（包括吊顶搁栅）		非燃烧体　0.25	难燃烧体　0.25

1. 燃烧性能

指建筑构件在明火或高温作用下是否燃烧，以及燃烧的难易程度。建筑构件按燃烧性能分为非燃烧体、难燃烧体和燃烧体。

(1)非燃烧体：指用非燃烧材料制成的构件。如砖、石、钢筋混凝土、金属等，这类材料在空气中受到火烧或高温作用时不起火、不微燃、不碳化。

(2)难燃烧体：指用难燃烧材料制成的构件。如沥青混凝土、板条抹灰、水泥刨花板、经防火处理的木材等，这类材料在空气中受到火烧或高温作用时难燃烧、难碳化，离开火源后，燃烧或微燃立即停止。

(3)燃烧体：指用燃烧材料制成的构件。如木材、胶合板等，这类材料在空气中受到火烧或高温作用时，立即起火或燃烧，且离开火源继续燃烧或微燃。

2. 耐火极限

对任一建筑构件按时间－温度标准曲线进行耐火试验，从构件受到火的作用时起，到构件失去支持能力、或完整性被破坏、或失去隔火作用时为止的这段时间，称为该构件的耐火极限，单位：小时(h)。

1.4 民用建筑构造组成及要求

1.4.1 建筑构造的概念

建筑构造学是研究建筑物的构成、各组成部分的组合原理和构造方法的学科。主要任务是根据建筑物的使用功能、技术经济和艺术造型要求提供合理的构造方案，作为建筑设计的依据。建筑设计，不但要考虑空间的划分和组合，外观造型等问题，而且还必须考虑建筑构造上的可行性。

中国建筑历史悠久，对建筑构造的研究在中国先秦典籍《考工记》中就对当时营造宫室的屋顶、墙、基础和门宙的构造已有记述。唐代的《大唐六典》，宋代的《木经》和《营造法式》，明代成书的《鲁班经》和清代的清工部《工程做法》等，都有关于建筑构造方面的内容。

1.4.2 民用建筑的构造组成及要求

建筑物由承重结构系统、围护分隔系统和装饰装修三大部分及其附属各构件组成。民用建筑一般由基础、墙和柱、楼地层、屋顶、楼梯和电梯、门窗等几部分组成，如图1－6所示。

1. 基础

基础位于建筑物的最下部的承重构件，承受上部结构传来的所有荷载，并把这些荷载传给下面土层即地基。

基础是房屋的主要受力构件，其构造要求坚固、稳定、耐久，且能经受冰冻、地下水及所含化学物质的侵蚀，保证房屋足够的使用年限。基础的大小、形式取决于荷载大小、土壤性质、材料形状和承重方式。

2. 墙和柱

在墙承重结构体系中，墙体是房屋的竖向承重构件，它承受着由屋盖和各楼层传来的各种荷载，并把这些荷载可靠地传到基础。外墙具有围护的功能，抵御风霜雪雨及寒暑对室内

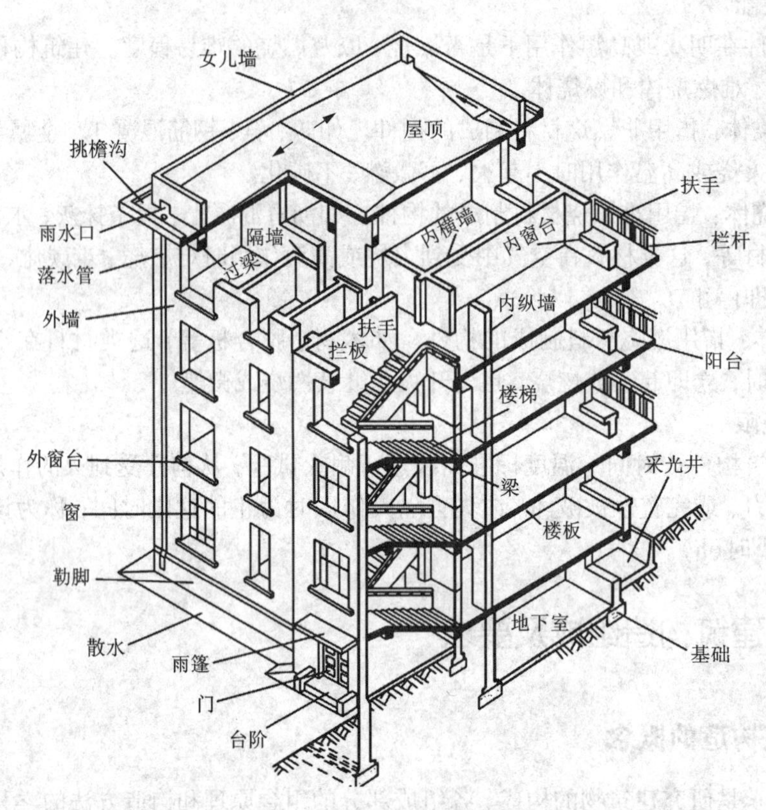

图1－6　民用建筑的构造组成

的影响，内墙有分隔房间的作用。

在梁柱承重的框架结构体系中，墙体主要起分隔空间的作用，柱则是房屋的竖向承重构件。因此，对墙柱设计必须满足强度和刚度要求，同时墙体还应满足保温、隔热、隔声等要求。

3. 楼地层

楼地层包括楼板层和地坪层。

楼板层包括楼面、承重结构层(楼板、梁)、顶棚层等。楼板层直接承受着各楼层上的家具、设备、人的重量和楼层自重；同时楼板层对墙或柱有水平支撑的作用，传递着风、地震等侧向水平荷载，并把上述各种荷载传递给墙或柱。对楼层的要求是要有足够的强度和刚度，以及良好的防水、防火、隔声性能。

地坪层是首层室内地面，承受着室内的活载以及自重，并将荷载通过垫层传到地基。

因人们的活动直接作用在楼地层面层上，所以对楼地层的要求还包括美观、耐磨损、易清洁、防潮性能等。

4. 屋顶

屋顶是房屋最上部的构造，包括屋面(面层、防水层)、保温(隔热)层、承重结构层(屋面板、梁)和顶棚层等。

屋面板既是承重构件又是围护构件，与楼板层相似，承受着直接作用于屋顶的各种荷载，同时在房屋顶部起着水平传力的作用，并把本身承受的各种荷载直接传给墙或柱。屋面层可以抵御自然界的风、霜、雪、雨和太阳辐射等作用，屋面板应有足够的强度和刚度，还要满足保温、隔热、防水、隔汽等构造要求。

5. 楼梯和其他垂直交通设施

楼梯是建筑的竖向交通设施，也是发生火灾、地震等紧急事故时的疏散通道。楼梯应有足够的通行能力和足够的承载能力，并且应满足坚固、耐磨、防滑等要求。

电梯和自动扶梯可用于平时疏散人流，但不能用于消防疏散，消防电梯应满足消防安全的要求。

6. 门和窗

门与窗属于围护构件。门的基本功能是保持建筑物内部与外部或各内部空间的联系与分隔，同时兼有通风和采光的功能。门应满足交通、消防疏散、热工、隔声、防盗等功能。

窗的主要作用是通风和采光。对窗的要求有保温、隔热、防水、隔声等。同时门窗造型在建筑立面上也可起到美观的作用。

1.4.3 建筑构造的影响因素

1. 自然环境的影响

自然界的风霜雨雪、冷热寒暖、太阳辐射、大气腐蚀等都时时作用于建筑物，对建筑物的使用质量和使用寿命有着直接的影响。

2. 外力的影响

外力的形式多种多样。如风力、地震力、构配件的自重力、温度变化、热胀冷缩产生的内应力、正常使用中人群、家具设备作用于建筑物上的各种力，等等。

3. 人为因素的影响

人们在生产生活中，常伴随着产生一些不利于环境的负效应，诸如噪声、机械振动、化学腐蚀、烟尘，有时还有可能产生火灾等，对这些因素设计时要认真分析，采取相应的防范措施。

4. 技术经济条件的影响

所有建筑构造措施的具体实施，必将受到材料、设备、施工方法、经济效益等条件的制约。

1.4.4 构造设计的基本原则

1. 满足使用要求

建筑构造设计必须最大限度地满足建筑物的使用功能，这也是整个设计的根本目的。综合分析诸多因素，设法消除或减少来自各方面的不利影响，以保证使用方便、耐久性好。

2. 确保结构安全可靠

房屋设计不仅要对其进行必要的结构计算，在构造设计时，也要认真分析荷载的性质、大小，合理确定构件尺寸，确保强度和刚度，并保证构件间连接可靠。

3. 适应建筑工业化的需要

建筑构造应尽量采用标准化设计，采用定型通用构配件，以提高构配件间的通用性和互换性，为构配件生产工业化、施工机械化提供条件。

4. 执行行业政策和技术规范，注意环保，经济合理

建设政策是建筑业的指导方针，技术规范常常是知识和经验的结晶。从事建筑设计应时常了解这些政策、法规。对强制执行的标准，就不得打折扣。另外，从材料选择到施工方法都必须注意保护环境，降低消耗，节约投资。

5. 注意美观

有时一些细部构造，如门厅、雨篷、屋顶、檐口等构造形式直接影响着建筑物的美观效果，所以构造方案应符合人们的审美观念。

综上所述，建筑构造设计的总原则应是安全适用、先进合理、经济美观。

1.5 建筑标准化和建筑模数的协调统一

1.5.1 建筑标准化

建筑业是国民经济的支柱行业之一，每年都有大量的建设任务，而长期以来建筑业分散的手工业生产方式与大规模的经济建设很不适应，要改变目前这种状况，只有走建筑工业化的道路。建筑工业化内容包括四个方面的内容，即建筑设计标准化、构件生产工厂化、施工机械化和管理科学化。其中，建筑设计标准化是实现建筑工业化的前提。

为保证建筑设计标准化和构件生产能够实现工厂化，建筑物及其各组成部分的尺寸必须统一协调，为此我国制定了《建筑模数协调统一标准》(GBJ 2—1986)，作为设计、施工、构配件制作的依据。

1.5.2 建筑模数及应用

1. 建筑模数

建筑模数是选定的尺寸单位，作为建筑空间、构配件、建筑制品以及有关设备尺寸间互相协调中的增值单位，包括基本模数和导出模数。

(1)基本模数：是模数协调中选定的基本尺寸单位，数值为 100 mm，其符号为 M，即 1M = 100 mm。

整个建筑物和建筑物中的一部分以及建筑组合件的模数化尺寸，应是基本模数的倍数。

(2)导出模数：导出模数分为扩大模数和分模数。

扩大模数是基本模数的整数倍数。其中水平扩大模数基数为 3M，6M，12M，15M，30M，60M，相应的尺寸分别为 300 mm，600 mm，1200 mm，1500 mm，3000 mm，6000 mm。

分模数是基本模数的分数值，其基数是 1/10M，1/5M，1/2M，对应的尺寸分别为 10 mm，20 mm，50 mm。

2. 模数数列

模数数列是以选定的模数基数为基础而展开的数值系统。建筑物中的所有尺寸，除特殊情况外，都必须符合表 1 - 5 中模数数列的规定。

表 1－5 模数数列

mm

基本模数	扩大模数						分模数		
1M	3M	6M	12M	15M	30M	60M	1/10M	1/5M	1/2M
100	300	600	1200	1500	3000	6000	10	20	50
200	600	1200	2400	3000	6000	12000	20	40	100
300	900	1800	3600	4500	9000	18000	30	60	150
400	1200	2400	4800	6000	12000	24000	40	80	200
500	1500	3000	6000	7500	15000	30000	50	100	250
600	1800	3600	7200	9000	18000	36000	60	120	300
700	2100	4200	8400	10500	21000		70	140	350
800	2400	4800	9600	12000	24000		80	16	400
900	2700	5400	10800		27000		90	180	450
1000	3000	6000	12000		30000		100	200	500
1100	3300	6600			33000		110	220	550
1200	3600	7200			36000		120	240	600
1300	3900	7800					130	260	650
1400	4200	8400					140	280	700
1500	4500	9000					150	300	750
1600	4800	9600					160	320	800
1700	5100						170	340	850
1800	5400						180	360	900
1900	5700						190	380	950
2000	6000						200	400	1000
2100	6300								
2200	6600								
2300	6900								
2400	7200								
2500	7500								
2600									
2700									
2800									
2900									
3000									
3100									
3200									
3300									
3400									
3500									
3600									

3. 模数数列的应用

(1)基本模数数列1M~36M，主要用于门窗洞口、构配件截面、建筑物的层高等。

(2)水平扩大模数3M、6M、12M、15M、30M、60M的数列，主要用于建筑物的开间或柱距、进深或跨度、构配件长度和门窗洞口尺寸等。

(3)竖向扩大模数3M的数列，主要用于建筑物的高度、层高和门窗洞口等处。

(4)分模数1/10M、1/5M、1/2M数列，主要用于缝隙、构造节点、构配件截面等处。

1.5.3 建筑尺寸协调

建筑制品、构配件等的尺寸统一与协调包括标志尺寸、构造尺寸、实际尺寸及其相互间的关系，如图1-7所示。

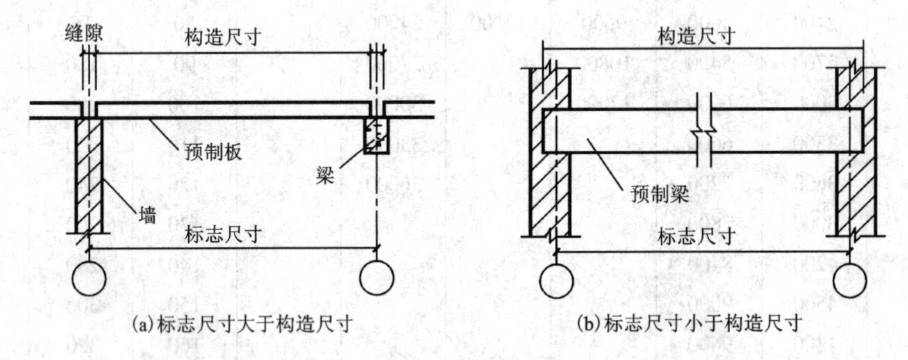

图1-7 三种尺寸之间的关系

(1)标志尺寸：用以标注建筑物定位轴线间的距离(如开间或柱距、进深或跨度、层高等)以及建筑构配件、建筑组合件、建筑制品、有关设备位置界限之间的尺寸。标志尺寸应符合模数数列的规定。

(2)构造尺寸：是建筑构配件、建筑组合件、建筑制品等的设计尺寸，一般情况下标志尺寸减去缝隙为构造尺寸。缝隙尺寸应符合模数数列的规定。

(3)实际尺寸：是建筑构配件、建筑组合件、建筑制品等生产制作后的实有尺寸。这一尺寸因生产误差造成与设计的构造尺寸有差值，这个差值应符合施工验收规范的规定。

1.6 常用的专业术语

(1)横向：指建筑物的宽度(短轴)方向。

(2)纵向：指建筑物的长度(长轴)方向。

(3)横向轴线：用来确定横向墙体、柱、梁、基础位置的轴线，平行于建筑物宽度方向。

(4)纵向轴线：用来确定纵向墙体、柱、梁、基础位置的轴线，平行于建筑物长度方向。

(5)开间：相邻两条横向轴线之间的距离，单位mm。

(6)进深：相邻两条纵向轴线之间的距离，单位mm。

(7)层高：指层间高度。即地(楼)面至上层楼面的垂直距离(顶层为顶层楼面至屋面板上表面的垂直距离)，单位mm。

(8)净高：指房间的净空高度。即地(楼)面至上部顶棚底面的垂直距离，单位mm。

(9)建筑高度：指室外设计地坪至檐口顶部的垂直距离，单位m。

(10)建筑面积：由建筑物外包尺寸围合的面积再乘以层数得到，单位m^2。

(11)结构面积：指承重墙、柱子所占的面积，单位m^2。

(12)使用面积：指主要使用房间和辅助使用房间的净面积，单位m^2。

(13)建筑标高：楼地层装修面层的标高。

(14)结构标高：楼地层结构表面的标高。

能力训练

基础知识训练

1. 判断正误

(1)建筑就是指我们使用的各类房屋。 ( )

(2)按照使用性质建筑可以分为工业建筑、民用建筑、农业建筑等。 ( )

(3)衡阳新建南岳机场，因为使用的人数多，所以属于大量性的建筑。 ( )

(4)某建筑，因为使用了钢筋混凝土的梁板，因此，可将此建筑结构定义为钢筋混凝土结构。 ( )

(5)普通多层建筑防火等级分为四级，高层建筑的防火等级分为二级。 ( )

(6)一般民用建筑由地基、基础、墙体、楼板、楼梯、屋顶、门窗等组成。 ( )

(7)砖混结构是指水平承重构件一般采用钢筋混凝土梁板，竖向承重构件用砖墙或柱的结构。 ( )

(8)空间结构适用于大跨度、大空间、内部不设置柱子的房屋。 ( )

(9)建筑模数分为基本模数、导出模数。 ( )

(10)建筑开间是指相邻两条纵向定位轴线之间的距离。 ( )

2. 选择正确的答案(有一个或多个正确答案)

(1)建筑构成的要素不包括(　　)。

A. 建筑功能　B. 建筑形象　C. 建筑经济　D. 建筑技术

(2)房屋的竖向构件有(　　)。

A. 楼板　B. 墙体和柱　C. 屋盖　D. 门窗

(3)房屋的水平构件有(　　)。

A. 楼板和地坪　B. 柱　C. 墙　D. 基础

(5)房屋的垂直交通设置有(　　)。

A. 走廊　B. 楼梯和电梯　C. 走道　D. 门厅

(5)水平扩大模数3M(300的倍数)数列，主要用于建筑物的(　　)。

A. 缝隙尺寸　B. 开间和进深　C. 构配件截面尺寸　D. 楼板厚度

(6)某建筑的钢筋混凝土梁，采用了分模数1/2M的数列确定其截面尺寸，下列符合要求的尺寸有(　　)。

A. 300×550　B. 310×550　C. 330×500　D. 325×520

(7)用以标注建筑物定位轴线间的距离(如开间或柱距、进深或跨度、层高等)以及建筑构配件、建筑组合件、建筑制品、有关设备位置界限之间的尺寸的是(　　　)。

A. 构造尺寸　　B. 标志尺寸　　C. 缝隙尺寸　　D. 实际尺寸

(8) 同学们上课的教学楼采用的结构形式是(　　　)。

A. 混合结构　　B. 框架结构　　C. 空间结构　　D. 内骨架结构

(9) 建筑物由三大部分及其附属各构件组成，下列不属于这些组成系统的是(　　　)。

A. 基础部分　　B. 承重结构系统　　C. 围护分隔系统　　D. 装饰装修

(10) 以下建筑构造中，具有通风采光作用的构件有(　　　)。

A. 楼地层　　B. 墙体　　C. 门与窗　　D. 楼梯

识图与绘图能力训练

图 1－8 所示房屋板、梁、墙的图样部分，从图中可以分析，该结构是________(框架结构、砖混结构)，如该结构中，楼板的构造尺寸是 2980 mm，板的标志尺寸是 3000 mm，缝隙尺寸是 20 mm，请将这些数据标注在图 1－8 中。

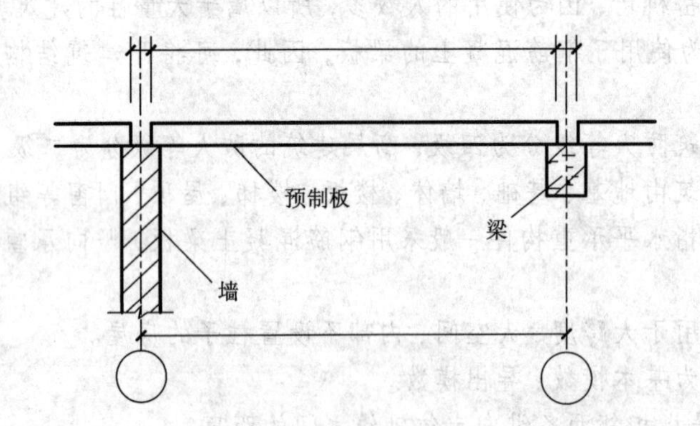

图 1－8　某建筑的墙与板的支承

2 认识图样上的房屋

教学目标

知识目标：(1)了解房屋图样形成的原理；
(2)熟悉和掌握建筑图样上的有关规定和符号。

能力目标：(1)能对图样上的图幅、图线、定位轴线、符号等进行识读和使用；
(2)能利用三面投影的关系，看懂图样上的房屋。

2.1 建筑图样形成的原理

我们把构想的或者是具体的某种建筑物的形状、尺寸、做法等根据正投影方法及有关国家建筑制图标准规定绘制出来的图样，称为建筑图样。建筑图样是表达设计意图、交流思想的重要工具，被称为工程技术人员无声的语言。建筑图样通常用施工图来表达，建筑工程施工图将在本书后续内容中详细论述。

建筑图样应符合正投影的投影规律，通常会在 H 面上作平面图，在 V 面上作主立面图或纵向剖面图，在 W 面上作侧立面图或横向剖面图，如图 2－1 所示。

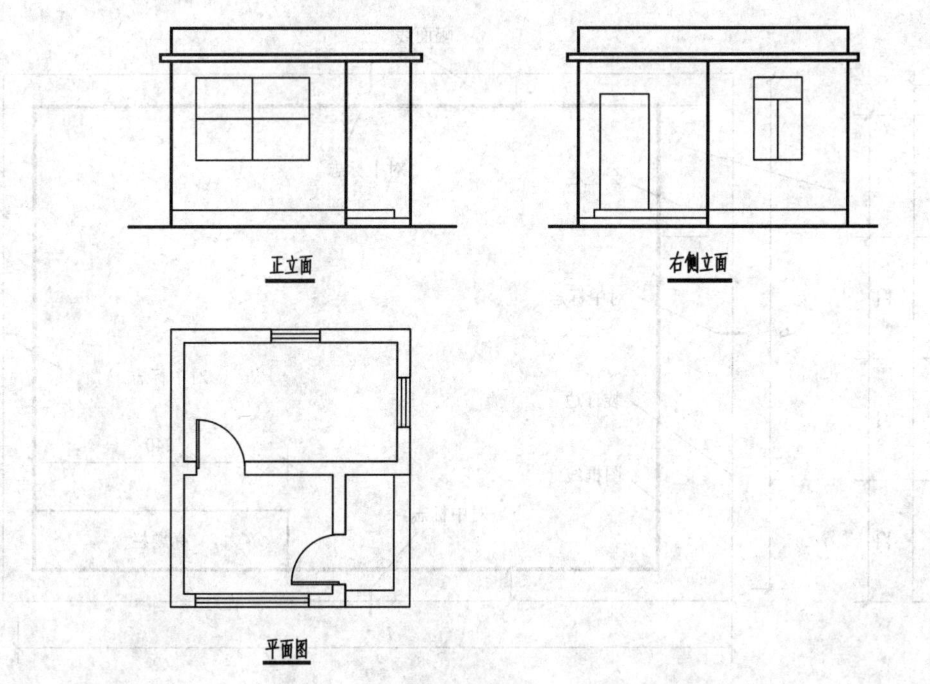

图 2－1 按照正投影原理形成图样上的房屋

2.2 图纸

1. 图幅、图框

图幅也就是图纸的大小，图框即图纸的边框，图纸及图框尺寸见表 2－1。图框线用粗实线绘制，图纸的摆放格式有横式与竖式两种，A0～A3 图幅常用横式(如图 2－2)，A4 图幅常用立式。

表 2－1 图纸幅面及图框尺寸 mm

尺寸代号 \ 幅面代号	A0	A1	A2	A3	A4
$b \times l$	841×1189	594×841	420×594	297×420	210×297
c	10			5	
a	25				

注：表中 b 为幅面短边尺寸，l 为幅面长边尺寸，c 为图框线与幅面线间宽度，a 为图框线与装订边间宽度。

2. 标题栏

图纸的右下角一栏称为图纸的标题栏。用来填写图名、图号以及设计人、制图人、审批人的签名和日期。

3. 会签栏

一套施工图要由几个专业的人员分工完成，为了避免专业之间的图纸出现相互矛盾，在整套图纸完成之后，各专业之间要相互检查对方的图纸，确定与自己设计的图纸无矛盾之后，在图纸的会签栏里签字，会签栏设置在图纸的左上方。

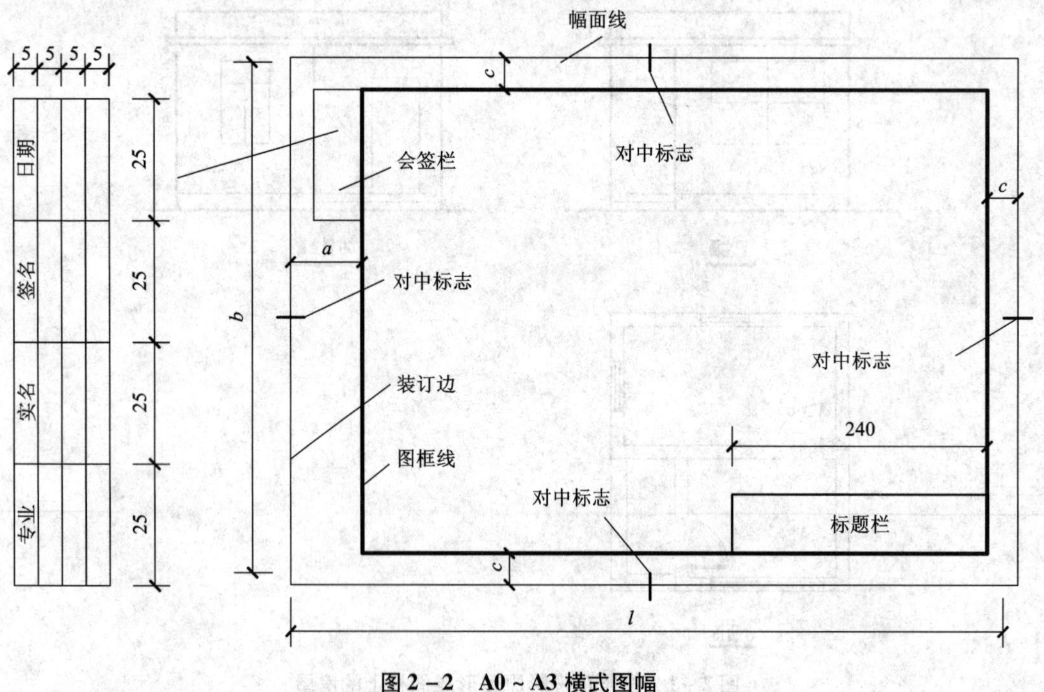

图 2－2 A0～A3 横式图幅

2.3 图线

在建筑图样中，为了表示出不同的内容，并能够分清主次关系，绘图时必须使用不同的线宽和不同的线型。图中线的粗细程度用线的宽度来区分，称为线宽。国标中规定了常用的几种图线的线型、线宽和它的一般用途，见表2-2所示。粗线的宽度 b 一般在0.3~0.7 mm之间比较合适。

表2-2 线型与线宽

名称		线型	线宽	用途
实线	粗		b	主要可见轮廓线
	中		$0.5b$	可见轮廓线
	细		$0.25b$	装饰线、抹灰线、图例填充线等
虚线	粗		b	见各有关专业制图标准
	中		$0.5b$	不可见轮廓线、图例线
	细		$0.25b$	不可见的装饰线、抹灰线、图例填充线等。
单点长画线	粗		b	见各有关专业制图标准
	中		$0.5b$	见各有关专业制图标准
	细		$0.25b$	中心线、对称线、轴线等
双点长画线	粗		b	见各有关专业制图标准
	中		$0.5b$	见各有关专业制图标准
	细		$0.25b$	假想轮廓线、成型前原始轮廓线
折断线	细		$0.25b$	断开界线
波浪线	细		$0.25b$	断开界线

2.4 字体

工程图上的各种字，如汉字、数字、字母，手绘图一般均用黑墨水书写，且要求做到字体端正、笔划清楚、排列整齐、间隔均匀、不得潦草，以保证图样的规范性和通用性，避免发生错误而造成工程损失。

图纸上书写的汉字应写成长仿宋体，字体的大小用字高表示，如10号字、7号字、5号字、3.5号字的字高就分别为10 mm、7 mm、5 mm、3.5 mm。字的宽度与高度之比为2:3，图纸上的数字应使用阿拉伯数字，一般图纸上的尺寸等标注用3.5号字，文字说明用5号字，图名用7号字。

2.5 比例

图样的比例，应为图形与实物相对应的线性尺寸之比。比例应用阿拉伯数字表示，如1∶100即表示将实物尺寸缩小100倍进行绘制。比例宜注写在图名的右侧，字号要比图名的字号小1号字，如一层平面图用7号字注写，那么比例1∶100则用5号字注写，如图2-3所示。国标中规定了建筑图样中常采用的比例，见表2-3所示。

图2-3 比例的注写

表2-3 建筑图样常采用的比例

常用比例	1∶1、1∶2、1∶5、1∶10、1∶20、1∶50、1∶100、1∶150、1∶200、1∶500、1∶1000、1∶2000、1∶5000、1∶10000、1∶20000、1∶50000、1∶100000、1∶200000
可用比例	1∶3、1∶4、1∶6、1∶15、1∶25、1∶30、1∶40、1∶60、1∶80、1∶250、1∶300、1∶400、1∶600

2.6 尺寸及单位

图纸中的图形不论按何种比例绘制，但尺寸仍须按物体实际的尺寸数值注写。尺寸数字是图样的重要组成部分。

线性尺寸是指专门用来标注工程图样中直线段的尺寸。是由尺寸界线、尺寸线、尺寸起止符号及尺寸数字四部分构成，如图2-4所示。其中尺寸界线、尺寸线应用细实线绘制，而尺寸起止符号应用中粗斜短线绘制，其倾斜方向应与尺寸界线成顺时针45°角，长度宜为2~3 mm。尺寸标注示例如图2-5所示。

工程图样中的尺寸一般在建筑总平面图和标高中以米(m)为单位，其余均以毫米(mm)为单位，在标注中，只写数值，不写单位。

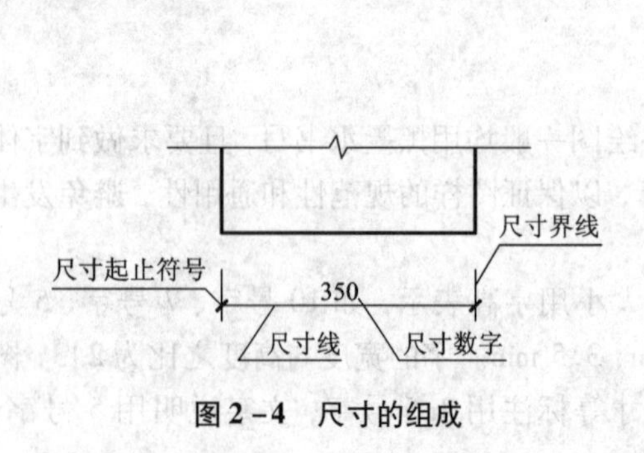

图2-4 尺寸的组成

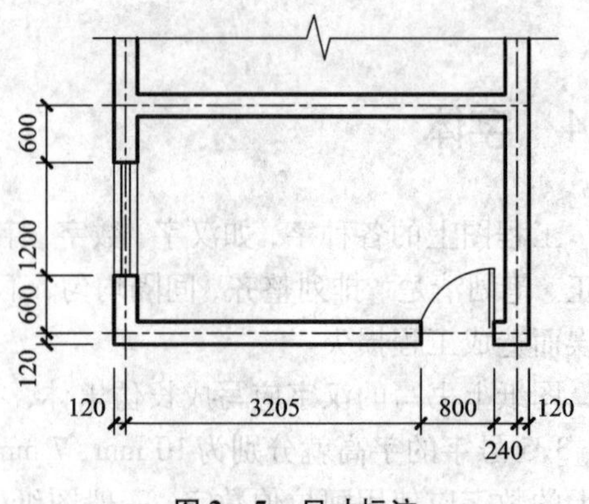

图2-5 尺寸标注

2.7 定位轴线

定位轴线是确定房屋中的墙、柱、梁和屋架等主要结构、构件位置的基准线，是设备定位和施工放线的依据。

2.7.1 砖墙的平面定位轴线

(1)承重外墙墙身的内缘距该墙的定位轴线间距为120 mm，如图2-6(a)所示。

(2)承重内墙的定位轴线与该墙顶层处墙身中心线重合，如图2-6(b)所示。

(3)非承重内、外墙的定位亦可以按承重方案实行，也可使内墙皮与定位轴线重合。

(4)带内壁柱外墙和带外壁柱外墙的定位可使墙身内皮与定位轴线重合，如图2-7(a)、(b)所示，也可使距墙身内皮120 mm处与定位轴线重合，如图2-7(c)所示。。

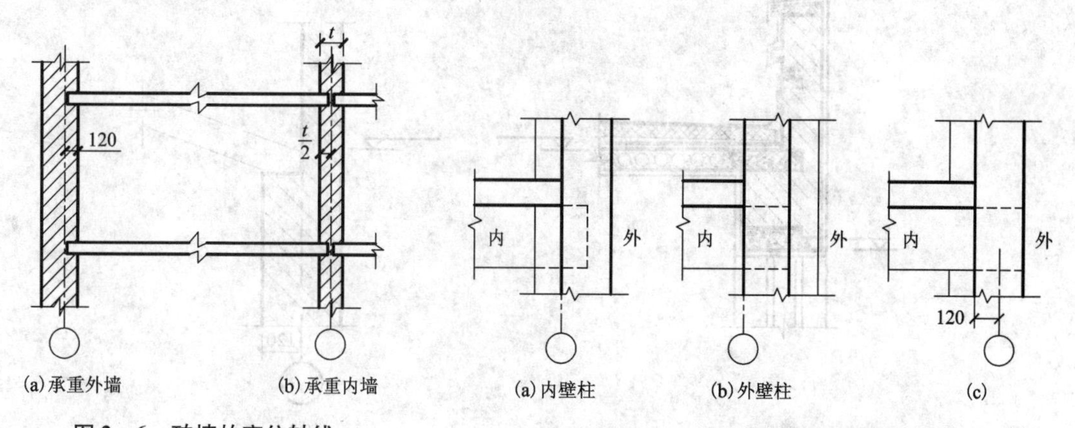

图2-6 砖墙的定位轴线

图2-7 带壁柱的墙体定位轴线

2.7.2 竖向定位

竖向定位的目的是确定建筑构配件的竖向位置和竖向尺寸。

(1)楼地面的竖向定位：由于屋面为排水、防水、保温等需要设置了相应的构造层次，使屋面各点位置的标高不相同，因此，规定楼地面的竖向定位应与楼地面的上表面重合，用建筑标高标注，如图2-8所示。

(2)屋面的竖向定位：屋面的竖向定位应为屋面结构层的上表面与距墙内缘120 mm处或与墙内缘重合处的外墙定位轴线的相交处，即用结构标高标注，如图2-9所示。

(3)窗台处的竖向定位：标注在窗台的结构面处。

2.7.3 定位轴线的标识规定

(1)定位轴线应编号，编号应注写在轴线端部的圆内，圆圈用细实线绘制，直径8~10 mm(比例小于等于1:100时用8 mm，比例大于等于1:50用10 mm)。定位轴线圆的圆心应在定位轴线的延长线上或延长线的折线上。

(2)若房屋的上下开间、左右进深一致，则轴线编号宜标注在平面图的下方与左侧；否

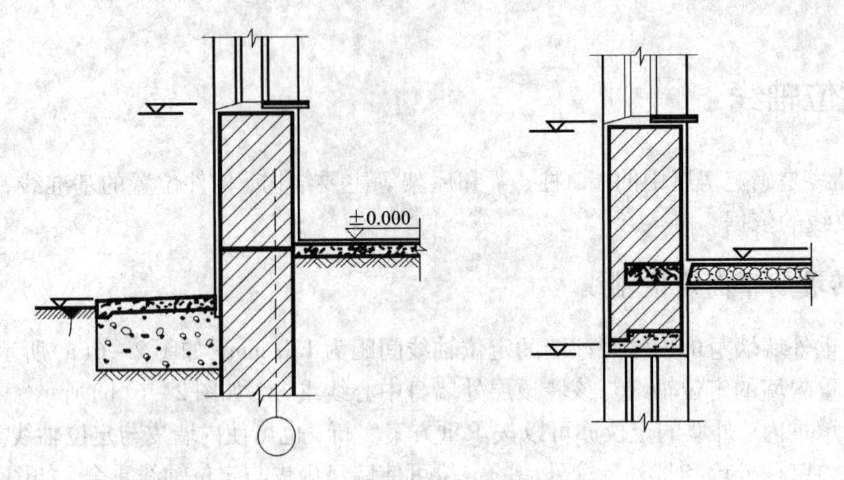

图 2-8 楼地面、门窗洞口竖向定位

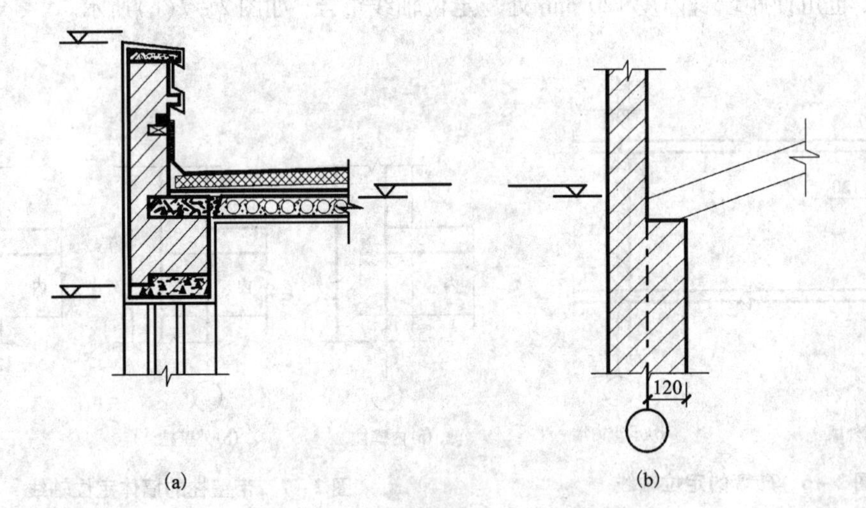

图 2-9 屋顶、檐口的竖向定位

则每侧均应标注。

(3)编号顺序：横向定位轴线应从左至右用阿拉伯数字一次编写，纵向定位轴线从下至上用拉丁字母编写，但 I、O、Z 不得用作轴线编号，以免与数字 1、0、2 混淆。如需附加轴线时，以分数形式编号，如图 2-10 所示。

(4)当平面为圆形时，轴线的编写分别按图 2-11 方法进行。

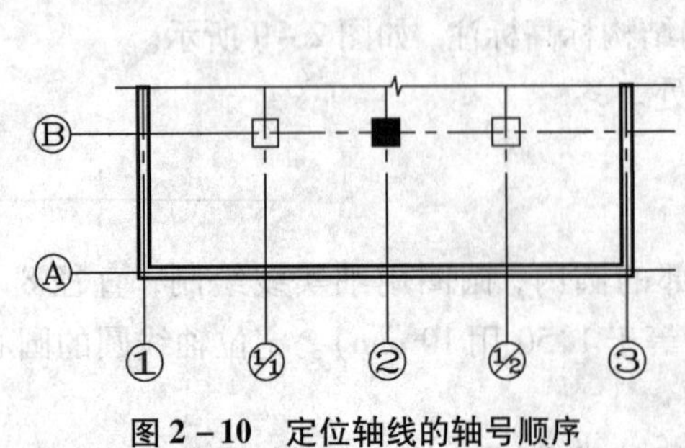

图 2-10 定位轴线的轴号顺序

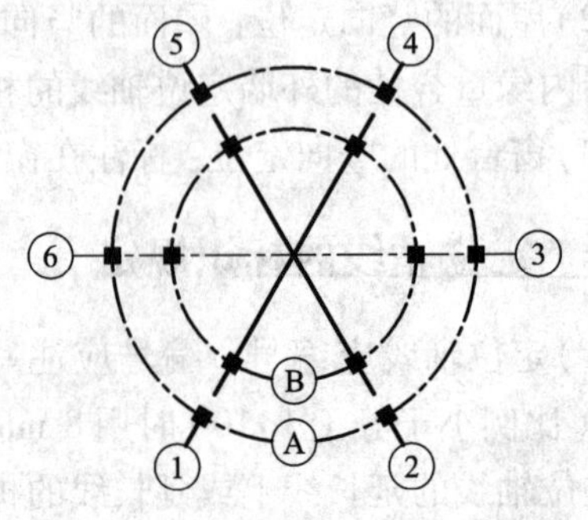

图 2-11 圆形平面定位轴线编号

(5)建筑平面形状复杂时，定位轴线也可分区注写，注写形式为“分区号-该区轴线号”，如图2-12所示。

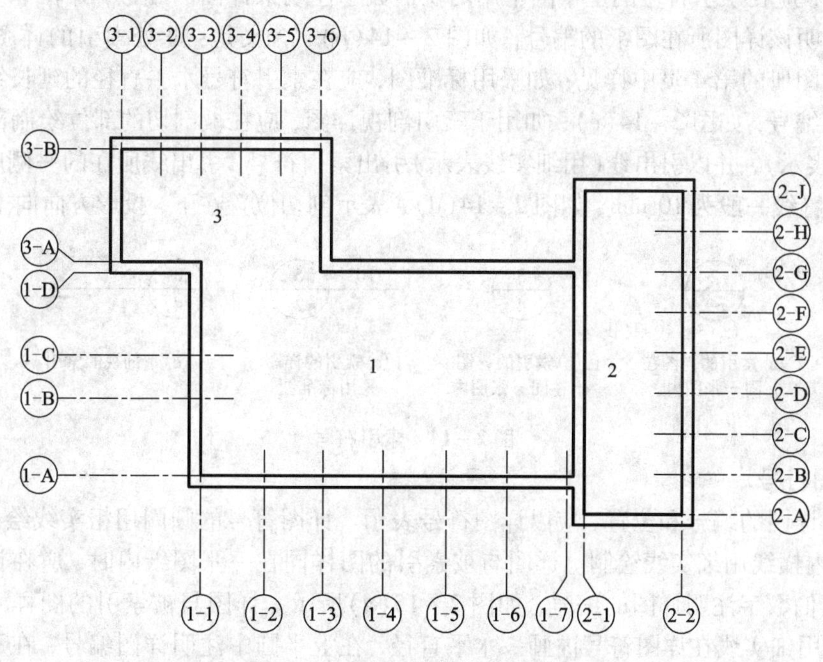

图2-12　定位轴线的分区编号

(6)详图轴线编号。如果一个详图适用于几根轴线时，应同时注明各有关轴线的编号，如图2-13所示。

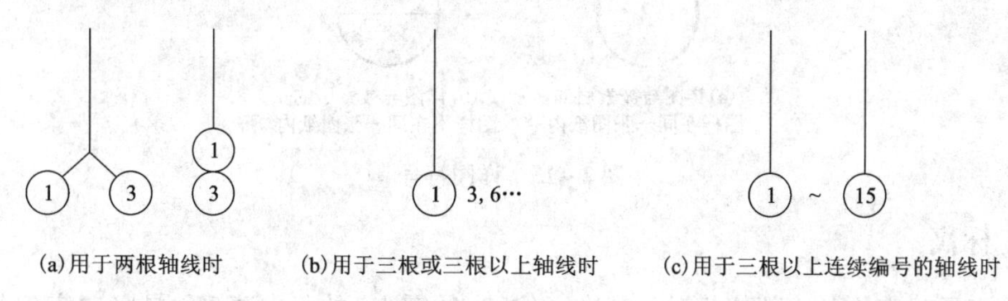

(a)用于两根轴线时　(b)用于三根或三根以上轴线时　(c)用于三根以上连续编号的轴线时

图2-13　详图的轴线编号

2.8　建筑图样中的有关符号

2.8.1　索引与详图符号

图样中的某一局部或构件如因绘图比例小而不能详细表达时，则需另见详图，应以索引符号索引，即在需要另画详图的部位画出索引符号，并在所画的详图上画出对应的详图符号，两者编号必须对应一致，以便对照查阅。

1. 索引符号

索引符号由直径为10 mm的圆和水平直径组成，圆及水平直径应以细实线绘制。索引出的详图，如与被索引的详图同在一张图纸内，应在索引符号的上半圆内用阿拉伯数字注明该详图的编号，并在下半圆中间画一段水平粗实线，如图 2 – 14(a)；如与被索引的详图不在同一张图纸内，应在索引符号的上半圆中用阿拉伯数字注明该详图的编号，并在下半圆中用阿拉伯数字注明该详图所在图纸的编号，如图 2 – 14(b)，含义是：此处索引的详图编号为 3，该详图在本图册的第 4 页中详见；如采用标准图，应在索引符号水平直径的延长线上加注该标准图册的编号，如图 2 – 14(c)；如用于索引剖视详图，应在被剖切的部位绘制剖切位置线(用粗实线表示)，并以引出线(用细实线表示)引出索引符号，引出线所在的一侧应为投射方向，剖切位置线一般为 10 mm，如图 2 – 14(d)，表示剖切位置在下，投影方向向上。

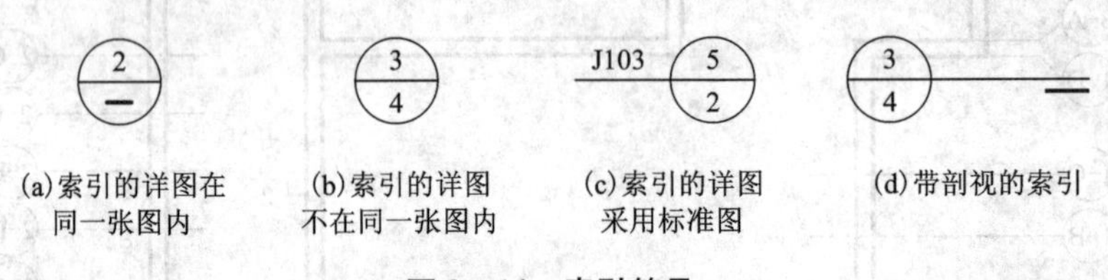

图 2 – 14　索引符号

2. 详图符号

被索引详图的编号和位置，应以详图符号表示。详图符号的圆圈用粗实线绘制，直径为 14 mm，圆内横线用细实线绘制。详图与被索引的图样同在一张图纸内时，应在详图圆圈符号内用阿拉伯数字注明详图的编号，如图 2 – 15(a)所示。详图与被索引的图样不在一张图纸内时，应用细实线在详图符号内画一水平直径，在上半圆中注明详图编号，在下半圆中注明被索引的图纸的编号，如图 2 – 15(b)所示，意为该详图编号为“2”，是从本图册中第 5 页索引而来。

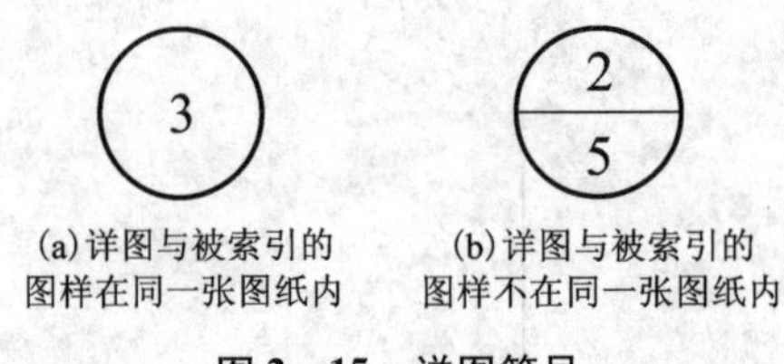

图 2 – 15　详图符号

2.8.2　标高

标高表示建筑物某一部位相对于基准面(标高的零点)的竖向高度，是竖向定位的依据。标高有绝对标高和相对标高两种。

在我国，绝对标高是把青岛附近黄海的平均海平面定为绝对标高的零点，其他各地标高都以它作为基准。

在建筑施工图中除总平面图外，一般应用相对标高，即把底层室内主要地坪标高定为相对标高零点用$\underset{\bigtriangledown}{\pm 0.000}$表示，其他的标高都按照底层标高来测量。

(1)室内及工程形体的标高符号应以直角等腰三角形表示，用细实线绘制，如图 2 – 16(a)，一般以室内一层地坪高度为标高的相对零点位置，低于零点时前面要标上负号，高于零点时不加正号。

(2)标高符号的尖端应指至被标注高度的位置，尖端一般应向下，也可向上，标高数字应注写在标高符号的左侧或右侧，如图 2 – 16(b)。

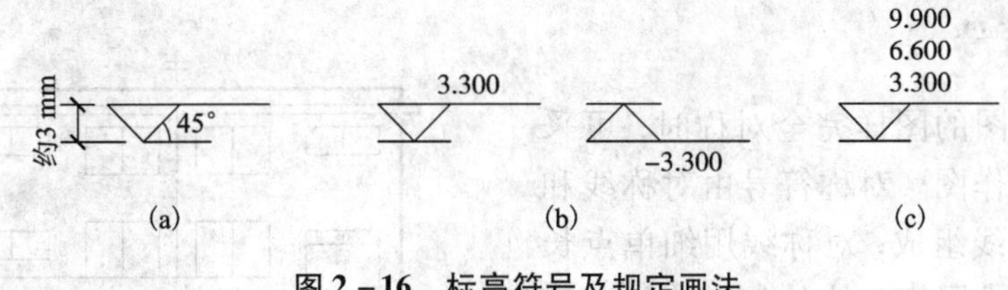

图 2－16 标高符号及规定画法

(3)在同一位置需表示几个不同标高时，标高数字可按照如图 2－16(c)形式注写。标高数字以米(m)为单位，注写到小数点后三位，在总平面图中，可注写到小数点后两位。

(4)绘制总平面图时，如需绘制绝对标高，一般在三角符号内涂黑，以示与相对标高的区别。

2.8.3 风玫瑰图与指北针

1. 风玫瑰图

在建筑总平面图上，通常应按当地实际情况绘制风向频率玫瑰图。风向频率玫瑰图也叫"风玫瑰"图，它是根据某一地区多年平均统计的各个风向和风速的百分数值，并按一定比例绘制，一般多用 8 个或 16 个罗盘方位表示，由于该图的形状形似玫瑰花朵，故名"风玫瑰"。"风玫瑰"图上所表示风的吹向(即风的来向)，是指从外面吹向地区中心的方向。全国各地主要城市的风向频率玫瑰图均有统计资料，长沙地区风玫瑰图如图 2－17 所示。有些城市没有风向频率玫瑰图，也可在总平面图上画上单独的指北针表示房屋的朝向。

2. 指北针

指北针的形状见图 2－18，其圆的直径为 24 mm，用细实线绘制；指针尾部宽度宜为 3 mm，指针头部应注"北"或"N" 字。通常在一层平面或者总平面图中绘制，表示房屋的朝向和方位。

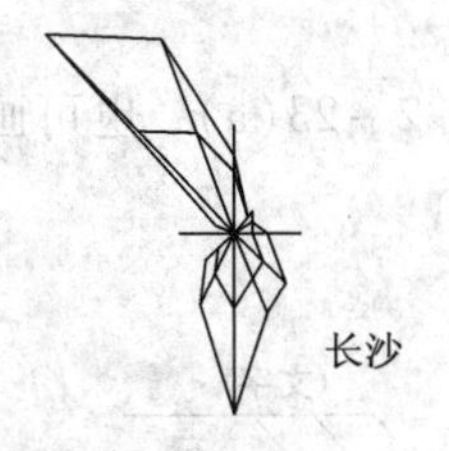

图 2－17 风玫瑰图

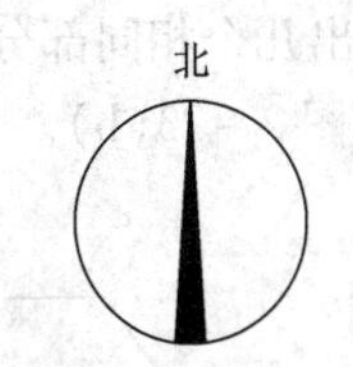

图 2－18 指北针

2.8.4 连接符号

当一部分构配件的图样还需与另一部分相接时，需用连接符号表达。连接符号应以折断线表示需连接的部位。两部位相距过远时，折断线两端靠图样一侧应标注大写拉丁字母表示连接编号。两个被连接的图样应用相同的字母编号，如图 2－19 所示。

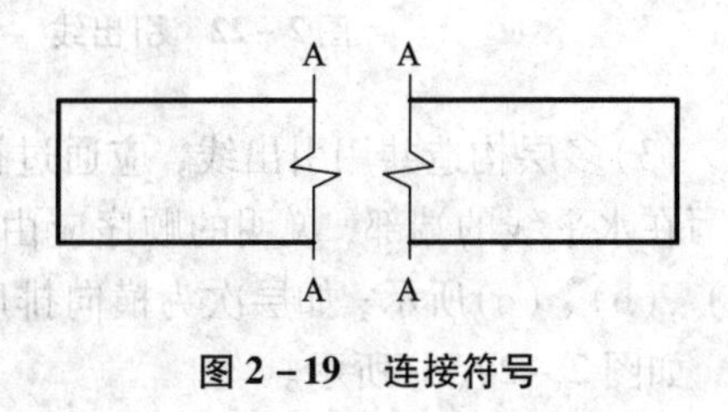

图 2－19 连接符号

2.8.5　对称符号

当房屋施工图的图样完全对称时，可采用对称符号简化作图。对称符号由对称线和两端的两对平行线组成，对称线用细单点长画线绘制；平行线用细实线绘制，其长度宜为6～10 mm，每对的间距宜为2～3 mm；对称线垂直平分于两对平行线，两端超出平行线宜为2～3 mm，如图2-20所示。

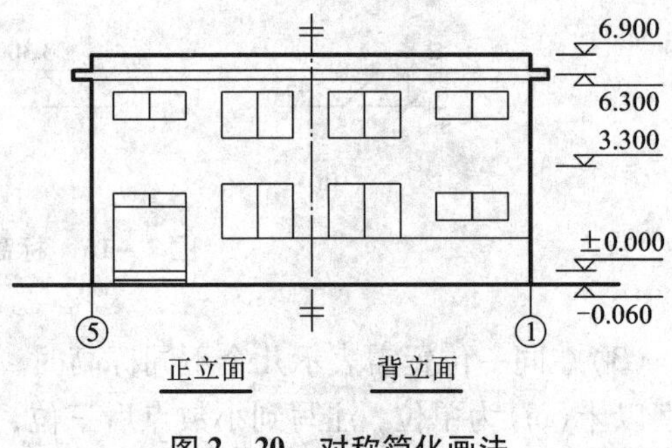

图2-20　对称简化画法

2.8.6　剖切符号

对于较复杂的建筑，需要将建筑的某些部位进行剖开，绘制剖面图。

(1)剖切符号由剖切位置线与剖视方向线共同构成，用互相垂直的两条粗实线表示，长的一条线为6～8 mm，表示剖切位置，短的一条线4～6 mm表示投影方向，投射方向线应垂直于剖切位置线，如图2-21所示，表示从右向左看。

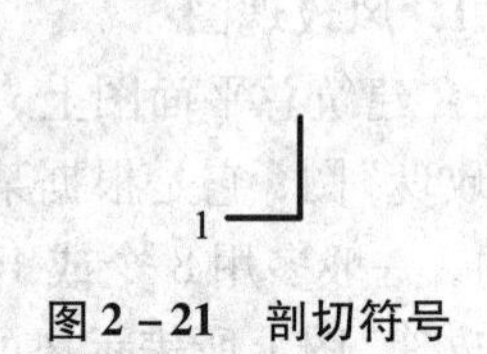

图2-21　剖切符号

(2)投影方向线的端部用阿拉伯数字或罗马数字表示剖切的名称，如1—1或Ⅰ—Ⅰ等。

2.8.7　引出线

(1)引出线应以细实线绘制，宜采用水平方向的直线或与水平方向成30°、45°、60°、90°的直线，或经上述角度再折为水平线。文字说明宜注写在水平线的上方，如图2-21(a)；也可注写在水平线的端部，如图2-22(b)；索引详图的引出线，应与水平直径线相连接，如图2-22(c)。

(2)同时引出几个相同部分的引出线，宜互相平行，如图2-23(a)，也可画成集中于一点的放射线，如图2-23(b)。

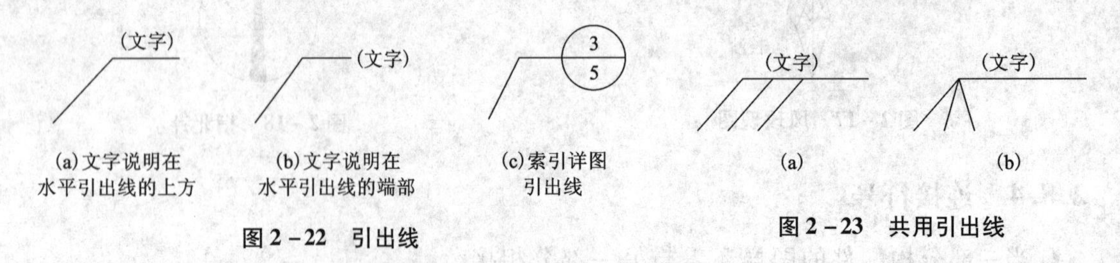

(a)文字说明在水平引出线的上方　(b)文字说明在水平引出线的端部　(c)索引详图引出线

图2-22　引出线

(a)　(b)

图2-23　共用引出线

(3)多层构造共用引出线，应通过被引出的各层。文字说明宜注写在水平线的上方，或注写在水平线的端部，说明的顺序应由上至下，并应与被说明的层次相互一致，如图2-24(a)、(b)、(c)所示；如层次为横向排序，则由上至下的说明顺序应与左至右的层次相互一致，如图2-24(d)所示。

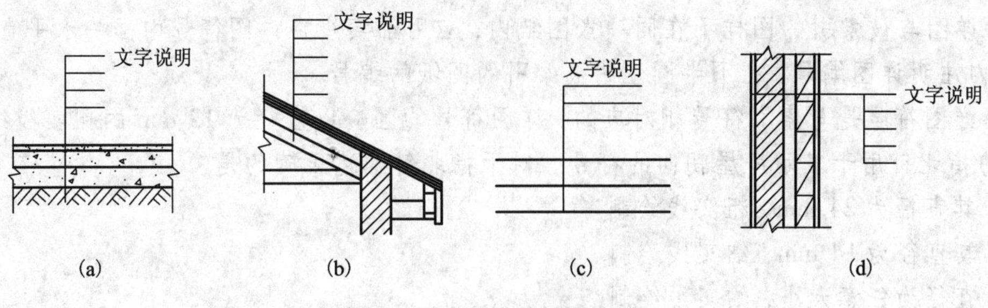

图 2－24 多层构造引出线

2.8.8 编号

零件、钢筋、杆件、设备等的编号，应以直径为 4～6 mm 的细实线圆表示，其编号用阿拉伯数字按顺序编写。

能力训练

基础知识训练

1. 判断正误

(1) 墙体的定位轴线就是墙体的中心线。 ( )

(2) 通常将房屋的首层地面标高定义为相对标高的零点。 ( )

(3) 指北针可以表示房屋的朝向也可以表示该房屋所在地区的风向。 ( )

(4) 剖切符号由互相垂直的两条粗实线构成，长的线表示投影方向，短的线表示剖切位置。 ( )

(5) 横向定位轴线的编号一般以大写的拉丁字母编写，纵向定位轴线一般以阿拉伯数字编写。 ( )

(6) 楼地面的竖向定位与楼地面的上表面重合，即用建筑标高标注。 ( )

2. 选择正确答案

(1) 建筑图样应符合正投影的投影规律，通常会在 H 面上作(   )图，在 V 面上作的图是(   )。

A. 横向剖面图　　B. 平面图　　C. 侧立面图　　D. 主立面图

(2) 关于定位轴线表述不正确的是(   )。

A. 是确定房屋主要结构构件的位置及其标志尺寸的基线

B. 纵向定位轴线用阿拉伯数字从左至右编号

C. 承重外墙的定位轴线距顶层墙身内缘 120 mm

D. 内墙的定位轴线 一般与墙体的中心线重合

(3) 详图索引符号是用于查找相关图纸的，关于对详图索引符号描述正确的是(   )。

A. 详图索引符号是由直径 14 mm 的圆和水平直径组成

B. 索引出的详图，如与被索引出的详图不在同一张图纸内应在索引符号的上半圆内用

阿拉伯数字注明该详图的编号，并在下半圆中间画一段水平细实线

C. 详图与被索引的图样不在同一张图纸内，应用细实线在详图符号内画一水平直径，在上半圆内注明详图编号，在下半圆注明被索引的图纸的编号

D. 详图符号是与索引符号相对应的，详图符号的圆应以直径为 12 mm 的粗实线绘制

(4)指北针用于表示房屋朝向的符号。对于指北针描述正确的是(　　　　)。

A. 其直径为 24 mm，粗实线绘制

B. 其直径为 14 mm，细实线绘制

C. 直径为任意大小，细实线绘制

D. 直径为 24 mm，细实线绘图，指北针尾部的宽度为 3 mm，指针头部注“N”

(5)标高表示建筑物某一部位相对于基准面(标高的零点)的竖向高度，对标高符号的规定描述不正确的是(　　　　)。

A. 标高符号应以直角等腰三角形表示，用细实线绘制

B. 标高就是一个符号，可以用任意三角形表示

C. 标高数字以 m 为单位，一般注写到小数点后三位

D. 标高符号的尖端应指至被标注高度的位置，尖端一般应向下，也可向上，标高数字应注写在标高符号的左侧或右侧

识图与绘图能力训练

1. 建筑图样中的，涉及到房屋的很多材料，这些材料通常用图例表示，请识读并抄绘一下的图例。

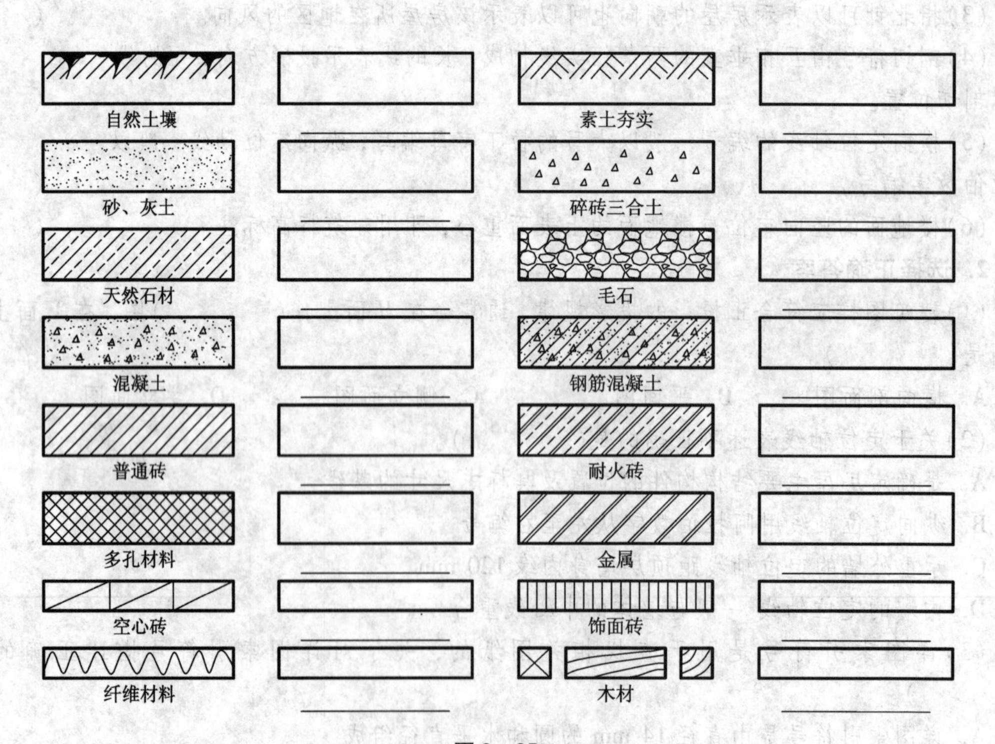

图 2－25

2. 下列图样中的房屋，根据正投影原理，补充 *W* 面的投影，*W* 面的投影为1—1 剖面图。

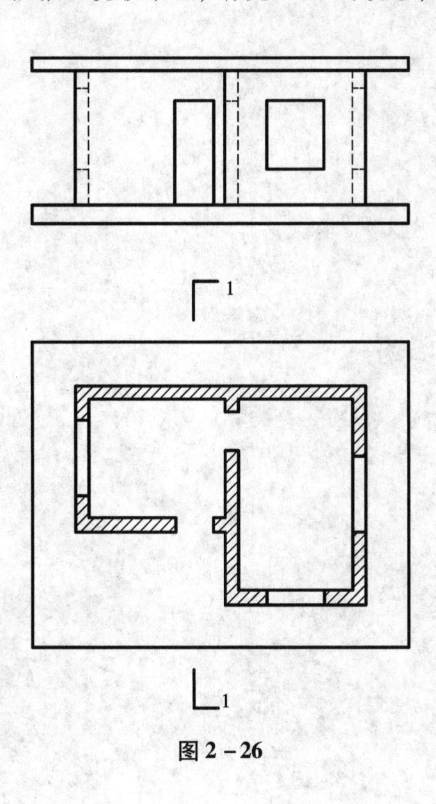

图 2－26

模块二　建筑施工图的识读

3　建筑施工图的识读

教学目标

知识目标: (1) 了解建筑工程施工图的种类及用途;

(2) 了解施工图会审的有关知识;

(3) 熟悉建筑施工图的图纸组成;

(4) 掌握建筑施工图表达内容和各自的作用;

(5) 掌握建筑施工图识读方法和绘图方法。

能力目标: (1) 能识读建筑施工图;

(2) 能绘制建筑施工图;

(3) 能参与施工图会审和对图纸进行整理归档。

3.1　建筑工程施工图概述

建筑工程施工图是由多种专业的设计人员将一个建筑的形状、尺寸、各部分结构、构造、装修、水电设备等按照制图标准的规定，用正投影的原理，详细准确表达出来的图样，再按一定的规律和排列顺序组成一整套的图纸。

3.1.1　建筑工程施工图的作用和分类

1. 建筑工程施工图的作用

(1) 建筑工程图直接表达了所建房屋的外形、结构、构配件、材料、室内外装饰、管道布置、电气照明等设备的具体施工内容。

(2) 建筑工程图是工程建设项目共同的技术语言，是表达设计思想、交流设计意图、组织工程施工、完成工程预算、工程监理的重要依据。

(3) 建筑工程图是协调各施工部门和工种之间有条不紊工作的重要基础。

2. 建筑工程施工图的分类

房屋建筑中除了组成建筑自身的各部分外，还配置了满足建筑使用的水电暖通等设施和必要的装饰，建筑工程施工图(以下简称“施工图”)必须把设计意图按专业分工表达出来，所以就出现了不同的专业图样，主要分为：建筑施工图、结构施工图、设备施工图、装修施工图等。

1) 建筑施工图(简称建施图)

建筑施工图是用来表达建筑设计内容，如建筑物的内外形状、内部布置、尺寸、结构构造、材料做法、施工要求等内容的图纸。是房屋施工时定位放线、砌筑墙身、制作楼梯、安装门窗、固定设施、室内外装饰、编制施工概算以及施工组织计划的主要依据。建筑施工图一般包括建筑设计说明、图纸目录、建筑总平面图、建筑平面图、建筑立面图、建筑剖面图、建筑详图等图纸。

2)结构施工图(简称结施图)

结构施工图主要表达建筑物承重结构的平面布置、构件的类型和大小、构造的做法以及其他专业对结构设计的要求等。是房屋施工时开挖基坑、制作构件、绑轧钢筋、设置预埋件以及安装梁、板、柱等构件的主要依据，也是编制工程预算和施工组织计划等的主要依据。图纸包括结构设计说明、基础图、结构平面布置图、构件详图等。

3)设备施工图(简称设施图)

设备施工图主要表示各种设备、管道和线路的布置、走向以及安装施工要求等。主要包括给排水、暖通空调、强弱电气、煤气管线等施工图。这些设备施工图主要由平面布置图、系统图和详图等组成。

4)装饰施工图(简称装施图)

装饰施工图主要表达房屋外造型、装饰效果、装饰材料及构造做法。图纸内容一般有平面布置图、顶棚平面图、装饰立面图、装饰剖面图和节点详图等。对于简单的装饰，可直接在建筑施工图上用文字或表格的形式加以说明而不另配装饰施工图。

3.1.2 施工图编排顺序

由于建筑的规模和复杂程度不同，整套施工图的图纸数量不一，少则几张、十几张，多则达到上百张。为了方便施工时的查阅，需要对图纸进行分类排序，整套房屋施工图的顺序是：首页图、建施图、结施图、设施图、装施图。

各专业图纸应按图纸内容的主次关系、逻辑关系有序排列。一般是全局性图纸在前，表明局部的图纸在后；先施工的在前，后施工的在后；重要图纸在前，次要图纸在后。

3.1.3 施工图图示的有关规定

绘制和阅读房屋的施工图，应根据画法几何的投影原理，并遵守《房屋建筑制图统一标准》《总图制图标准》《建筑制图标准》《建筑结构制图标准》《给排水制图标准》等的规定。

(1)施工图中的各图样，主要是根据正投影法绘制的，所绘图样都应符合正投影的投影规律。

(2)施工图应根据形体的大小，采用不同的比例绘制。如房屋的形体较大时，一般采用较小的比例绘制。当房屋的内部各部分构造较复杂，在小比例的平、立、剖面图中无法表达清楚的，则采用大比例绘制的建筑详图(大样图)来进行表达。

(3)由于房屋建筑工程的构配件和材料种类繁多，为作图简便起见，“国标”规定了一系列的图例符号和代号来代表建筑构配件、卫生设备、建筑材料等。

(4)施工图中的尺寸单位，除标高和总平面图中的尺寸以米(m)为单位外，其他尺寸必须以毫米(mm)为单位。在以毫米(mm)为单位的尺寸数字后面不必标注尺寸单位。

(5)为了使施工图中的各图样重点突出、活泼美观，采用了多种线型来绘制，线型的应用必须符合国标的规定。

3.1.4 施工图的识读方法

施工图的识读包括识图和读图两层含义。识图就是要求根据投影规律，还原出建筑空间形状；读图就是根据国家制图标准图例、符号和要求，解读图形表达的各种意思。

识读建筑工程施工图的一般方法如下：

(1)熟悉和掌握建筑工程图的常用符号和图例。

一张图纸是由各种制图符号、图例等绘制而成的，要想读懂图纸，首先就必须从认识建筑工程图的常用符号和图例开始。

(2)对一套完整的图纸先粗看后细看。

一套完整的建筑工程图纸有数十张甚至更多，各张图纸之间都存在相互联系。在开始读图时，先按照图纸目录、建筑设计总说明、总平面图、建施、结施、设施等图纸的装订顺序，整体粗看一下，然后再找要看的图纸，仔细研究图形、说明、技术要求等。

(3)采用形体分析方法分析建筑工程图。

运用投影规律，将建筑物的平面图、立面图和剖面图有机联系起来，互相对照，弄清彼此之间的关系，想象整个建筑的形状和大小。

(4)比对相关联的图纸上的图形、图例、符号和说明内容，突出重点。

(5)对有疑点的地方，应做出标记，积极查阅有关图集资料，寻求准确的解释，并标注在图形旁边。

(6)经常积极实践，针对识读图纸中的问题多请教。

识读建筑工程施工图能力的提高，要依靠经常性的实践练习。在多看工程图样和对照工程实况中，积累识读经验，提高识读建筑工程施工图的速度和准确率。

3.2 施工图会审

3.2.1 施工图会审的概念、作用和参加人员

1. 施工图会审的概念

图纸会审是在工程开工之前，由监理单位组织施工单位、建设单位、勘察及设计单位，集中在一起对图纸进行全面细致的熟悉，审查出施工图中存在的问题及不合理情况并提交设计院进行处理。

2. 施工图会审的作用

通过施工图纸会审可以使各参建单位特别是施工单位熟悉设计图纸、领会设计意图、掌握工程特点、难点，找出需要解决的技术难题和拟定解决方案，从而将因设计缺陷而存在的问题消灭在施工之前。可见，图纸会审的深度和全面性将在一定程度上影响工程施工的质量、进度、成本、安全和工程施工的难易程度。只要认真做好了这项工作，图纸中存在的问题一般都可以在图纸会审时被发现和尽早得到处理，通过施工图纸会审可以提高施工质量、节约施工成本、缩短施工工期，从而提高效益。因此，施工图纸会审是工程施工前的一项必不可少的重要工作。

3. 图纸会审的参加人员

建设方：现场负责人员及其他技术人员；

设计方：设计院总工程师、项目负责人及各个专业设计负责人；

监理方：项目总监、副总监及各个专业监理工程师；

施工单位：项目经理、项目副经理、项目总工程师及各个专业技术负责人；

其他相关单位：技术负责人。

3.2.2 施工图会审的程序

自审：在施工图正式会审之前，施工单位应事先进行自审。即施工图从设计院完成后，由建设单位送到施工单位。施工单位在取得图纸后就要组织阅图和审图，并做好图纸自审记录，这就是图纸自审。

会审：施工单位进行自审后，施工开工之前进行施工图会审，会审的一般程序如下：

(1)业主或监理方主持人发言→设计方图纸交底→施工方、监理方代表提问题→逐条研究→形成会审记录文件→签字、盖章后生效。

(2)图纸会审前应组织预审。阅图中发现的问题应归纳汇总，会上派一代表为主发言，其他人可视情况适当解释、补充。

(3)施工方及设计方专人对提出和解答的问题作好记录，以便查核。

(4)整理成为图纸会审记录，由各方代表签字盖章认可。

3.2.3 施工图审核要点

1. 建筑图、结构图与建筑总平面图一致性的审查

主要审查建筑总平面图中单位工程的控制轴线点坐标值、标高、平面定位尺寸等是否与该单位工程的建筑、结构施工图上标注相一致，还应注意其他专业总平面图上的设计是否与建筑规划总平面图相协调，给排水、强弱电等专业总图上的接入口是否与单位工程上设计的入口相衔接。

2. 建筑施工图的审查

(1)审查各层平面图在同一轴线的标注是否对应。查看是否有同轴线错位标注的现象，是否有不同层平面在相同轴线间尺寸标注不一致，特别要注意上下层墙、柱、梁位置变化而引起轴线编号的改变部位，弄清变化后的轴线尺寸关系是否一致。

(2)审查上下各层平面图中，门窗位置、洞口尺寸是否一致。对有变化的门窗要分析是否符合满足使用功能及美观效果要求，特别是外墙上的门窗洞口，上下层有变化时，一定要仔细核对是否与该立面图的外立面效果相符，如发现平面图与立面图不一致，就要在会审当中及时提出。在实际施工中，经常看到在装饰阶段有凿窗边、补窗洞的返工现象，大部分原因是在图纸会审时没有发现图纸问题引起的。

(3)审查每层平面图中的尺寸、标高是否标注准确、齐全、清晰。主要看细部尺寸是否与轴线间距相符、分项尺寸是否与总体尺寸相符，门窗洞口尺寸是否与门窗表一致，洞口的位置、开闭方向是否与该房间内的家具、水、电等设备器具相协调，人的进出是否方便，采光通风是否良好。

(4)审查平面图中的大样图与索引详图是否相符、大样图与节点剖面图是否相符。这些整体与细部的图示，经常发生矛盾或不一致，也容易被设计、施工所忽视。

(5)审查建筑空间能否满足基本的使用功能。

1. 结构施工图的审查

(1)基础结构图的审查。主要审查基础图的轴线编号、位置是否与上部结构图、建筑图相符；基础柱、承台、基础梁的布置、断面尺寸、标高是否与上部结构图、建筑图相统一；基础柱、墙、梁、板的编号及配筋标注是否齐全、准确无误，受力结构配筋是否合理。还需根据基础结构的特点、开挖方式和可能遇到的其他不利因素，并综合考虑施工单位的施工技术条件、设备条件以及以往的施工经验等评估施工的可能性及难易程度。

(2)楼层结构图的审查。同样重点审查上下层结构图轴线是否错位，门窗洞口位置是否错位等矛盾。尺寸标注、标高标注是否齐全、无误。各种结构件配筋标注是否编写齐全，有无漏注、漏配。结构平面大样图是否与结构节点详图一致。屋面结构图，特别是坡屋面结构图中造型比较复杂的屋面构架图，看图纸是否全面、准确、清晰的反映其结构做法。如发现图纸不能清楚表达，应要求设计方补详图表达清楚。

(3)审查结构图上预留孔洞、预埋钢筋、结构施工缝的留设是否有注明及特殊要求，这些部位是否有加强构造做法，如：预留孔洞设置止水环、加强配筋等。预埋管位置、数量、洞口尺寸等是否满足相应的专业图纸要求。图纸会审中若能及时发现和解决这类问题，就能避免施工后再穿墙打洞，造成墙体、楼面渗漏水或出现裂缝。

(4)审查结构施工图是否能满足建筑施工图的空间使用要求和外立面装饰要求。

4. 建筑图与结构图之间协调性的审查

建筑图与结构图通常是由不同设计师设计，这往往造成建筑图与结构图之间不一致。主要审查建筑图与结构图之间墙、柱、梁轴线位置、标注是否相互吻合，有无错位和矛盾。如：独立的框架柱、剪力墙、构造柱位置、数量是否相互对应；门窗洞开口位置、尺寸是否相互对应；轴线尺寸与细部尺寸是否相互一致；建筑平面图上应有梁的在结构图上是否有遗漏；墙、柱、梁、板的结构标高是否与建筑标高统一；结构梁的位置、宽度是否与上部墙体位置、墙体厚度相统一；楼梯结构图是否与楼梯建筑平面图、剖面图相符。特别注意地下车库、地下室、楼面转换层的梁截面尺寸及标高是否达到规范的规定，是否能满足建筑上使用功能的要求。

5. 土建部分施工图与给、排水施工图一致性的审查

着重注意建筑平面图中，厨房、卫生间、阳台等设备、器具的布置位置、数量是否与给、排水设计图纸的位置、数量、使用要求相符，是否充分利用空间又能做到出入使用方便，并与人的生理、生活习惯相适应。各种管径大小、安装位置、坡向是否合理。以及前面提到的门窗位置、开闭方式是否与设备、器具发生碰撞。结构图上的预留洞口位置、尺寸、标高是否与给、排水施工图的管道标高、管径相符，是否满足安装规范要求。建筑施工图与给、排水施工图中地漏的位置是否一致，数量和坡向是否符合使用功能要求。

6. 土建部分施工图与强、弱电施工图一致性的审查

强、弱电专业相对于给、排水专业，与土建存在的矛盾就要少一些。要着重注意强、弱电设计图中预埋导管的走向、数量、管径是否满足穿线要求，并和结构的柱、墙、梁、板位置相符，并能保证结构的安全性。防止柱、墙、梁、板内因预埋导管过多，削弱了结构的有效截面而导致结构上的不安全及出现开裂等现象。避免出现该轴线无墙却设计有开关、插座、灯具等现象。

图纸会审还应注意政策性方面的会审内容，如：图纸签章是否齐全和具有合法性，各专业施工图是否违反国家现行相关规范，特别是违反强制性规范。

3.2.4 施工图会审记录表

施工图会审后，要按要求填写会审记录表，见表 3－1。

表 3－1 施工图会审记录表(样表)

<table>
<tr><td>工程名称</td><td colspan="3"></td><td colspan="2">共　页　　第　页</td></tr>
<tr><td>地点</td><td></td><td>记录人</td><td></td><td>日期</td><td></td></tr>
<tr><td>参加人员</td><td colspan="5"></td></tr>
<tr><td>序号</td><td colspan="2">图纸问题</td><td colspan="3">会审意见</td></tr>
<tr><td></td><td colspan="2"></td><td colspan="3"></td></tr>
<tr><td></td><td colspan="2"></td><td colspan="3"></td></tr>
<tr><td></td><td colspan="2"></td><td colspan="3"></td></tr>
<tr><td></td><td colspan="2"></td><td colspan="3"></td></tr>
<tr><td>技术负责人：

建设单位盖章</td><td colspan="2">技术负责人：

设计单位盖章</td><td colspan="2">技术负责人：

监理单位盖章</td><td>技术负责人：

施工单位盖章</td></tr>
</table>

3.3 建筑施工图

建筑工程系列施工图的识读需要一定的专业理论知识才能很好的掌握，本课程结合建筑构造知识讲述建筑施工图的识读，其他施工图将在后续的专业课中结合建筑结构、建筑设备等课程学习。

建筑施工图(简称建施)主要表示建筑物的总体布局、外部造型、内部布置、细部构造、装修和施工要求等。一般包括：首页图、建筑总平面图、建筑平面图、建筑立面图、建筑剖面图、建筑详图等。

3.3.1 首页图

首页图是一套建筑施工图的第一页图纸，它是整套施工图的概括和必要说明。通过阅读首页图对要施工的建筑有一个总体了解，以便于有目的地查阅全套施工图。首页图通常包括图纸目录、设计与施工说明、工程做法表、门窗表等。

1. 图纸目录

图纸目录是将图纸的类别、编号、图名及备注等栏目以表格形式列出来，有序的图纸编排可以方便有关人员查阅图纸，掌握图样内容。

2. 设计说明

主要说明工程概况和总要求。一般包括该工程的设计依据、设计标准和施工要求等，见表3－2所示。

表3－2 建筑设计说明

建筑设计总说明

1 工程概况

1.1 本工程结构形式为钢筋混凝土框架结构。建筑类别为3类，设计使用年限为50年，建筑耐火等级为二级，屋面防水为Ⅱ级。

1.2 本工程主体平面投影最大尺寸为17.52 m×18.24 m，层数为二层，局部三层，檐口距室外地面6.7 m。建筑面积为494.19 m^2，占地面积283.88 m^2。

2 图面标注

2.1 本工程图纸尺寸单位：标高以m，其他以mm。

2.2 除注明外，各层标注标高为建筑完成面标高，屋面标高为结构面标高。

2.3 本工程图纸标注中凡标准图编号前未注明为何种标准图者，均为中南地区标准图号。

3 墙体构造

3.1 ±0.000以下墙体采用MU10实心砖，M7.5水泥砂浆砌筑。±0.000以上墙体为M5.0混合砂浆砌筑MU10烧结多孔砖。烧结多孔砖砌筑建筑构造见GB 04J101。

3.2 墙体厚度：外墙除注明外均为240 mm厚；内墙除注明外均为240 mm厚；卫生间隔墙均为120 mm厚。外墙装饰做法见各立面图标注。

3.3 墙身防潮层为20 mm厚1∶2.5水泥砂浆加5%防水剂置于标高－0.060 m处(地梁在室外地面以上者不设)。

3.4 所有预留洞孔待管线安装完毕后均须修补平整，并粉刷同相邻墙面。

3.5 结合给排水设计图预留砖墙孔洞。

4 ……

3. 门窗表

门窗表是对建筑物中所有门窗统计后列成的表，在门窗表中应反映门窗的类型、尺寸、数量、所用标准图集及其类型编号等，见表3－3所示。

表3－3 门窗表

类型	设计编号	洞口尺寸/mm×mm	樘数	开启方式	采用标准图集及编号		材料		过梁	备注
		宽×高			图集代号	编号	框材	扇材		
门	M1	900×2100	2	平开	98ZJ681	GJM101C1－1021	实木夹板门，底漆一遍，咖啡色调和漆二遍		GL09242	
	M2	1000×2100	8	平开	98ZJ681	GJM101C1－1021	实木夹板门，底漆一遍，咖啡色调和漆二遍		GL09242	
	M3	1500×2400	2	平开	98ZJ681	GJM101C1－1021	实木夹板门，底漆一遍，咖啡色调和漆二遍		GL09242	
	M4	800×2100	4	平开	07ZTJ603	PPM1－0821	塑钢门		GL08121	

续表 3-3

类型	设计编号	洞口尺寸/mm×mm 宽×高	樘数	开启方式	采用标准图集及编号 图集代号	编号	材料 框材	扇材	过梁	备注
组合门	MC1	6900×2700	1	平开	见大样		铝合金型材	钢化中空玻璃（8+6A+8厚）		全玻地弹簧门
窗	C1	2400×1800	2	平开	03J603-2	见大样	铝合金型材	中空玻璃（6+6A+6厚）		窗台900
	C2	2400×1800	4	平开	03J603-2	WPLC55BC94-1.52	铝合金型材	中空玻璃（6+6A+6厚）		窗台900
	C3	1800×1800	4	平开	03J603-2	WPLC55BC94-1.52	铝合金型材	中空玻璃（6+6A+6厚）	GL18242	窗台900
	C4	1500×1800	4	平开	03J603-2	WPLC55BC94-1.52	铝合金型材	中空玻璃（6+6A+6厚）		窗台900
	C5	4800×1800	1	平开	03J603-2	见大样	铝合金型材	中空玻璃（6+6A+6厚）		窗台900
	C6	1800×900	4	平开	03J603-2	WPLC55BC94-1.52	铝合金型材	中空玻璃（6+6A+6厚）	GL18242	窗台1500
	C7	2400×1800	5	平开	03J603-2	WPLC55BC94-1.52	铝合金型材	中空玻璃（6+6A+6厚）		窗台900

表 3-4 工程做法表

编号	装修名称	用料及分层做法	编号	装修名称	用料及分层做法
地62	细石混凝土防潮地面	1. 30厚细石混凝土随捣随抹 2. 黏贴3厚SBS改性沥青防水卷材 3. 刷基层处理剂一遍 4. 15厚1∶2水泥砂浆找平 5. 80厚C15混凝土 6. 素土夯实	楼10	陶瓷地砖楼面	1. 8~10厚厚地砖铺实拍平，水泥浆擦缝 2. 20厚1∶4干硬性水泥砂浆 3. 素水泥浆结合层一遍
地55	陶瓷地砖卫生间地面	1. 8~10厚地砖铺实拍平，水泥浆擦缝 2. 20厚1∶4干硬性水泥砂浆 3. 1.5厚聚氨酯防水涂料，面上撒黄砂，四周沿墙上翻150高 4. 刷基层处理剂一遍 5. 15厚1∶2水泥砂浆找平 6. 50厚C15细石混凝土找坡，最薄处不小于20 7. 60厚C15混凝土 8. 素土夯实	楼33	陶瓷地砖卫生间楼面	1. 8~10厚厚地砖铺实拍平，水泥浆擦缝 2. 20厚1∶4干硬性水泥砂浆 3. 1.5厚聚氨酯防水涂料，面上撒黄砂，四周沿墙上翻150高 4. 刷基层处理剂一遍 5. 15厚1∶2水泥砂浆找平 6. 50厚C15细石混凝土找坡，最薄处不小于20 7. 钢筋混凝土楼板
			内墙4	混合砂浆墙面	1. 15厚1∶1∶6水泥石灰砂浆 2. 5厚1∶0.5∶3水泥石灰砂浆
涂23	乳胶漆（3遍漆）	1. 清理基层 2. 满刮腻子一遍 3. 刷底漆一遍 4. 乳胶漆二遍	内墙12	面砖墙面	1. 15厚1∶3水泥砂浆 2. 刷素水泥浆层一遍 3. 4~5厚1∶1水泥砂浆加水重20%白乳胶镶贴 4. 8~10厚面砖，水泥浆擦缝

续表 3－4

编号	装修名称	用料及分层做法	编号	装修名称	用料及分层做法
踢 17 (100 高)	面砖踢脚	1. 17 厚 1∶3 水泥砂浆 2. 3～4 厚 1∶1 水泥砂浆加水重 20% 白乳胶镶贴 4. 8～10 厚面砖，水泥浆擦缝	外墙 12	面砖外墙面	1. 15 厚 1∶3 水泥砂浆 2. 刷素水泥浆层一遍 3. 4～5 厚 1∶1 水泥砂浆加水重 20% 白乳胶镶贴 4. 8～10 厚面砖，1∶1 水泥浆擦缝
外墙 15	花岗岩外墙面	1. 30 厚 1∶2.5 水泥砂浆，分层灌浆 2. 20～30 厚花岗岩板(背面用双股 16 号钢丝绑扎与墙面固定)，水泥浆擦缝	屋 7 (上人屋面)	高聚物改性沥青防水卷材防水屋面	1. 30 厚 250×250、C20 预制混凝土板，缝宽 3～5，1∶1 水泥砂浆填缝 2. 二层 3 厚 SBS 或 APP 改性沥青防水卷材 3. 刷基层处理剂一遍 4. 20 厚 1∶2.5 水泥砂浆找平 5. 20 厚最薄处 1∶8 水泥珍珠岩找坡 6. 干铺 150 厚水泥聚苯板 7. 钢筋混凝土屋面板，表面清理干净
顶 3	混合砂浆顶棚	1. 钢筋混凝土板底面清理干净 2. 7 厚 1∶1∶4 水泥石灰砂浆 3. 5 厚 1∶0.5∶3 水泥石灰砂浆	顶 11	轻钢龙骨石膏装饰板吊顶	1. 轻钢龙骨标准骨架：主龙骨中距 900～1000，次龙骨中距 600，横撑龙骨中距 600 2. 600×600 10 厚石膏装饰板，自攻螺钉拧牢，孔眼用腻子填平
顶 19	铝合金封闭式条形板吊顶	1. 配套金属龙骨 2. 铝合金条板，板宽 150	顶 22	铝合金方形板吊顶	1. 配套金属龙骨 2. 铝合金方型板，规格 600×600

表 3－5 装修表

房间名称	地面		楼面		内墙面		顶棚		踢脚		备注
	做法	颜色	做法	颜色	做法	颜色	做法	颜色	做法	颜色	
门厅	地 62(基层) 楼 10(面层)	米色			内墙 4 涂 23	乳白色	顶 11	乳白色	踢 17	红褐色	米色花岗石防滑地面砖 800×800 吊顶高 5.8 m
会议室	地 62(基层) 楼 10(面层)	米色			内墙 4 涂 23	乳白色	顶 11	乳白色	踢 17	红褐色	米色花岗石防滑地面砖 800×800 吊顶高 5.8 m
办公室、楼梯间	地 62(基层) 楼 10(面层)	米色	楼 10	米色	内墙 4 涂 23	乳白色	顶 3 涂 23	乳白色	踢 17	红褐色	米色花岗石防滑地面砖 600×600
休息间	地 62(基层) 楼 10(面层)	米色	楼 10	米色	内墙 4 涂 23	乳白色	顶 3 涂 23	乳白色	踢 17	红褐色	米色花岗石防滑地面砖 600×600
走廊	地 62(基层) 楼 10(面层)	米色	楼 10	米色	内墙 4 涂 23	乳白色	顶 19	乳白色			仿花岗岩陶瓷地砖 600×600 吊顶高 2.6 m
男女卫生间、盥洗室	地 55	米色	楼 33	米色	内墙 12	乳白色	顶 22	乳白色			米色花岗石防滑地面砖 300×300 内墙贴 300×250 面砖至吊顶(高 2.2 m)
门廊	同台阶				内墙 4		顶 3 涂 23	乳白色			深灰色花岗石贴面

4. 工程做法表

它用来详细说明墙、地面、楼面、屋面以及踢脚、散水等部位的构造做法，如采用标准图集中的做法，应注明所采用标准图集的代号、做法编号。通常情况下，工程做法表放在首页图中，当建筑物的工程做法比较复杂时，可将工程做法表单独放在一张图中，见表 3－4 所示。

对于简单的装饰，无需另配装饰施工图时可直接在建筑施工图上用文字或表格的形式加以说明，如表 3－5 所示。

3.3.2 建筑总平面图

总平面图又称“总体布置图”，是建筑场地的水平投影图，表明新建房屋所在基地有关范围内的总体布置，它反映新建房屋、构筑物等的位置和朝向，室外场地、道路、绿化等的布置，地形、地貌、标高以及与原有环境的关系和邻界情况等。建筑总平面图是新建房屋及其他设施的施工定位、土方施工以及设计水、电、暖、煤气等管线总平面图的依据。

由于总平面图需要表达的范围较大，所以通常采用 1∶500、1∶1000、1∶2000 等小比例绘制，如图 3－1 所示。

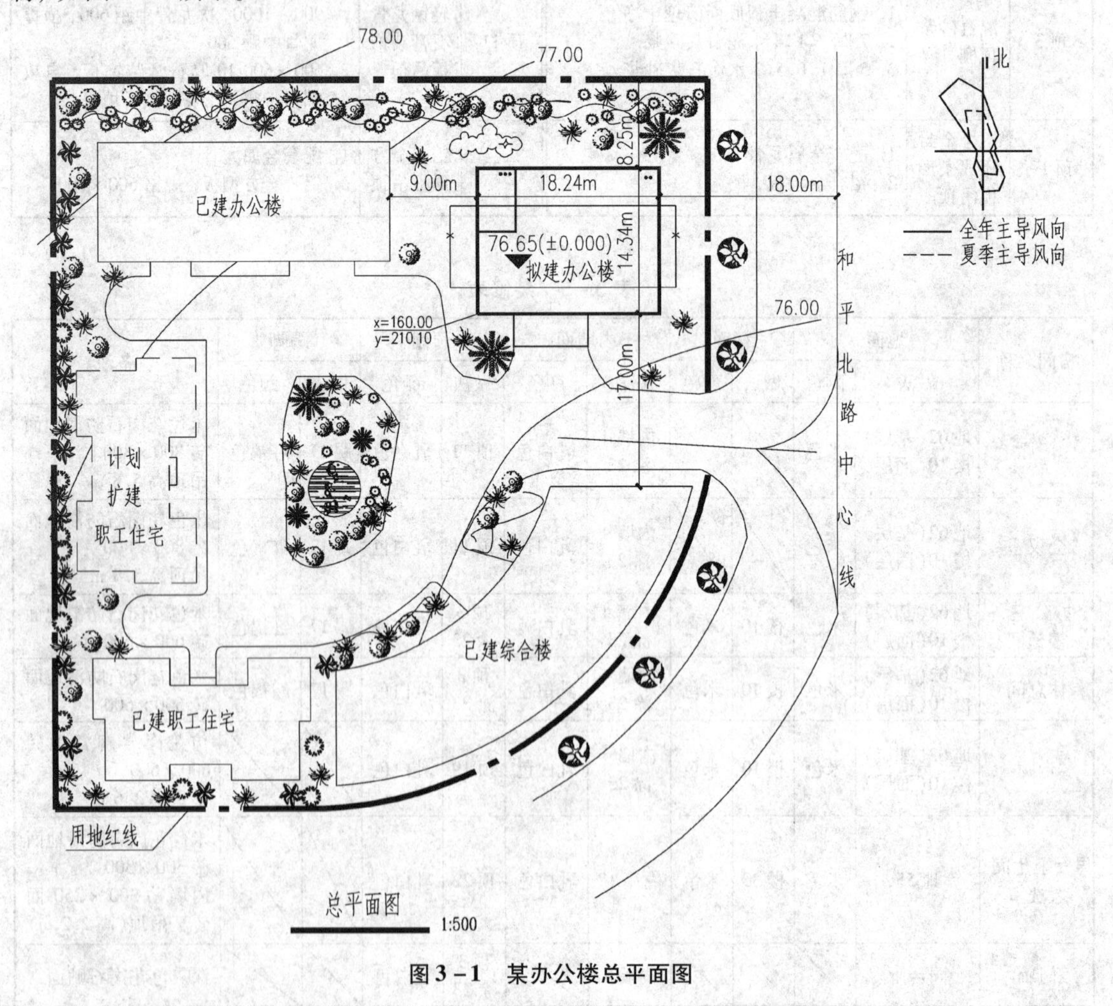

图 3－1　某办公楼总平面图

1. 图示内容

1)新建建筑的定位

新建建筑的定位一般是以周围道路中心线或建筑物为参照物，标明新建建筑与其周围道路中心线或建筑物的相对位置尺寸。当新建筑区域所在地形较为复杂时，为了保证施工放线的准确，可采用坐标定位。坐标定位分为测量坐标和建筑坐标两种。

a. 测量坐标就是将地形图上的坐标网，用细实线引测到建设用地画出。坐标网一般为100 m×100 m 或 50 m×50 m 的方格网。

b. 建筑坐标(又称施工坐标)就是将建设地区的某一点定为坐标原点，画出尺寸为100 m×100 m 或 50 m×50 m 的方格网，并使方格网的一个边线与建筑物主轴方向平行，以此来确定用地范围，表明新建建筑物位置。建筑坐标适用于房屋朝向与测量坐标方向不一致的情况。

2)用地范围的地形、地物

总平面图中应图示新建建筑物、已建建筑物和构筑物、准备拆除的建筑物及建设项目区域范围内道路、出入口、绿化的布置等。用地范围的新建建筑物的外轮廓用粗实线绘制，已建建筑物、构筑物用细实线绘制，计划拆除的建筑用带×的细实线绘制。

3)新建建筑室内外地面的标高

总平面图中对不同高度的地坪均应标注标高，一般标注绝对标高。如果标注相对标高，则应注明相对标高与绝对标高的换算关系。实际工程中，一般将建筑物的一层室内地坪作为±0.000 的标高位置。

4)指北针、风向频率玫瑰图

通过指北针、风向频率玫瑰图了解建筑物的朝向和建筑地区的风向频率。

5)图例与线型

由于建筑总平面图图示内容多，绘图比例小，为了便于表达和识读，图中一些常见的内容可用相应的图例和规定的线型来表达。建筑总平面图常用的图例和总平面图制图图线见表3－6和表3－7。

表3－6 总平面图常用图例

名 称	图 例	说 明
新建建筑物	X= Y= ① 12F/2D H=59.00 m	

续表 3－6

名 称	图 例	说 明
原有建筑物		用细实线表示
计划扩建的预留地或建筑物		用中粗虚线表示
拆除的建筑物		用细实线表示
建筑物下面的通道		
围墙及大门		上图为实体性质的围墙，下图为通透性质的围墙，若仅表示围墙时不画大门
截水沟或排水沟	1 40.00	“1”表示 1% 的沟底纵向坡度，“40.00”表示变坡点间距离，箭头表示水流方向
铺砌场地		
填挖边坡		1. 边坡较长时，可在一端或两端局部表示； 2. 下边线为虚线时表示填方。
护坡		同填挖边坡
敞棚或敞廊		
室内标高	151.00(±0.00)	
室外标高	● 143.00 ▼ 143.00	
烟囱		实线为烟囱下部直径，虚线为基础，必要时可注写烟囱高度和上、下口直径

续表 3－6

名　称	图　例	说　明
落叶阔叶乔木		
常绿阔叶灌木	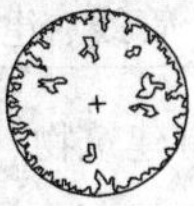	
草坪	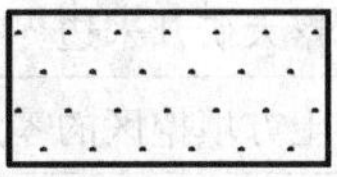	
桥梁	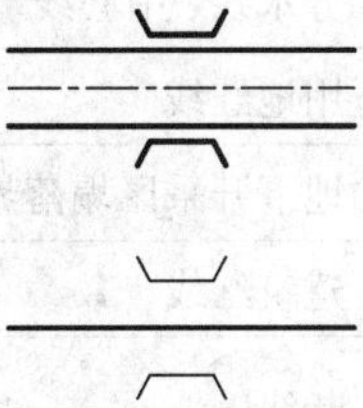	1. 上图为公路桥，下图为铁路桥； 2. 用于旱桥时应注明
铁路隧道		
台阶	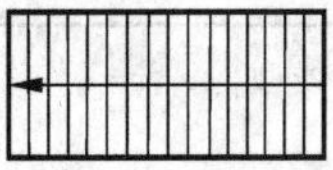	箭头指向表示向下
坐标	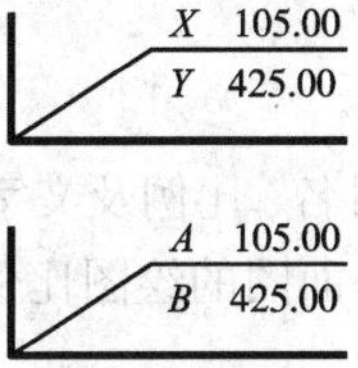 X 105.00 Y 425.00 A 105.00 B 425.00	上图表示测量坐标，下图表示建筑坐标
方格网交叉点标高	-0.50　77.85 78.35	"78.35"为原地面标高，"77.85"为设计标高，"－0.50"为施工高度，"－"表示挖方（"＋"表示填方）

表 3－7　总平面图制图图线

名　称		线　型	线　宽	用　途
实线	粗		b	1. 新建建筑物 ±0.00 高度的可见轮廓线 2. 新建的铁路、管线
	中		$0.7b$ $0.5b$	1. 新建构筑物、道路、桥涵、边坡、围墙、运输设施的可见轮廓线 2. 原有标准轨距铁路
	细		$0.25b$	1. 新建建筑物 ±0.00 高度以上的可见建筑物、构筑物轮廓线 2. 原有建筑物、构筑物、原有窄轨、铁路、道路、桥涵、围墙的可见轮廓线 3. 新建人行道、排水沟、坐标线、尺寸线、等高线

续表 3－7

名称		线型	线宽	用途
虚线	粗	━ ━ ━ ━	b	新建建筑物、构筑物的地下轮廓线
	中	— — — — — — — —	0.5b	计划预留扩建建筑物、构筑物、铁路、道路、运输设施、管线、建筑红线及预留用地各线
	细	- - - - - - - - - - -	0.25b	原有建筑物、构筑物、管线的地下轮廓线
单点长画线	粗	━ · ━ · ━	b	露天矿开采边界线
	中	—·—·—·—	0.5b	土方填挖区的零点线
	细	-·-·-·-·-	0.25b	分水线、中心线、对称线、定位轴线
双点长画线		━ ·· ━ ··	b	用地红线
		—··—··—	0.7b	地下开采区塌落界限
		-··-··-··-	0.5b	建筑红线
折断线		—\/—	0.5b	断线
不规则曲线		～～～	0.5b	新建人工水体轮廓线

注：根据各类图纸所表示的不同重点确定使用不同粗细线型。

2. 总平面图的识图步骤及示例

见图 3－1 某办公楼总平面图。

(1)先看图名、比例及文字说明。通过图名、比例及文字说明，了解工程项目类型、建设用地范围等概况等。从图 3－1 中看出该总平面图的绘图比例为 1∶500，用地范围内用粗实线所表示的建筑为新建建筑。

(2)了解新建房屋的平面位置、层数、外围尺寸和总体布局等。建设用地红线用粗点画线圈定，形状为接近方形的不规则用地，东侧为和平北路，西、南、北侧为其他项目用地。拟建办公楼位于建设用地的东北边，平面尺寸为 18.24 m×14.34 m 的矩形，建筑层数为 2 层，楼梯出屋面。从图中还可看出拟建办公楼处已拆除的建筑物位置和大小，西侧是计划扩建的职工住宅和其他已建建筑。

(3)了解新建建筑的定位尺寸和坐标网。新建办公楼西南角点的定位 x＝160.00、y＝210.10，以已有建筑物和道路中心线作为参照点来看，距西侧和南侧已建建筑分别为 9 m 和 17 m，距东侧道路中心线 18 m，距北侧用地红线 8.25 m。

(4)了解建筑室内外地面的标高、地势的高低起伏变化。从总平面等高线的分布来看，该地块西北方向地势较高，东南方向地势较低。新建办公楼一层室内地坪绝对标高为 76.65 m，相当于室内相对标高的 ±0.000。

(5)了解建筑朝向和当地风向。根据总平面图中风玫瑰图，可以看出办公楼的主入口方向朝南，本地区常年的主导风向为西北风。明确风向有助于建筑构造的选择和材料堆场的布置，以及其他问题的分析。

(6)了解其他。绿化、美化的要求和布置情况以及建筑周围的环境情况。在不影响交通的情况下尽可能多的布置绿化，美化用地内的环境，从图3－1可见中建筑物周边绿化带及整个用地中心的水景等布置情况。

3.3.3 建筑平面图

1. 建筑平面图的形成与作用

建筑平面图，简称平面图，包括建筑各楼层平面图和屋顶平面图。楼层平面图是用一个假想的水平剖切面在窗台以上过梁以下的适当位置将房屋水平切开，移去上面的部分，向下做水平投影得到的图样，如图3－2所示。屋顶平面图是假想观察者站在建筑物的上方，向下所做的水平投影图。

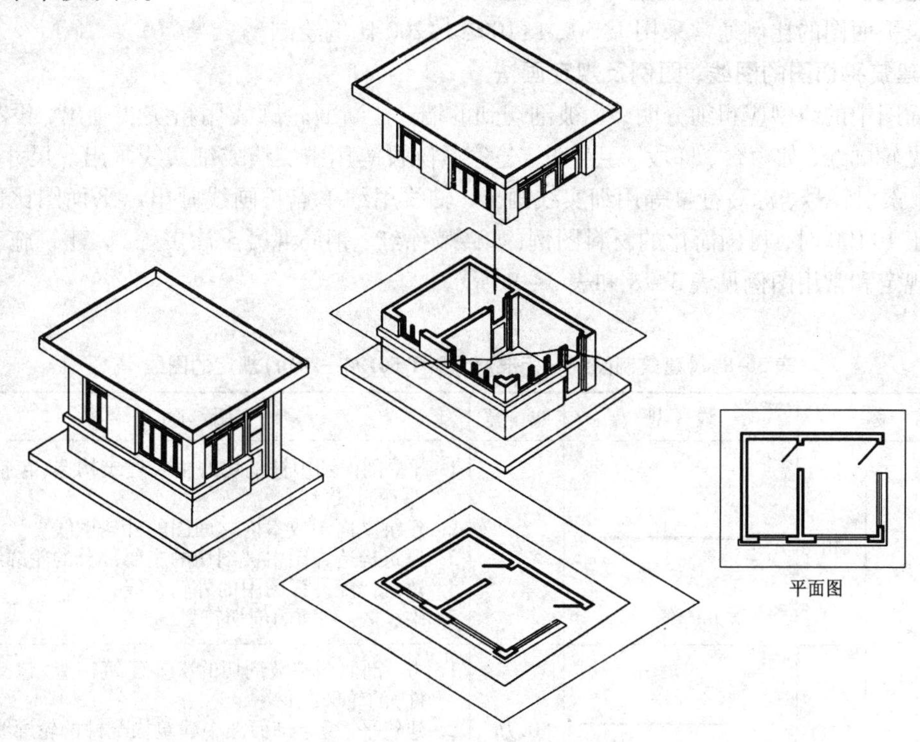

图3－2 建筑平面图的形成

建筑平面图主要用于表达建筑物的平面形状、平面布置、墙身厚度、门窗的位置及尺寸、以及其他建筑构配件的布置等，是作为施工放线、砌筑墙体、门窗安装、室内装修、编制预算、施工备料等的重要依据。

屋顶平面图主要表示屋顶形式、排水方式和屋顶排水装置的布置。

2. 建筑平面图的图示内容

1)表示建筑的结构类型与布置

建筑平面图中应画出其承重构件的位置，据此反映出建筑物的结构类型，并明确柱、墙等构件相互间的位置关系。

2)表示建筑平面形状和房间布局

楼层平面图主要表示建筑的平面形状，房间的布局和分隔，定位轴线的位置，门窗及其编号，楼梯的布置，阳台、厨房、卫生间及内部的固定设施等。

3）表示构配件位置及细部处理

建筑物中留置的洞口、高窗等在建筑平面图中需要交代清楚，楼梯的位置和形式、建筑物内部设施的位置及尺寸大小、索引符号等也要准确清晰表达。

3. 建筑平面图的命名和比例

一般来说，建筑物的每个楼层（包括底层）均应绘制对应的平面图，并在平面图的下方注明该层的图名，如底层（一层）平面图、二层平面图、三层平面图……顶层平面图等。若中间楼层中有若干相同的平面，这时可用一个平面图来表达这些中间布局相同楼层的平面图，该平面图一般以"标准层平面图"或"× ~ ×层平面图"命名，但要注明所代表的不同楼层的标高。当建筑物有地下室时，还应画出地下室平面图。

建筑平面图的比例通常采用1∶50、1∶100、1∶200比例绘制。

4. 建筑平面图的图线、图例及规定画法

平面图中的线型应粗细分明，凡被剖切到的墙、柱断面轮廓线用粗实线画出，没有剖切到的可见轮廓线，如窗台、梯段、卫生设备、家具陈设等用中实线或细实线画出。尺寸线、尺寸界线、索引符号、标高符号等用细实线画出，轴线用细单点长画线画出。平面图比例若为小于等于1∶100时，可画简化的材料图例（如砖墙涂红、钢筋混凝土涂黑等）。建筑施工图中图线的规定和常用图例见表3－8和表3－9所示。

表3－8 《建筑制图统一标准》（GB/T 50104—2010）规定的图线

名称		线型	线宽	用途
实线	粗		b	1. 平、剖面图中被剖切的主要建筑构造（包括构配件）的轮廓线； 2. 建筑立面图或室内立面图的外轮廓线； 3. 建筑构造详图中被剖切的主要部分的轮廓线； 4. 建筑构配件详图中的外轮廓线； 5. 平、立、剖面的剖切符号
	中粗		$0.7b$	1. 平、剖面图中被剖切的次要建筑构造（包括构配件）的轮廓线； 2. 建筑平、立、剖面图中建筑构配件的轮廓线； 3. 建筑构造详图及建筑构配件详图中的一般轮廓线
	中		$0.5b$	小于$0.7b$的图形线、尺寸线、尺寸界限、索引符号、标高符号、详图材料做法引出线、粉刷线、保温层线、地面、墙面的高差分界线等
	细		$0.25b$	图例填充线、家具线、纹样线等
虚线	中粗		$0.7b$	1. 建筑构造详图及建筑构配件不可见的轮廓线； 2. 拟建、扩建建筑物轮廓线
	中		$0.5b$	投影线、小于$0.5b$的不可见轮廓线
	细		$0.25b$	图例填充线、家具线等

续表 3－8

名称		线型	线宽	用途
单点长画线	粗		b	起重机(吊车)轨道线
	细		$0.25b$	中心线、对称线、定位轴线
折断线	细		0.25b	部分省略表示时的断开界线
波浪线	细		0.25b	部分省略表示时的断开界线、曲线形构件断开界限、构造层次的断开界限

注：地平线宽可用 $1.4b$。

表 3－9 建筑平面图中常用的图例和符号

名称	图例	说明
单层外开平开窗	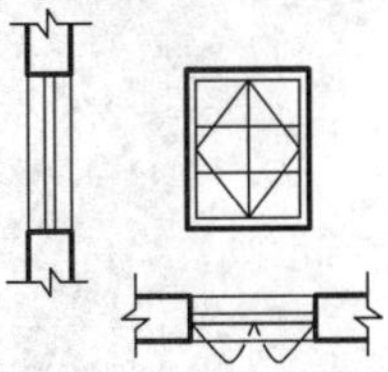	1. 窗的名称代号用 C 表示； 2. 平面图中，下为外，上为内； 3. 立面图中，开启线实线为外开，虚线为内开，开启线交角的一侧为安装合页一侧； 4. 剖面图中，左为外，右为内； 5. 附加纱窗应以文字说明，在平立剖面中均不表示； 6. 立面形式应按实际情况绘制
单层内开平开窗	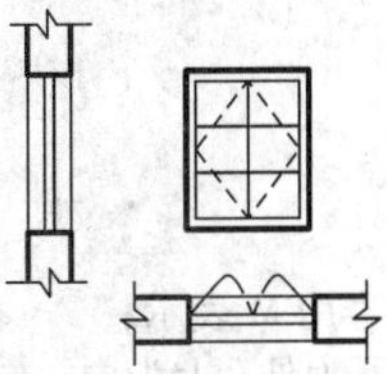	
上拉窗	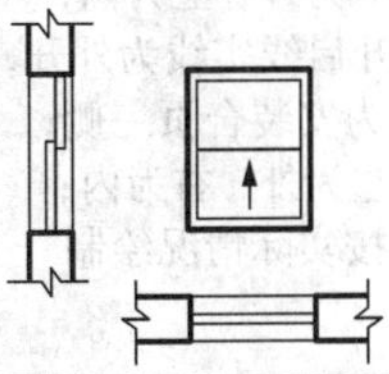	
推拉窗	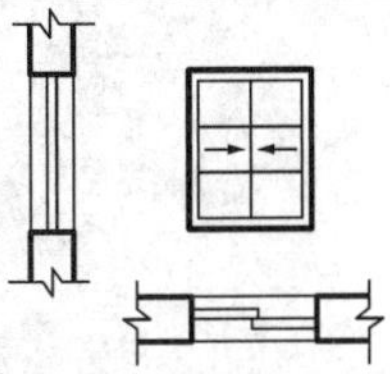	1. 窗的名称代号用 C 表示； 2. 立面形式应按实际情况绘制
楼梯	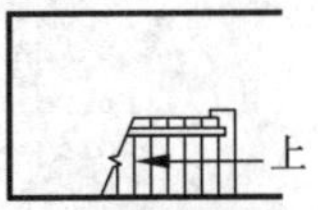 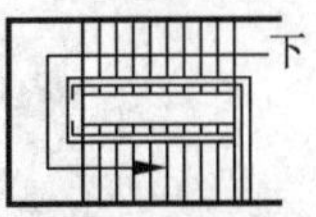 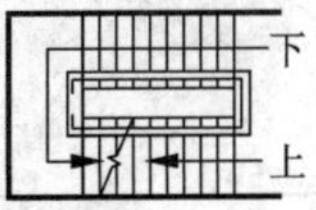 上 下 下 上	1. 上图为底层楼梯平面，中图为顶层楼梯平面，下图为中间层楼梯平面； 2. 楼梯及栏杆扶手的形式和梯段踏步数应按实际情况绘制

续表 3－9

名称	图例	说明
坡道	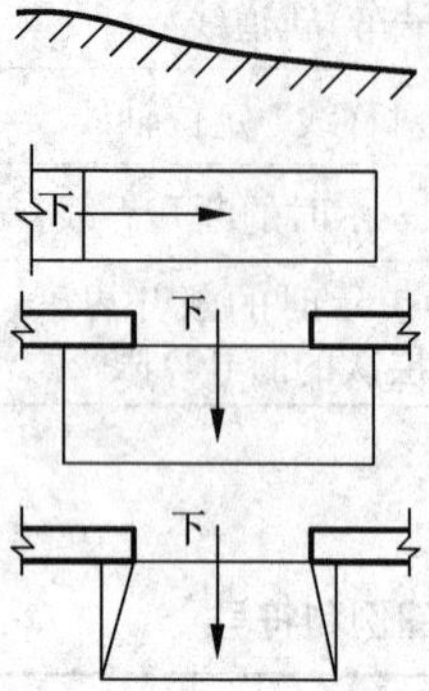	上图为长坡道，下图为门口坡道
单扇门（包括平开或单面弹簧）	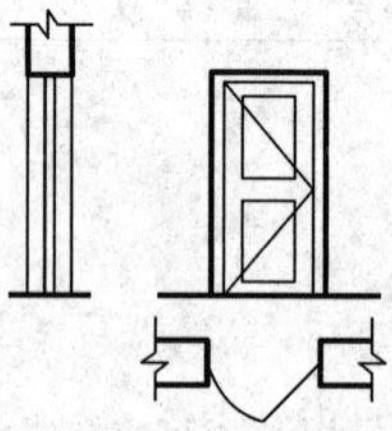	1. 门的名称代号用 M 表示； 2. 平面图中，下为外，上为内； 3. 立面图中，开启线实线为外开，虚线为内开。开启线交角的一侧为安装合页一侧； 4. 剖面图中，左为外，右为内； 5. 立面形式应按实际情况绘制
双扇门（包括平开或单面弹簧）		
对开折叠门		
双扇内外开双层门（包括平开或单面弹簧）		
高窗	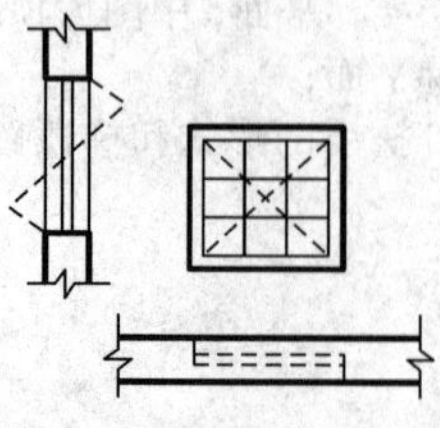	

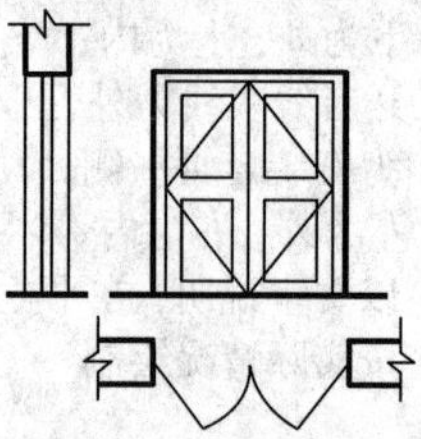

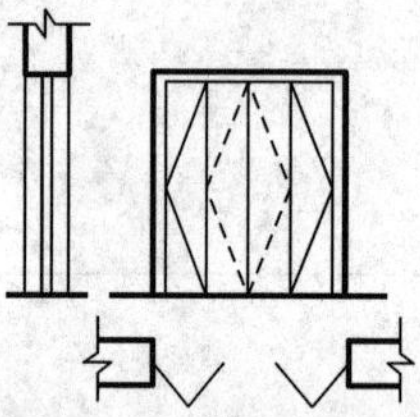

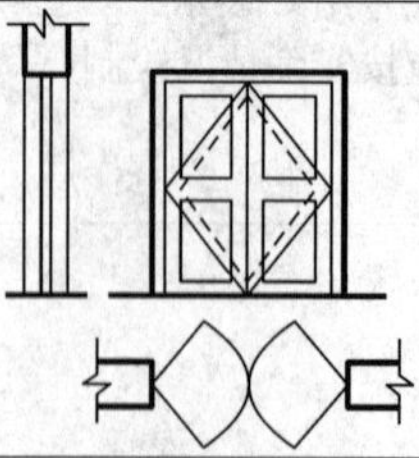

续表 3－9

名称	图例	说明
转门	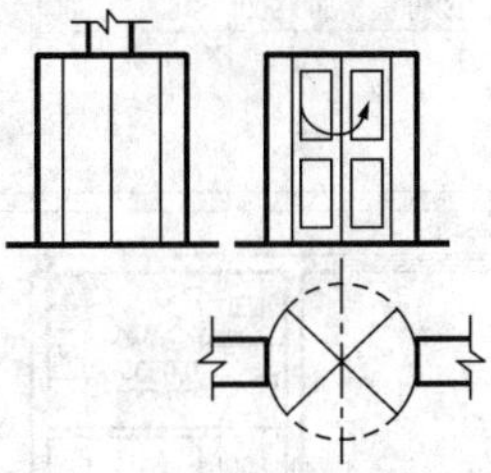	
烟道	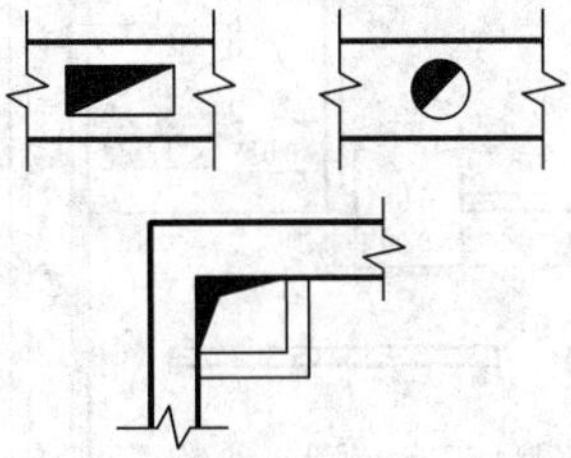	1. 阴影部分亦可填充灰度或涂色代替； 2. 烟道、风道与墙体为相同材料，其相接处墙身线应连通
风道	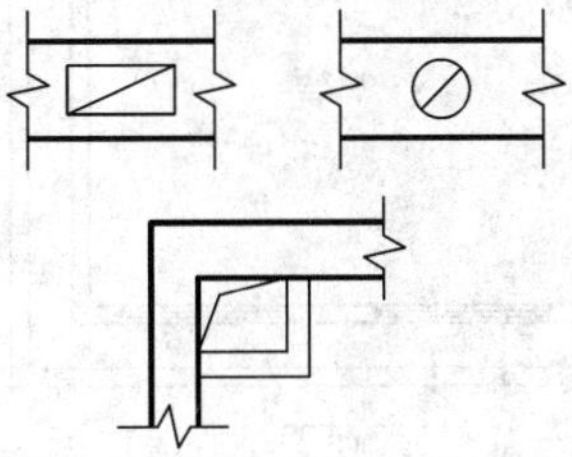	
检查孔	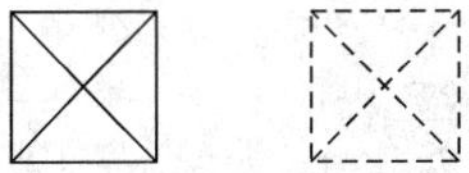	左图为可见检查孔，右图为不可见检查孔

5. 建筑平面图的识读示例

下面以图 3－3～图 3－5 所示的办公楼平面图为例，讲述平面图的识读步骤及方法。

1)一层平面图(图 3－3)

a. 了解图名、比例

读图一般先看标题栏，结合图名了解图样内容。图名比例一般注写在平面图下方，从图中可知该平面图为建筑一层平面图，绘图比例为 1∶100。

b. 了解建筑物的朝向

通过指北针看建筑物的方位与朝向，该建筑物坐北朝南，入口在南侧。

c. 了解定位轴线及编号，明确墙柱位置

读定位轴线和编号，了解墙(或柱)的平面布置。图中共有 5 条横向定位轴线，5 条纵向定位轴线，主轴线均位于 240 墙中间。从图中可以看出，该房屋结构为框架结构，框架柱的位置分别在①、②、③、⑤轴线和Ⓐ、Ⓑ、Ⓒ、Ⓔ轴线的交界处。

d. 了解建筑内部平面布局和外部设施

看平面图的总长、总宽的尺寸，内部房间的功能关系，布置方式等。该房屋平面形状主要为一 18.24 m×14.34 m 的矩形，南侧局部凸出 2.5 m 门廊，为主要出入口，设 4 个踏步与

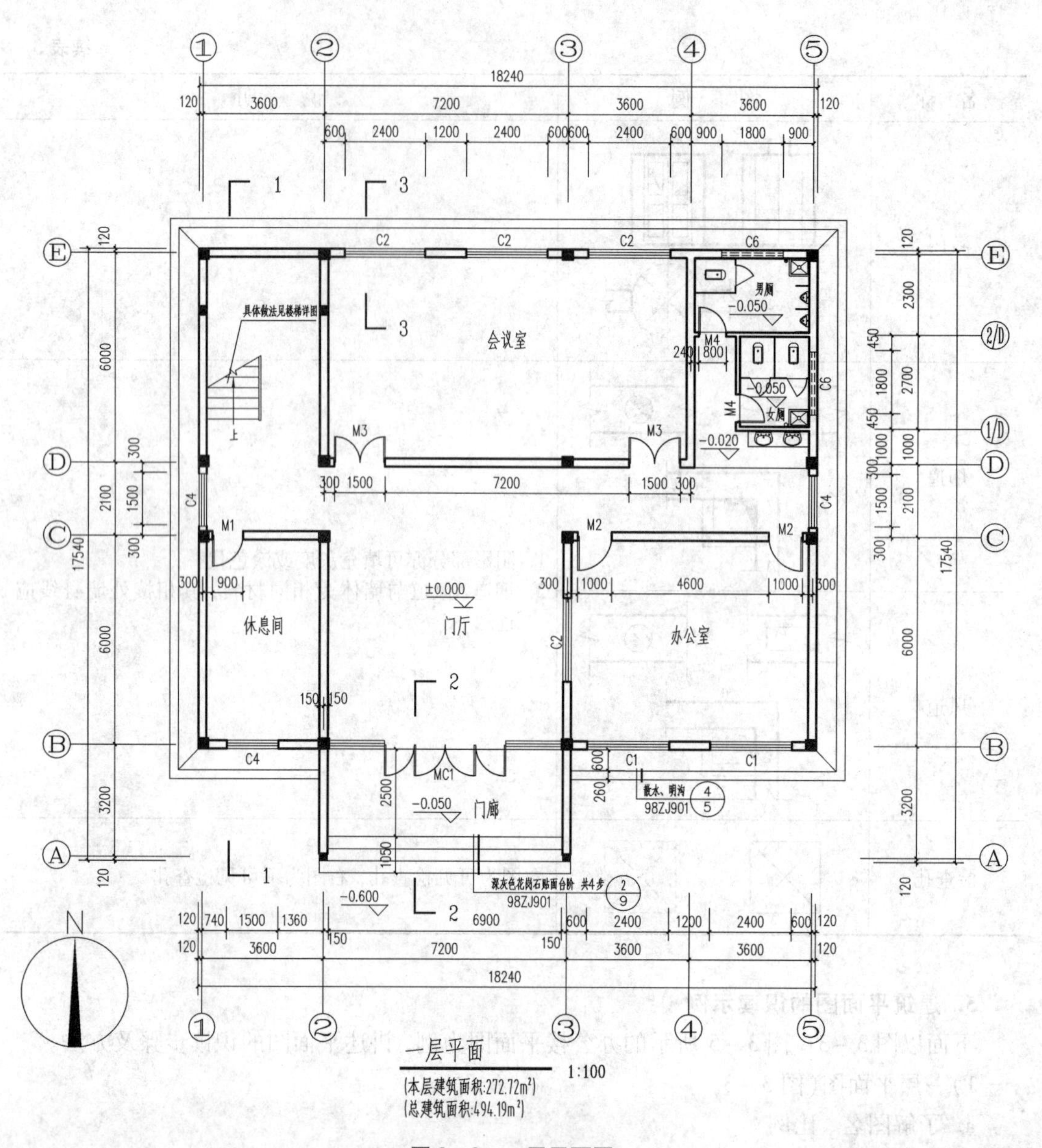

图3-3 一层平面图

室外地坪连接。进门是门厅，两侧分别为休息间和办公室。楼梯间位于西北角，上行梯段被水平剖切面剖断，用45°细斜折断线表示，北侧有会议室和厕所，房屋四周设有散水和明沟。

e. 了解平面各部分的尺寸

平面图尺寸以毫米(mm)为单位，但标高以米(m)为单位。尺寸标注有外部尺寸和内部尺寸两部分。

外部尺寸：

建筑平面图的下方及侧向一般标注三道尺寸。最外一道是外包尺寸，表示房屋外轮廓的总尺寸，即从一端的外墙边到另一端的外墙边总长和总宽的尺寸；中间一道是轴线间的尺寸，表示各房间的开间和进深的大小；最里面一道是细部尺寸，它表示门窗洞口和窗间墙等

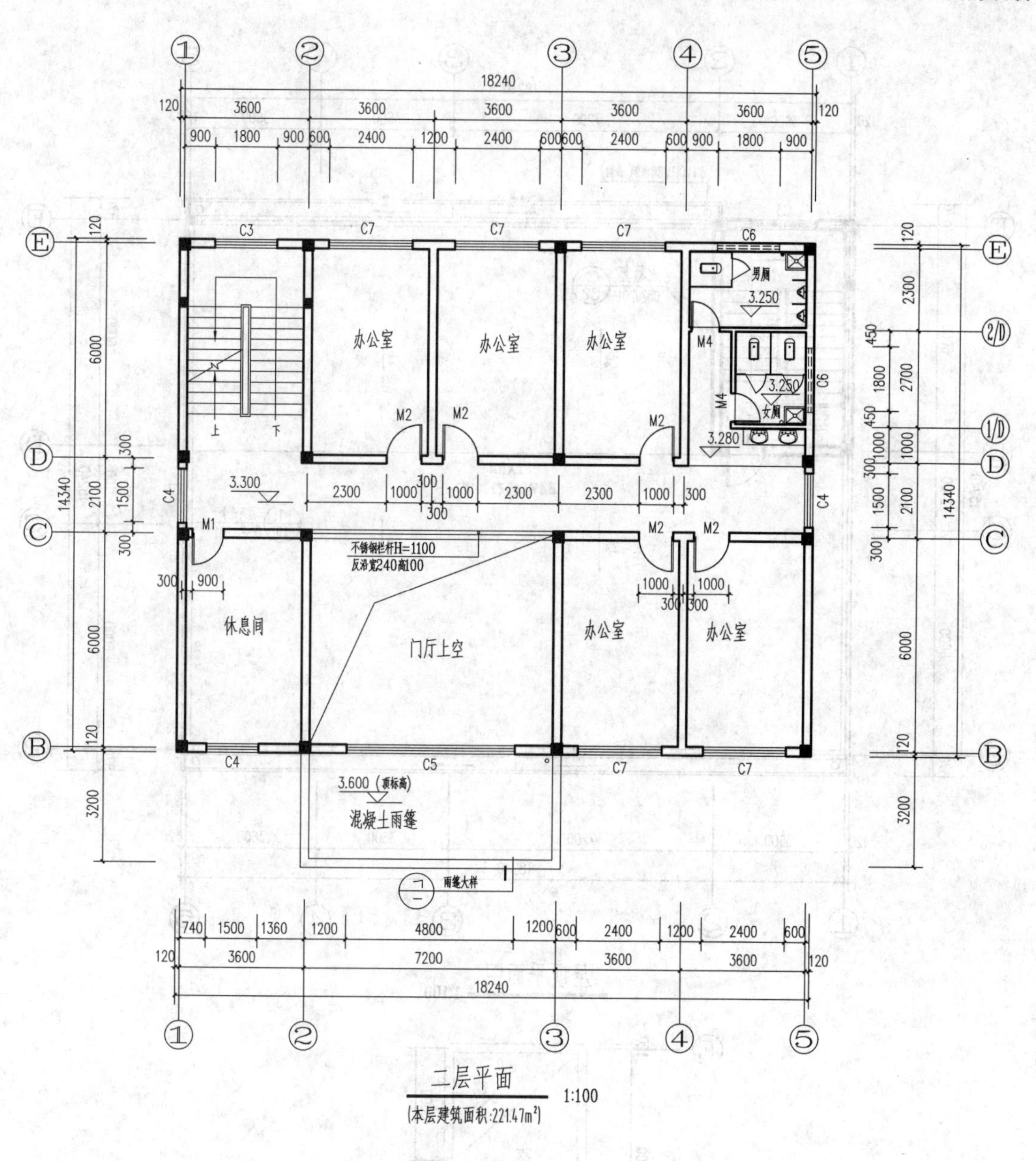

办公室
休息间
门厅上空
混凝土雨篷
男厕
女厕
不锈钢栏杆H=1100
反沿宽240高100
3.600（顶标高）
雨篷大样
二层平面　1:100
（本层建筑面积:221.47m²）

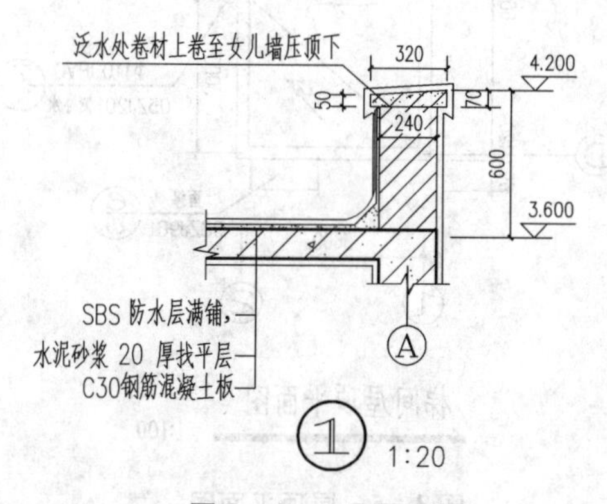

泛水处卷材上卷至女儿墙压顶下
SBS 防水层满铺，
水泥砂浆 20 厚找平层
C30钢筋混凝土板
1:20

图 3－4　二层平面图

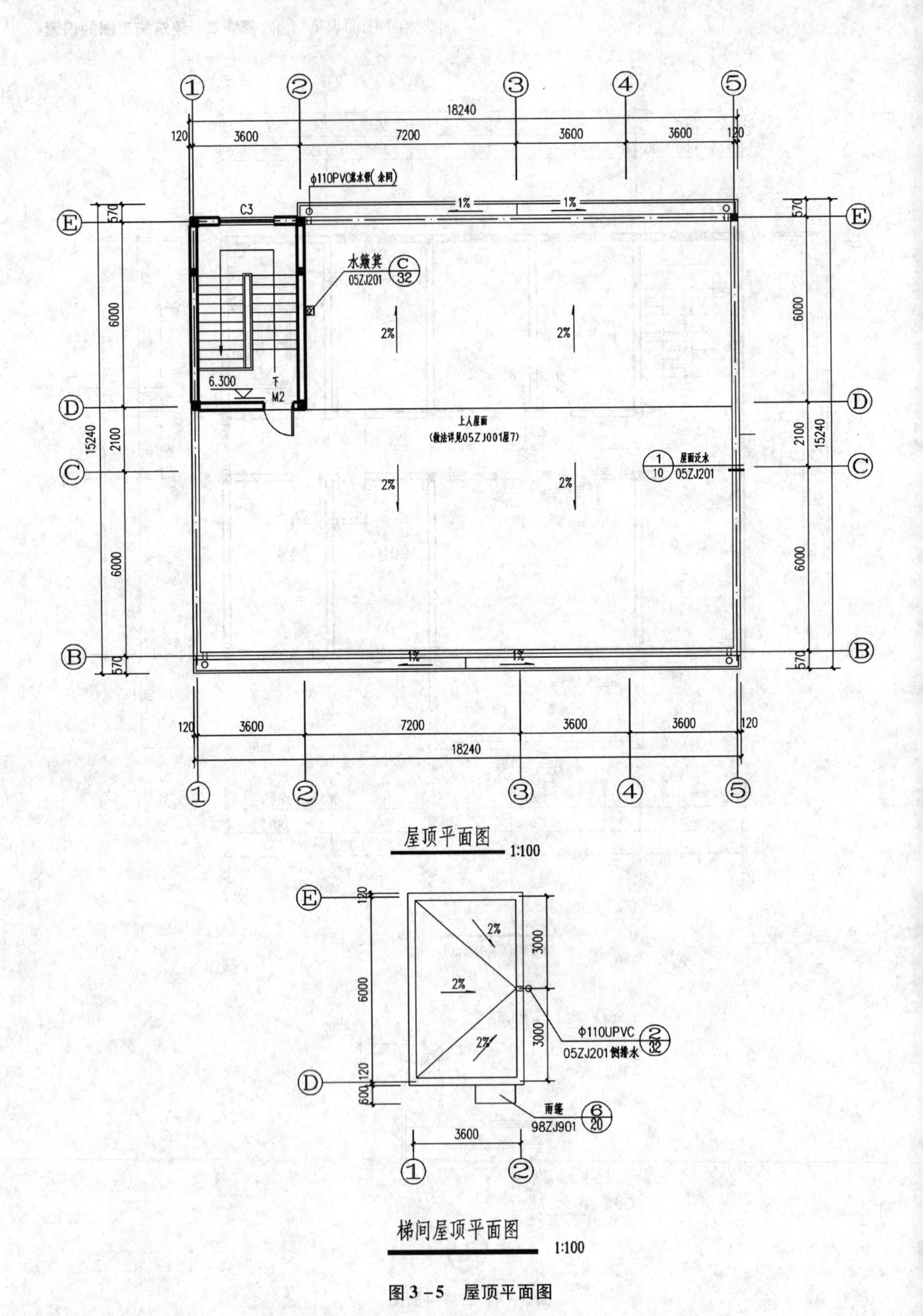

φ110PVC落水管(余同)
C3
水簸箕
05ZJ201
C
32
1%
2%
6.300
M2
上人屋面
(做法详见05ZJ001屋7)
1
10
屋面泛水
05ZJ201
18240
120
3600
7200
570
6000
2100
15240
屋顶平面图
1:100
φ110UPVC
05ZJ201侧排水
2
32
雨篷
98ZJ901
6
20
3000
600
梯间屋顶平面图
1:100

图 3－5 屋顶平面图

水平方向的定型和定位尺寸。本图中房屋总长 18240 mm，总宽 17540 mm，南侧房间开间从左至右分别为 3600 mm、7200 mm、7200 mm，进深为 6000 mm。此外底层平面图中还应标出室外台阶、花台、散水等室外设施尺寸。图中门廊宽 2500 mm，台阶踏面宽 350 mm，散水宽 600 mm，明沟宽 260 mm。

内部尺寸：

应注明内墙门窗洞的位置及洞口宽度、墙体厚度、设备的大小和定位尺寸，内部尺寸应就近标注，标注应尽量规整。此外，建筑平面图中的标高，除特殊说明外，通常都采用相对标高。从图中标注可以门洞 M2 定形尺寸为 1000 mm，门垛宽度为 300 mm；一层室内标高 ±0.000，洗漱间标高 -0.020，卫生间标高 -0.050，相对于一层室内地面低 20 mm 和 50 mm。

f. 了解门窗的布置、数量及型号

建筑平面图中，只能反映出门窗的位置和宽度尺寸，而它们的高度尺寸、构造等情况是无法表达出来的。为了便于识读，在图中采用专门的代号标注门窗，其中门的代号为 M，窗的代号为 C，代号后面用数字表示它们的编号，如 M_1、M_2、…、C_1、C_2。一般每个工程的门窗规格、型号、数量都由门窗表说明。在该图中，有 MC1、M2、M3、M4 四种类型的门，在表 3-3 中可查询各门窗的尺寸及数量，如编号为 M3 的门宽为 1500 mm，共有 2 个，门高为 2400 mm，材料为平开实木夹板门。

g. 了解房屋剖面图的剖切位置、索引符号等。从图中我们可以看到剖切位置 1—1 位于①和②轴线之间，编号为 1—1，沿房屋的横向剖切到散水、楼梯间、走廊、休息间及Ⓑ、Ⓒ、Ⓔ轴线的墙体。剖切后向右投影，可以看到门廊、⑤轴线墙上的 C3、C4 窗。

图中索引符号索引出散水、明沟、花岗石贴面台阶，并注明详图所在图集编号。

2）二层平面图（图 3-4）

该二层平面图的图示内容和读图方法与一层平面图部分内容相同，不同之处如下：

a. 在二层平面图中，不必画出一层平面图中已画出的指北针、剖切符号及室外散水和明沟。

b. 应按照投影关系画出下一层平面未表达的室外构配件和设施，如窗顶挑出的遮阳板、门廊或阳台上雨篷等。本图中门廊上方有混凝土雨篷，需表达其尺寸、标高、排水坡度等，另外，门厅上空二楼走廊临空处设有不锈钢栏杆。

c. 二层平面图中门窗编号、尺寸和标高均与一层平面图不同。如二层楼面标高为 3.300 m，卫生间的标高也相应改变，门窗结合门窗表对照识读。

d. 二层平面图中，楼梯的表达方法有所不同。楼梯间上行的梯段被水平剖切面剖断，绘图时用 45°细斜折断线分界，画出上行梯段的部分踏步，下行的梯段完整存在，且部分踏步与上行的部分踏步的投影重合。

3）屋顶平面图（图 3-5）

屋顶平面图是在房屋的上方向下作屋顶外形的水平投影而得到的投影图，如有出屋面的楼梯间，则将高于屋面的楼梯间水平剖切后，向下做水平投影。屋顶平面图表示屋顶情况，如突出屋顶的楼梯间、屋面排水的方向、坡度、雨水管的位置、上人孔及其他建筑配件的位置等。

图 3-5 中楼梯只有下行的梯段，不需画折断线，水平段增加栏杆扶手，保护人员安全。

屋顶由中间向南北两侧做横向排水坡度 2%，通过女儿墙上的排水孔流入纵向坡度为 1% 的檐沟内，最后由直径为 110 mm 的 PVC 落水管排到地面的排水系统中。

3.3.4 建筑立面图

1. 建筑立面图的形成与作用

建筑立面图简称立面图，它是在与房屋立面平行的投影面上所作的房屋正投影图，如图 3 - 6 所示。立面图主要表示建筑物的外形和外貌，反映房屋的高度、层数，屋顶及门窗的形式、大小和位置；表示建筑物立面各部分配件的形状及相互关系、墙面做法、装饰要求、构造做法等，是进行建筑物外装修的主要依据。

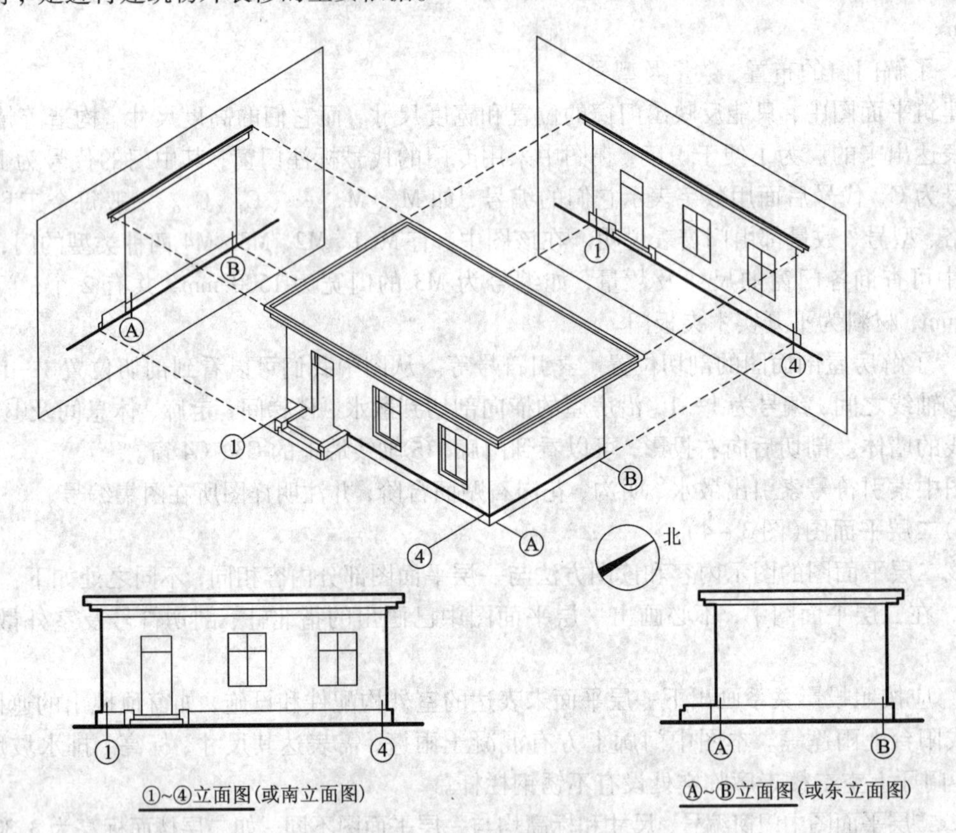

图 3 - 6 建筑立面图的形成

2. 建筑立面图的内容

1) 立面外形

立面图主要表明房屋建筑的立面外形和外貌，包括外形轮廓、门窗、挑檐、雨篷、阳台、台阶、遮阳板、屋顶、雨水管、勒脚、散水、墙面及其装饰线、装饰物等的形状及位置等。

为使建筑立面图主次分明、清晰明了，应注意线型的应用。一般用粗实线(b)绘制建筑物的外轮廓和有较大转折处的投影线；用中粗线($0.5b$)绘制外墙上凸凹部位，如壁柱、门窗洞口、挑檐、雨篷、阳台、遮阳板等；用细实线($0.25b$)绘制门窗细部分格、雨水管、勒脚和其他装饰线条，用加粗实线($1.4b$ 左右)绘制室外地坪线。

建筑物立面上往往有许多重复的细部分格，如门窗、阳台栏杆、墙面构造花饰等，绘制立面图时，只需详细画出一个图样，其余部分可简化画出，即只需要画出其轮廓和主要分格。

2)标注标高

立面图中标注的标高应与各层楼地面的标高相一致，一般注写的标高部位有室内外地坪、各层楼面、檐口、屋脊、女儿墙、雨篷、门窗、台阶等处。

3)标注定位轴线

在建筑立面图中，要画出起始轴线、终止轴线及其编号。

4)标注索引符号

对于建筑立面图中不能确切表达的图样做法，需要画出详图或引用标准做法，这时需在立面图对应的位置标注索引符号。

5)注明外墙面装饰装修做法

在立面图上，应用引出线加文字说明外注明墙面各部位所用的装饰装修材料、颜色、施工做法等。

3. 建筑立面图的命名和比例

根据建筑物外形的复杂程度，所需绘制的立面图的数量也不同。建筑立面图一般有三种命名方式：

(1)按房屋的朝向来命名：南立面图、北立面图、东立面图、西立面图。

(2)按立面图中首尾轴线编号来命名，如①~⑧立面图。

(3)按房屋外貌特征来命名：正立面图、背立面图、左侧立面图、右侧立面图。

建筑立面图的比例一般与平面图的比例一致，常用比例1:100。

4. 建筑立面图的识读示例(图3-7)

(1)了解图名及比例。本图图名①~⑤立面图，由首尾定位轴线编号来形成，比例为1:100。

(2)了解立面图与平面图的对应关系。了解某一立面图的投影方向，并对照平面图了解其朝向。通过与一层平面(图3-3)的对照，可看出该立面是南立面，因主入口位于该立面，所以也是正立面。

(3)了解房屋的体形和外貌特征。分析和阅读房屋的外轮廓线，了解房屋立面的造型的变化。观察图中加粗的线条，即外轮廓线，可看出建筑采用平屋顶。将立面图与平面图结合起来，可以看出该立面图表达的是Ⓑ轴线墙体的外貌，两端的定位轴线为①和⑤，入口偏向左侧，门廊位于②、③轴线之间，凸出的体型丰富了建筑的立面，突出了主入口。

(4)了解房屋各部分的高度尺寸及标高数值。建筑物立面图的高度以竖向尺寸和标高的形式进行标注。如图中室外地坪标高为-0.600 m，一层地面标高为±0.000，门廊标高为-0.050 m，檐口底标高为6.100 m，雨篷女儿墙顶标高为4.200 m，屋顶女儿墙顶标高为7.500 m，凸出屋顶的楼梯间标高为9.600 m等。除标高外高度方向还有尺寸标注，包括三道尺寸：细部尺寸、楼层尺寸、总尺寸。如图中通过细部尺寸可以看出勒脚高1500 mm，窗台高900 mm；楼层尺寸表示各楼层的高度，图中一层层高3300 m，二层层高3000 mm；总尺寸指建筑物总高度8100 mm，凸出屋面的楼梯间总高度为10200 mm。一般标高和尺寸标注标在图形外侧，并做到符号排列整齐，符合制图标准规定，并在房屋立面左右对称时一般注写在左侧，不对称时两侧均标注。该图门廊局部凸出，尺寸较复杂，故再增加相应的标高标注。

(5)了解门窗的形式、位置及数量。图中有五种类型共7个窗，1个组合门窗(门连窗)，

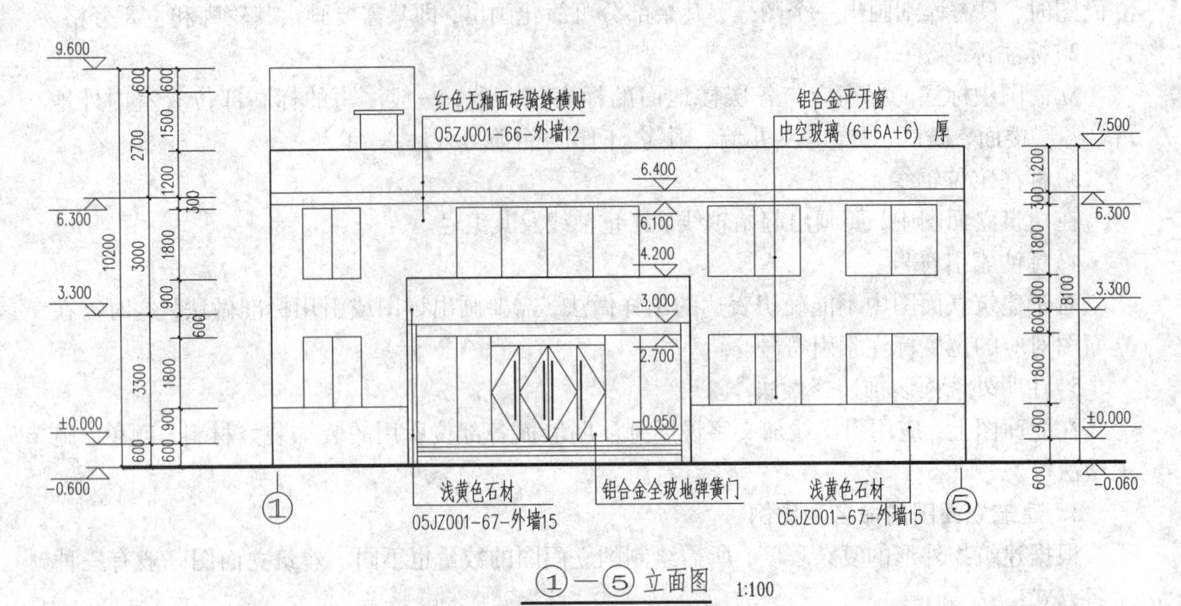

图 3－7　正立面图

通过对平面图的对比，不难查出分别为 2 个 C1、2 个 C4、1 个 C5、2 个 C7，一个 MC1 的门连窗，对应查门窗表可查出各种型号的门窗尺寸。

(6)了解房屋外墙面的装修做法。图形上除用材料图例表示外，还可以文字进行较详细的说明或索引通用图的作法。通过阅读文字说明和符号，了解到外墙面主要采用红色无釉面砖来进行装饰，勒脚、门廊柱、雨篷饰面材料采用浅黄色石材，窗户均采用铝合金平开窗。

3.3.5　建筑剖面图

1. 建筑剖面图的形成与作用

假想用一个或一个以上的铅垂剖切面将房屋剖开，移去靠近观察者的部分，对剩余部分所做的正投影图，简称剖面图，如图 3－8 所示。

剖面图主要表示建筑内部结构形式和构造做法，以及高度、层数、建筑空间的组合利用等。它与平面图、立面图相配合，是建筑施工图的重要图样。在施工中，可作为进行分层砌筑内墙、铺设楼板、屋面板和内装修、工程量计算等工作的依据。

2. 剖面图的内容与图示方法

建筑剖面图主要表达建筑中被剖切到的梁、柱、墙体、楼面、室内地面、室外地坪、门窗洞口等，以及未被剖切到的剩余部分，图示方法因图示内容而不同。

(1)建筑中被剖切到的结构：如梁、墙体、楼板、屋面板、雨篷等，这些结构断面轮廓用粗实线绘制，内部用相应的材料图例进行填充。

(2)未被剖面到的构配件：未剖切到但投影可见的主体结构的轮廓用中粗线表示，门窗等配件投影用细实线绘制。

(3)被剖切到的装饰装修构造：如梁和墙体的饰面、楼面和室内外地坪的面层、顶棚、墙裙、勒脚等用细实线绘制。

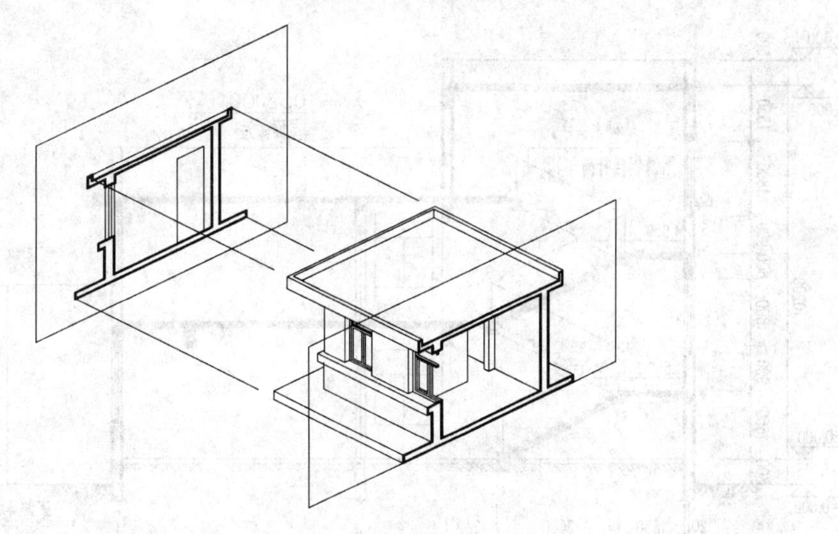

图 3-8 建筑剖面图的形成

(4)屋顶、楼地面、散水等构造：用多层构造引出线，按照制图规范要求表达。

(5)标高标注：凡是剖面图上不同的高度应标注出标高，如室内外地面、各层楼面、阳台、楼梯平台、檐口、屋脊、女儿墙、雨篷、门窗、台阶等处。

(6)尺寸标注：主要标注高度尺寸，分内部尺寸与外部尺寸。

外部高度尺寸一般注三道：

第一道尺寸，接近图样的一道尺寸，以层高为基准标注窗台、窗(或门)洞顶以及门窗洞口的高度尺寸；

第二道尺寸，标注两楼层间的高度尺寸(即层高)；

第三道尺寸，为最外一道的总尺寸，指从建筑室外地坪到建筑物屋顶的高度距离，表示建筑物的总高。

内部尺寸用来标注各层净空大小、内部门窗洞口的高宽、墙身厚度以及固定设备大小等。

(7)当有些节点构造在建筑剖面图中表达不清楚时，可用详图索引符号引注。

3. 剖面图的命名和比例

剖面图的剖切位置在一层平面图上绘出，可用阿拉伯数字或罗马数字进行编号，如1—1或Ⅰ—Ⅰ等。剖面图的剖切位置，应选择在能反映建筑结构全貌、构造比较复杂的部位(如楼梯间)，并应尽量剖切到门窗洞口，剖视位置应选择具有代表性的部位。剖面图的数量应根据建筑结构的复杂程度来确定，对于结构简单的建筑工程，一般只画一个剖面图，并且多为横剖面图。当工程规模较大或建筑结构较复杂时，则根据实际需要确定剖面图的剖切位置和数量，有时要作出纵向剖面图。

剖面图的比例一般与平面图和立面图一致，常用比例1∶100。

4. 建筑剖面图的识读示例(图3-9)

(1)了解图名及比例。从图中看出，该图名为1—1剖面图，比例为1∶100，与建筑平面图和立面图的比例相同。

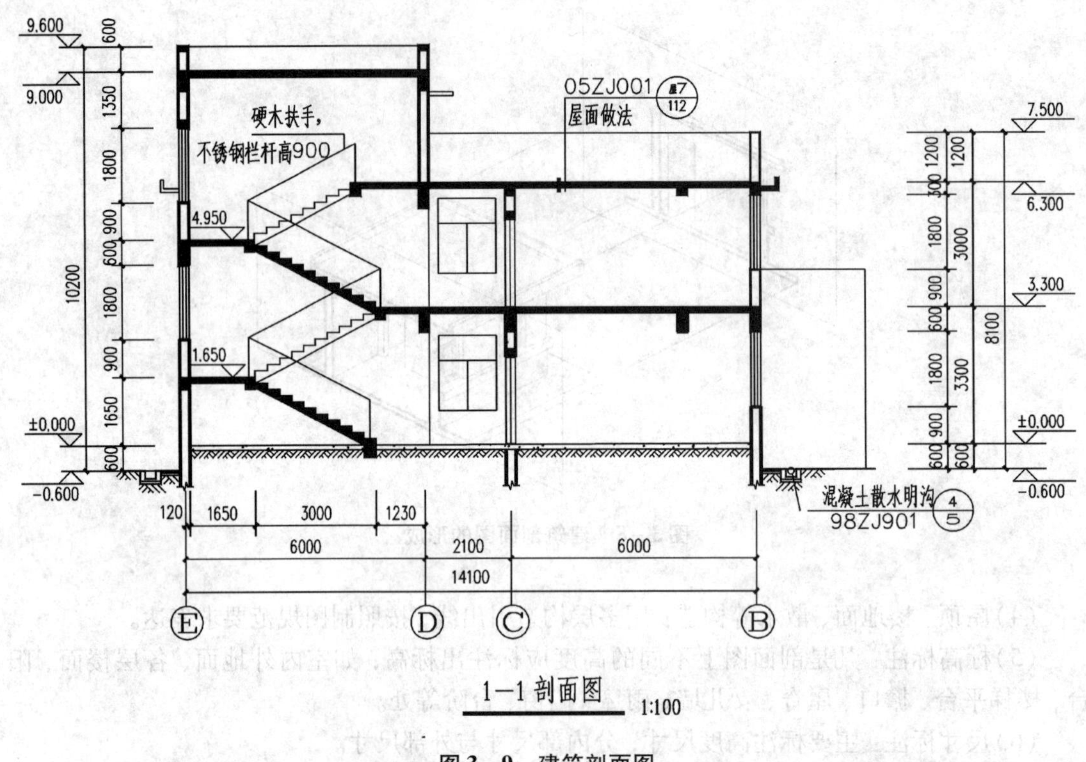

图 3－9　建筑剖面图

(2)了解剖面图与平面图的对应关系。找到剖面图形成时在建筑物中的剖切位置：将该剖面图图名编号与一层平面图(图 3－3)的剖切符号 1—1 编号对照，看出该剖面图为建筑的横剖面图，剖面图是在轴线①和轴线②之间剖切后向右投影所得到的横向剖面图，剖到的墙身定位轴线编号为Ⓑ、Ⓒ、Ⓔ。

(3)了解房屋被剖切到的部位及构配件。在剖面图中应画出房屋室内外地坪以上被剖切到的部位和构配件的断面轮廓线。与平立面对照，1－1 剖面图所表达的被剖切到的部位有一、二层平面图中的走廊、休息间及整个楼梯间以及轴线Ⓑ、Ⓒ、Ⓔ上的墙体、梁、门窗、过梁及楼梯间梯段、平台，室内外地坪、散水、明沟和屋顶(平屋顶，屋面坡度为 2%)、檐口等。其中楼板、屋顶、梁等钢筋混凝土构件的断面在剖面图中应用相应的材料符号表示，如绘图比例 1∶50 以上时，用钢筋混凝土材料符号表示，如绘图比例小于等于 1∶100 时可在构件截面范围内涂黑表示。

(4)了解房屋未被剖切的可见部分。图中可见Ⓓ轴墙体靠走廊一侧墙线，室内楼梯未剖切到的梯段踏步及楼梯栏杆扶手，内廊尽头 C3、C4 窗，⑤轴线墙体伸出屋顶的女儿墙，入口门廊等。

(5)了解房屋各部位的尺寸和标高情况。本图中标注了室内外地面、各层楼面、楼梯平台、屋顶、女儿墙、雨篷等处的标高，同时辅以轴线间的水平轴线尺寸和高度方向的竖向尺寸。

(6)了解索引详图所在的位置及编号、图例等。图中通过散水明沟、屋面处的索引符号交代其细部节点构造做法，如索引到的标准图集要对应查找该标准图集中的构造做法。

3.3.6 建筑详图

建筑详图是将房屋构造的局部用较大比例画出的详细图样，又称建筑详图或大样图。由于建筑平面图、立面图、剖面图通常采用1:100等较小的比例绘制，对房屋的一些细部(也称节点)的详细构造，如形状、尺寸、材料和做法等无法完全表达清楚，它是建筑细部的施工图，是对建筑平面、立面、剖面图等基本图样的深化和补充，是建筑工程的细部施工、建筑构配件制作及编制预算的依据。

绘制详图的比例，一般采用1:50、1:20、1:10、1:5、1:2、1:1等。详图的表示方法，应视该部位构造的复杂程度而定，有的只需一个剖面详图就能表达清楚，有的则需另加平面详图或立面详图，有时还要在详图中再补充比例更大的局部详图。

详图要求图示的内容详尽清楚，尺寸标注齐全，文字说明详尽。一般应表达出构配件的详细构造、所用的各种材料及其规格、各部分的构造连接方法及相对位置关系、各细部的详细尺寸、有关施工要求、构造层次及制作方法说明等。同时，建筑详图必须加注图名，详图符号应与被索引的图样上的索引符号相对应，在详图符号的右下侧注写比例。对于套用标准图或通用图的建筑构配件和节点，只需注明所套用图集的名称、型号、页次，可不必另画详图。

建筑详图一般包括墙身详图、楼梯详图、卫生间和厨房布置详图及阳台、雨篷、台阶、门窗、内外装饰装修详图等，具体内容将在模块三建筑构造与构造详图中详述。

3.4 建筑施工图的绘制

3.4.1 绘制建筑施工图的目的和要求

为了准确的表达设计意图和内容，必须先掌握建筑工程施工图的内容、图示原理和方法，正确绘制施工图。同时通过施工图的绘制，可以进一步认识房屋构造，提高读图能力。

绘制施工图，要求运用投影原理和作图方法，正确使用绘图仪器工具，严格执行制图标准，确保投影正确、表达清楚、尺寸齐全、符合标准、图面整洁、阅读方便等。

3.4.2 绘制建筑施工图的步骤和方法

1. 确定绘制图样的数量

根据房屋的外形、层数、平面布置和构造内容的复杂程度，以及施工的具体要求，确定图样的数量，做到表达内容既不重复也不遗漏。图样的数量在满足施工要求的条件下以少为好。

2. 选择适当的比例

3. 进行合理的图面布置

图面布置要主次分明，排列均匀紧凑，表达清楚，尽可能保持各图之间的投影关系。同类型的、内容关系密切的图样，集中在一张或图号连续的几张图纸上，以便对照查阅。

4. 施工图的绘制方法

绘制建筑施工图的顺序，一般是按平面图—立面图—剖面图—详图顺序来进行的。先用铅笔画底稿，经检查无误后，按"国标"规定的线型加深图线。铅笔加深或描图上墨时，一般顺序是：先画上部，后画下部；先画左边，后画右边；先画水平线，后画垂直线或倾斜线；先画曲线，后画直线。

3.4.3 建筑工程施工图绘制示例

1. 建筑平面图绘制(图3－10)

先选定比例和图幅，合理布置图面。建筑平面图常用比例为1∶100，图样在图纸中布局要合理匀称，位置适宜。

(1)绘制图框和标题栏，均匀布置图面，绘出定位轴线。先定横向和纵向的最外两道轴线，再根据开间和进深尺寸定出各轴线。先用淡淡的细实线画出定位轴线的位置，为了提高作图速度，可将同一方向的尺寸一次画出，然后再画另一方向的图线，见图3－10(a)。

(2)根据定位轴线画出建筑主要结构轮廓，绘出全部墙柱断面和门窗洞口，同时补全未定轴线的次要的非承重墙，见图3－10(b)。

(3)画细部。绘出所有的建筑构配件、卫生器具的图例或外形轮廓，见图3－10(c)。

(4)校核并经检查无误后，擦去多余的作图线，按施工要求加深或加粗图线或上墨水线。并标注轴线、尺寸、门窗编号、剖切位置线、图名、比例及其他文字说明，最后完成平面图，见图3－10(d)。

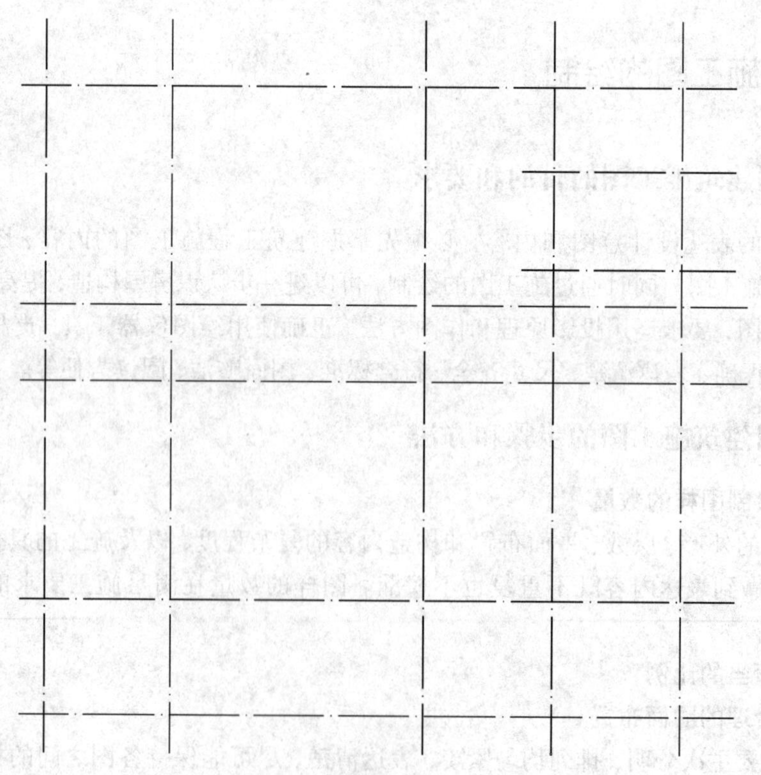

(a)轴网绘制

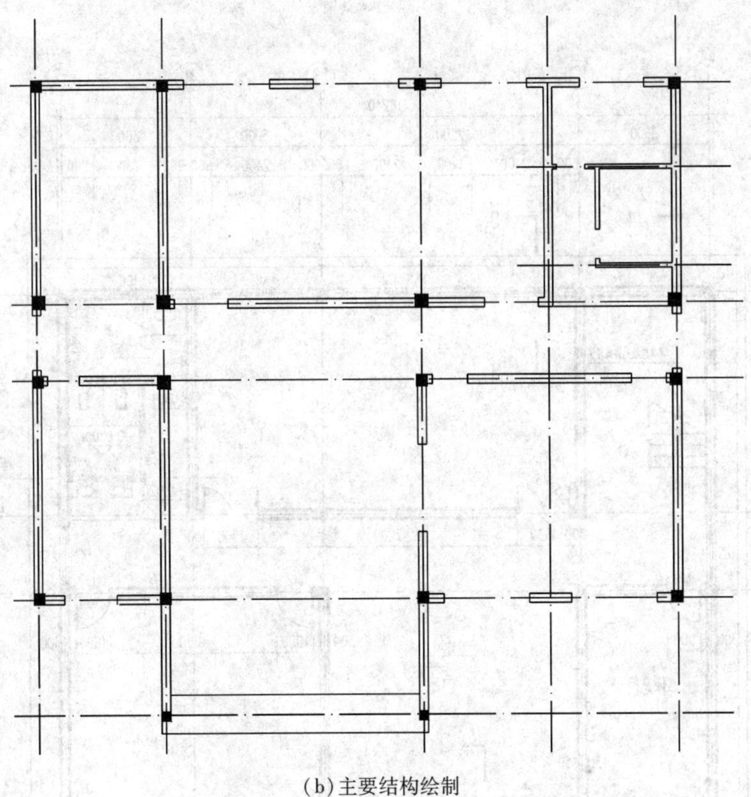

(b)主要结构绘制

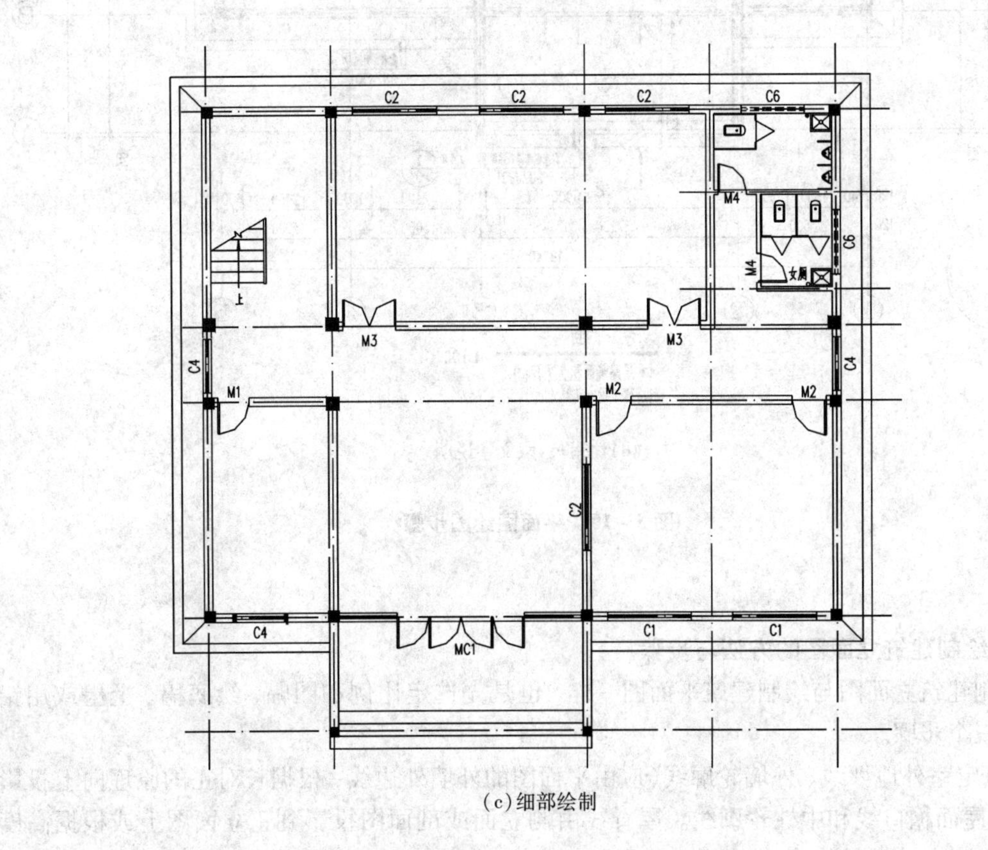

(c)细部绘制

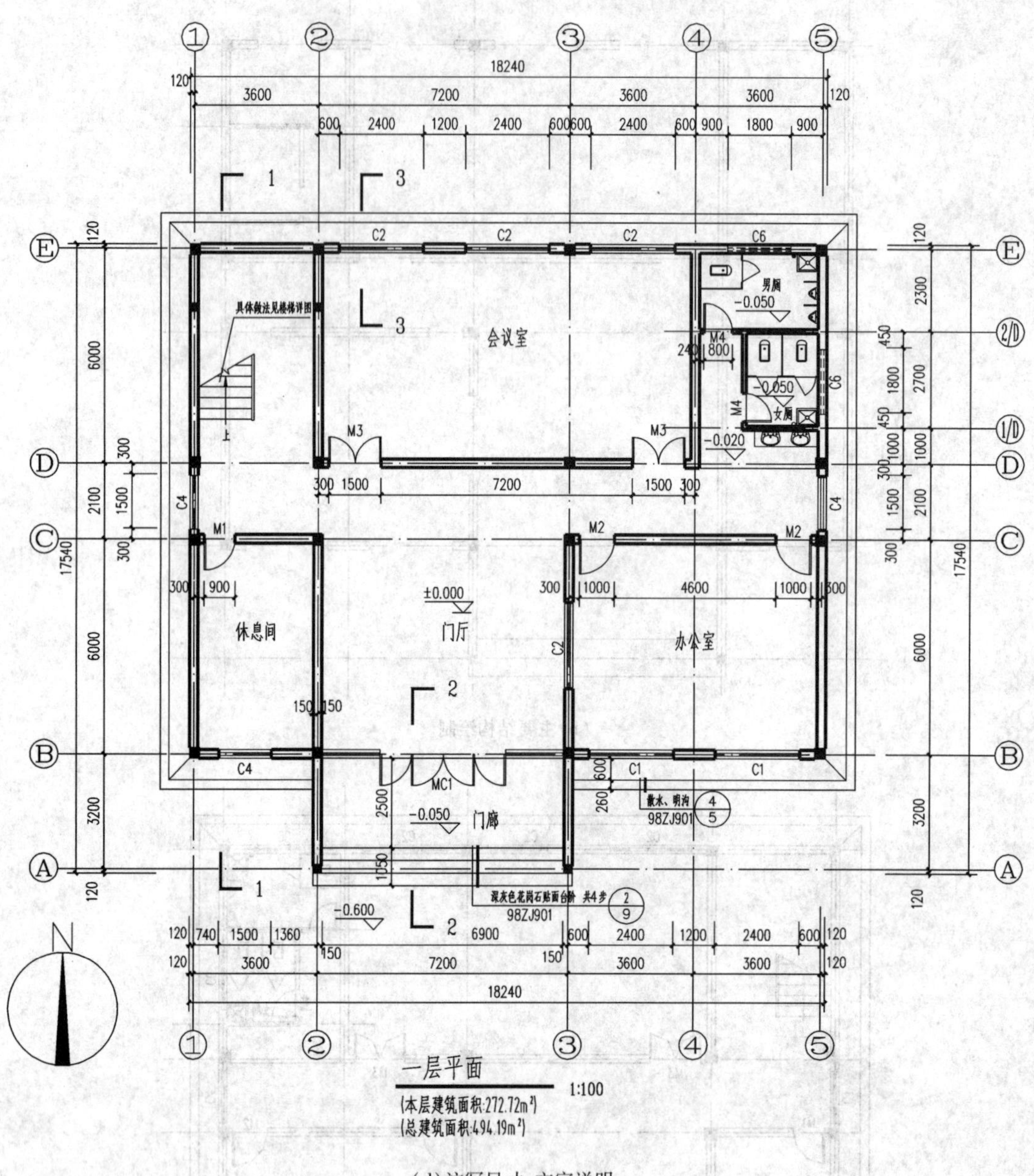

(d)注写尺寸、文字说明

图 3－10　平面图绘图步骤

2. 绘制建筑立面图的方法与步骤

绘制建筑立面图与绘制建筑平面图一样，也是先选定比例和图幅、绘底稿、上墨或用铅笔加深三个步骤。

(1)定室外地坪线、外墙轮廓线(应由平面图的外墙外边线，根据长对正的原理向上投影而得)、屋面檐口线和中柱轮廓线。屋脊线由侧立面或剖面图投影到正立面图上或根据高度尺寸得到。见图 3－11(a)。

(2)定阳台、门窗位置，画墙面分格线、檐口线、门窗洞、窗台、雨篷等细部。见图 3－11(b)。

正立面图上门窗宽度应由平面图下方外墙的门窗宽投影而得，根据窗台高、门窗顶高度画出窗台线、门窗顶线、女儿墙顶、柱子投影轮廓线、墙面分格线等。

(3)经检查无误后，擦去多余的线条，按立面图的线型要求加粗、加深线型或上墨线。画出少量门窗扇、装饰、墙面分格线，见图 3－11(c)。

立面图线型，习惯上屋脊和外轮廓线用粗实线(粗度 b)，室外地坪线用特粗线(粗度 $1.4b$)；轮廓线内可见的墙身、门窗洞、窗台、阳台、雨篷、台阶、花池等轮廓线用中粗线；门窗格子线、栏杆、雨水管、墙面分格线为细实线(参见表 3－8)。最后标注标高，应注意各标高符号的 45°等腰直角三角形在同一条竖直线上，注写图名、比例、轴线和文字说明，完成全图。

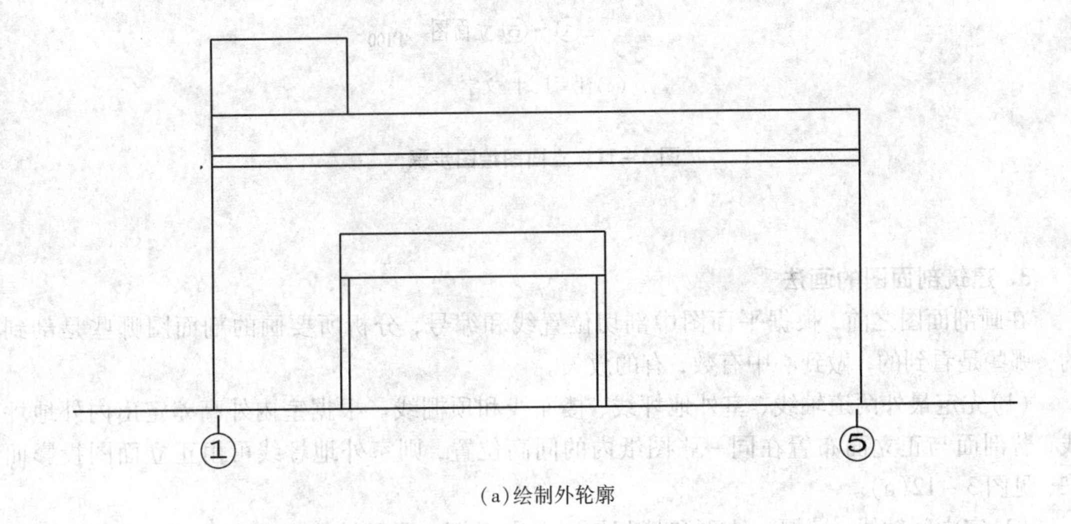

(a)绘制外轮廓

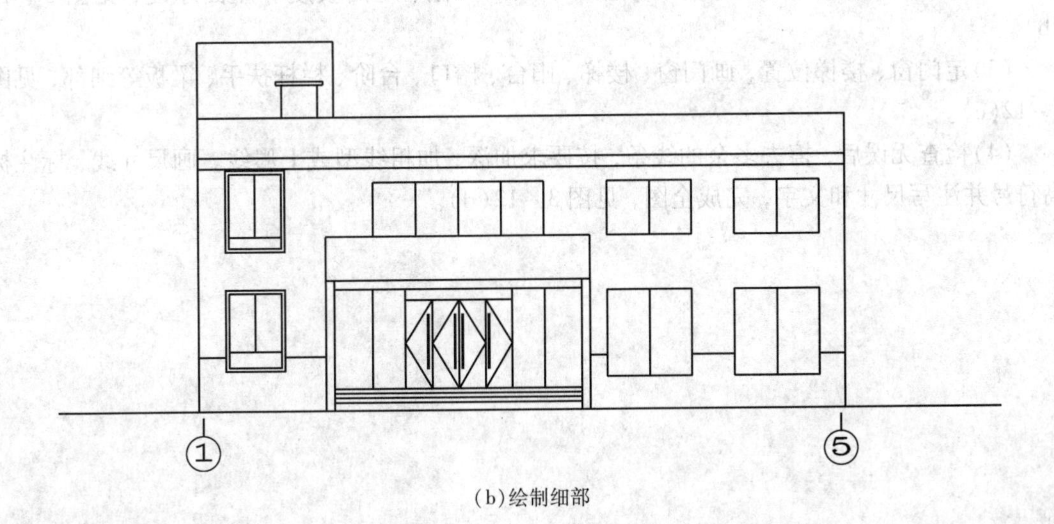

(b)绘制细部

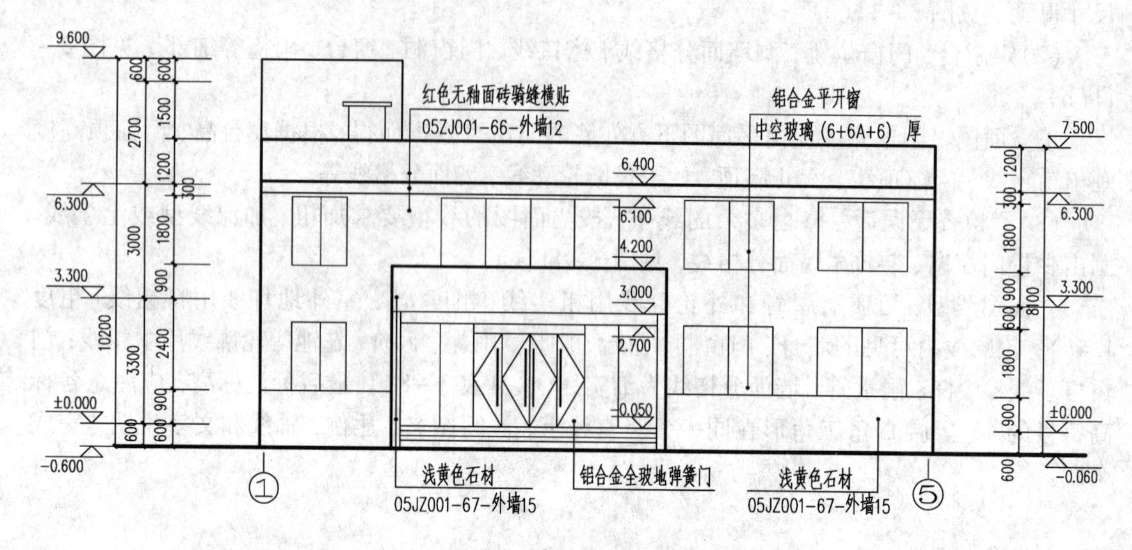

①～⑤ 立面图 1:100

(c)注写尺寸、文字

图 3－11 立面图绘图步骤

3. 建筑剖面图的画法

在画剖面图之前，根据平面图中剖切位置线和编号，分析所要画的剖面图哪些是剖到的，哪些是看到的，做到心中有数，有的放矢。

(1)先定最外两道轴线、室外地坪线、楼面线和顶棚线。根据室内外高差定出内外地坪线，若剖面与正立面布置在同一张图纸内的同高位置，则室外地坪线可由正立面图投影而来，见图 3－12(a)。

(2)定中间轴线、墙厚、地面和楼板厚，画出天棚、屋面坡度和屋面厚度，见图 3－12(b)。

(3)定门窗、楼梯位置，画门窗、楼梯、阳台、檐口、台阶、栏杆扶手、梁板等细部，见图 3－12(c)。

(4)检查无误后，擦去多余的线条，按要求加深、加粗线型或上墨线。画尺寸线，标注标高符号并注写尺寸和文字，完成全图，见图 3－12(d)。

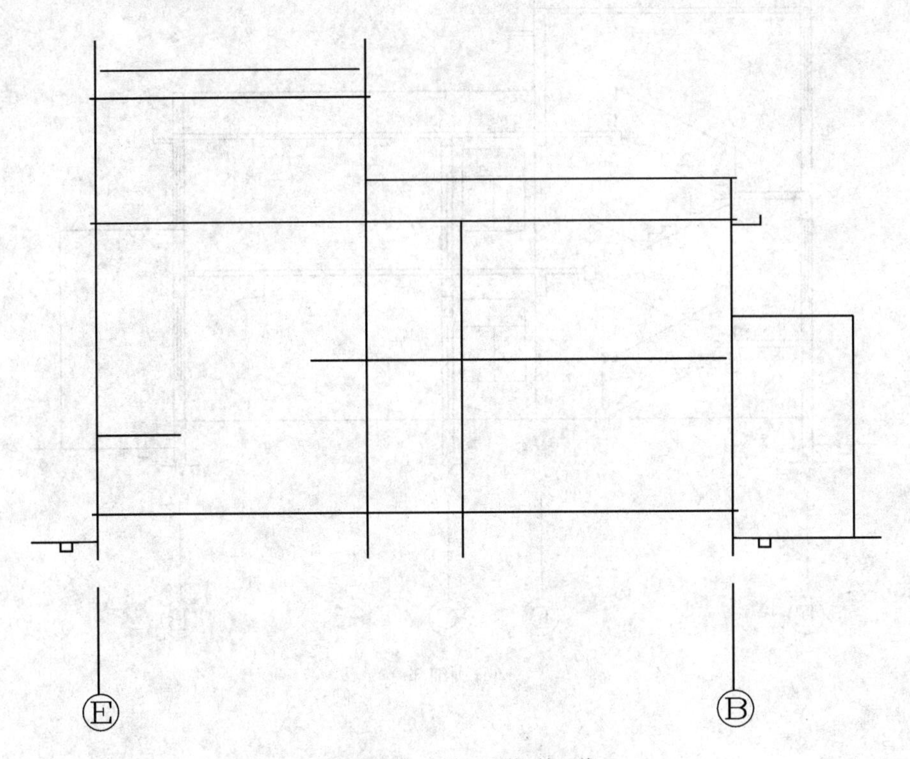

(a)定轴线、室外地平线、楼面线

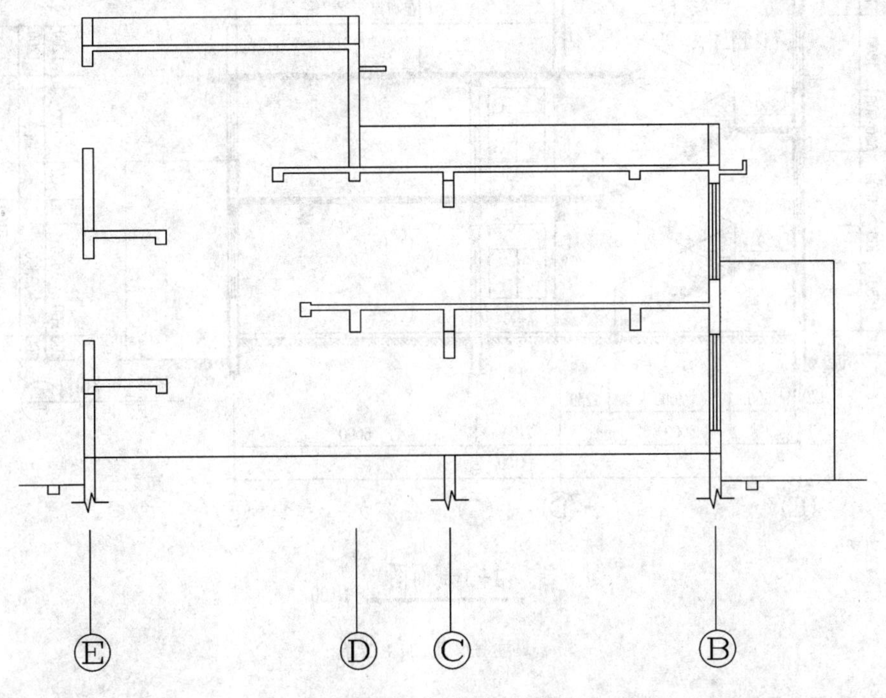

(b)中间轴线、墙厚、地面和楼板厚

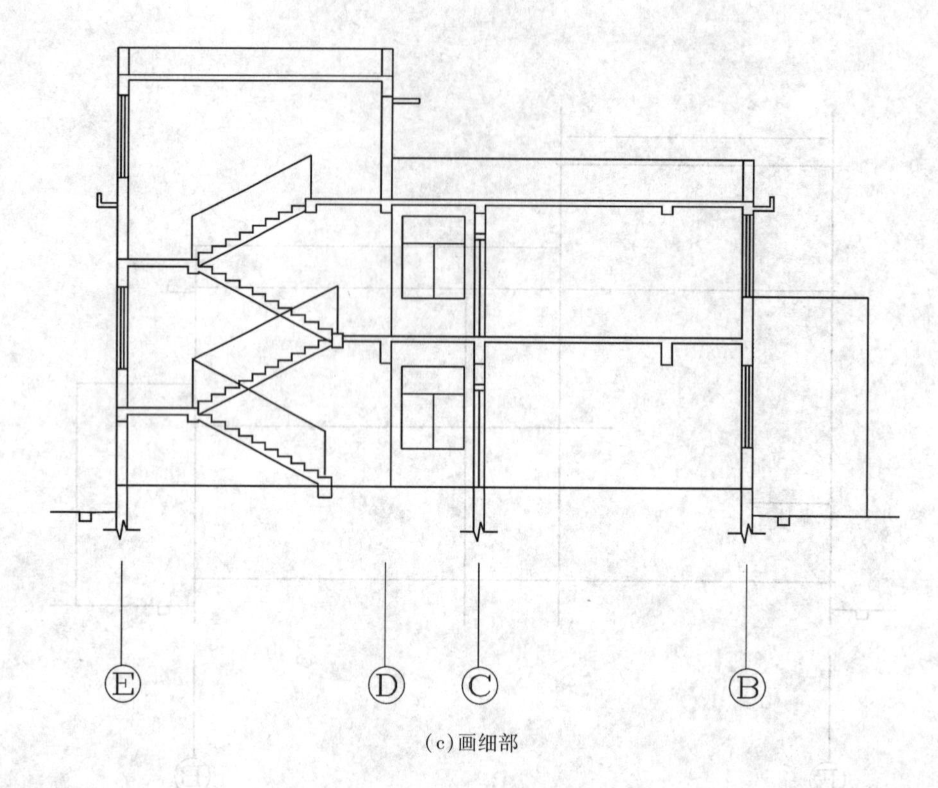

(c)画细部

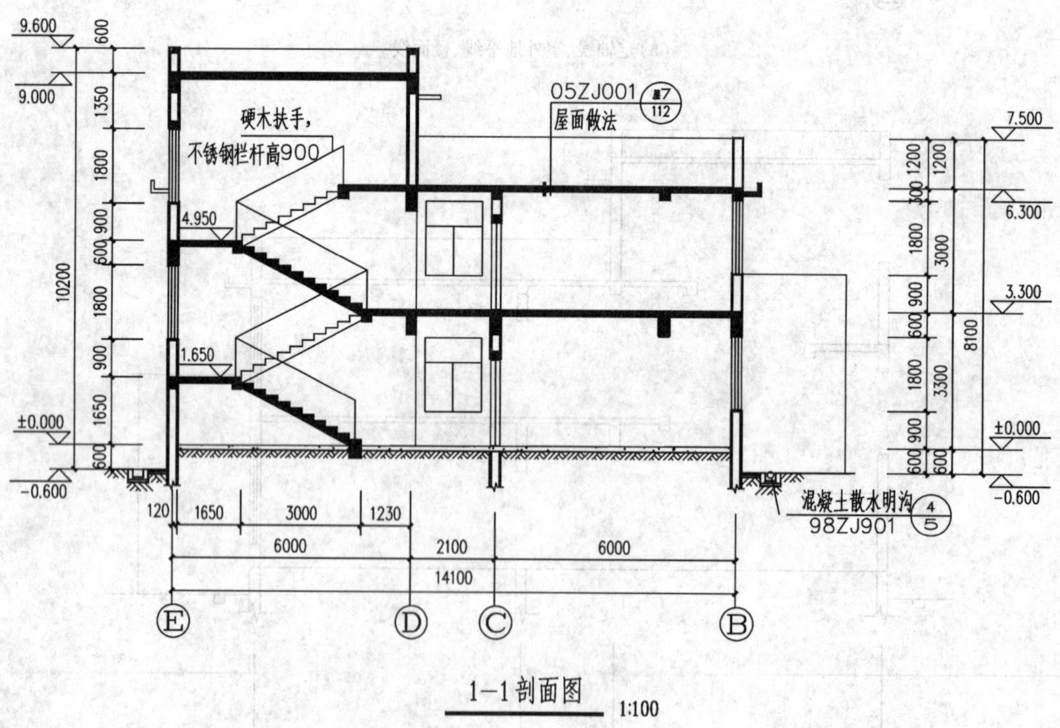

(d)注写尺寸、加粗线条

图3-12　剖面图绘图步骤

能力训练

基础知识训练

1. 判断正误

(1)总平面图中对不同高度的地坪均应标注标高，一般标注绝对标高。 ( )

(2)一栋多层建筑物，只要画一个建筑平面图即可。 ( )

(3)横向定位轴线的编号一般以大写的拉丁字母编写，纵向定位轴线一般以阿拉伯数字编写。 ( )

(4)在平面图中标注的三道尺寸中，外包尺寸就是外墙皮至外墙皮。 ( )

(5)详图符号的圆圈直径为 14 mm 的细实线。 ( )

(6)在与建筑物立面平行的投影面上所作的正投影图为建筑剖面图。 ( )

(7)建筑剖面图一般应标注出建筑物被剖切到外墙的三道尺寸，即房屋的总高、层高、细部高度。 ( )

(8)建筑详图一般采用 1∶100 的比例绘制。 ( )

(9)图样上的尺寸单位均为毫米。 ( )

(10) $\frac{1}{5}$ 是表示该详图的编号是1，该详图所在的图册号是5，投影方向是从右向左。 ( )

2. 选择正确答案

(1)建施首页图没有( )。

A. 图纸目录　　B. 设计说明　　C. 立面图　　D. 工程做法表

(2)建筑施工图上一般注明的标高是( )。

A. 绝对标高　　B. 相对标高

C. 绝对标高和相对标高　　D. 要看图纸上的说明

(3)有一栋房屋在图上量得长度为 50 mm，用的是 1∶100 比例，其实际长度是( )。

A. 5 m　　B. 50 m　　C. 500 m　　D. 5000 m

(4)不能用于定位轴线编号的拉丁字母是( )。

A. O　　B. I　　C. Z　　D. 以上全部

(5)施工平面图中标注的尺寸只有数量没有单位，按国家标准规定单位应该是( )。

A. mm　　B. cm　　C. m　　D. km

(6)下列立面图的图名中错误的是( )。

A. 房屋立面图　　B. 东立面图　　C. ⑦~①立面图　　D. A~F 立面图

(7)主要用来确定新建房屋的位置、朝向以及周边环境关系的是( )。

A. 建筑平面图　　B. 建筑立面图　　C. 总平面图　　D. 功能分区图

(8)外墙装饰材料和做法一般在( )上表示。

A. 首页图　　B. 平面图　　C. 立面图　　D. 剖面图

(9)室外散水应在(　　　)中画出。

A. 底层平面图　　B. 标准层平面图　　C. 顶层平面图　　D. 屋顶平面图

(10)不属于建筑平面图的是(　　　)。

A. 基础平面图　　B. 底层平面图　　C. 标准层平面图　　D. 屋顶平面图

识图能力训练

参考本书附录——某农业局建筑施工图，试回答一下问题：

(1)总平面图比例为________，图中 76.35(±0.000) 此符号表达的意义为________。

(2)此建筑物的总长为________、总宽为________、总高为________。

(3)此建筑物的定位轴线横向从________，纵向从________。

(4)此建筑物的朝向为________，主要出入口在________面。

(5)此建筑物的室内外高差为________，室外平台标高为________，一层卫生间的地面标高为________。

(6)在一层平面图中有________个索引符号，分别是________________，室外散水的宽度为________。

(7)二层平面图中有________种类型的窗，试举例________________。

(8)①~⑩立面图又可以称为________立面，二至五层墙面的装饰做法为________。

(9)1—1 剖面图是从________轴线之间剖切的，其投影方向为________，从一层上到二层的中间平台标高为________，楼梯间屋顶面标高为________；一层可见的楼梯间墙上门编号为________，门洞宽________，高________，Ⓕ轴墙上窗洞高度尺寸为________。

(10)1—1 剖面图中，被剖切到的墙体有________，投影可见的门窗有________，投影方向是从________向________。

(11) (5/8) 台阶做法参见 98ZJ901 表达的含义是________________。

绘图能力训练

参考本书附录——某农业局建筑施工图，按照所学绘图步骤抄绘。

(1)任务

a. A3 绘图纸基本图 2 张(横式)，1∶100 比例铅笔抄绘建筑平面图；

b. A3 绘图纸基本图 1 张(横式)，1∶100 比例铅笔抄绘①~⑩立面图、Ⓐ~Ⓕ轴立面；

c. A3 绘图纸基本图 1 张(立式)，1∶100 比例铅笔抄绘 1—1 剖面图。

(2)作业要求

a. 识读正确并准确反应到图纸中；

b. 投影关系正确；

c. 尺寸标注齐全、字体端正整齐、线型符合标准要求，图示内容表达齐全，图面布置适中、匀称、美观，图面整体效果好；

d. 符合国家有关制图标准并满足施工图深度要求。

模块三　建筑构造知识及构造详图的识读与表达

4 基础

教学目标

知识目标：(1)了解地基基础的概念和基础的设计要求；

(2)熟悉基础的类型及特点；

(3)掌握基础的构造；

(4)掌握地下室防潮防水构造。

能力目标：(1)能识读基础构造图；

(2)能根据构造要求绘制基础大样图。

4.1 地基、基础的概念

4.1.1 基础、地基与荷载的关系

基础是建筑物最下面的承重构件，它直接与土层相接触，承受建筑物的全部荷载，并将这些荷载传递给它下面的地基。

地基是基础下面的土层或岩层，地基在建筑物荷载作用下的应力和应变随着土层深度的增加而减小，在到达一定深度后就可以忽略不计。直接承受建筑荷载、属于承载力计算范围的土层称为持力层，持力层以下的土层称为下卧层。

若要保证建筑物的稳定和安全，上部结构荷载传递到基础底面单位面积上的荷载不应超过地基的承载能力，即

$$R \geqslant N/A$$

式中：R 为地基承载力(地基每平方米所能承受的最大垂直压力)；N 为上部结构传来的全部荷载；A 为基础底面面积。

当建筑物总荷载 N 一定时，可通过增加基础底面积或提高地基的承载力来保证建筑物的稳定和安全。基础、地基与荷载的关系，如图 4－1 所示。

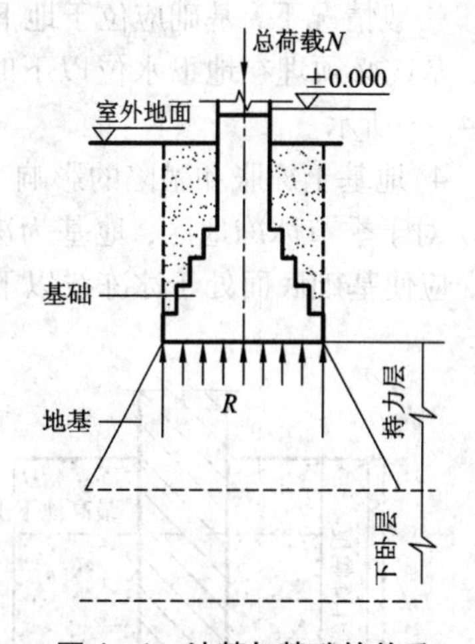

图 4－1 地基与基础的关系

4.1.2 地基的分类

地基根据承载能力的大小可分为天然地基和人工地基。天然地基具有良好的承载能力且土质均匀，可直接承受荷载并满足变形要求，如黏性土、无黏性土(砂、卵、砾)地基和由岩

浆岩、沉积岩、变质岩形成的天然岩层；人工地基是指土质软弱或土质不均匀，需人工改良和加固才能作为地基使用，如淤泥质土、湿陷性黄土、膨胀土、杂填土等。

4.1.3 基础的埋置深度及其影响因素

1. 基础的埋置深度

基础的埋置深度是指室外设计地面到基础底面的距离，简称基础埋深，如图4－2所示。基础根据埋深的不同分为深基础和浅基础，埋深大于5 m的称为深基础，埋深小于5 m的称为浅基础。一般来说，基础的埋置深度愈浅，基坑土方开挖量就愈小，基础材料用量也愈少，工程造价就愈低，但当基础的埋置深度过小时，基础底面的土层受到压力后会把基础周围的土挤走，使基础产生滑移而失去稳定，同时基础埋得过浅，还容易受外界各种不良因素如地面水、地表杂质等的影响，所以，基础的埋置深度最浅不能浅于500 mm。

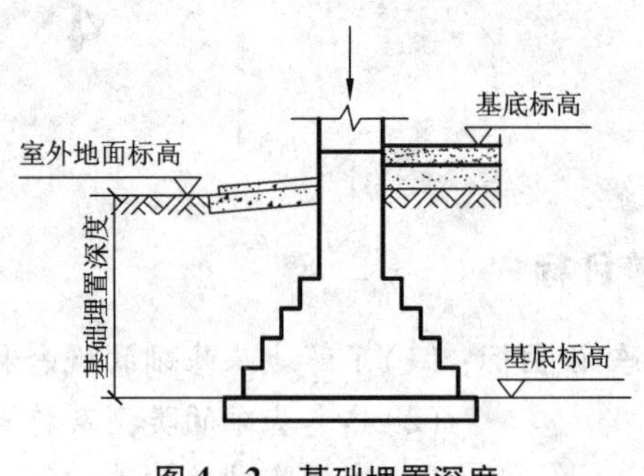

图4－2 基础埋置深度

2. 影响基础埋深的因素

1）建筑物自身的特性

如建筑物的用途、有无地下室、设备基础和地下设施、基础的形式和构造、建筑物传来荷载的大小和性质等都会影响基础的埋置深度。

2）工程地质条件

在满足地基稳定和变形要求的前提下，基础宜浅埋；当上层地基的承载力大于下层土时，宜利用上层土作持力层；当表面软弱土层很厚时，可采用人工地基或深基础。

3）水文地质条件

一般情况下，基础应位于地下水位之上，以减少特殊的防水、排水措施。当地下水位很高，基础必须埋在地下水位以下时，则基础底面应伸入最低地下水位之下至少200 mm，如图4－3所示。

4）地基土冻胀和融陷的影响

对于季节冰冻地区，地基为冻胀土时，为避免建筑物受地基土冻融影响产生变形和破坏，应使基础底面处于冰冻线以下200 mm以上，如图4－4所示。

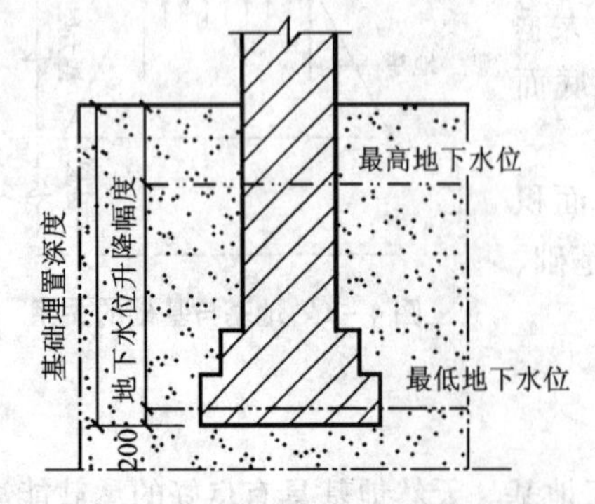

图4－3 地下水位对基础埋置深度的影响

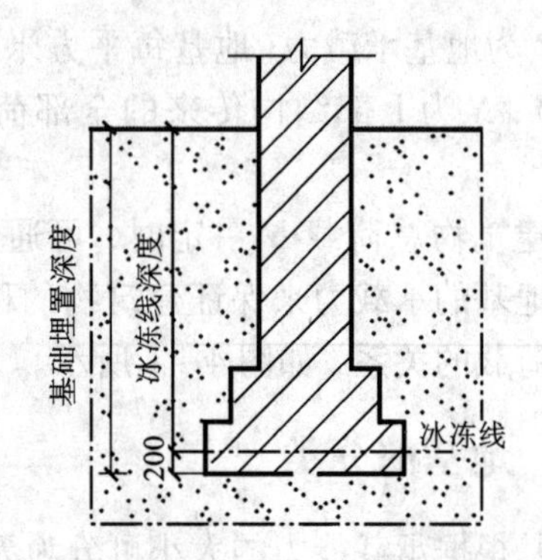

图4－4 冻土深度对基础埋置深度的影响

5)相临建筑物基础埋深的影响

当在已建的建筑物附近新建建筑物时，一般新建建筑物基础的埋深不应大于原有建筑基础，以保证原有建筑的安全；当新建建筑物基础的埋深必须大于原有建筑基础的埋深时，为了不破坏原基础下的地基土，应与原基础保持一定的净距 L，L 应不小于 $(1\sim2)H$（H 为相邻两基础埋深的差值），如图 4-5。当要求不能满足时，应采取分段施工、设临时加固支撑、打板桩、地下连续墙等施工措施，或加固原有建筑物的地基。

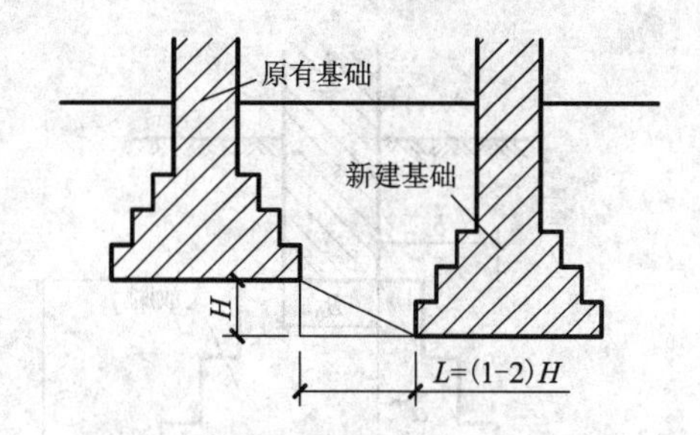

图 4-5 相邻基础埋置深度的影响

4.2 基础的分类及构造

4.2.1 基础的分类

(1)按材料分：砖基础、混凝土基础、钢筋混凝土基础、三合土基础、毛石基础等。

(2)按照材料及受力特点分：无筋扩展基础和扩展基础。

(3)按构造形式分：条形基础、独立基础、筏板基础、箱型基础和桩基础等。

4.2.2 基础的构造

1. 无筋扩展基础

无筋扩展基础是用砖、石、灰土、混凝土等材料所做的基础。这类基础抗压强度高，而抗拉、抗剪强度较低，当基础做得宽而薄时，底面容易因受拉而出现裂缝。研究发现，这些基础挑出宽度 b 与高度 H 之比对应了一个角度 α，称刚性角，在刚性角范围之内，基础底面不会出现受拉破坏，如图 4-6 所示。无筋扩展基础因受刚性角的限制，又称为刚性基础。无筋扩展基础的宽高比 b/H 受所采用的材料及其强度影响，其刚性角也有差异，见表 4-1。

无筋扩展基础在增加基础底面宽度时，必须同时增加基础高度，故其消耗的材料较多，不经济。一般适用于上部荷载较小、地基承载力较好的中小型建筑。

表 4-1 常用刚性基础允许宽高比

基础材料	质量要求	$P_k \leqslant 100$	$100 < P_k \leqslant 200$	$200 < P_k \leqslant 300$
混凝土	C15 混凝土	1:1	1:1	1:1.25
毛石混凝土	C15 混凝土	1:1	1:1.25	1:1.5
砖	砖不低于 MU10、砂浆不低于 M5	1:1.5	1:1.5	1:1.5
毛石	砂浆不低于 M5	1:1.25	1:1.5	
灰土	体积比为 3:7 或 2:8，最小干密度：粉土 1.55t/m³；粉质黏土 1.5 t/m³；黏土 1.45t/m³	1:1.25	1:1.5	
三合土	体积比为 1:2:4 或 1:3:6，每层虚铺 220 mm，夯至 150 mm	1:1.5	1:2	

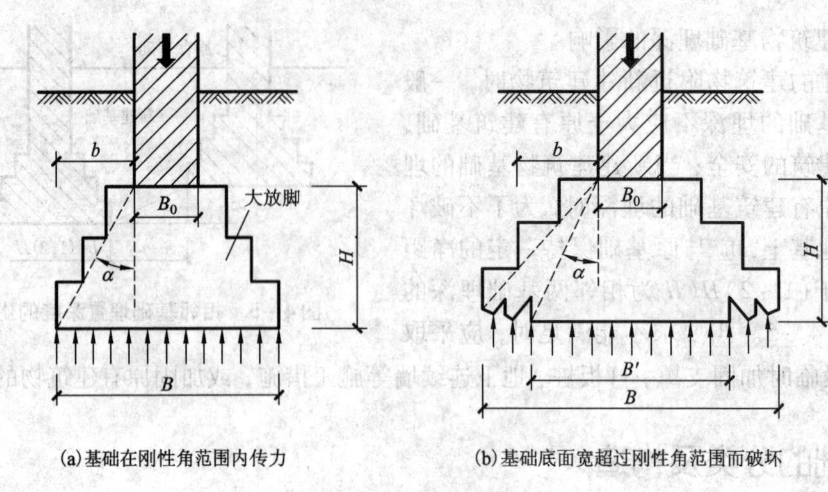

(a)基础在刚性角范围内传力

(b)基础底面宽超过刚性角范围而破坏

图4-6　刚性基础的受力特点

1)砖基础

砖基础取材容易，构造简单，造价低廉，但其强度低，耐久性和抗冻性较差，所以只宜用于质量等级较低的小型建筑中。砖基础宽出部分一般做成台阶形逐级放大的形式，称为大放角，有等高式(二紧一收)和间隔式(二一间收)两种，砌筑时，一般需在基底下先铺设砂、混凝土或灰土垫层，图4-7。

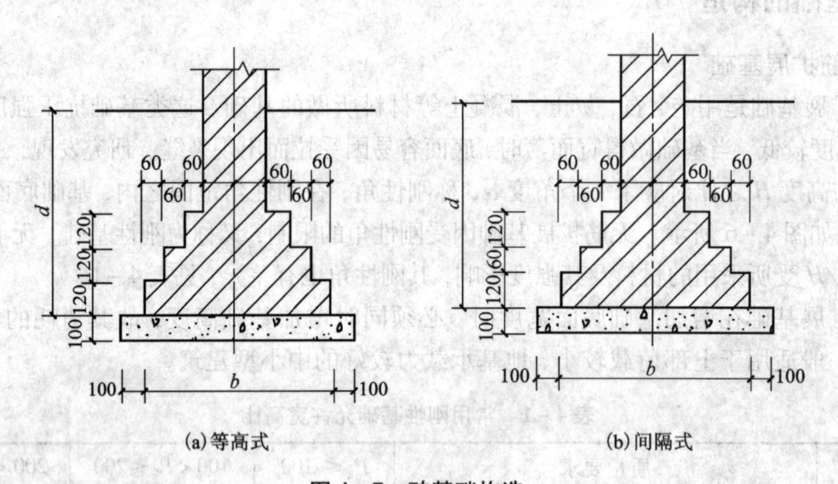

(a)等高式

(b)间隔式

图4-7　砖基础构造

2)毛石基础

毛石基础由未加工的块石用水泥砂浆砌筑而成，毛石基础的强度高，抗冻、耐水性能好，所以，适用于地下水位较高、冰冻线较深的产石区的建筑。毛石的厚度不小于150 mm，宽度约200~300 mm。基础的剖面成台阶形，顶面要比上部结构每边宽出100 mm，每个台阶的高度不宜小于400 mm，挑出的长度不应大于200 mm，如图4-8所示。

3)灰土基础

灰土基础由熟石灰粉和黏土按体积比为3∶7或2∶8的比例，加适量水拌和夯实而成。在地下水位较低的地区，可以在砖基础下设灰土垫层，灰土垫层有较好的抗压强度和耐久性，后期强度较高，属于基础的组成部分，亦称灰土基础，如图4－9。灰土基础的抗冻性、耐水性差，只能埋置在地下水位以上，并且基础顶面应位于冰冻线以下，施工时每层虚铺厚度约220 mm，夯实后厚度为150 mm，称为一步，一般灰土基础做二至三步。

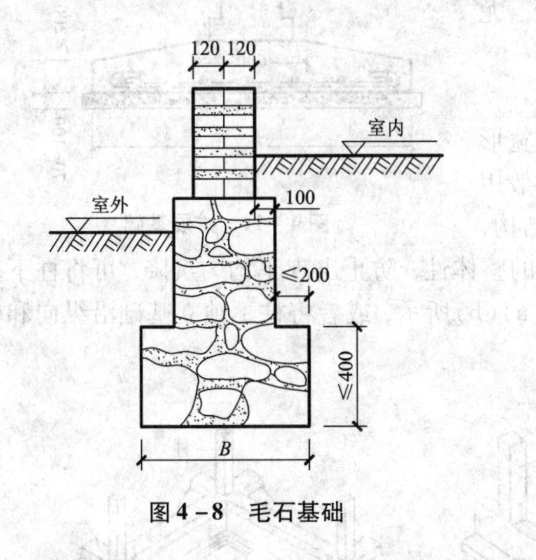

图4－8 毛石基础

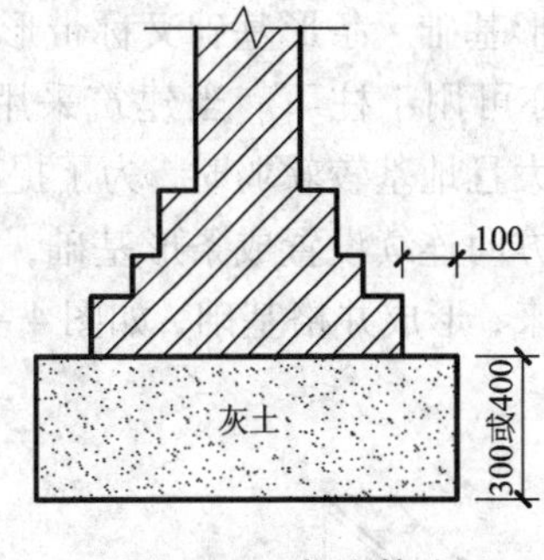

图4－9 灰土基础

4）混凝土基础和毛石混凝土基础

混凝土基础断面有矩形、阶梯形和锥形，一般当基础底面宽度大于2000 mm时，为了节约混凝土常做成锥形或台阶形，如图4－10所示。当混凝土基础的体积较大时，为了节约混凝土，可以在混凝土中加入粒径不超过300 mm的毛石，这种混凝土基础称为毛石混凝土基础。毛石混凝土基础中，毛石的尺寸不得大于基础宽度的1/3，毛石的体积为总体积的20%～30%，且应分布均匀。

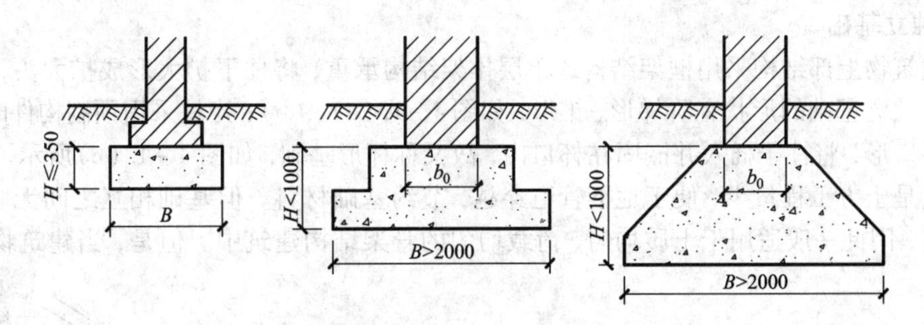

图4－10 混凝土基础

2. 扩展基础

当建筑物的荷载较大而地基承载能力较小时，基础底面 B 必须加宽，若采用混凝土材料做基础，势必加大基础的深度，这样很不经济。如果在混凝土基础的底部配以钢筋，利用钢筋来承受拉应力，使基础底部能够承受较大的弯矩，基础宽度则不再受刚性角的限制，故又称钢筋混凝土基础为扩展基础或柔性基础。

扩展基础一般为扁锥形，端部最薄处的厚度不宜小于200 mm。基础中受力钢筋的数量应通过计算确定，但钢筋直径不宜小于8 mm，间距不宜大于200 mm。混凝土的强度等级不宜低于C20。为了使基础底面能够均匀传力和便于配置钢筋，基础下面一般用强度等级为

C10 的混凝土做垫层，厚度宜为 70 ~ 100 mm。有垫层时，钢筋下面保护层的厚度不宜小于 40 mm，不设垫层时，保护层的厚度不宜小于 70 mm，如图 4 - 11 所示。钢筋混凝土基础的适用范围广泛，尤其是适用于有软弱土层的地基。

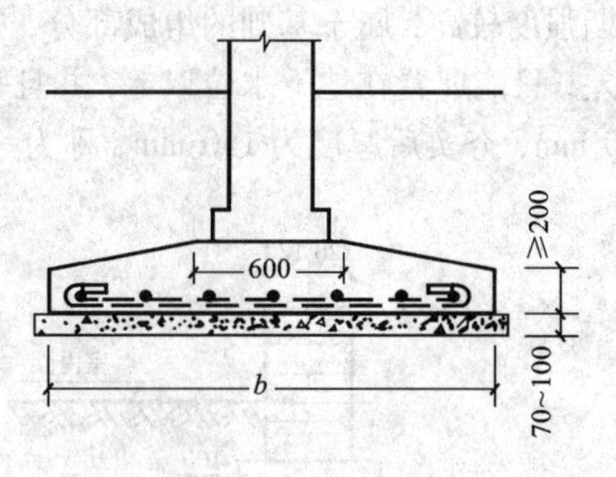

图 4 - 11　扩展基础

3. 条形基础

当建筑采用墙承重结构时，通常将墙底加宽形成墙下条形基础。条形基础又称带形基础，一般用于墙下，亦可用于柱下。当建筑采用柱承重结构，在荷载较大且地基较软弱时，为了提高建筑物的整体性，防止出现不均匀沉降，可将柱下基础沿一个方向连续设置成条形基础，如 4 - 12(a)(b)所示，或者将柱下独立基础沿纵向和横向连接起来，形成井格基础，如图 4 - 12(c)。

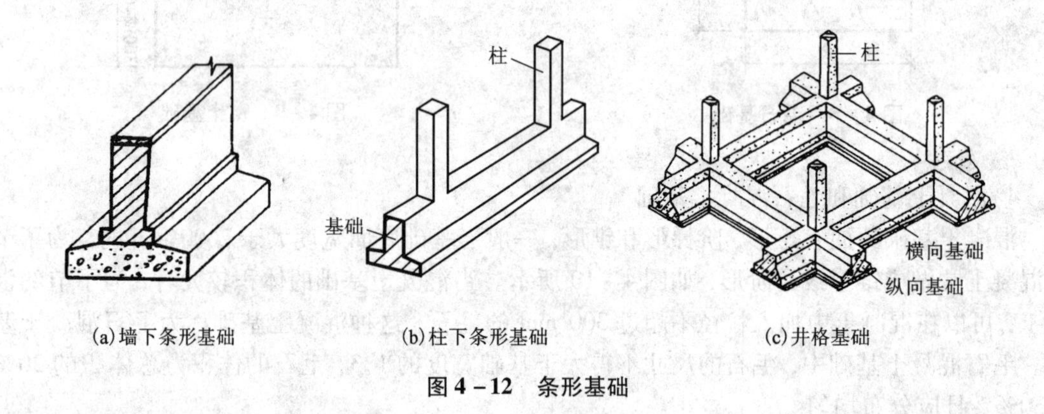

图 4 - 12　条形基础

4. 独立基础

当建筑物上部结构采用框架结构或单层排架结构承重，将柱下扩大形成扩大头，即为独立基础。独立基础的形状有阶梯形、锥形，如图 4 - 13(a)、(b)；当柱采用预制构件时，则基础做成杯口形，将柱子插入并嵌固在杯口内，故又称杯形基础，如图 4 - 13(c)所示。独立基础的优点是土方工程量少，便于地下管道穿越，节约基础材料。但基础相互之间无联系，整体刚度差，因此一般适用于土质均匀、荷载均匀的骨架结构建筑中。但是，当建筑物上部为

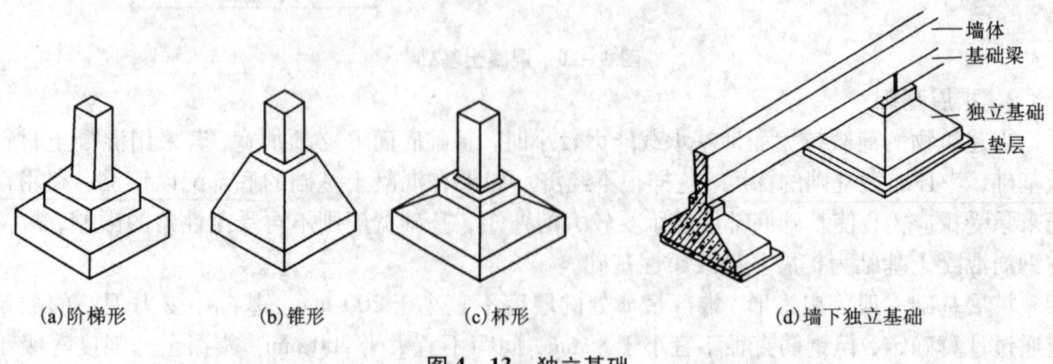

图 4 - 13　独立基础

墙承重结构，并且基础要求埋深较大时，为了避免开挖土方量过大和便于穿越管道，墙下可采用独立基础，如图4－13(d)所示。墙下独立基础的间距一般为3～4 m，上面设置基础梁来支承墙体。

5. 满堂基础

当建筑物上部荷载很大，地基土较软弱时，可采用满堂基础。满堂基础包括筏板基础和箱型基础。

1)筏板基础

当建筑物上部荷载很大，地基承载力相对较低，基础底面积占建筑物平面面积的比例较大时，可将基础连成整片，像筏板一样，故称筏板基础。筏板基础可以用于墙下和柱下，有板式和梁板式两种，如图4－14所示。筏板基础具有减小基底压力、提高地基承载力和调整地基不均匀沉降的能力，所以，广泛用于多高层住宅、办公楼等民用建筑中。

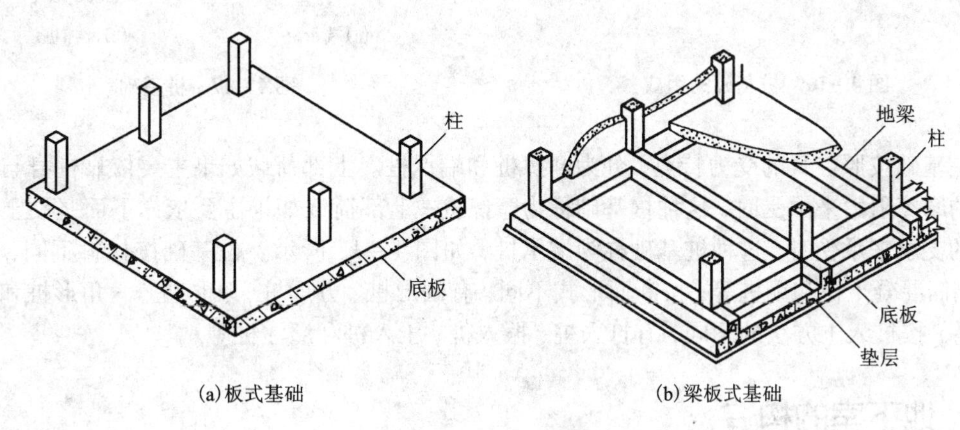

(a)板式基础 (b)梁板式基础

图4－14 筏板基础

2)箱型基础

当建筑物荷载很大，或浅层地质情况较差，为了提高建筑物的整体刚度和稳定性，基础必须深埋，这时，常将钢筋混凝土顶板、底板、外墙和一定数量的内墙组成刚度很大的盒状基础，称为箱型基础，如图4－15所示。箱型基础具有刚度大、整体性好的特点，对其内部结构稍加调整即可形成地下室，提高了对空间的利用率。

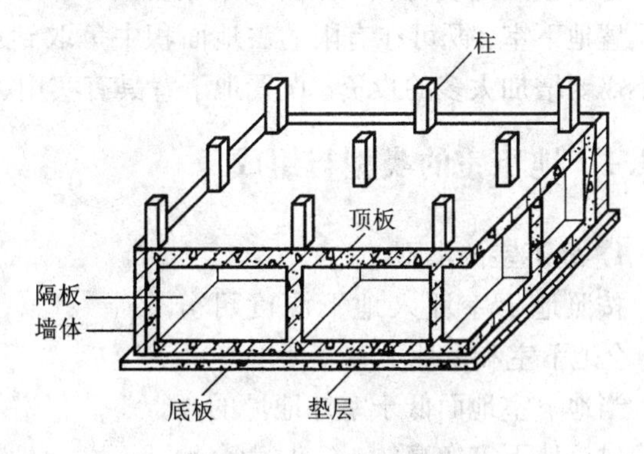

图4－15 箱型基础

6. 桩基础

当建筑物荷载较大，地基软弱土层的厚度在5 m以上，基础不能埋在软弱土层内，或对软弱土层进行人工处理较困难或不经济时，常采用桩基础。桩基础由桩身和承台组成，如图4－16所示，桩身伸入土中，承受上部荷载，承台用来连接上部结构和桩身。

采用桩基础可以减少挖填土方工程量，改善工人的劳动条件，缩短工期，节省材料。因此，近年来桩基础的应用较为广泛。

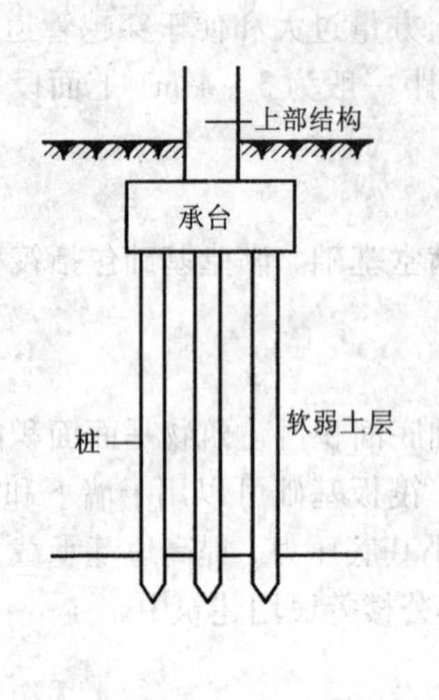

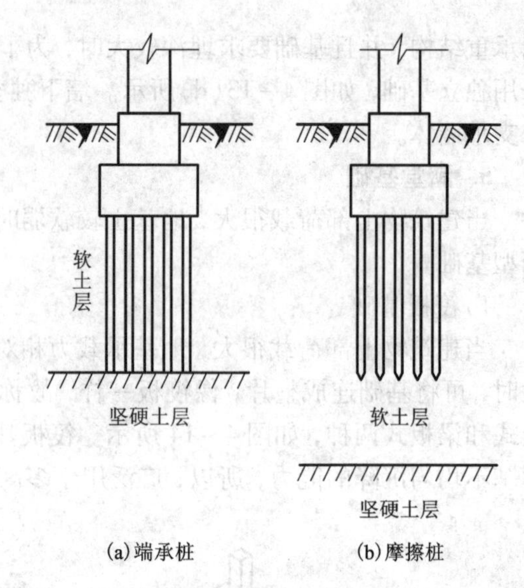

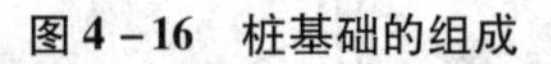

图 4－16　桩基础的组成　　　　**图 4－17　桩基础**

桩基础按照桩身的受力特点，分为摩擦桩和端承桩。上部荷载如果主要依靠桩身与周围土层的摩擦阻力来承受时，这种桩基础称为摩擦桩；上部荷载如果主要依靠下面坚硬土层对桩端的支承来承受时，这种桩基础称为端承桩，如图 4－17 所示。桩基础按材料不同，有木桩、钢筋混凝土桩和钢桩等；按断面形式不同，有圆形桩、方形桩、环形桩、六角形桩和工字形桩等；按桩入土方法的不同，有打入桩、振入桩、压入桩和灌注桩等。

4.3　地下室的构造

地下室是建筑物底层下部的使用房间。当建筑物较高时，基础的埋深很大，利用这个深度设置地下室，既可在有限的占地面积中争取到更多的使用空间，提高建设用地的利用率，又不需要增加太多的投资，设置地下室具有实用、经济意义同时又具有战备防空的意义。

4.3.1　地下室的类型与组成

1. 地下室的类型

按照地下室埋入地下深度可分为：全地下室和半地下室。

当地下室地面低于室外地坪的高度超过该地下室净高的 1/2 时为全地下室；当地下室地面低于室外地坪的高度超过地下室净高的 1/3，但不超过 1/2 时为半地下室，如图 4－18 所示。

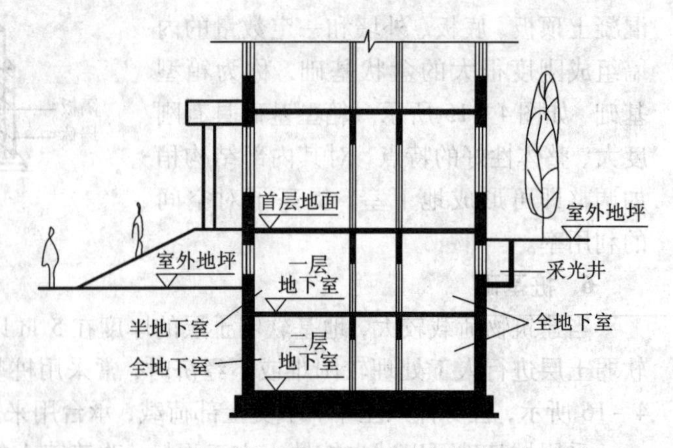

图 4－18　全地下室与半地下室

按照地下室的使用功能可分为：

普通地下室和人防地下室。

普通地下室一般用作设备用房、储藏用房、商场、餐厅、车库等；人防地下室主要用于战备防空，其结构和构造必须满足战略要求。考虑和平年代的使用，人防地下室在功能上应能够满足平战结合的使用要求。

2. 地下室的组成

地下室一般由墙体、底板、顶板、门窗、楼梯、采光井等部分组成。

1）墙体

地下室的墙体不仅要承受上部结构传来的垂直荷载，还要承受土、地下水、土壤冻结时的侧压力。所以，当采用砖墙时，厚度不宜小于370 mm。当上部荷载较大或地下水位较高时，最好采用混凝土或钢筋混凝土墙，厚度不宜小于200 mm。

2）底板

地下室的地坪主要承受地下室内的使用荷载，当地下水位高于地下室的地坪时，还要承受地下水浮力的作用，所以地下室的底板应有足够的强度、刚度和抗渗能力，一般采用钢筋混凝土底板。

3）顶板

地下室的顶板主要承受建筑物首层的使用荷载，可采用现浇或预制钢筋混凝土楼板。

4）楼梯

地下室的楼梯一般与上部楼梯结合设置，当地下室的层高较小时，楼梯多为单跑式。对于防空地下室，应至少设置两部楼梯与地面相连，并且必须有一部楼梯通向安全出口。

5）门窗

地下室的门窗的构造同地上部分相同，当为全地下室时，须在窗外设置采光井。

6）采光井

采光井的作用是降低地下室采光窗外侧的地坪，以满足全地下室的采光和通风要求，如图4－19所示。

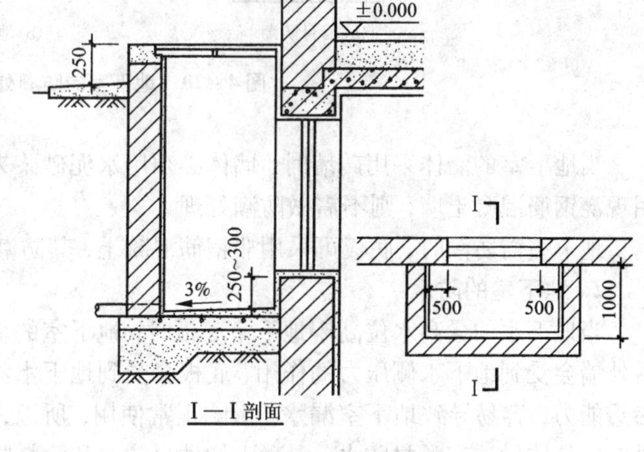

图4－19 地下室采光井

4.3.2 地下室的防潮与防水

由于地下室的墙身、底板埋在土中，长期受到潮气或地下水的侵蚀，会引起室内地面、墙面生霉，墙面装饰层脱落，严重时使室内进水，影响地下室的正常使用和建筑物的耐久性。因此，必须对地下室采取相应的防潮、防水措施，以保证地下室在使用时不受潮、不渗漏。

1. 地下室的防潮

当地下水的最高水位低于地下室地坪300～500 mm时，地下室的墙体和底板会受到土中潮气的影响，所以需做防潮处理。防潮做法是外墙和底板分设防潮层。

墙体防潮层的做法是在外墙外表面做垂直防潮层，并在顶板和底板部位的墙体中设水平防潮层。垂直防潮层的做法是：先在墙外侧抹 20 mm 厚 1∶2.5 的水泥砂浆找平层，延伸到散水以上 300 mm，找平层干燥后，上面刷一道冷底子油和两道热沥青，然后在墙外侧回填低渗透性的土壤，如黏土、灰土等，并逐层夯实，宽度不小于 500 mm；墙体水平防潮层中一道设在地下室地坪以下 60 mm 处，一道设在室外地坪以上 200 mm 处，如图 4－20(a)所示。底板防潮层的做法见图 4－20(b)。

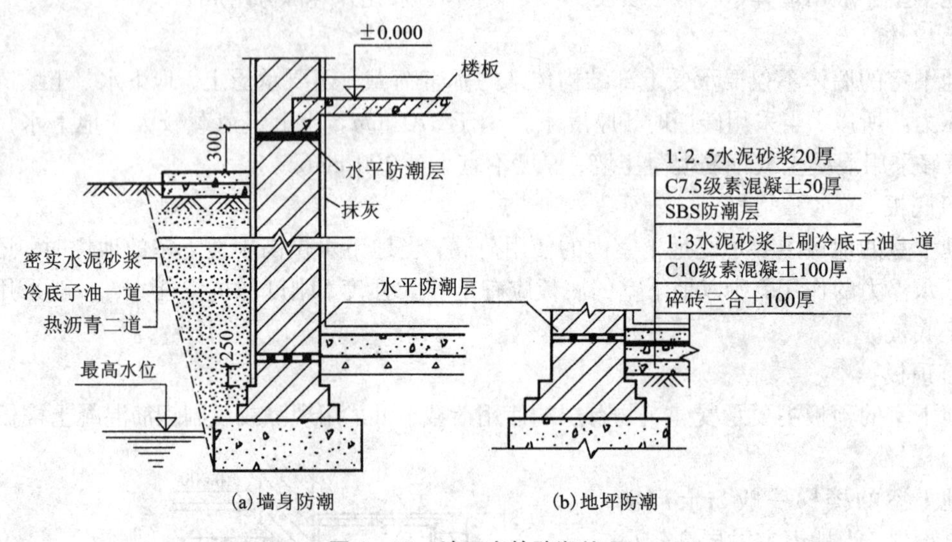

图 4－20　地下室的防潮处理

当地下室的墙体采用砖墙时，墙体必须用水泥砂浆来砌筑，要求灰缝饱满。如果墙体采用现浇钢筋混凝土墙，则不需做防潮处理。

地下室需防潮时，底板可采用非钢筋混凝土，其防潮构造见图 4－20(b)。

2. 地下室的防水

当地下水的最高水位高于地下室底板时，地下室的墙体和底板浸泡在水中，这时地下室的外墙会受到地下水侧压力的作用，底板会受到地下水浮力的作用，这些压力水具有很强的渗透能力，容易导致地下室漏水，影响正常使用，所以，地下室的外墙和底板必须采取防水措施。具体做法有卷材防水、混凝土构件自防水和涂料防水等。

1)卷材防水

卷材防水层一般采用高聚物改性沥青防水卷材(如 SBS 改性沥青防水卷材、APP 改性沥青防水卷材)或合成高分子防水卷材(如三元乙丙橡胶防水卷材、再生胶防水卷材等)与相应的胶结材料黏结形成防水层。按照卷材防水层的位置不同，分外防水和内防水。

a. 外防水

是将卷材防水层满包在地下室墙体和底板外侧的做法，其构造要点是：先做底板防水层，并在外墙外侧伸出接茬，将墙体防水层与其搭接，并高出最高地下水位 500～1000 mm，然后在墙体防水层外侧砌半砖保护墙，如图 4－21 所示。

b. 内防水

是将卷材防水层满包在地下室墙体和地坪的结构层内侧的做法。内防水施工方便，但属于被动式防水，对防水不利，所以一般用于修缮工程，如图 4－22 所示。

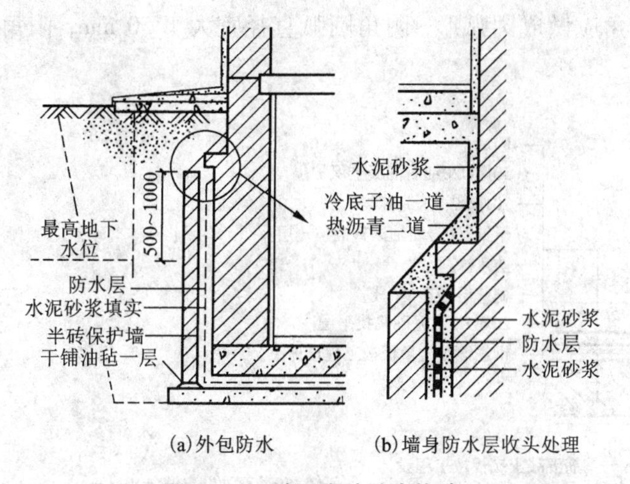

(a)外包防水 (b)墙身防水层收头处理

图 4－21 地下室外防水构造

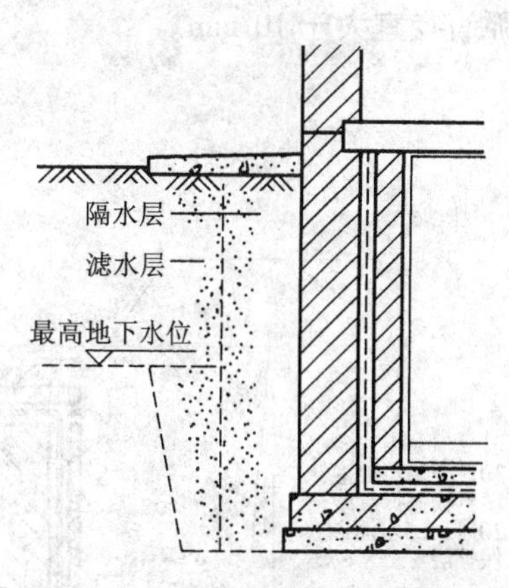

图 4－22 地下室内防水构造

2)混凝土构件自防水

当地下室的墙体和地坪均为钢筋混凝土结构时，可通过增加混凝土的密实度或在混凝土中添加防水剂、引气剂等方法，来提高混凝土的抗渗性能，地下室就不需再专门设置防水层，这种防水做法称混凝土构件自防水。地下室采用构件自防水时，外墙板的厚度不得小于 200 mm，底板的厚度不得小于 150 mm，以保证刚度和抗渗效果。为防止地下水对钢筋混凝土结构的侵蚀，在墙的外侧应先用水泥砂浆找平，然后刷热沥青隔离，如图 4－23 所示。

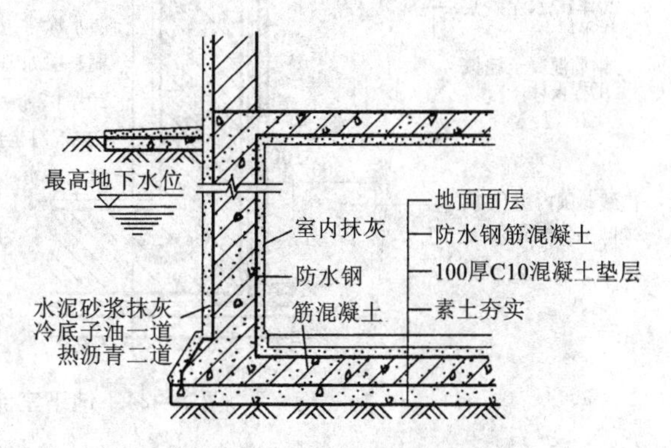

图 4－23 地下室混凝土自防水构造

3)涂料防水

涂料防水是以刷涂、刮涂、滚涂等方式，将防水涂料在常温下涂盖于地下室结构表面的防水做法。

防水涂料包括有机防水涂料和无机防水涂料，有机防水涂料包括反应型、水乳型、聚合物水泥防水涂料，有良好的延伸性、整体性和耐腐蚀性，宜用于结构主体的迎水面；无机防水涂料包括水泥基防水涂料、水泥基渗透结晶型防水涂料，它与水泥砂浆、混凝土基层具有良好的湿干黏结性、耐磨性和抗穿刺性，宜用于结构主体的背水面和潮湿基层。

有机防水涂料应选用与之相适应的底涂料，并在阴阳角及底板增加一层胎体增强材料（聚酯无纺布、化纤无纺布、玻纤无纺布），并增涂 2～4 遍防水涂料。有机防水涂料施工完成后应及时做好保护层。底板、顶板的保护层应采用 20 mm 厚 1∶2.5 水泥砂浆或 50 mm 厚的细石混凝土，顶板防水层与保护层之间宜设隔离层；侧墙背水面应采用 20 mm 厚 1∶2.5 水泥砂浆保护层，迎水面宜选用软保护层或 20 mm 厚 1∶2.5 水泥砂浆保护层，如图 4－24 所示。无机防水涂料可直接在处理好的基层上施工。

防水涂料要求基层表面干净、平整、无浮浆，无水珠，不渗水；并要对基层表面的气孔、缝隙、起砂等进行修补处理。基层阴阳角应做成圆弧形，阴角圆弧直径宜大于 50 mm，阳角圆弧直径宜大于 10 mm。

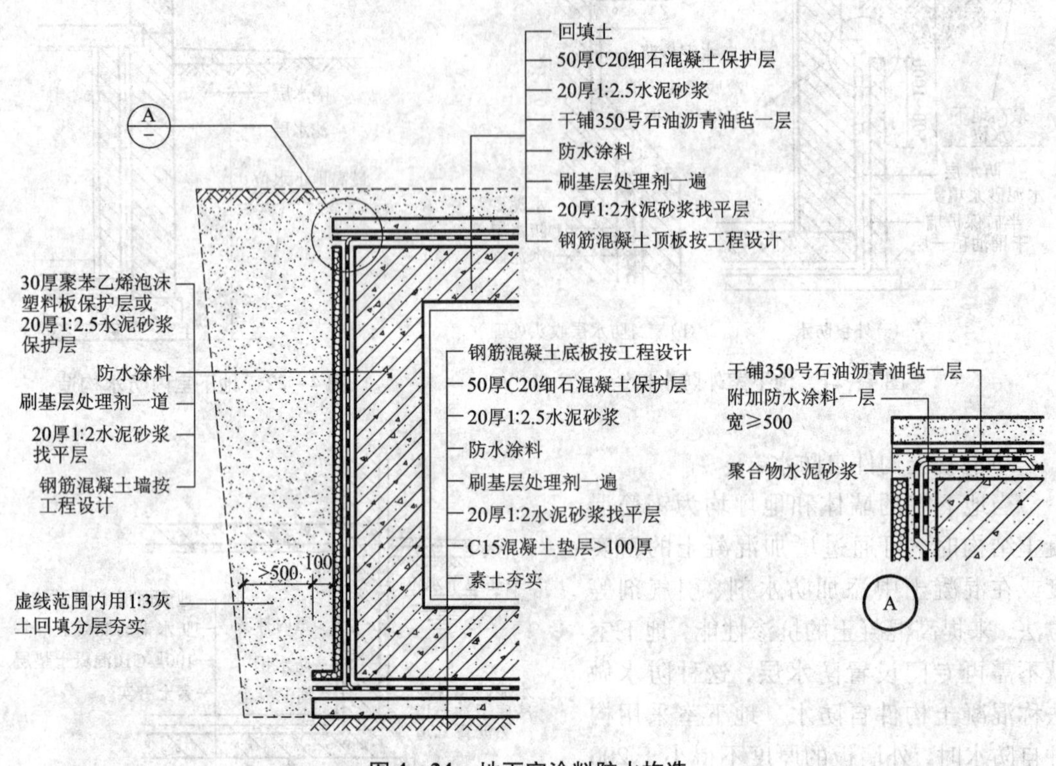

图 4－24　地下室涂料防水构造

4.4　基础图的识读

基础图实际上是结构施工图的部分，建筑上，需要我们了解基础的类型、基础的构造做法、基础的埋置深度、基础的高度、基础的底面面积、基础底面标高、基础顶面的标高等内容。

能力训练

基础知识训练

1. 判断正误

(1) 基础将荷载传递给地基，因此，地基和基础都是房屋最下面的组成部分。(　　)

(2) 基础的埋置深度是指室外设计地面至基础底面的垂直距离。房屋的基础埋置的深度越小越好，有利于减少土方的开挖。(　　)

(3) 无筋扩展基础要考虑刚性角的影响，使基础的宽高比满足一定要求，才能使基底不至产生受拉破坏。(　　)

(4) 所有的地下室均应同时做好防潮和防水的处理。(　　)

(5) 当上部荷载较大，软土深度大于 5 m 时，可选择桩基础形式。(　　)

2. 选择正确答案

(1)为保护基础并保证基础的稳定性，基础的最小埋置深度不应小于(　　　)。

A. 5 m　　B. 4 m　　C. 0.5 m　　D. 1 m

(2)下列基础受刚性角限制的基础有(　　　)。

A. 钢筋混凝土独立基础　　B. 箱型基础

C. 砖石基础　　D. 筏式基础

(3)当上部结构荷载较大，地基土软弱时，为提高基础的整体刚度和稳定性，可选用(　　　)。

A. 条形基础和独立基础　　B. 筏式基础和箱型基础

C. 砖石基础　　D. 桩基础

(4)当地下水位较高，为了使基础底面不处于地下水位的变化范围内，应使基础底面(　　　)。

A. 高于最高水位 200 mm 以上　　B. 低于最高水位 200 mm 以上

C. 高于最低水位 200 mm 以上　　D. 低于最低水位 200 mm 以上

(5)对于全地下室，能够解决地下室自然通风和采光的构造是(　　　)。

A. 底板　　B. 顶板　　C. 侧墙　　D. 采光井

识图能力训练

根据图 4－25 所示，回答问题：

该房屋的室内外地面高差为______mm，该基础材料的是________，属于__________(刚性，柔性)基础，基础的构造做法是__________(二紧一收，二一间收)。基础底面标高为__________，基础的埋置深度为________m，基础的垫层采用__________材料，厚度为__________mm，基础底面宽度为________mm，基础圈梁的尺寸为________，圈梁内纵向钢筋采用__________，箍筋采用__________间距______mm。

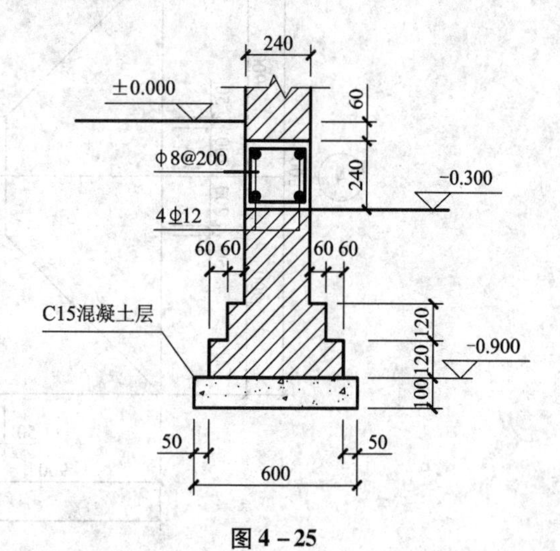

图 4－25

绘图能力训练

任务：根据图 4－26 所示的钢筋混凝土独立柱构造详图，将基地面积改为 2000 mm × 2000 mm，板底配筋改为直径为 16 mm 的Ⅱ级钢筋，其他条件均不变，重新绘制本基础的构造详图。

要求：

(1)注意基础的构造形式。

(2)读懂基础的平面、断面尺寸，基础的配筋。

(3)基础的平面轮廓用中粗线、断面轮廓用粗实线、钢筋用粗实线、尺寸等标注用细实线、轴线用细点画线绘制，轴线编号圆圈 10 mm。

(4)选择合适的比例绘制此大样图。

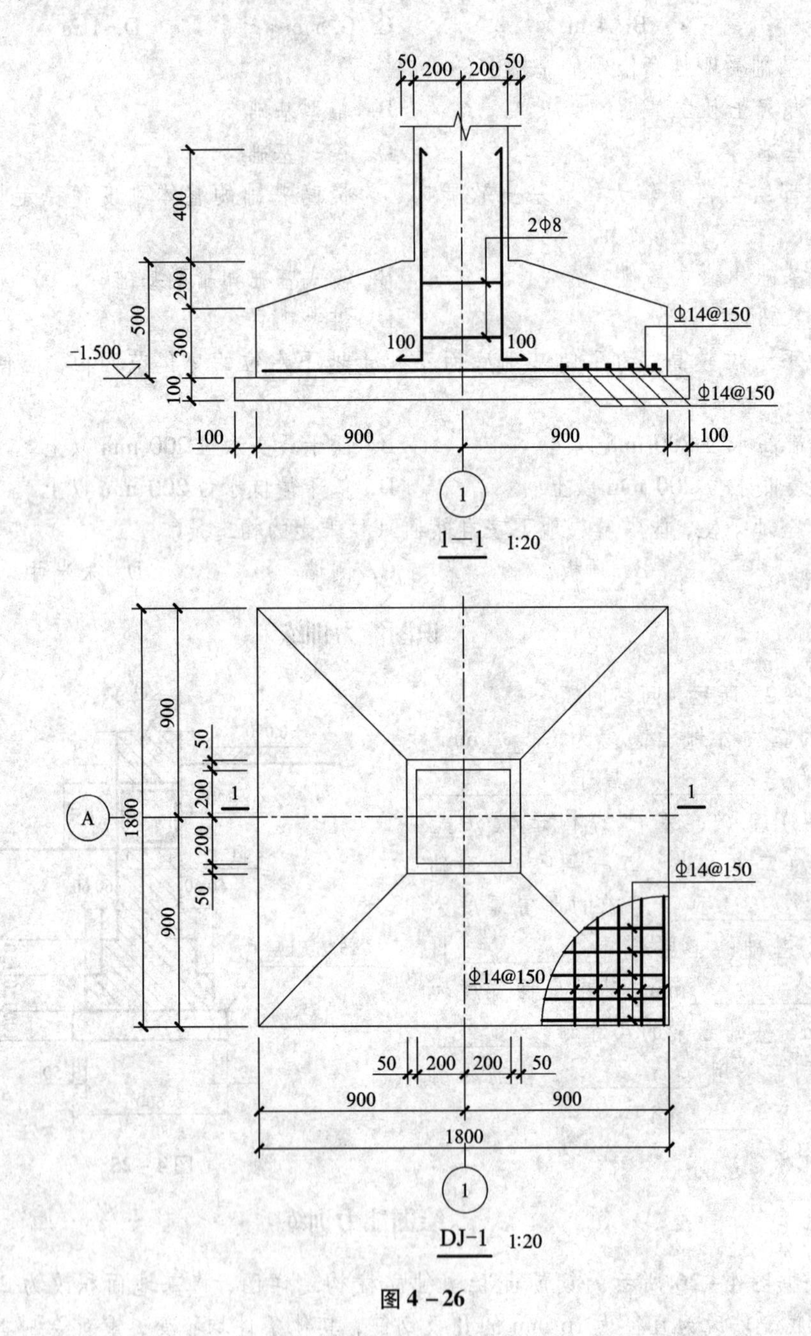

图 4-26

5 墙 体

教学目标

知识目标：(1)熟悉墙体的类型和设计要求；
(2)掌握砖墙和砌块墙的构造；
(3)熟悉隔墙的类型和构造；
(4)熟悉墙面装修的类型和构造；
(5)了解墙体的节能构造。

能力目标：(1)能识读墙体剖面图；
(2)能选择墙体的承重方案；
(3)能对建筑墙体进行构造设计并能绘制墙体大样图；
(4)能根据建筑的要求选择隔墙和墙面装修的构造做法。

5.1 墙体的作用、分类和设计要求

墙是建筑物的重要构件之一，一般将墙体工程与楼板工程统称为主体工程。墙的重量占房屋总重量的40%～65%，墙体的造价占工程总造价的30%～40%。

5.1.1 墙体的作用

1. 承重作用

承重墙承担上部墙体和楼面、屋面传来的荷载及墙体的自重，并将其传给基础。

2. 围护作用

建筑物外墙具有围护作用，遮挡了风、雨、雪的侵袭，防止太阳的辐射、噪声干扰以及室内热量的散失，起到保温、隔热、隔声、防风、防水等作用。

3. 分隔作用

墙体是水平空间的分隔构件，将建筑内部分隔成大小不同的空间，以满足不同的使用要求。

5.1.2 墙体类型

1. 按位置可分为外墙和内墙

位于房屋内部的墙为内墙，主要起分隔室内空间的作用。位于房屋四周的墙为外墙，是房屋的外围护结构，起着挡风、阻雨、保温、隔热等作用，如图5－1所示。

2. 按方向可分为纵墙和横墙

房屋沿纵向轴线(长轴方向)布置的墙称为纵墙，外纵墙亦称檐墙。沿房屋横向轴线(短

轴方向)布置的墙为横墙，外横墙亦叫山墙，如图5-1所示。

在一片墙上，窗与窗之间，或窗与门之间的墙称为窗间墙，窗洞下部的墙称为窗下墙，屋顶上部的墙称为女儿墙。

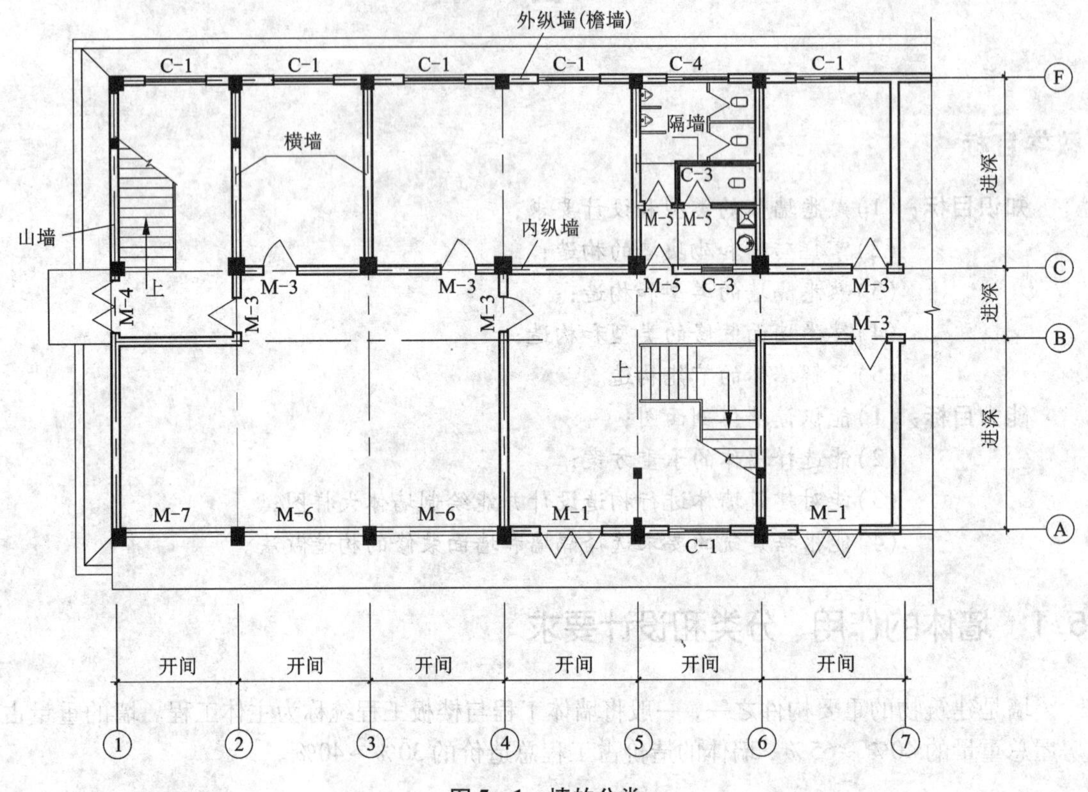

图5-1 墙的分类

3. 按受力情况不同可分为承重墙和非承重墙

1)承重墙

凡直接承受上部屋顶、楼板等传来的荷载或其他荷载作用的墙称为承重墙，承重墙不能随意调整或拆除。

作为承重墙体，应根据建筑和结构的要求选择合适的承重方案，通常有横墙承重方案、纵墙承重方案、纵横墙混合承重方案、局部框架承重方案。

a. 横墙承重方案

横墙承重方案是将楼板两端搁置在横墙上，纵墙只承担自重，适用于横墙较多且间距较小、位置较固定的建筑。此方案横墙数量多，空间刚度大，整体性好，对抗风力、地震力和调整地基不均匀沉降有利，但建筑空间组合不够灵活，如图5-2(a)所示。

b. 纵墙承重方案

纵墙承重方案即楼板荷载由纵墙承担，横墙较少，可以满足较大空间的要求，但房屋刚度差，不适于抗震设防地区，如图5-2(b)所示。

c. 纵横墙混合承重方案

为同时解决空间刚度和灵活性，将前面两种方案相结合形成纵横墙双向承重方案，此类房间变化较多，建筑空间组合灵活，且房屋刚度也较大，但楼板的规格较多，如图5-2(c)所示。

d. 局部框架承重方案

当建筑需要大空间时可采用局部框架承重方案，即采用内部框架承重、四周墙承重的方式，房屋的总刚度主要由框架来保证，如图5-2(d)所示。

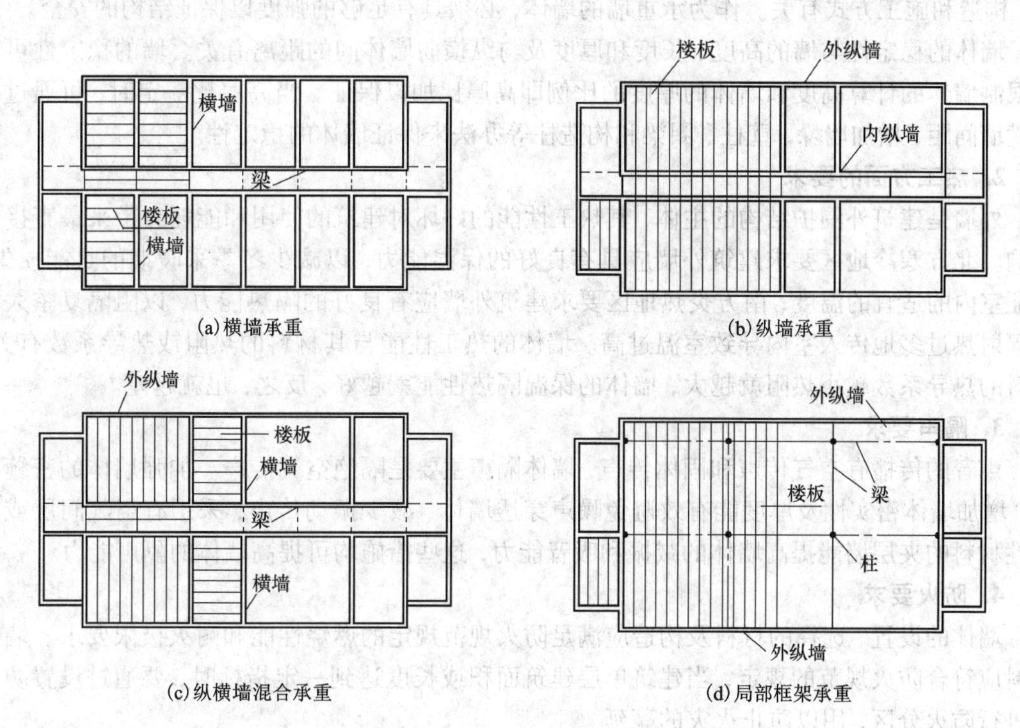

图5-2 墙体结构布置方案

2)非承重墙

凡不直接承受其他构件传来荷载的墙称为非承重墙，这种墙对建筑结构的安全无较大的影响，非承重墙包括承自重墙、隔墙、填充墙、幕墙。承自重墙是指不承受外来荷载，仅承受自身重力并将其传至基础的墙；隔墙指仅起分隔作用，自身重力由楼板或梁来承担的墙；填充墙是框架结构中填充柱子间的墙体；幕墙是指悬挂在建筑物外部骨架之间的轻质外墙。幕墙和外填充墙虽不能承受楼板和屋顶的荷载，但承受着风荷载，并把风荷载传给骨架结构。

4. 按使用材料不同可分为砖墙、石墙、土墙、砼墙和砌块墙等

5. 按构造方式可分为实体墙、空体墙、复合墙等

实体墙是由普通实心砖或砌块等单一材料实砌而成的墙体；空体墙是指用普通砖砌成有内部空腔的空斗墙或用具有孔洞的材料如空心砖砌筑的墙体；复合墙指由两种或两种以上材料组合而成的墙体。

6. 按施工方式不同主要可分为砌筑墙、板筑墙、板材墙等

砌筑墙指用砂浆等胶结材料将砖石块材组砌而成的墙，如：砖墙、各种砌块墙等；板筑墙是指施工时直接在施工现场墙体部位竖立模板，在模板内夯筑黏土或浇筑混凝土，经振捣密实而成的墙体；板材墙指预先制成墙板，在施工现场安装、拼装而成的墙体，如预制混凝土大板墙、各种轻质条板隔墙等。

5.1.3 墙体的设计要求

1. 强度和稳定性的要求

墙体的强度是指墙体承受荷载的能力，它与所采用的材料、材料强度等级及墙体的截面积、构造和施工方式有关。作为承重墙的墙体，必须具有足够的强度以保证结构的安全。

墙体的稳定性与墙的高度、长度和厚度及与纵横向墙体间的距离有关。墙的稳定性可通过限制墙体的计算高度和墙体的厚度的比例即高厚比加以保证。当高厚比一定时，可通过控制横墙间距，增加墙垛、壁柱、圈梁和构造柱等办法来保证墙体的稳定性。

2. 热工方面的要求

外墙是建筑外围护结构的主体，其热工性能的好坏对建筑的使用和能耗会带来最直接的影响。北方寒冷地区要求建筑外墙应具有良好的保温能力，以减少冬季采暖期的热能损失，保证室内的适宜的温度；南方炎热地区要求建筑外墙应有良好的隔热能力，以阻隔夏季太阳的辐射热过多地传入室内导致室温过高。墙体的热工性能与其材料的热阻或热导系数有关，材料的热导系数越小热阻就越大，墙体的保温隔热性能就越好，反之，也就越差。

3. 隔声要求

声音的传播有空气传声和固体传声，墙体隔声主要是隔绝空气传声。加强墙体的密缝处理、增加墙体密实性及厚度能有效避免噪声穿透墙体、减少振动传声，采用有空气间层或多孔性材料的夹层墙能提高墙体的减振和吸音能力，这些措施均可提高墙体的隔声能力。

4. 防火要求

墙体的设置、选择的材料及构造应满足防火规范规定的燃烧性能和耐火极限要求。墙体材料应符合防火规范的规定，当建筑单层建筑面积或长度达到一定指标时，要通过设置防火墙进行防火分区，用以防止火灾的蔓延。

5. 其他要求

墙体应满足防水、防潮、降低造价、适应建筑工业化等要求。

5.2 砖墙的构造

5.2.1 砖墙材料

砖墙是用砖和砌筑砂浆按一定的规律和方式砌筑而成的墙体。

1. 砖

按材料和制作方法不同可分为烧结普通砖、烧结多孔砖、蒸压灰砂砖、蒸压粉煤灰砖等，如表 5－1 所示。

按砖的外观形状可分为普通实心砖、多空砖、空心砖三种。实心砖是指没有孔洞或孔洞率小于 15% 的砖；多孔砖是指孔洞率不小于 15%，孔的直径小、数量多的砖，可以用于承重部位。空心砖是指孔洞率不小于 15%，孔的尺寸大、数量少的砖，只能用于非承重部位。

表 5-1 常用砖规格及强度等级

名称	原料	规格尺寸(长×宽×高)/mm×mm×mm	强度等级	简图
烧结普通砖	黏土、页岩、煤矸石或粉煤灰	240×115×53	MU30，MU25，MU20，MU15，MU10	240 115 53
烧结多孔砖	黏土、页岩、煤矸石	P 型：240×115×90，240×115×115，240×175×115 M 型砖：190×190×90	MU30，MU25，MU20，MU15，MU10	240 115 90 ϕ18通孔
烧结空心砖	黏土、页岩、煤矸石	长：290，240，190 宽：240，190，180，175，140，115 高：90	MU10，MU7.5，MU5，MU3.5	
蒸压灰砂砖	石灰和砂	240×115×53	MU25，MU20，MU15	240 115 53
蒸压粉煤灰砖	粉煤灰	240×115×53	MU25，MU20，MU15	240 115 53

注：强度等级见《砌体结构设计规范》(GB 50003—2011)

2. 砂浆

砂浆是由胶凝材料(水泥、石灰)和填充料(砂、矿渣、石屑等)混合加水搅拌而成的胶结材料。根据用途不同建筑砂浆分为砌筑砂浆和抹灰砂浆，根据胶凝材料的不同可分为水泥砂浆、石灰砂浆、混合砂浆、黏土砂浆等。

(1)水泥砂浆。由水泥、砂加水拌和而成。属水硬性材料、强度高，但可塑性和保水性差，主要用于窗台以下墙体、潮湿房间墙体和地下部分的墙体。

(2)石灰砂浆。由石灰膏、砂加水拌和而成。由于石灰膏为塑性掺和料，所以石灰砂浆的可塑性很好，但它的强度较低，且属于气硬性材料，遇水强度立即降低，所以仅适宜砌筑次要的民用建筑的地上部分。

(3)混合砂浆。由水泥、石灰膏、砂加水拌和而成。既有较高的强度，也有良好的可塑性，故在民用建筑地上部分砌体中被广泛采用。

(4)黏土砂浆。是由黏土加砂、加水拌和而成。强度低，仅适于土坯墙的砌筑，多用于乡村民居建筑。

5.2.2 砖墙的尺寸和组砌方式

1. 砖墙的尺寸

砖墙的尺寸包括墙体厚度、墙段长度、墙体高度等。

1)砖墙的厚度

砖墙的厚度视其在建筑物中的作用不同所考虑的因素也不同，如承重墙厚度根据强度和稳定性的要求确定，围护墙则需要考虑保温、隔热、隔声等要求。

实心烧结砖的标准尺寸为240 mm×115 mm×53 mm，考虑灰缝后，标准砖就具有长∶宽∶厚=4∶2∶1 的特点，这使砖墙组砌非常灵活。砖墙的厚度以砖块的长、宽、厚的尺寸作为基数，墙厚与砖规格的关系如图5-3 所示。砖墙的厚度习惯上以砖长为基数来称呼，如半砖墙、一砖墙、一砖半墙等。工程上也以它们的标志尺寸来称呼，如一二墙、二四墙、三七墙等。砖墙的尺寸见表5-2。

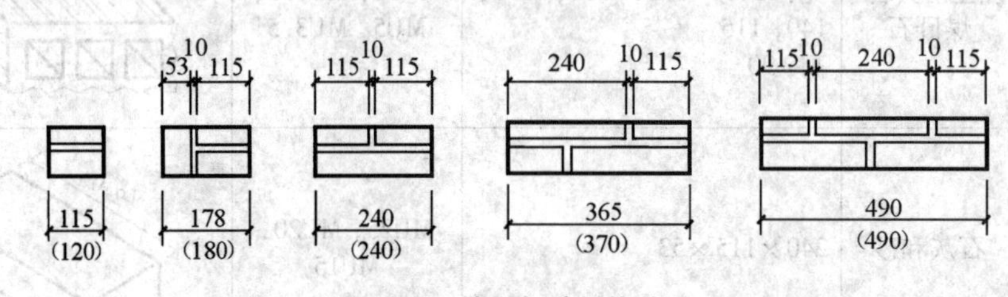

图5-3 墙厚与砖规格关系

表5-2 常见砖墙厚度表

墙厚名称	半砖墙	3/4 砖墙	一砖墙	一砖半墙	两砖半墙
构造尺寸/mm	115	178	240	365	490
标志尺寸/mm	120	180	240	370	490
习惯称谓	12 墙	18 墙	24 墙	37 墙	49 墙

2)墙段长度和洞口尺寸

用标准砖砌筑墙体时，在工程实践中，常以砖宽度的倍数(115 mm+10 mm=125 mm)为基数确定墙体各部分尺度，砌筑时以125 mm 为组合模数。而根据我国现行的《建筑模数协调统一标准》的基本模数为1M(100 mm)，房屋的开间、进深、门窗洞口尺寸一般采用3M(300 mm)的倍数，这样，在一幢房屋中采用多种模数，必然会在设计、施工工作中出现不协调现象，出现砍砖等问题，给施工带来麻烦也影响砌体的强度。综合考虑，对于长度小于1 m 的墙段宜采用砖模数即125 mm 倍数；长度大于1 m 的墙段，应符合建筑模数的要求，可通过调整灰缝的大小8~12 mm 来解决不合整砖的问题。

3)墙身的高度

墙身的高度根据建筑需要由设计决定，但要保证高度和厚度之比满足容许高厚比的要求，以保证墙体的稳定性。

2. 墙体的组砌方式

砖墙的组砌方式就是指砖在墙体中的排列方式。砖墙的组砌原则为横平竖直、上下错缝、内外搭接、砂浆饱满，以提高墙体整体稳定性，减少开裂的可能性。在砖墙的组砌中，把砖的长方向垂直于墙面砌筑的砖叫丁砖，砖的长方向平行于墙面砌筑的砖叫顺砖，上下皮之间的水平灰缝称横缝，左右两块砖之间垂直缝称竖缝。

1)实心砖墙的组砌方式

实心砖墙常见的组砌方式有全顺式、一顺一丁式、多顺一丁式、两平一侧式、每皮丁顺相间式等，如图 5 -4 所示。

a. 一顺一丁式：丁砖和顺砖隔层砌筑，这种砌筑方法整体性好，主要用于砌筑一砖以上的墙体，见图 5 -4(a)。

b. 多顺一丁式：多层顺砖、一皮丁砖相间砌筑，图 5 -4(b) 中为三顺一丁。

c. 每皮丁顺相间式：又称为"梅花丁"、"沙包丁"，在每皮之内，丁砖和顺砖相间砌筑而成，优点是墙面美观，常用于清水墙的砌筑，见图 5 -4(c)。

d. 全顺式：每皮均为顺砖，上下皮错缝 120 mm，适用于砌筑 120 mm 厚砖墙，见图 5 -4(d)。

e. 两平一侧式：每层由两皮顺砖与一皮侧砖组合相间砌筑而成，主要用来砌筑 180 mm 厚砖墙，见图 5 -4(e)。

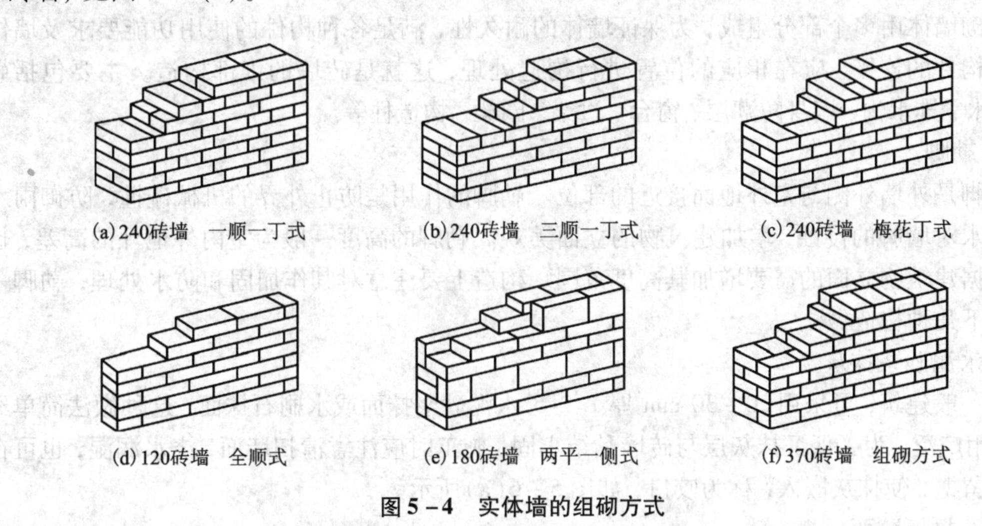

图 5 -4 实体墙的组砌方式

2)烧结多孔砖的组砌方式

多孔砖砌体应上下错缝、内外搭砌。多孔砖的规格见表 5 -1。P 型砖宜采用一顺一丁式或每皮丁顺相间式，M 型砖应采用全顺式。

3)空斗砖墙的组砌

空斗砖墙是指用普通砖侧砌或平砌结合砌成，墙体内部形成较大的空心。空斗砖墙的特点是用料省，自重轻，缺点是对砖的质量要求高，对工人的技术水平要求严格。

空斗墙的厚度一般为 240 mm。在空斗墙中，侧砌的砖称为斗砖，平砌的砖称为眠砖。空斗墙的砌法有有眠空斗墙和无眠空斗墙两种，如图 5 -5 所示。无眠空斗墙可用于二层以下房屋，有眠空斗墙可用于三层以下房屋。空斗墙的基础、勒脚、门窗洞口两侧、墙的转角等处要砌成实心墙，在钢筋混凝土楼板、梁和屋架支座处六皮砖范围内也要砌成实心墙，用以承受荷载。

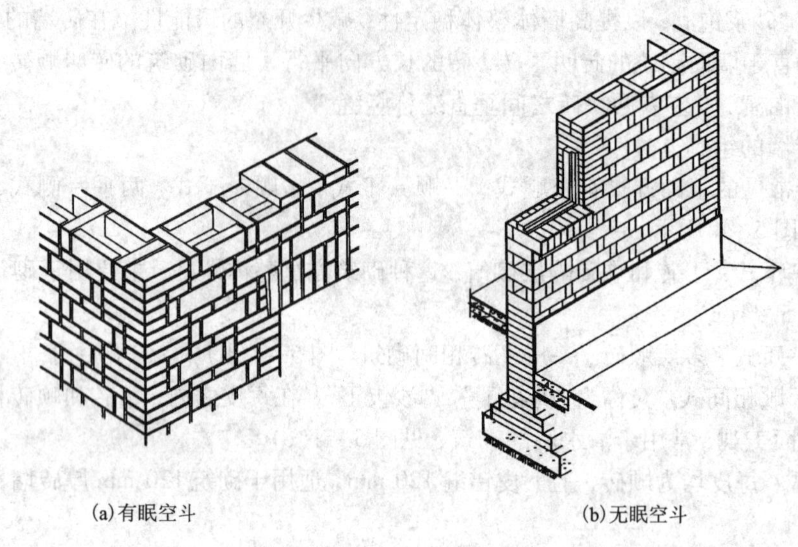

(a)有眠空斗　　(b)无眠空斗

图5-5　空斗墙

5.2.3　砖墙的细部构造

砖砌墙体由多个部分组成，为保证墙体的耐久性，满足各种构件的使用功能要求及墙体与其他构件的连接，应在相应的位置进行构造处理，这就是砖墙的细部构造。主要包括勒脚、散水、排水沟、墙身防潮层、窗台、过梁、圈梁、构造柱等。

1. 勒脚

勒脚是外墙外侧与室外地面接近的部位。勒脚的作用是防止外界的机械碰撞，防御雨水和地面水对墙脚的侵蚀，增加建筑物的立面美观。勒脚的高度一般为室内外地坪的高差，也可以根据建筑物立面的需要增加其高度范围。构造上要注意对其作加固和防水处理，勒脚一般有以下几种构造做法：

1)水泥砂浆抹灰

对一般建筑，可采用20~30 mm厚1∶2.5水泥砂浆抹面或水刷石抹面，这种做法简单经济，应用广泛，为了保证抹灰层与砖墙黏结牢固，施工时应注意清扫墙面，浇水润湿，也可在墙面上留槽，使抹灰嵌入，称为咬口，如图5-6(a)所示。

2)石材板贴面

标准较高的建筑，可用天然石材或人工石材贴面，如花岗石、大理石等，如图5-6(b)所示。

3)石材砌筑

整个墙脚采用强度高、耐久性和防水性好的材料砌筑，如条石、混凝土等，如图5-6(c)所示。

2. 散水与明沟

1)散水

在建筑物外墙四周靠近勒脚部位的地面设置排水用的散水或明沟，将建筑物四周的地表

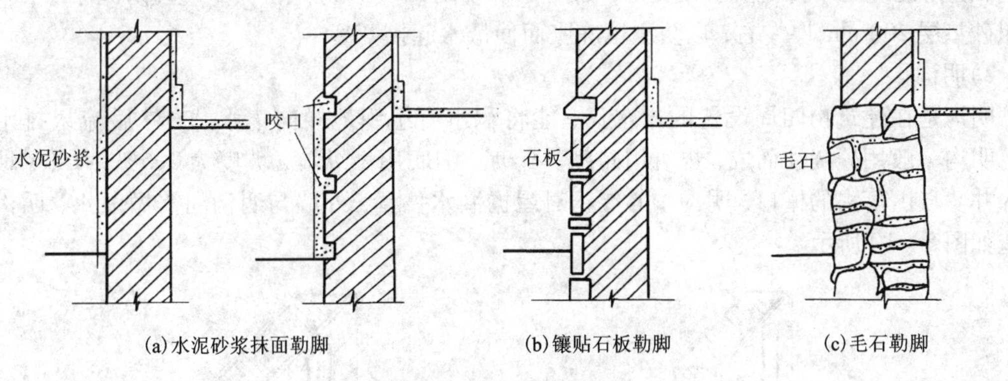

(a)水泥砂浆抹面勒脚　(b)镶贴石板勒脚　(c)毛石勒脚

图 5－6　勒脚的构造做法

积水及时排走，保护外墙基础和地下室的结构免受水的不利影响。散水又称排水坡或护坡，是沿建筑物外墙四周地面设置的倾斜坡面。散水应从墙向外形成坡度，考虑既利排水又方便行走，坡度值一般为3%～5%；散水的宽度一般为600～1000 mm，当屋面为自由落水时，其宽度应比屋檐挑出宽度大200 mm以上。散水的构造做法有三合土散水、混凝土散水、用砖石铺砌散水，如图5－7所示。

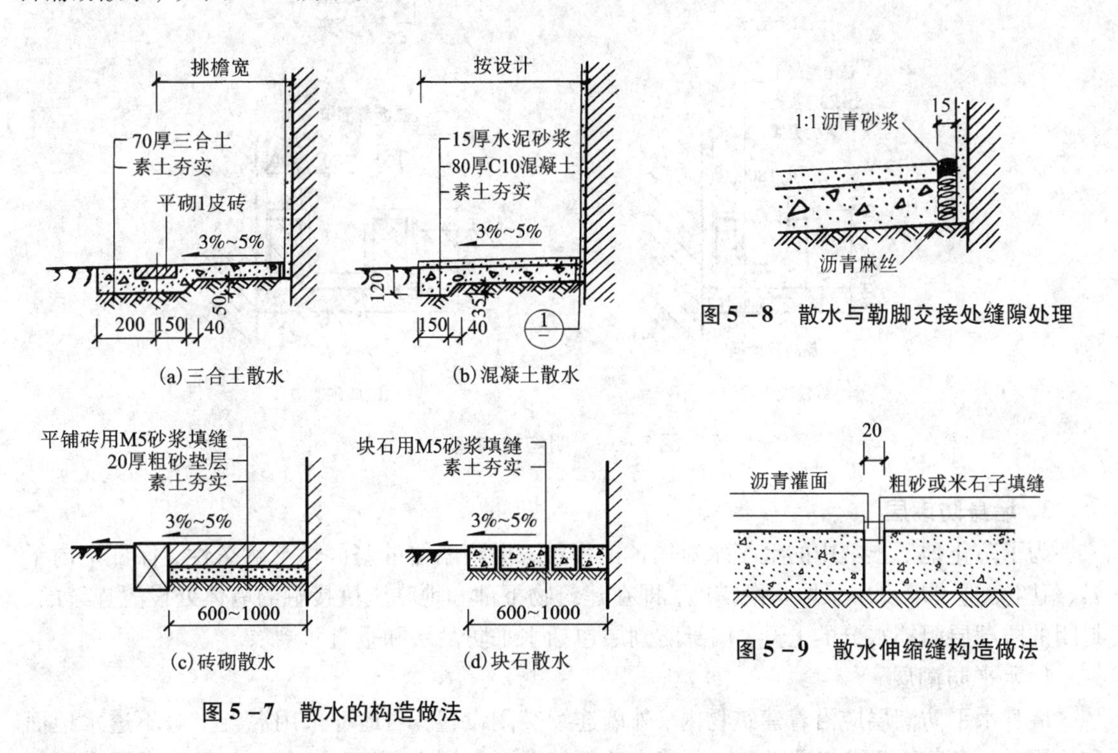

(a)三合土散水　(b)混凝土散水

图 5－8　散水与勒脚交接处缝隙处理

(c)砖砌散水　(d)块石散水

图 5－7　散水的构造做法

图 5－9　散水伸缩缝构造做法

由于建筑物的沉降，勒脚与散水施工时间的差异，在勒脚与散水交接处应留有缝隙，缝内填粗砂或米石子，用沥青胶等弹性防水材料嵌缝，以防渗水，如图5－8所示。散水整体面层纵向距离每隔6～12 m做一道伸缩缝，以适应材料的收缩、温度变化和土层不均匀变形的影响，缝内处理同勒脚与散水相交处，如图5－9所示。有冰冻地区其下应设防冻胀层，一般用粗砂垫层200 mm厚左右，以防土壤冻胀而使散水起拱开裂。

2）明沟

明沟是在建筑物四周设置的排水沟，能将积水有组织地导向集水井，然后流入排水系统。明沟一般用砼浇注而成，也可用砖砌、石砌。沟底用做纵坡，坡度为0.5%～1%，坡向集水井。自由落水的檐口，明沟中心要正对屋檐滴水位置，外墙与明沟间需做散水，明沟的构造如图5－10所示。

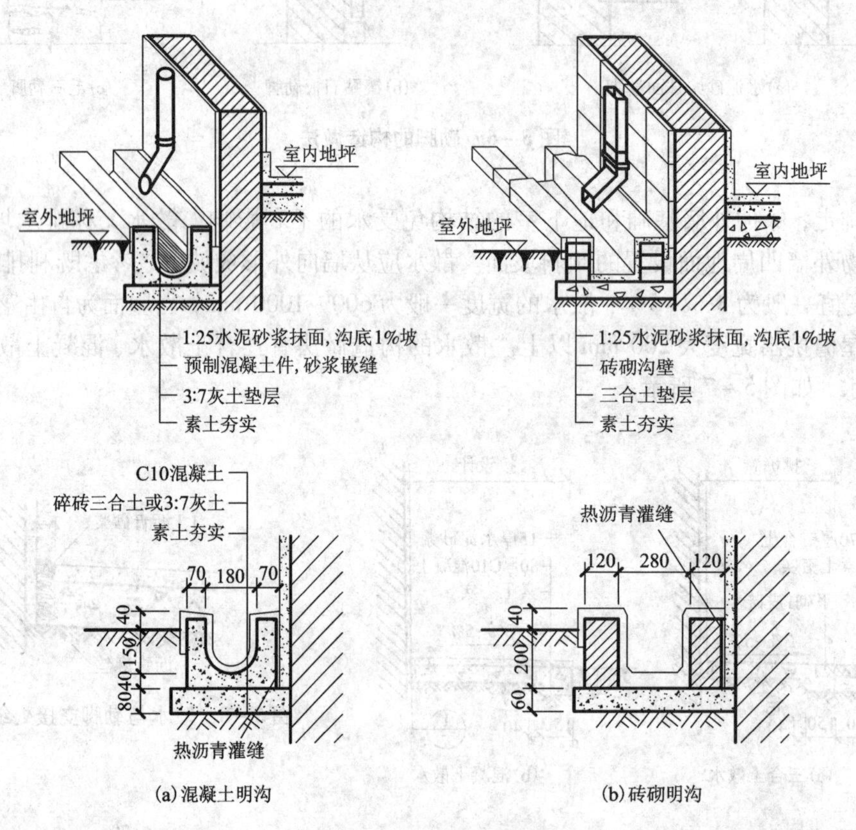

图5－10　明沟的构造

3．墙身防潮层

为了防止地下土壤中的毛细水对墙体的侵蚀，提高墙体的坚固性与耐久性，保证室内干燥、卫生，应在墙身中采取防潮措施，即在建筑物下部和地基土壤接触的墙体处设置连续的、封闭的防潮层阻挡水分的上升，墙身防潮层包括水平防潮层和垂直防潮层。

1）水平防潮层

墙身水平防潮层应沿着建筑物内、外墙连续交圈设置，当地坪采用混凝土等不透水地面和垫层时，墙身防潮层应设置在底层室内地面的混凝土层上下表面之间，一般防潮层上表面应设置在室内地坪以下60 mm处（即一皮砖厚处），同时还应至少高于室外地坪150 mm，防止地面水溅渗墙面。当地坪采用砖、碎石等透水性地面和垫层时，墙身防潮层的位置应齐平或高于室内地坪60 mm左右。根据使用的材料不同，有以下四种做法：

a．油毡防潮：当墙体砌筑到墙身水平防潮层的部位时，抹20 mm厚1∶3水泥砂浆找平层，然后在找平层上干铺一层油毡或做一毡二油。油毡的宽度应比墙宽 20 mm，油毡的搭接长度应不小于 100 mm，如图 5－11(a)所示。这种做法具有较好的韧性、延伸性、防潮效果好，但破坏了墙身的整体性，不宜在抗震设防地区采用。

b. 防水砂浆防潮：在防潮层部位用 1∶2 的防水砂浆(防水剂的掺量不超过水泥用量的 5%)抹铺 20～30 mm 厚，如图 5－11(b)所示。防水剂与水泥混合凝结，能填充微小孔隙和堵塞、封闭毛细孔，从而阻断毛细水。也可以在防潮层部位用防水砂浆砌筑 3～5 皮砖。这种做法省工省料，且能保证墙身的整体性，但防潮层易因砂浆开裂而降低防潮效果。

c. 细石混凝土防潮层：在防潮层部位浇筑 60 mm 厚与墙等宽的细石混凝土带，内配 3Φ6 或 3Φ8 钢筋。这种防潮层的抗裂性好，且能与砌体结合成一体，特别适用于刚度要求较高建筑中，如图 5－11(c)所示。

d. 地圈梁兼做防潮层：当建筑物设有基础圈梁时，可调整其位置，使其位于室内地坪以下 60 mm 附近，以替代墙身水平防潮层，如图 5－11(d)所示。

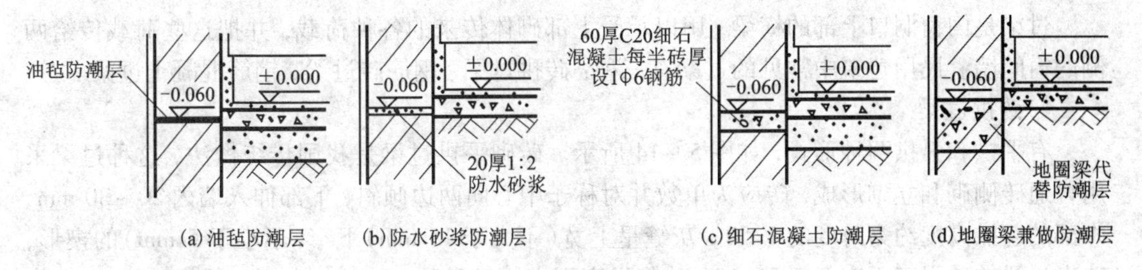

图 5－11 墙身水平防潮层

2)垂直防潮层

当墙身两侧室内地坪出现高差或室内地坪低于室外地坪时，除了在不同标高的室内地坪以下 60 mm 和高于室外地坪 150 mm 处设置水平防潮层外，还应在两道水平防潮层之间靠土壤的垂直墙面上做垂直防潮层。垂直防潮层具体做法是：先用水泥砂浆将墙面抹平，再涂一道冷底子油、两道热沥青或做一毡二油，如图 5－12 所示。

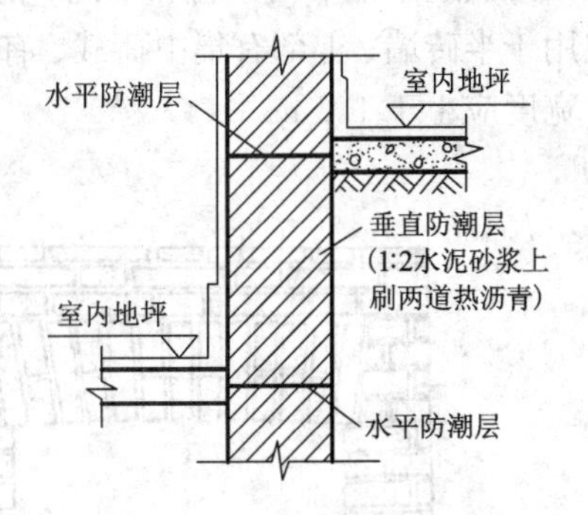

图 5－12 墙身垂直防潮层

4. 窗台

窗台是窗下部的排水构造，可以排除窗外侧流下的雨水和内侧的冷凝水，并起一定的装饰作用。

1)外窗台

外窗台面应形成 5% 的外倾坡度，防止雨水流入室内。外窗台的构造有悬挑窗台和不悬挑窗台两种。悬挑窗台常用砖平砌或侧砌挑出 60 mm，窗台表面的坡度可由斜砌的砖形成或用 1∶2.5 水泥砂浆抹出，并在挑砖下缘前端抹出滴水槽或滴水线，引导雨水垂直下落。采用不悬挑式窗台时外墙饰面应用易清洗材料，窗台构造见图 5－13。

2)内窗台

内窗台设于室内，用以排除内侧的冷凝水，内窗台可直接做抹灰层或铺大理石、预制水

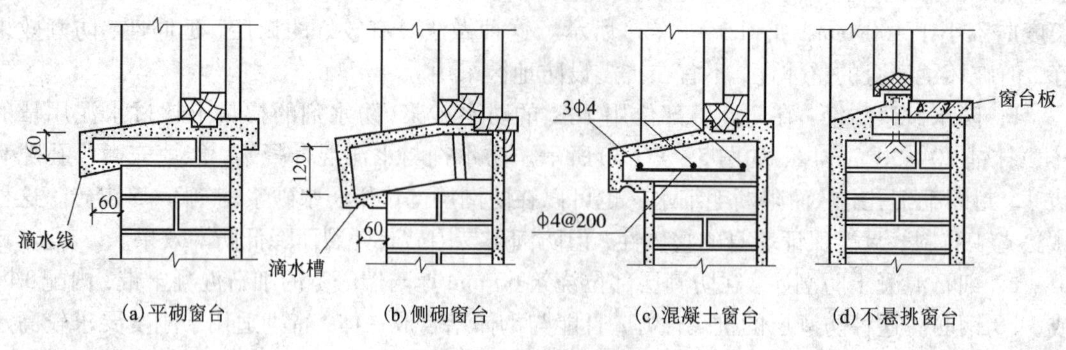

图 5-13　窗台的构造

磨石、木窗台板等形成窗台面，北方地区墙体厚度较大时，常在内窗台下留置暖气槽。

5. 门窗过梁

过梁是门窗洞口上部的横梁，用以承受上部砌体传来的各种荷载，并把这些荷载传给两侧的窗间墙。民用建筑中常见的过梁有三种：砖拱过梁、钢筋砖过梁、钢筋混凝土过梁。

1)砖拱过梁

有平拱和弧拱两种形式，如图 5-14 所示。砖砌平拱过梁是我国传统做法，这种过梁采用普通砖侧砌和立砌形成，砖应为单数并对称于中心向两边倾斜，下部伸入墙内 20~30 mm，中部的起拱高度约为跨度的 1/50。灰缝呈上宽（不大于 15 mm）下窄（不小于 5 mm）的楔形，砖砌过梁的砖强度不应低于 MU10，砂浆强度不应低于 M5。

砖拱过梁能节约钢材和水泥，能保证清水墙面的整体美观，但施工麻烦，整体性差，不宜用于半砖墙、上部有集中荷载、有较大振动荷载或可能产生不均匀沉降的建筑，选用时洞口宽度应小于 1.2 m。

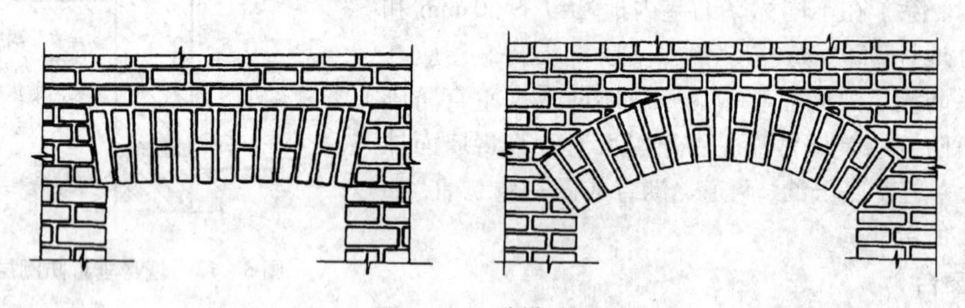

图 5-14　砖拱过梁

2)钢筋砖过梁

钢筋砖过梁是指在门窗洞口上部的砂浆层内配置钢筋的平砌砖过梁。其高度应经计算确定，一般不少于 5 皮砖，且不少于洞口跨度的 1/5。钢筋砖过梁砌法与砖墙相同，但须在第一皮砖下设置不小于 30 mm 厚的砂浆层，并在其中放置钢筋，钢筋的数量为每 120 mm 墙厚不少于 1ϕ6。钢筋两端伸入墙内 240 mm，并在端部做 60 mm 高的垂直弯钩，如图 5-15 所示。

钢筋砖过梁适用于跨度不超过 1.5 m、上部无集中荷载的洞口。当墙身为清水墙时，采用钢筋砖过梁，可使建筑立面获得统一的效果。

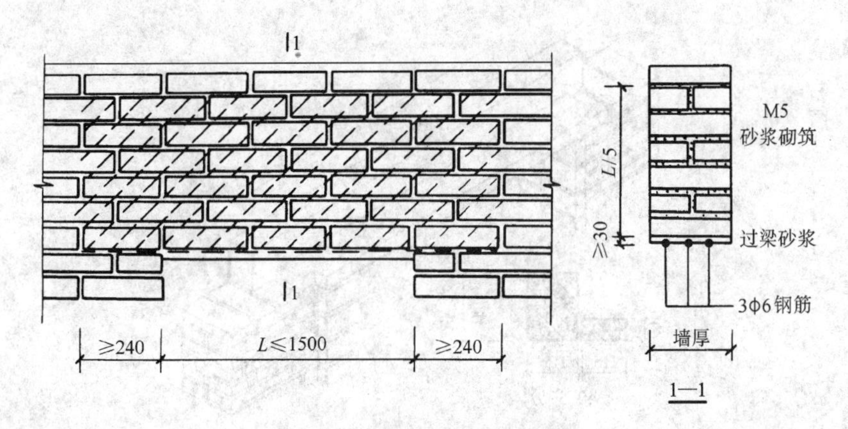

图 5－15 钢筋砖过梁

3）钢筋混凝土过梁

当门窗洞口跨度超过 2 m 或窗上部有集中荷载时，需采用钢筋混凝土过梁。钢筋混凝土过梁有现浇和预制两种，它坚固耐久，施工方便，被广泛采用。

钢筋混凝土过梁的截面尺寸及配筋应经计算确定，截面高度应是砖厚的整数倍，宽度等于墙厚，两端伸入墙内不小于 240 mm，以保证过梁在墙上有足够的承载面积。钢筋混凝土过梁的截面形状有矩形和 L 形，如图 5－16 所示。

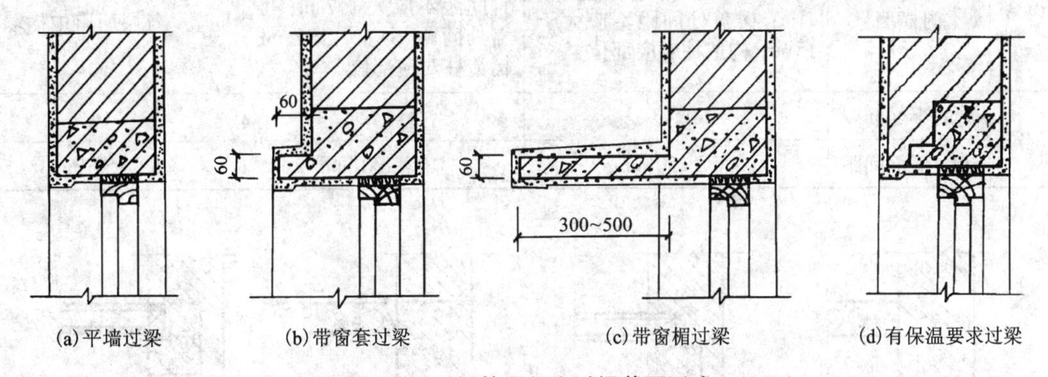

图 5－16 钢筋混凝土过梁截面形式

当采用预制钢筋混凝土过梁的断面尺寸过大时，不便于搬运和安装，也可分成宽度较小的几片，并排组合使用，如图 5－17 所示。

6. 圈梁

圈梁是沿建筑物的外墙、内纵墙和部分横墙设置的连续封闭的梁，用来加强房屋的空间刚度和整体稳定性，防止由于地基不均匀沉降、较大的振动荷载等引起的墙体开裂。

圈梁的数量与建筑物的高度、层数、地基状况和地震烈度有关，圈梁主要设置于基础顶面、楼板处、屋面板底部，详见表 5－3。需要增设时，应通过相应的楼盖处，如图 5－18（a）所示；对于空间较大的房间或地震烈度在 8 度以上地区的建筑，须将外墙圈梁外侧加高，以防楼板水平位移，如图 5－18（b）所示。当门窗过梁与屋盖、楼盖靠近时，圈梁可通过洞口顶部，兼作过梁，此时的圈梁的尺寸及配筋应按过梁的实际受力进行计算。

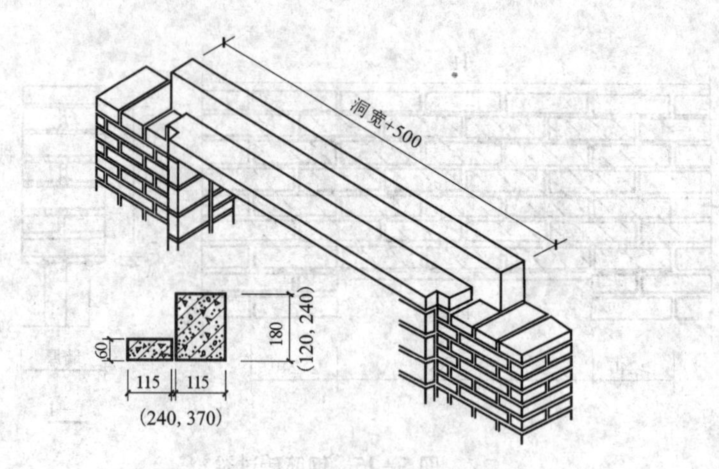

图 5-17　预制钢筋混凝土过梁

表 5-3　砼圈梁的设置要求

圈梁设置及配筋		抗震设防烈度		
		6 度、7 度	8 度	9 度
圈梁设置	外墙和内纵墙	屋盖处及每层楼盖处	屋盖处及每层楼盖处	屋盖处及每层楼盖处
	内横墙	同上，屋盖处间距不应大于 7 m；楼盖处间距不应大于 15 m；构造柱对应部位	同上，屋盖处所有横墙，且间距不应大于 7 m；楼盖处间距不应大于 7 m；构造柱对应部位	同上，各层所有内横墙
配筋	最小配筋	4φ10	4φ12	4φ14
	最大箍筋间距	φ6@ 250 mm	φ6@ 200 mm	φ6@ 150 mm

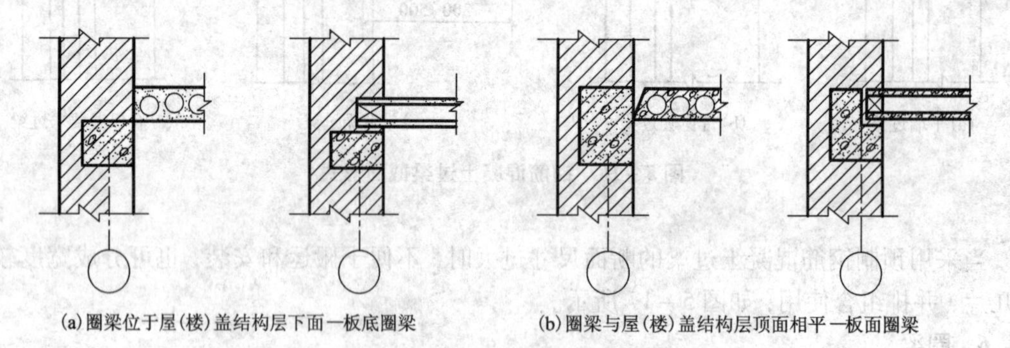

(a) 圈梁位于屋(楼)盖结构层下面—板底圈梁　　(b) 圈梁与屋(楼)盖结构层顶面相平—板面圈梁

图 5-18　圈梁在墙中的位置

圈梁有钢筋混凝土圈梁和钢筋砖圈梁两种：

(1) 钢筋混凝土圈梁的宽度宜与墙厚相同，当墙厚大于 240 mm 时，允许其宽度减小，但不宜小于墙厚的 2/3。圈梁高度应大于 120 mm，并在其中设置纵向钢筋和箍筋，如图 5-19(a) 所示。

(2) 钢筋砖圈梁应采用不低于 M5 的砂浆砌筑，高度为 4~6 皮砖。纵向钢筋不宜少于

4φ6，水平间距不宜大于120 mm，分上下两层设在圈梁顶部和底部的灰缝内，如图5－19(b)所示。

圈梁应连续地设在同一水平面上，并形成闭合状，当圈梁被门窗洞口截断时，应在洞口上部增设一道附加圈梁。附加圈梁的断面与配筋不得小于圈梁的断面与配筋，与圈梁的搭接长度不应小于其垂直距离的2倍，并不小于1 m，如图5－20所示。

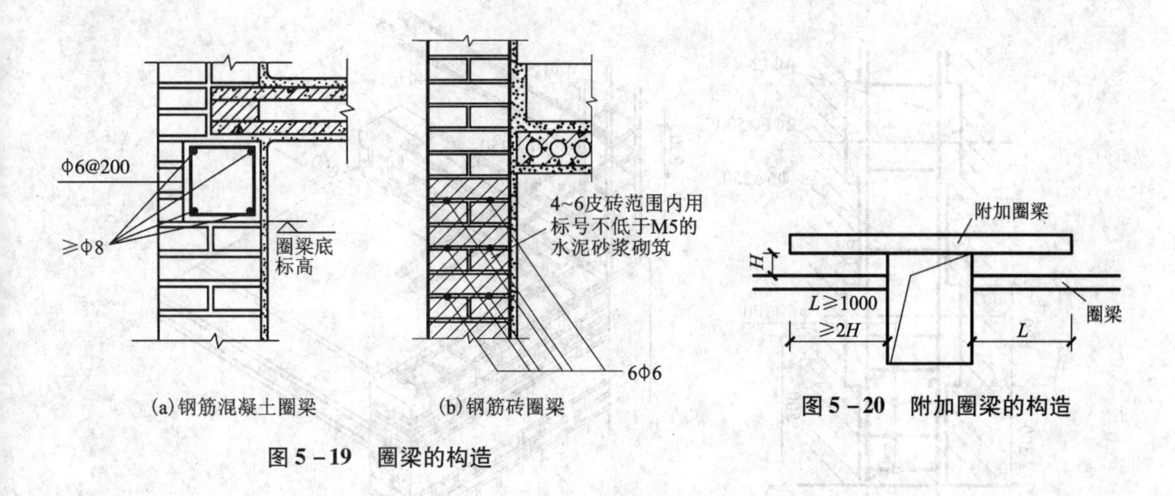

(a)钢筋混凝土圈梁 (b)钢筋砖圈梁

图5－19 圈梁的构造

图5－20 附加圈梁的构造

7. 构造柱

为了增加建筑物的整体刚度和稳定性，在砌体结构房屋中，还需设置钢筋混凝土构造柱。构造柱必须与各层圈梁紧密连接，形成空间骨架，使墙体在破坏过程中具有一定的延伸性，做到裂而不倒。

构造柱是从构造角度考虑设置的，构造柱一般设在建筑物的四角、内外墙交接处和楼梯间、电梯间的四角以及某些较长墙体的中部，因为这些部位受力较复杂，地震时容易破坏，构造柱的设置要求见表5－4。

表5－4 砖房构造柱的设置要求

<table>
<tr><th>抗震设防烈度</th><th>6度</th><th>7度</th><th>8度</th><th>9度</th><th colspan="2">设置部位</th></tr>
<tr><td rowspan="3">层数</td><td>四、五</td><td>三、四</td><td>二、三</td><td></td><td rowspan="3">外墙四角，错层部位横墙与外纵墙交接处，大房间内外墙交接处，较大洞口两侧</td><td>7度、8度时，楼、电梯间四角；隔15 m或单元横墙与外纵墙交接处</td></tr>
<tr><td>六、七</td><td>五</td><td>四</td><td>二</td><td>隔开间横墙(轴线)与外纵墙交接处，山墙与内纵墙交接处；7～9度时，楼、电梯间四角</td></tr>
<tr><td>八</td><td>六、七</td><td>五、六</td><td>三、四</td><td>内墙(轴线)与外墙交接处，内墙的局部较小墙垛处；7～9度时，楼、电梯间四角；9度时内纵墙与横墙(轴线)交接处</td></tr>
</table>

构造柱的截面不宜小于240 mm×180 mm，常用240 mm×240 mm。纵向钢筋宜采用4Φ12，箍筋为Φ6，间距不大于250 mm，并在柱的上下端适当加密。构造柱应先砌墙后浇柱，墙与柱的连接处宜留出五进五出的大马牙槎，进出60 mm，并沿墙高每隔500 mm设2Φ6的拉结钢筋，每边伸入墙内不宜少于1000 mm，如图5－21所示。构造柱一般不单独做基础，下端可伸入室外地面下500 mm或锚入浅于500 mm的地圈梁内，上端伸入到屋顶圈梁或女儿墙压顶里。

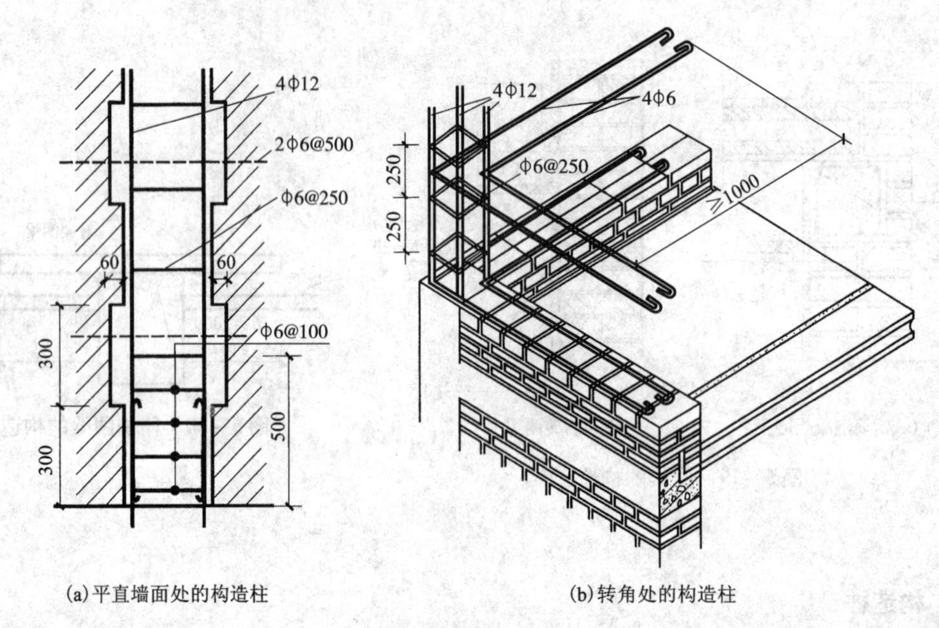

(a)平直墙面处的构造柱　(b)转角处的构造柱

图5－21　构造柱

8. 壁柱和门垛

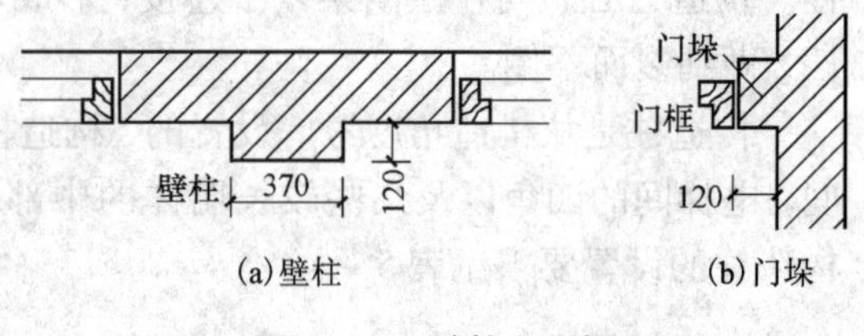

(a)壁柱　(b)门垛

图5－22　壁柱和门垛

当墙体的高度或长度超过一定限值，或墙体受到集中荷载时，厚度较薄的墙很难保证墙体的稳定性，可通过增设凸出墙面的壁柱(又称扶壁柱)，提高墙体的刚度和稳定性，并与墙体共同承担荷载。砖壁柱的尺寸应符合砖的模数，突出墙面尺寸一般为120 mm×370 mm，240 mm×370 mm，240 mm×490 mm等，如图5－22(a)所示。

当墙上开设的门洞在两墙转角处，或丁字墙交接处，为保证墙体承载力和稳定性及便于门框的安装，常设门垛，其尺寸不小于120 mm，门垛不宜过长，以免影响室内使用，如图5－22(b)所示。

圈梁、构造柱、壁柱和门垛等都是墙身的加固措施，能增强墙体的刚度和整体稳定性，提高抗震能力。

5.3　砌块墙的构造

砌块墙是采用比实心黏土砖大的预制块材(称砌块)砌筑而成的墙体。砌块可利用混凝土、工业废料或地方材料制成，具有生产效率高、热工性能好、减轻墙体的自重、减少环境污染、节约能源等优点，是我国墙体改革的方向之一。

5.3.1　砌块的种类

按砌块材料分：普通混凝土砌块、加气混凝土砌块、轻骨料混凝土砌块、粉煤灰砌块等。

按砌块的构造分：空心砌块和实心砌块。

按功能分：承重砌块和保温砌块等。

按单块重量和尺寸大小分：小型砌块、中型砌块和大型砌块。

小型砌块的高度为115～380 mm，单块重量不超过20 kg，便于人工砌筑；中型砌块的高度为380～980 mm，单块重量在20～350 kg之间；大型砌块的高度大于980 mm，单块重量超过了350 kg，由于质量太大，安装时，需用大型起重运输设备，目前在我国，中小型砌块采用较多。

5.3.2　砌块墙的构造

1. 砌筑缝

砌筑缝包括水平缝和垂直缝。水平缝有平缝和槽口缝，如图5－23(a)、(b)所示；垂直缝有平缝、错口缝、方槽缝和槽口缝，如图5－23(c)、(d)、(e)、(f)所示，水平和垂直灰缝的宽度不仅要考虑到安装方便、易于灌浆捣实，以保证足够的强度和刚度，而且还要考虑隔声、保温、防渗等问题。

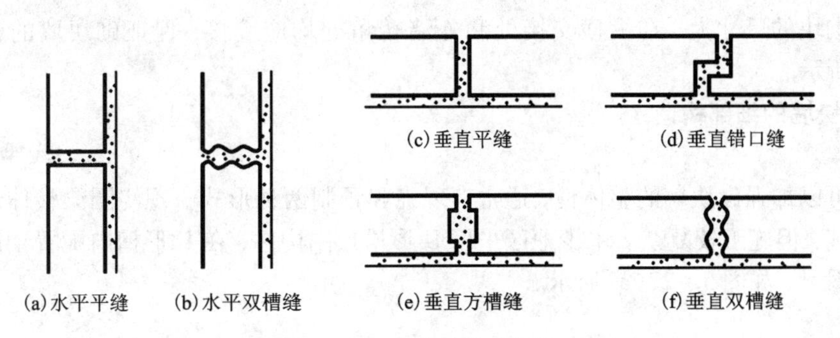

图5－23　砌块墙的砌筑缝

2. 砌块组砌

砌块墙在砌筑前，必须进行砌块排列与组合设计，需要在建筑平面图和立面图上进行砌块的排列，注明每一砌块的型号，如图5－24所示。

排列设计的原则：正确选择砌块的规格尺寸，减少砌块的规格类型；优先选用大规格的砌块做主砌块，以加快施工速度；上下皮应错缝搭接，内外墙和转角处砌块应彼此搭接，以加强整体性；空心砌块上下皮应孔对孔、肋对肋，错缝搭接。尽量提高主块的使用率，避免镶砖或少镶砖。

砌块的排列上下皮错缝的搭接长度一般为砌块长度的1/4，并且不应小于150 mm。当无法满足搭接长度要求时，应在灰缝内设Φ4钢筋网片连接。砌块墙的灰缝宽度一般为10～15 mm，用M5砂浆砌筑。当垂直灰缝大于30 mm时，则需用细石混凝土灌实，如图5－25所示。

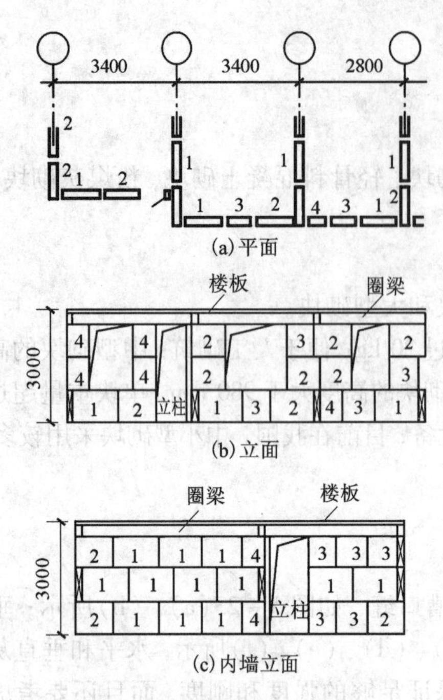

图 5－24　砌块排列示意图

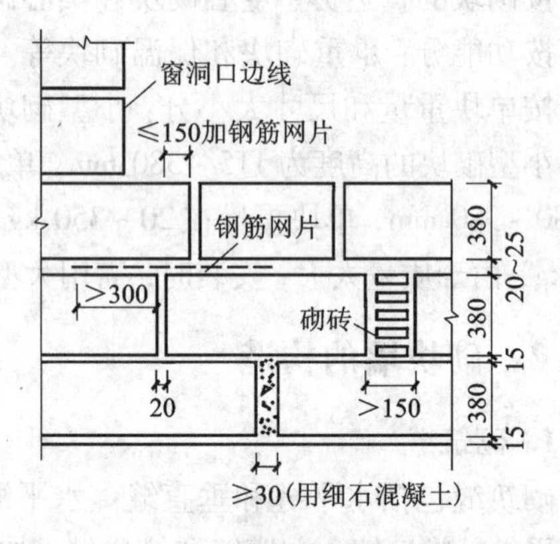

图 5－25　砌块的错缝排列

由于砌块的尺寸大，在纵横交接处和外墙转角处均应咬接，保证砌块墙的整体性，如图 5－26 所示。

3. 砌块墙的细部构造

1) 圈梁

圈梁可以加强砌块墙的整体性，通常有现浇和预制两种形式。现浇圈梁整体性强，对加固墙身有利，但施工较复杂。不少地区采用 U 形槽预制构件，在 U 形槽内配置钢筋，现浇混凝土形成圈梁，如图 5－27(a) 所示。

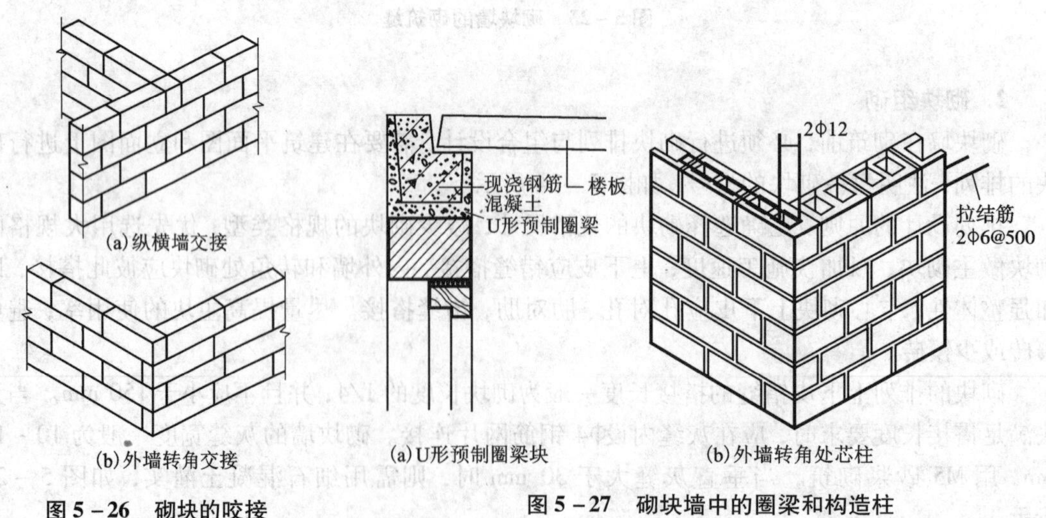

图 5－26　砌块的咬接

图 5－27　砌块墙中的圈梁和构造柱

2)构造柱与芯柱

构造柱与芯柱是砌块墙体在外墙转角以及某些内外墙相接的“T”字接头处的竖向加强措施，将砌块在垂直方向连成一体，以保证砌块墙的稳定性。利用空心砌块上下孔对齐，在孔内配置Φ10～Φ12 的钢筋，然后用细石混凝土分层灌实，形成芯柱，如图 5-27(b)所示。

实心砌块墙一般是在框架梁之间设置构造柱来限制其长度。构造柱的断面与砌块的宽度相适应，并沿构造柱的高度每间隔 500 mm 设 2Φ6 的钢筋与砌块墙拉结，拉结筋长度为 500 mm。

3)门窗框与砌块墙的连接

普通实心砖砌体与门窗框的连接，一般是在砌体中预埋木砖，通过钉子将门窗框固定其上或将钢门窗框与砌体中的预埋铁件焊牢。但砌块中不宜设木砖和铁件，以简化砌块生产和减少砌块的规格类型，此外有些砌块强度低，直接用圆钉固定门窗容易松动。在实践中门窗樘与砌块墙的连接方式，可利用砌块凹槽固定，或在砌块灰缝内窝木榫或铁件固定，或利用膨胀木块固定及膨胀螺栓固定等，如图 5-28 所示。

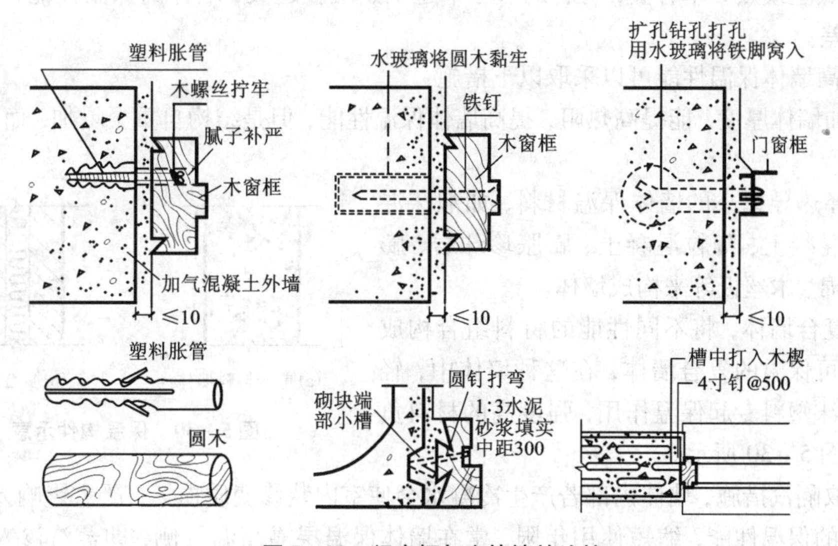

图 5-28 门窗框与砌块墙的连接

4)防湿构造

砌块多为多孔材料，吸水性强，容易受潮，特别是在檐口、窗台、勒脚及落水管附近墙面等部位。在湿度较大的房间中，砌块墙须有相应的防湿措施，如采用密实混凝土砌块、实心砖或现浇混凝土形成勒脚，如图 5-29 所示。

5.4 外墙节能构造

建筑节能要求执行建筑节能标准，提高建筑围护结构热工性能，切实降低建筑能源消耗。建筑节能的主要措施之一是加强围护结构的节能，在围护结构中，外墙面积最大(一般住宅建筑外墙面积为建筑面积的 50% 左右)，外墙的保温材料选择、保温构造措施对整个建筑物的保温效果及造价影响较大。

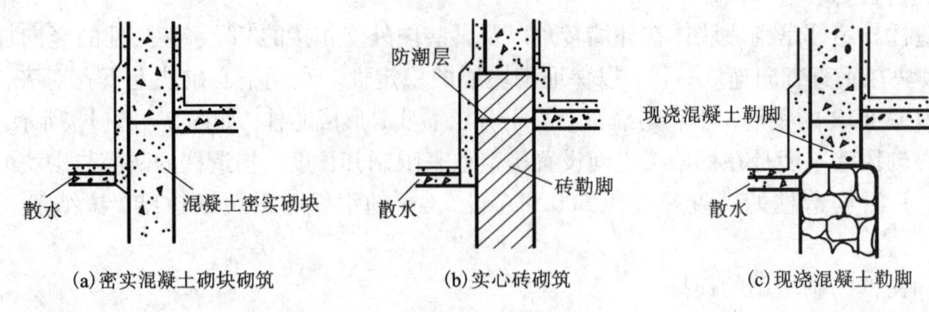

图5－29　勒脚的防湿构造

5.4.1　建筑热工知识

1. 墙体保温

对于有冬季保温要求的建筑，作为围护结构的外墙必须具有足够的保温能力。墙体的保温性能与其热阻或热导率有关，材料的热导率越小热阻就越大，墙体的保温性能就越好；反之，也就越差。

为了提高墙体保温性能可以采取以下措施：

(1)增加墙体厚度，能提高热阻，提高墙体保温性能，但是结构自重会增加，而且占用空间不经济。

(2)选择热导率小的墙体保温材料，如泡沫混凝土、加气混凝土、陶粒混凝土、膨胀珍珠岩、膨胀蛭石、矿棉、木丝板等来构成墙体。

(3)做复合墙体，将不同性能的材料组合构成既能承重又可保温的复合墙体，在这种墙体中，轻质材料如泡沫塑料专起保温作用，强度高的材料负责承重，如图5－30所示。

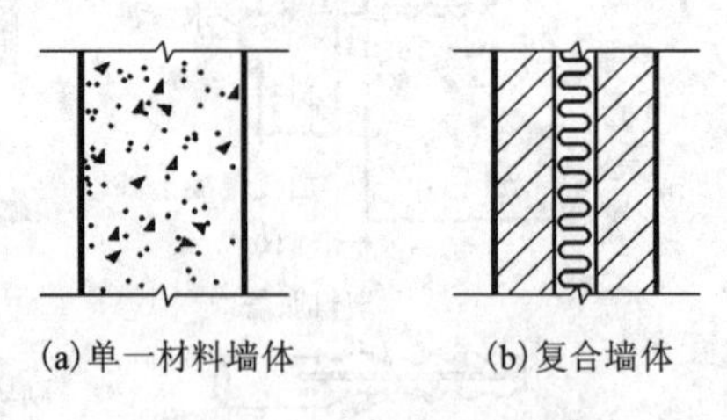

图5－30　保温构件示意

(4)采取隔汽措施，墙体内部若产生冷凝水会使室内装修变质损坏，严重影响人体健康，并降低材料的保温性能，缩短使用年限，常在墙体保温层靠高温一侧，即蒸汽渗入的一侧，设置隔汽层以防止水蒸汽内部凝结。

(5)隔绝或减少冷桥的作用，提高保温能力。由于结构上的需要，外墙中常嵌有钢筋混凝土柱、梁、垫块、圈梁、过梁等构件，钢筋混凝土的传热系数大于砖的传热系数，热量很容易从这些部位传出去，这些保温性能低的部位通常称为冷桥(或热桥)，如图5－31(a)所示。为防止冷桥部分外表面结露，应采取局部保温措施，如图5－31(b)所示：

a. 在寒冷地区，外墙中的钢筋混凝土过梁可作成L形，并在外侧加保温材料；

b. 对于框架柱，当柱子位于外墙内侧时，可不必另作保温处理；当柱子外表面与外墙平齐或突出时，应作保温处理。

2. 墙体隔热

在南方炎热地区要求墙体具有较好的隔热性能，阻隔太阳辐射热传入室内造成室内温度过高。外墙可以采取以下措施来提高隔热能力：

(1)通过采用表面平整光滑并采用浅色饰面材料来反射阳光；

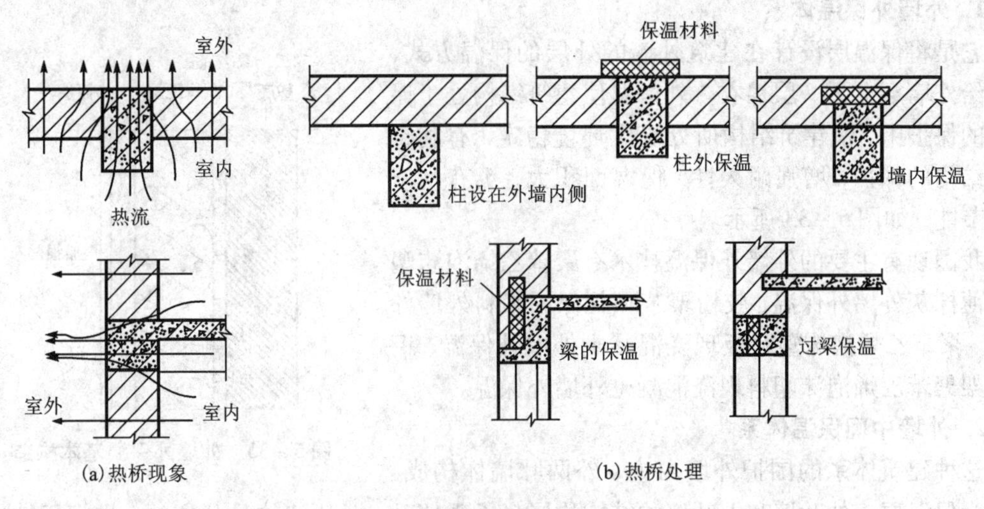

图5-31 热桥现象与处理

(2)在窗口外设置遮阳设施以遮挡太阳光直射室内；

(3)外墙选用热阻大、质量轻的材料来减少热量的传递，也可在外墙内部设通风层，利用空气的流动带走热量；

(4)在总平面规划及个体建筑设计时合理安排，选择最佳朝向，有效组织穿堂风，充分利用遮阳、绿化，对于隔热能起到很大的作用。

5.4.2 外墙保温构造

《民用建筑节能设计标准》要求提高围护结构保温能力，并要求考虑构造柱、圈梁等周边热桥部位对外墙传热的影响，外墙平均传热系数符合规范等要求。这样，在单一材料的墙体中，只有加气混凝土墙才能满足要求，发展节能高效的复合墙体是墙体节能的根本出路。

根据保温材料在建筑外墙上与基层墙体的相对位置，建筑围护墙体的保温体系分外墙内保温、外墙外保温、外墙夹芯保温三种，位置示意见图5-32。

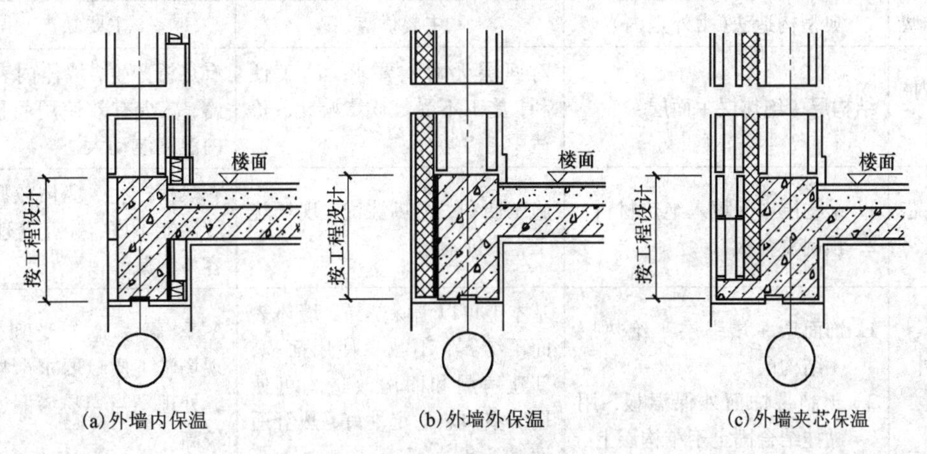

图5-32 外墙保温位置示意图

1. 外墙外保温体系

它是将保温层设计在建筑外墙的外层的保温方式，类似给外墙穿上了一层棉衣。外保温使建筑结构处于保温层的保护中，使建筑结构所处温度环境稳定，有利于建筑结构的保护，增强耐久性，保温面积大，更有利于保温节能，如图5－33所示。

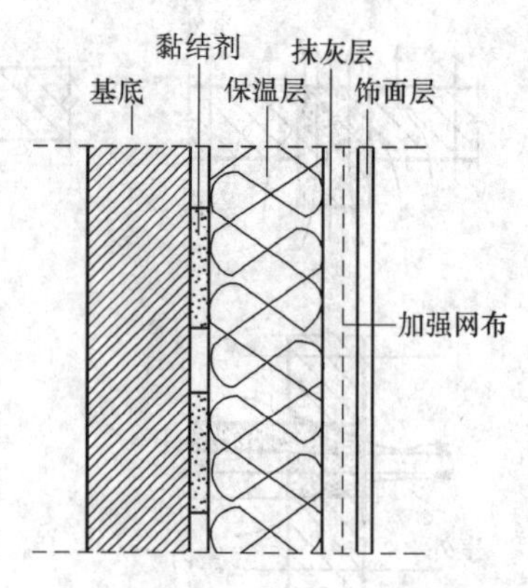

图5－33 外墙外保温基本构造

我国现有主要的外墙外保温技术有聚苯乙烯泡沫塑料板薄抹灰外墙外保温、胶粉聚苯颗粒保温浆料外墙外保温、聚苯乙烯泡沫塑料板现浇混凝土外墙外保温、钢丝网架聚苯乙烯泡沫塑料现浇混凝土外墙外保温。

2. 外墙中间保温体系

这种建筑体系的围护外墙由内、外两叶墙体构成，中间为保温层。外叶墙和内叶墙的结构均属自承重体系，两片墙体是分离的，中间用拉接筋拉接，从而增加了建筑物围护结构的稳定性。中间保温体系适合砖混结构、框架结构、剪力墙结构等建筑体系。

砖墙结构外墙夹芯保温由实心砖和保温材料组成，分为围护结构、保温层和承重墙三层。常用的保温材料有岩棉板、聚苯板、玻璃棉板、膨胀珍珠岩板芯板等，如图5－34所示。

3. 外墙内保温体系

做在外墙内侧的保温层，一般有以下几种构造做法：硬质保温制品内贴、胶粉聚苯保温颗粒浆料内保温、保温层挂装等。硬质保温制品内贴的具体做法：在外墙内侧用胶贴剂黏贴增强聚苯复合保温板、炉渣水泥聚苯复合保温板等硬质建筑保温制品，然后在其表面粉刷石膏，并在里面压入中碱玻纤涂塑网格布（满铺），最后用腻子嵌平，表面刷涂料。由于石膏的防水性能较差，在卫生间、厨房等较潮湿的房间内不宜使用增强聚苯石膏板。外墙保温体系各种做法的对比见表5－5。

表5－5 外保温构造比较

技术类型	典型构造法（由外至内）	主要优点	主要缺点
外墙内保温	结构层＋绝热层＋面层	对面层无耐候要求，施工便利，施工不受气候影响，造价适中	有热桥产生，墙体内表面结露，减少有效使用面积，室内温度波动大
外墙夹芯保温	1. 结构层中间填入绝热材料 2. 预制复合板	施工便利，绝热性优，现场施工，造价不高	有热桥产生，墙体较厚，抗震性能不好，接缝处理不当容易渗漏
外墙外保温	1. 饰面层＋增强层＋绝热层＋结构层 2. 预制带饰面外保温板，用黏挂结合固定于结构层上	基本上可以消除热桥，墙体表面不结露，不减少使用面积，新建房屋和旧房改造均可使用。室内热稳定性好，热舒适性好	冬季/雨季施工受到影响，现场施工质量要求严格，接缝处理不当容易渗漏，造价较高

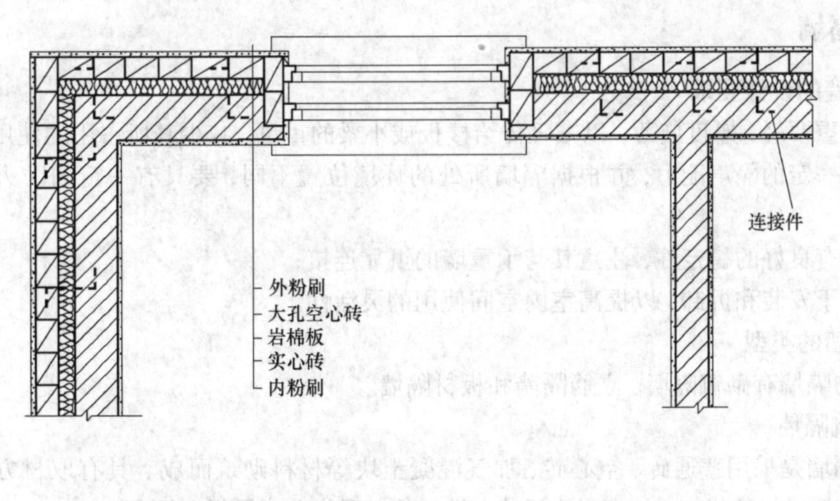

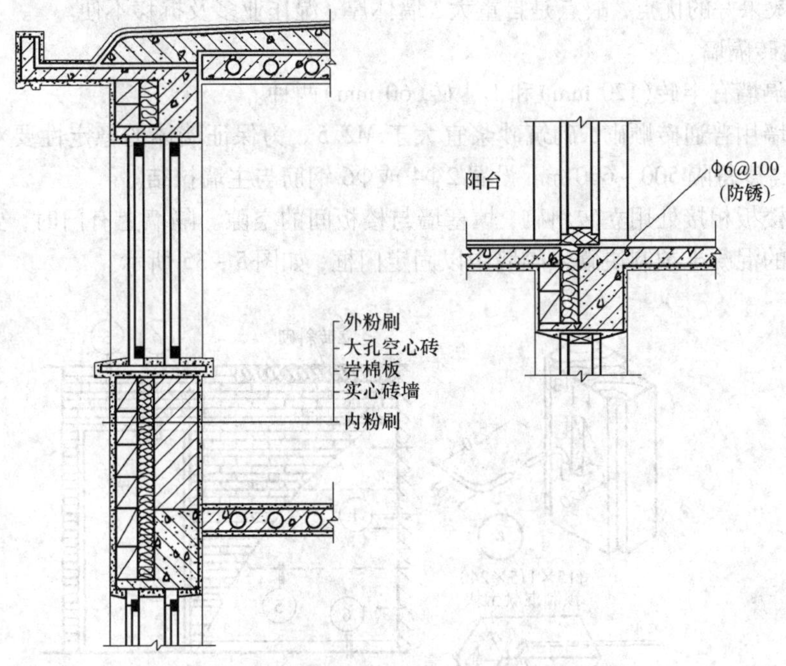

图 5-34 岩棉板用于空心砖墙体夹芯保温构造

5.5 隔墙的构造

隔墙或隔断是在房屋建筑中用于分隔房间和空间的构件，隔断还具有一定的装饰作用。

隔墙与隔断的共同点是都具有分隔空间的功能，且在建筑中不起承重作用。不同之处在于隔墙比较固定，一般都是到顶的，能在较大程度上限定空间，满足隔声、遮挡视线等要求；隔断一般不到顶，也可到顶，具有一定的空透性，使分隔的空间有一定的视觉交流，当有隔声和遮挡视线要求时，应容易移动或拆装。

5.5.1 隔墙

1. 隔墙的设计要求

(1)自重要轻，厚度应薄，以减轻传给楼板或小梁的重量，减少其所占用的使用面积；

(2)有一定的隔声能力，并根据隔墙所处的环境位置不同，要具有一定的防火、防潮和防水能力；

(3)要有良好的稳定性，注意其与承重墙的可靠连接；

(4)便于安装和拆卸，以提高室内空间使用的灵活性。

2. 隔墙的类型

常见的隔墙有砌筑隔墙、立筋隔墙和板材隔墙。

1)砌筑隔墙

砌筑隔墙是采用普通砖、空心砖、加气混凝土块等材料砌筑而成。具有取材方便、造价较低、隔音效果好的优点，缺点是自重大、墙体厚、湿作业多及拆移不便。

a. 普通砖隔墙

普通砖隔墙有半砖(120 mm)和1/4 砖(60 mm)两种。

半砖隔墙用普通砖顺砌，砌筑砂浆宜大于 M2.5。为保证墙体的稳定性要对隔墙进行加固，一般沿高度每隔 500 ~600 mm 设置 2Φ4 或Φ6 钢筋与主墙拉结。

顶部与楼板相接处用立砖斜砌，填塞墙与楼板间的空隙。隔墙上有门时，要预埋铁件或将带有木楔的混凝土预制块砌入隔墙中以固定门框，如图 5 -35 所示。

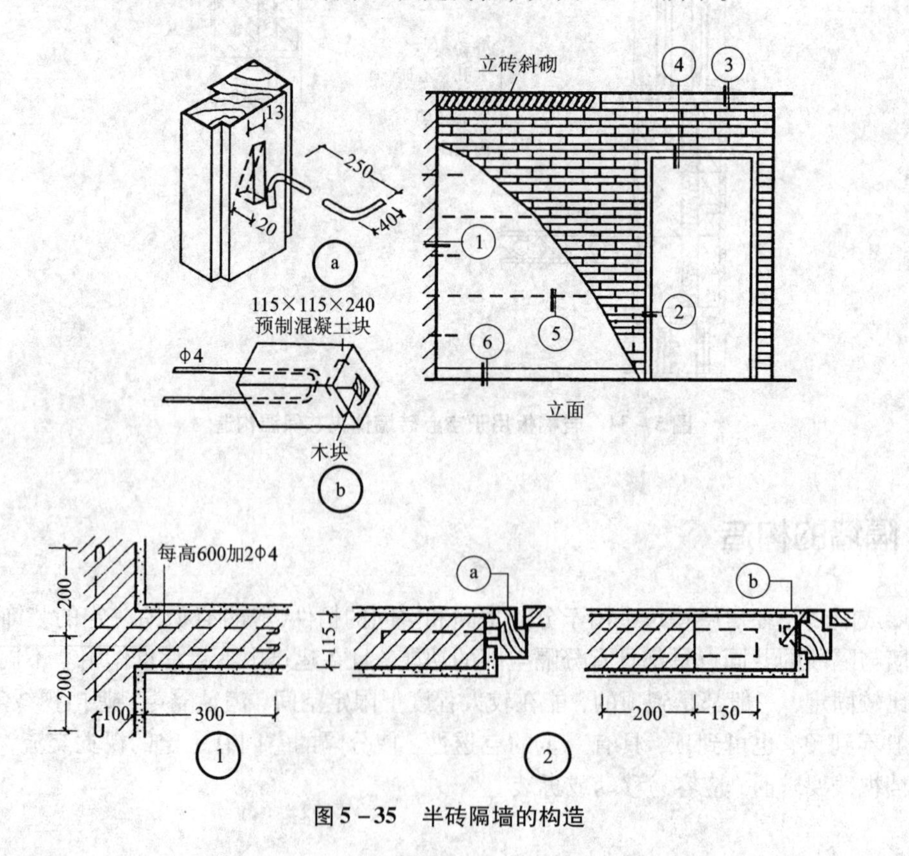

图 5 -35 半砖隔墙的构造

b. 砌块隔墙

为了减少隔墙的自重，可采用质轻块大的各种砌块，目前最常用的是加气混凝土砌块、粉煤灰硅酸盐砌块、水泥炉渣空心砖等砌筑的隔墙。隔墙厚度由砌块尺寸而定，一般为 90 ~ 120 mm。砌块吸水性强，因此，砌筑时应在墙下先砌 3 ~ 5 皮实心砖。砌块隔墙厚度较薄，也需采取加强稳定性措施，其方法与砖隔墙类似，如图 5 – 36 所示。

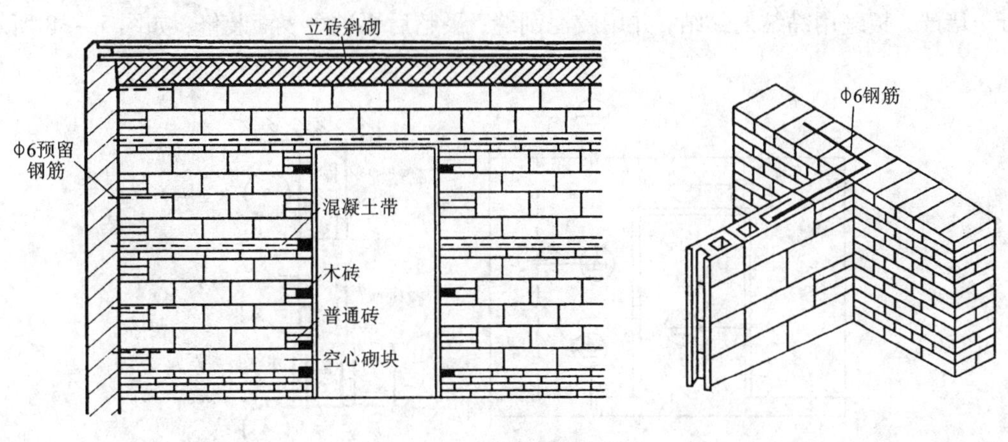

图 5 – 36 砌块隔墙的构造

2) 立筋式隔墙

立筋式隔墙又称为骨架式隔墙，由骨架和面板组成，骨架通常用木材、钢材或其他材料构成，面板常用人造板、板条或者纸面石膏板等材料，将其钉结或黏贴在骨架上。具有自重轻、厚度薄、构造简单、便于装拆等优点，但防火、防湿(防水、防潮)性能较差。

目前应用最为普遍的是轻骨架隔墙。用轻钢龙骨或型钢为骨架，在骨架两侧铺钉纸面石膏板、水泥刨花板、金属板等面板形成的隔墙。这类隔墙自重轻，一般可直接放置在楼板上，墙中有空气夹层，故隔声效果好。轻钢龙骨由沿顶龙骨、沿地龙骨、竖向龙骨、横撑龙骨、加强龙骨和各种配套件组成，然后用自攻螺钉将石膏板钉在龙骨上，用 50 mm 宽玻璃纤维带黏贴板缝后再做饰面处理，如图 5 – 37 所示。

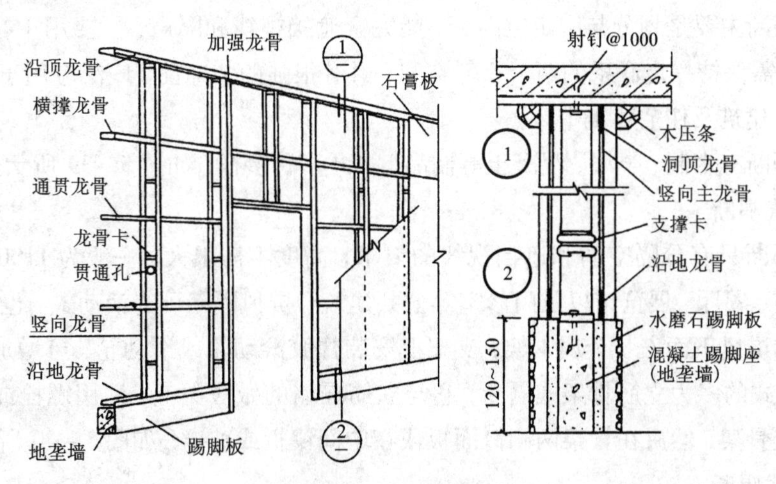

图 5 – 37 轻钢龙骨隔墙

3）板材隔墙

板材隔墙是采用工厂生产的轻质板材，如增强水泥条板（GRC 板）、增强石膏条板、轻质混凝土条板、粉煤灰泡沫水泥条板、蒸压轻质加气混凝土板、钢丝网架夹芯板（泰柏板、舒乐舍板）及各种复合板，是一种可直接安装不依赖骨架的隔墙。条板厚度一般为 60 ~ 100 mm，宽度为 600 ~ 1000 mm，长度略小于房间的净高。安装时，条板下部先用木楔顶紧后，用细石混凝土堵严，板缝用黏结剂黏结，并用胶泥刮缝，平整后再进行表面装修，如图 5 - 38 所示。

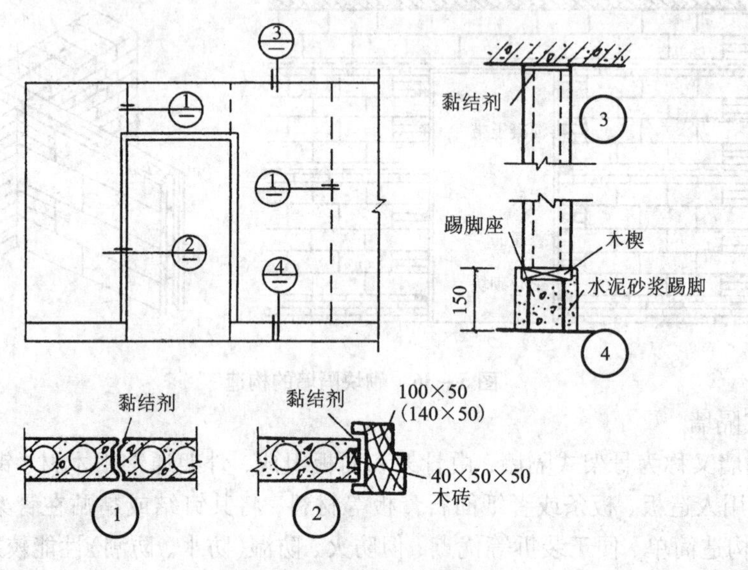

图 5 - 38　轻质空心条板隔墙

5.5.2　隔断

隔断按照外部形式和构造方式一般分为花格式、屏风式、移动式、帷幕式和家具式等。

1. 花格式隔断

花格式隔断主要是划分与限定空间，不能完全遮挡视线和隔声，主要用于在功能要求上既需隔离，又需保持一定联系的两个相邻空间，具有很强的装饰性，广泛应用于宾馆、商店、展览馆等公共建筑及住宅建筑中。

花格式隔断有木制、金属、混凝土等制品，形式多种多样，如图 5 - 39 所示。

2. 屏风式隔断

屏风式隔断只有分隔空间和遮挡视线的要求，高度不需很大，一般为 1100 ~ 1800 mm，常用于办公室、餐厅、展览馆以及门诊室等公共建筑。屏风隔断可为活动式，也可为固定式。活动式的是在屏风下面安装金属支架，支架上安装橡胶滚动轮或滑动轮，可增加分隔空间的灵活性；固定式的多为立筋骨架式隔断，它与立筋隔墙的做法类似，即用螺栓或其他连接件在地板上固定骨架，然后在骨架两侧钉面板或在中间镶板或玻璃，如图 5 - 40 所示。

3. 移动式隔断

移动式隔断可以随意闭合或打开，使相邻的空间随之独立或合成一个大空间。这种隔断

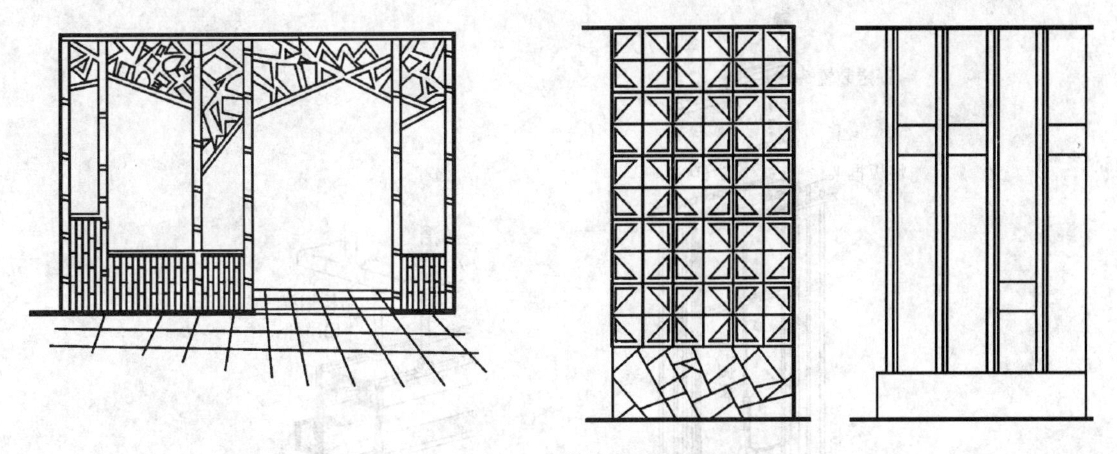

图 5-39 花格式隔断

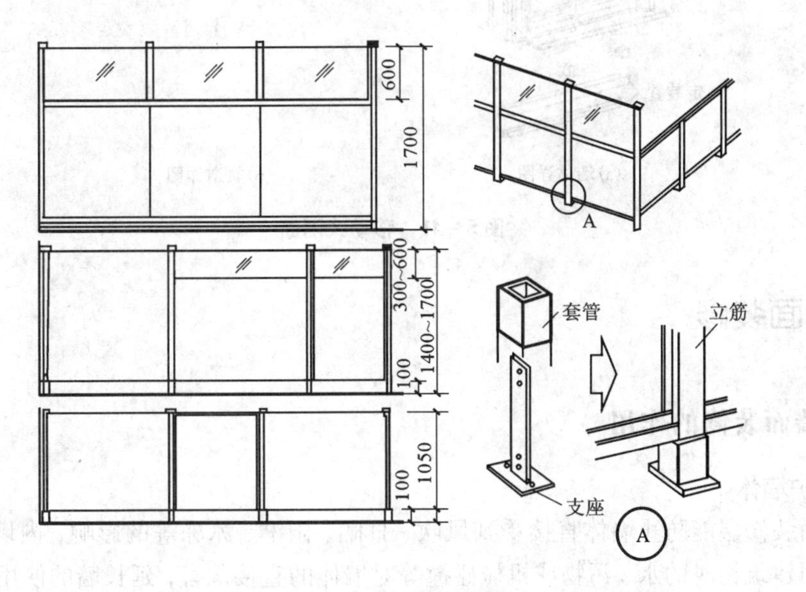

图 5-40 屏风式隔断

使用灵活，在关闭时能起到限定空间、隔声和遮挡视线的作用，多用于展览馆、宾馆的多功能会议室等建筑中。

移动式隔断的类型很多，按其启闭的方式分，有拼装式、滑动式、折叠式、卷帘式、起落式等，如图 5-41 所示。

4. 帷幕式和家具式隔断

帷幕式和家具式隔断的使用在生活中非常普遍，大大提高了使用空间的灵活性。帷幕式隔断是用软质、硬质帷幕材料利用轨道、滑轮、吊轨等配件组成的隔断。它占用面积少，能满足遮挡视线的要求，使用方便，便于更新。家具式隔断则是利用文件柜、橱柜、鱼缸等来划分和分隔空间的，将空间的使用与分隔完美地结合在一起。

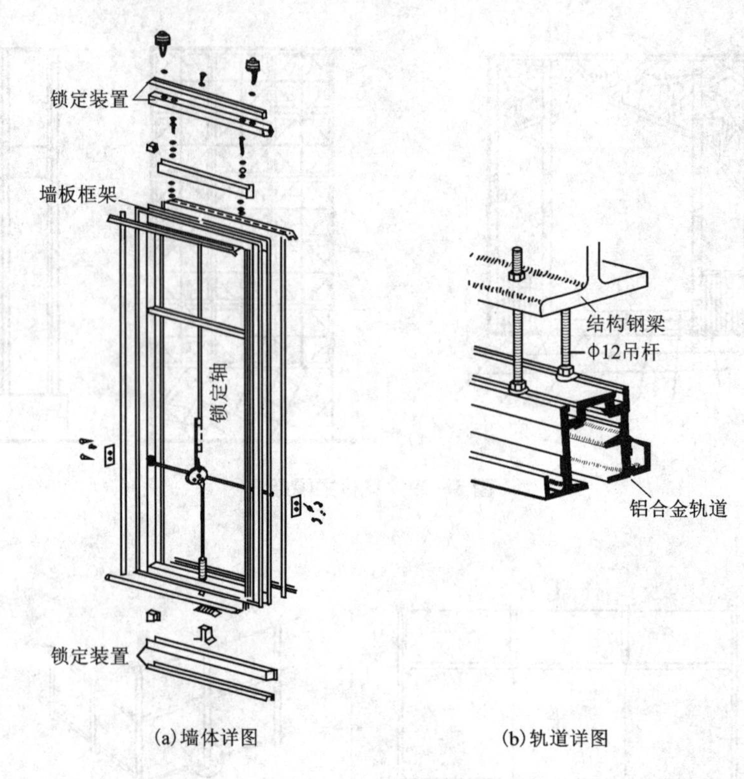

图 5-41　移动式隔断

5.6　墙面装修

5.6.1　墙面装修的作用

1. 保护墙体

外墙面装修层能防止墙体直接受到风吹、日晒、雨淋、冰冻等的影响，内墙面装修能防止人们使用建筑物时的水、污物或机械碰撞等对墙体的直接危害，延长墙的使用年限。

2. 改善建筑的物理性能

墙面装修层增加了墙体的厚度，提高了墙体的保温能力。内墙面经过装修变得平整、光洁，可以加强光线的反射，提高室内照度；采用吸声材料装修，还可以改善室内的音质效果。

3. 美观和装饰作用

墙面装修是建筑空间艺术处理的重要手段之一。墙面的色彩、质感、线脚和纹样等都能在一定程度上改善建筑的内外形象和气氛，表现建筑的艺术个性。

5.6.2　墙面装修的分类

(1)按装修部位分：内墙装修和外墙装修。

(2)按施工工艺分：清水墙类饰面、抹灰类饰面、饰面砖(板)类饰面、涂刷类饰面、裱糊类饰面、幕墙类饰面等。

5.6.3 墙面装修构造

1. 清水墙饰面

清水墙饰面是指墙体砌成后，墙面不加其他覆盖性饰面层，只是利用原结构砖墙或混凝土墙的表面进行勾缝或模纹处理的一种墙体装饰装修方法，清水砖墙是最常见的清水墙。

清水砖墙常用普通实心砖砌筑，并通过对灰缝的处理，有效地调整墙面的色调和明暗程度，起到装饰作用。清水砖墙构造处理的重点是勾缝，其勾缝形式主要有平缝、平凹缝、斜缝、弧形缝等，如图 5－42 所示。

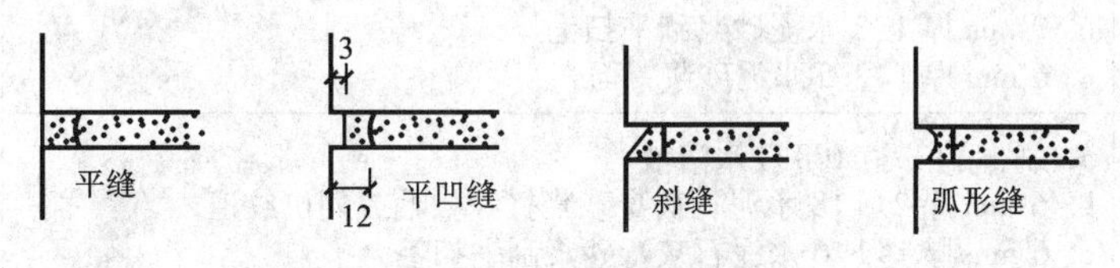

图 5－42 清水墙灰缝构造

2. 抹灰类饰面

抹灰类饰面是用水泥砂浆、石灰砂浆、混合砂浆、石膏砂浆、以及水泥石渣等抹成的各种饰面。这种饰面方法应用普遍，材料来源广泛，施工操作简便，造价低廉，通过改变工艺可获得不同的装饰效果。

1）抹灰的分类

墙面抹灰可分为一般抹灰和装饰抹灰。一般抹灰有石灰砂浆、水泥砂浆、混合砂浆、纸筋灰等抹灰类型；装饰抹灰有水刷石、干黏石、斩假石、拉毛灰、彩色灰等抹灰装修做法。

2）抹灰的构造做法

为保证抹灰层牢固、平整、防止开裂及脱落，抹灰前应先将基层表面清除干净，洒水湿润后，分层进行抹灰，即底层、中层、面层，如图 5－43 所示。底层抹灰主要起黏结和初步找平的作用，厚度为 10～15 mm；中层抹灰主要起进一步找平的作用，厚度为 5～12 mm；面层抹灰的主要作用是使表面光洁、美观，以达到装修效果，厚度为 3～5 mm。抹灰层的总厚度，视装修部位不同而异，一般外墙抹灰厚度为 20～25 mm，内墙为 15～20 mm，顶棚抹灰 15 mm。主要抹灰类饰面构造做法见表 5－6。

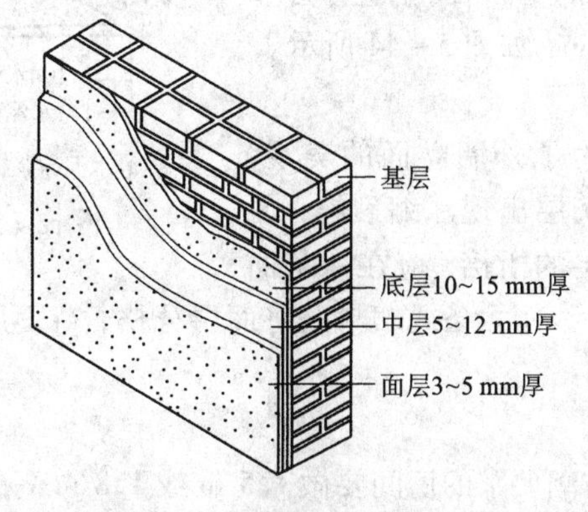

图 5－43 墙面抹灰分层构造

表 5－6　常见抹灰的做法举例

抹灰名称		做法说明	适用范围
纸筋灰或仿瓷涂料墙面		a. 14 mm 厚 1∶3 石灰膏砂浆打底 b. 2 mm 厚纸筋(麻刀)灰或仿瓷涂料抹面 c. 刷(喷)内墙涂料	砖基层的内墙面
混合砂浆墙面		a. 15 mm 厚 1∶1∶6 水泥石灰膏砂浆找平 b. 5 mm 厚 1∶0.3∶3 水泥石灰膏砂浆面层 c. 喷内墙涂料	砖基层的内墙面
水泥砂浆墙面	(1)	a. 10 mm 厚 1∶3 水泥砂浆打底扫毛或划出纹道 b. 9 mm 厚 1∶3 水泥砂浆刮平扫毛 c. 6 mm 厚 1∶2.5 水泥砂浆罩面	砖基层的外墙面或有防水要求的内墙面
	(2)	a. 刷(喷)一道 108 胶水溶液 b. 6 mm 厚 2∶1∶8 水泥石灰膏砂浆打底扫毛或划出纹道 c. 6 mm 厚 1∶1∶6 水泥石灰膏砂浆刮平扫毛 d. 6 mm 厚 1∶2.5 水泥砂浆罩面	加气混凝土等轻型基层外墙面
水刷石墙面	(1)	a. 12 mm 厚 1∶3 水泥砂浆打底扫毛或划出纹道 b. 刷素水泥浆一道 c. 8 mm 厚 1∶1.5 水泥石子(小八厘)罩面，水刷露出石子	砖基层外墙面
	(2)	a. 刷加气混凝土界面处理剂一道 b. 6 mm 厚 1∶0.5∶4 水泥石灰膏砂浆打底扫毛 c. 6 mm 厚 1∶1∶6 水泥石灰膏砂浆抹平扫毛 d. 刷素水泥浆一道 e. 8 mm 厚 1∶1.5 水泥石子(小八厘)罩面，水刷露出石子	加气混凝土等轻型基层外墙面
剁斧石墙面(斩假石)		a. 12 mm 厚 1∶3 水泥砂浆打底扫毛或划出纹道 b. 刷素水泥浆一道 c. 10 mm 厚 1∶2.5 水泥石子(米粒石内掺 30% 石屑)罩面赶光压实 d. 剁斧斩毛两遍成活	外墙面

3)抹灰的细部构造

a. 护角

对于经常受到碰撞的内墙阳角，应用 1∶1 ~ 1∶2 水泥砂浆或角钢做护角，护角高不应小于 2 m，每侧宽度不应小于 50 mm，如图 5－44 所示。

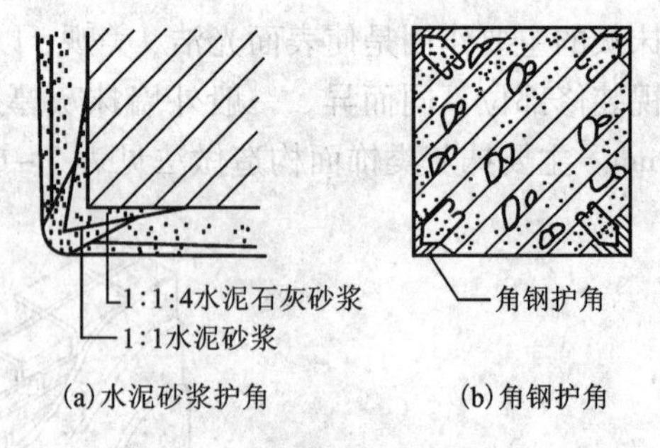

图 5－44　墙柱的护角

b. 引条

在做外墙面抹灰时，为了外墙立面的美观，消除外界温度变化引起抹灰层出现涨缩裂缝，便于上下施工班组间抹灰面层的衔接，应在抹灰面层施工时留置引条线。引条线用木条或塑料条将面层分格，待面层初凝后取出(塑料条可不取)，如图 5－45 所示。

c. 墙裙和踢脚

在公共活动或有防水防潮要求的房间要做 1.5 m 或 1.8 m 高的墙裙，在内墙与楼地面的交接处应做 120 ~ 150 mm 高的踢脚线，以防止墙面污染，如图 5－46 所示。

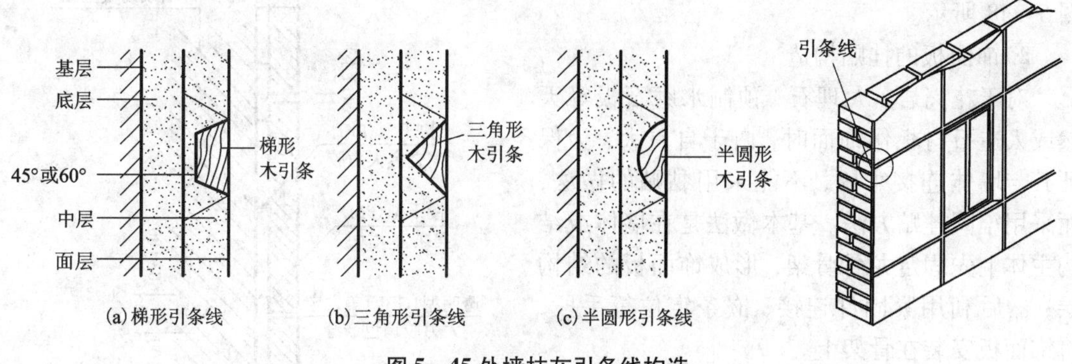

图 5-45 外墙抹灰引条线构造

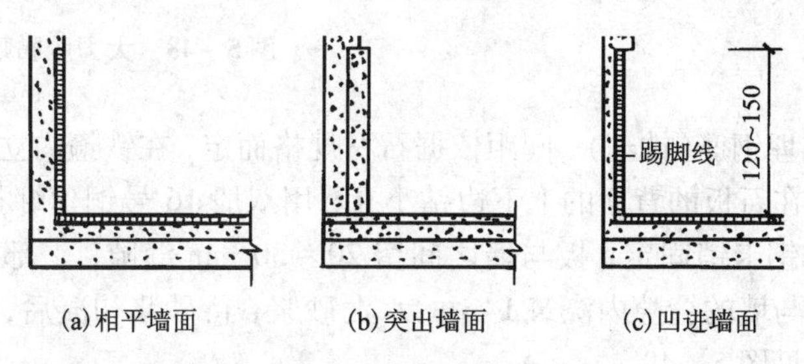

图 5-46 踢脚构造做法

3. 饰面板(砖)类饰面

饰面板(砖)类饰面是利用各种天然或人造板、块，通过绑、挂或直接黏贴于基层表面的装饰装修做法，具有耐久性好、装饰性强、易清洗等优点。常用的饰面板(砖)材料有花岗岩、大理石板等天然石板，水磨石、水刷石、剁斧石板等人造石板，以及面砖、瓷砖、锦砖等陶瓷和玻璃制品等。

饰面板(砖)的构造做法主要有黏贴法和挂贴法。

1)饰面板(砖)的黏贴构造

常见的黏贴饰面材料有陶瓷制品，如面砖、瓷砖、陶瓷锦砖(马赛克)等。黏贴饰面构造比较简单，一般可用软贴法和硬贴法黏贴。

a. 软贴法

用水泥砂浆作为黏接材料黏贴面砖的做法。构造一般分为底层、黏结层和块材面层三个层次，底层砂浆具有使饰面与基层之间黏附和找平的双层作用，黏结层砂浆的作用是与底层形成良好的整体，并将贴面材料黏附在墙体上，如图 5-47 所示。

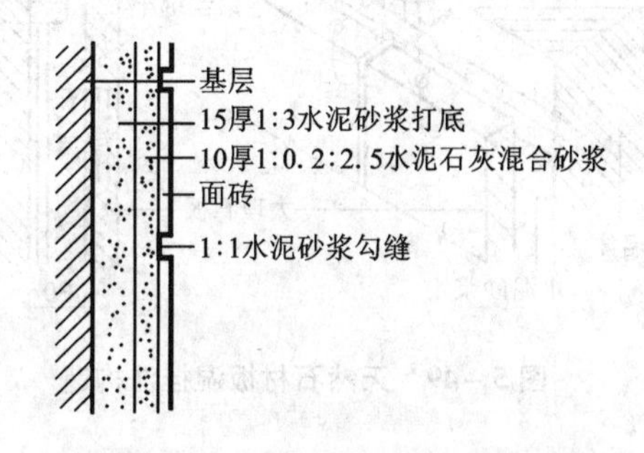

图 5-47 水泥砂浆黏贴面砖的构造

b. 硬贴法

用建筑胶黏贴面砖的做法。在水泥浆中掺入适量建筑胶或直接用大力胶作为黏贴材料，将 2~3 mm 厚胶凝剂涂在板背面的相应位置，然后将带胶的板材经就位、挤紧、找平、校正、扶直、固定等工序黏贴在清理好的基层上，如图5-48所示。

2）饰面板的挂贴构造

对于花岗岩、大理石、预制水磨石板等天然或人造石材板作饰面时，由于自重大，为保证其与墙体连接牢固，不能采用黏贴的做法，而采用牢固挂贴方法。基本做法是在墙体或结构主体上先固定龙骨骨架，形成饰面板的结构层，然后利用紧固件连接、嵌条定位等手段，将饰面板安装在骨架上。

对于石材类饰面板挂贴主要有湿挂和干挂两种。

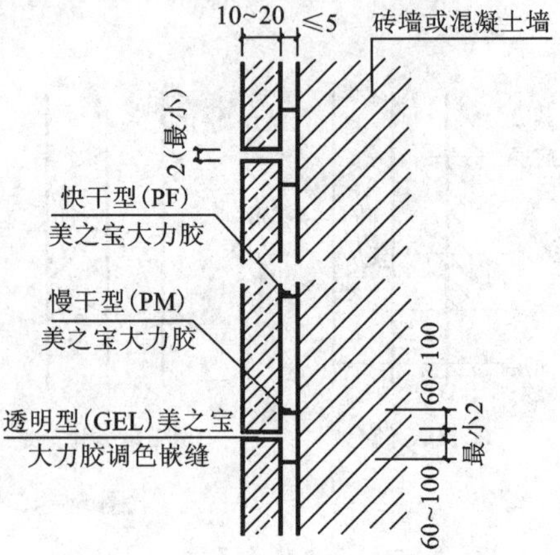

图5-48　大力胶黏贴面砖的构造

a. 湿挂法

在墙内或柱内预埋钢筋（铁箍），间距依据石材规格而定，在铁箍内立 $\phi8 \sim \phi10$ 的竖筋和横筋，形成钢筋网。在石板的背面的上下边钻小孔，用双股16号铜丝绑扎固定在钢筋网上。上下两块石板用不锈钢卡销固定，板与墙之间留20～30 mm缝隙，上部用活动木楔临时固定，校正无误后在板与墙的缝隙内浇筑1∶3的水泥砂浆，待砂浆初凝后，去掉定位木楔，继续上层石板的安装，见图5-49。

b. 干挂法

用膨胀螺栓在墙上固定角钢作为托板，用抗剪螺栓将T形舌板固定于托板上，将石板上下锉出槽口卡在T形舌板上固定，墙与板之间约留出80 mm缝隙，不再用砂浆灌注，如图5-50所示。

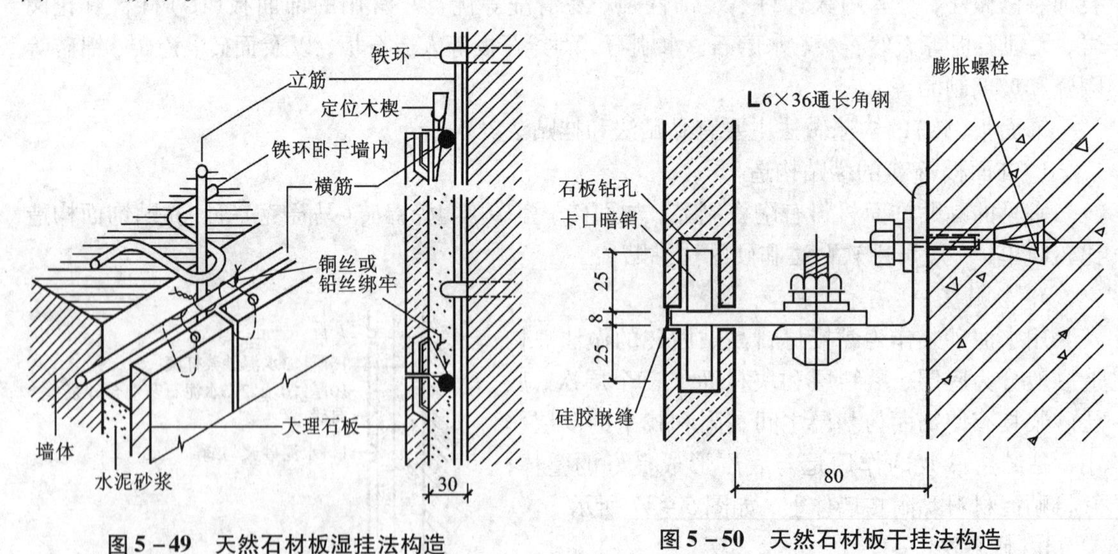

图5-49　天然石材板湿挂法构造　　图5-50　天然石材板干挂法构造

c. 饰面板（砖）墙面的转角处理

为保证贴面类的墙面的整体性和美观性，通常在窗台处，墙体或柱子的阴阳角处要对贴面砖进行细部处理，如在窗台处可采用专用的窗台面砖黏贴，并要注意贴面砖和墙体之间的缝隙处理，如图5－51所示。在墙体或柱子的阳角处可采用专用的转角砖或对标准砖进行磨角处理等方法，保证阳角90°的角边的美观性，如图5－52和5－53所示。

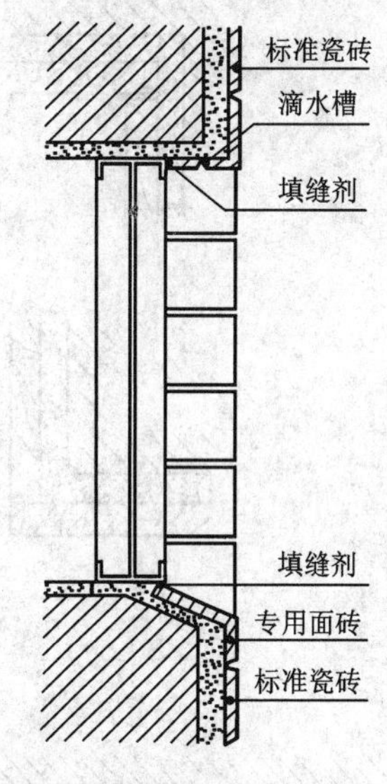

图5－51 窗口处面砖处理

4. 涂刷类饰面

涂刷类饰面，是指将建筑涂料涂刷于构配件表面而形成牢固的膜层，从而起到保护、装饰墙面作用的一种装饰做法。涂刷类饰面的耐久性略差，但维修更新很方便，且简单易行。与其他种类饰面相比，还具有工效高、工期短、材料用量少、自重轻、造价低等优点。

根据状态的不同，建筑涂料可划分为溶剂型涂料、水溶性涂料、乳液型涂料和粉末涂料等，根据装饰质感的不同，建筑涂料可划分为薄质涂料、厚质涂料和复层涂料等，根据建筑物涂刷部位的不同，建筑涂料可划分为外墙涂料、内墙涂料、地面涂料、顶棚涂料和屋面涂料等。

涂刷类饰面多以抹灰层为基层，也可以直接涂刷在砖、混凝土、木材等基层上。具体施工工艺应根据装修要求，采取刷涂、滚涂、弹涂、喷涂等方法完成。

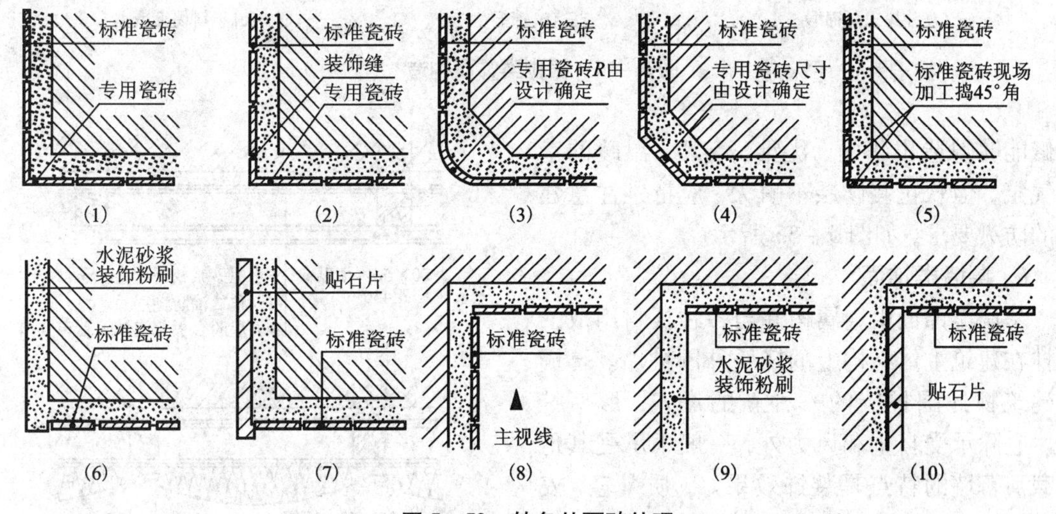

图5－52 转角处面砖处理

5. 裱糊类饰面与软包墙面

裱糊墙面装修是将各种具有装饰性的墙纸、墙布等卷材用黏结剂裱糊在墙面上形成饰面的做法。常用的墙纸有PVC塑料墙纸、纺织物面墙纸等，墙布有玻璃纤维墙布、锦缎等。墙纸和墙布是幅面较宽并带有多种图案的卷材，它要求黏贴在坚硬、表面平整、不裂缝、不掉粉的洁净基层上，如水泥砂浆、水泥石灰膏砂浆、木质板或石膏板等。裱糊前应在基层上刷一道清漆封底(起防潮作用)，然后按幅宽弹线，再刷专用胶液黏贴。黏贴应自上而下缓缓展开，排除空气并一次成活，如图5－54所示。

软包装墙面装修是用各种纤维织物、皮革等铺定在墙面上形成饰面的做法。软包装墙面

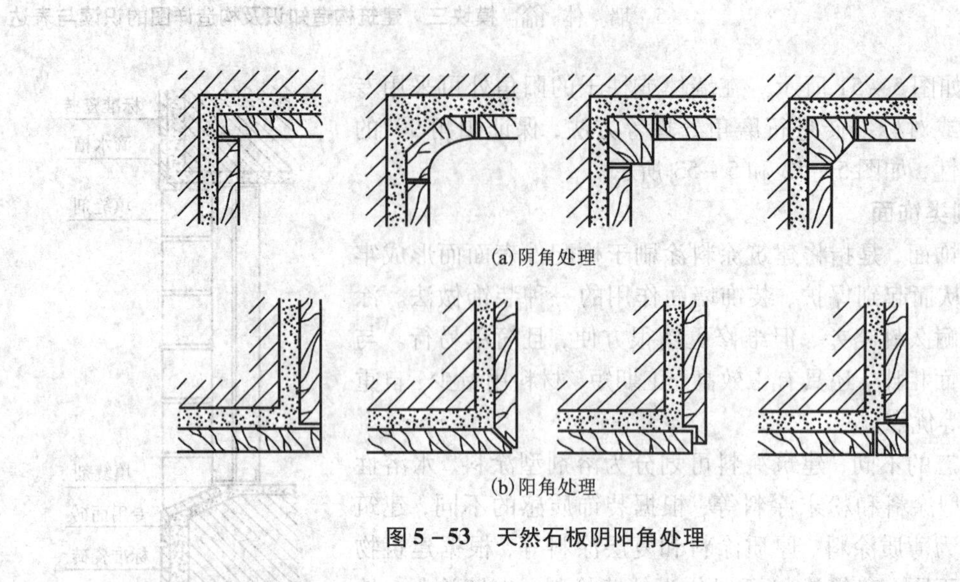
(a)阴角处理

(b)阳角处理

图 5－53　天然石板阴阳角处理

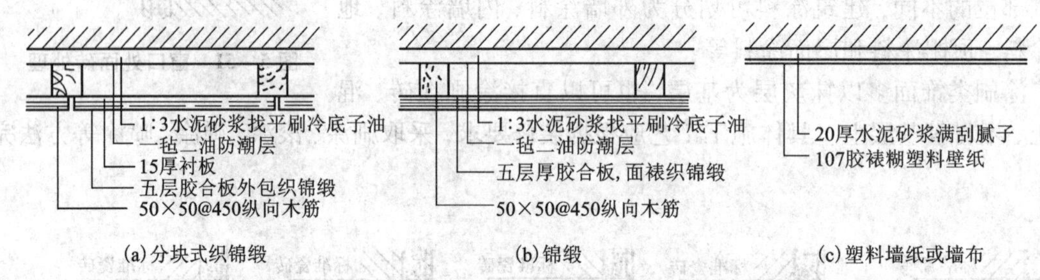

(a)分块式织锦缎　(b)锦缎　(c)塑料墙纸或墙布

图 5－54　裱糊类饰面构造

装修能够塑造出华丽、优雅、亲切、温暖的室内气氛。但软包装修层不耐火，应特别注意建筑的防火要求，如图 5－55 所示。

6. 幕墙类饰面

幕墙类饰面由金属构件与各种板材组成的悬挂在建筑主体结构上的轻质外围护墙。幕墙是建筑物外围护墙的一种新的形式，形似挂幕。它除承受自重和风力外，一般不承受其他荷载。幕墙的特点是装饰效果好、质量轻、安装速度快，是外墙轻型化、装配化较理想的形式，因此在现代大型和高层建筑上得到广泛采用。

幕墙按饰面材料分：玻璃幕墙、金属板幕墙和石板幕墙等，玻璃幕墙是最为常见的幕墙形式。

玻璃幕墙主要由骨架及各种玻璃组成。骨架又由横档、竖梃和紧固件组成，如图 5－56

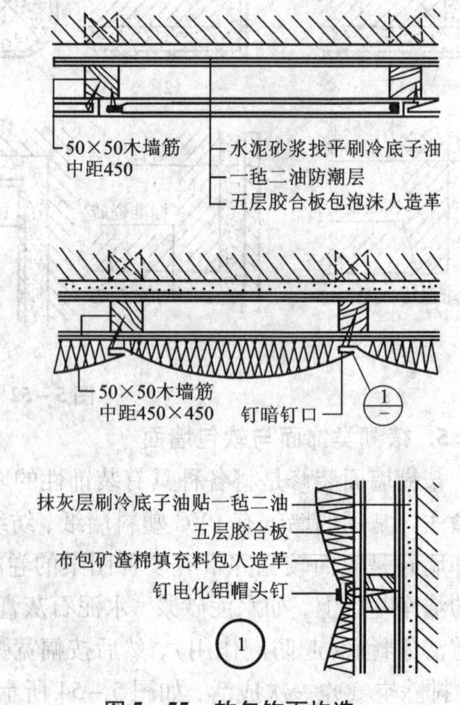

图 5－55　软包饰面构造

所示。玻璃是脆性材料且幕墙的面积较大，为了避免因温度变形使玻璃幕墙破裂，密缝材料应采用弹性密封材料，不宜采用传统的玻璃腻子，并且在玻璃的周边留有一定的间隙，如图5-57所示。

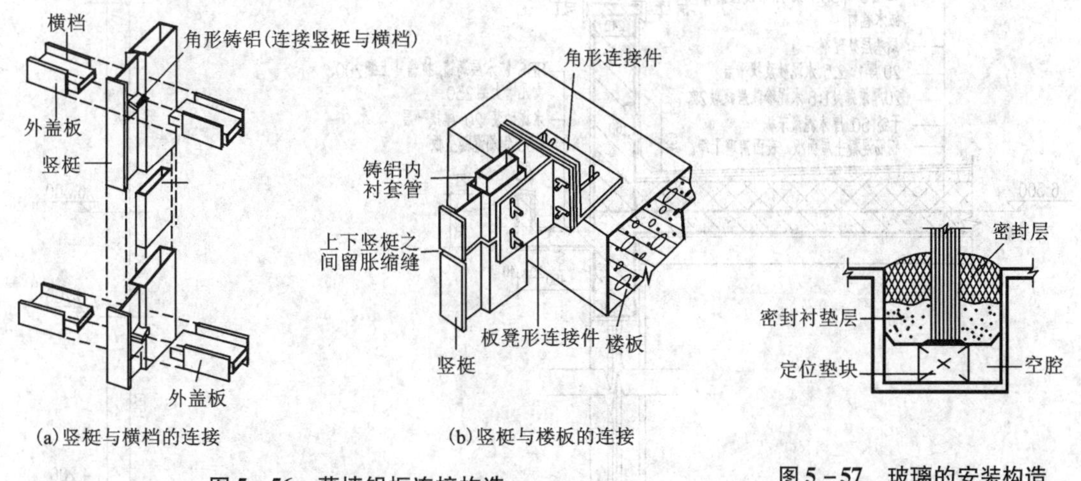

(a)竖梃与横档的连接　(b)竖梃与楼板的连接

图5-56　幕墙铝框连接构造

图5-57　玻璃的安装构造

5.7 墙身详图

5.7.1 墙身详图的识读

1. 墙身详图的形成及作用

墙身详图由被剖切墙身的各主要部位的局部放大图组成，一般为外墙详图，表达墙体的细部构造以及与楼板、屋面板等构件的关系、内外墙面的装饰装修处理等构造做法。墙身详图与建筑平面图配合，是施工时砌墙、进行室内外装饰装修、门窗安装，确定楼地面、窗台、勒脚、防潮层、散水、台阶、屋面和檐口做法等的重要依据，也是进行材料估算、编制施工预算的依据。

2. 墙身详图的图示内容和方法

墙身详图它主要反映墙身各部位的详细构造、材料做法及详细尺寸，表达外墙材料、厚度及其与楼地面、屋面檐口的连接，如檐口、圈梁、过梁、墙厚、雨篷、阳台、防潮层、室内外地坪、散水等的构造做法，同时要注明各部位的标高和详图索引符号。

为了简化作图，减少图纸数，通常将窗洞中部用折断符号断开。对一般的多层建筑，当中间各层的情况相同时，可只画底层、顶层和一个中间层。

墙身详图常用绘图比例为1∶20。墙身详图中的线型和尺寸标注与建筑剖面图基本相同，但由于比例较大，所有内外墙应用细实线画出粉刷线以及标注材料图例。

3. 墙身详图的识读示例(见图5-58)

(1)了解图名、比例。根据墙身剖面图的编号，对照图3-3一层平面图上相应的剖切符号2—2，了解该墙身详图的剖切位置和剖视方向。图中可看出该墙身详图的比例为1∶20，剖切B墙体，向右看。

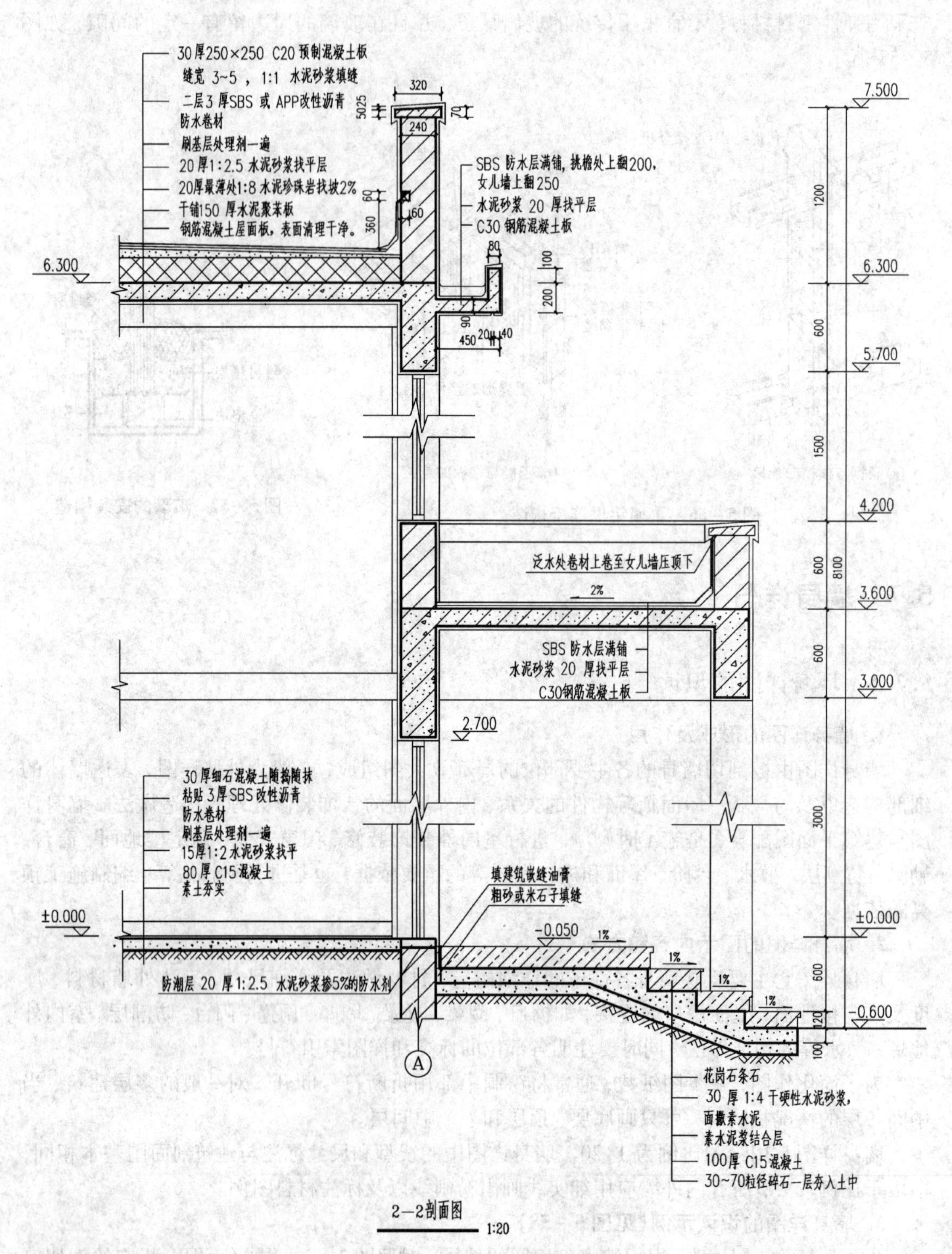
30厚250×250 C20预制混凝土板
缝宽 3~5 ，1:1 水泥砂浆填缝
二层3厚SBS 或 APP改性沥青
防水卷材
刷基层处理剂一遍
20厚1:2.5 水泥砂浆找平层
20厚最薄处1:8 水泥珍珠岩找坡2%
干铺150 厚水泥聚苯板
钢筋混凝土屋面板，表面清理干净。
SBS 防水层满铺，挑檐处上翻200，
女儿墙上翻250
水泥砂浆 20 厚找平层
C30 钢筋混凝土板
泛水处卷材上卷至女儿墙压顶下
SBS 防水层满铺
水泥砂浆 20 厚找平层
C30钢筋混凝土板
30厚细石混凝土随捣随抹
粘贴 3厚SBS 改性沥青
防水卷材
刷基层处理剂一遍
15厚1:2水泥砂浆找平
80厚 C15混凝土
素土夯实
填建筑嵌缝油膏
粗砂或米石子填缝
防潮层 20 厚1:2.5 水泥砂浆掺5%的防水剂
花岗石条石
30 厚 1:4 干硬性水泥砂浆，
面撒素水泥
素水泥浆结合层
100厚 C15混凝土
30~70粒径碎石一层夯入土中
7.500
6.300
5.700
4.200
3.600
3.000
2.700
±0.000
-0.050
-0.600
2—2剖面图
1:20

图 5－58　墙身详图

(2)了解墙体厚度、材料及其与定位轴线的关系：从图中的断面材料图例及设计说明中可以看出该建筑物的外墙材料为砖墙，厚为240 mm；定位轴线位于墙身厚度的中心。

(3)了解散水、防潮层、窗台、檐口等各部位的细部做法。未剖切到散水明沟，所以图中未表达，从图中可了解到墙身-0.060处采用20厚防水砂浆作防潮层，屋顶采用有组织排水方式，现浇挑檐沟，出挑450 mm宽，女儿墙高1200 mm，泛水高360 mm。剖切到入口门廊，详图中表达了门廊地面与室外台阶踏面均采用花岗岩条石、雨篷采用卷材防水并做2%排水坡度、雨棚处泛水压入女儿墙压顶下等细部构造做法。

(4)了解与屋面、楼面、地面的构造关系和做法。楼地面、屋面的构造层次用引出线注明了各层的厚度、材料。图中屋面因防水要求采用7层构造：钢筋混凝土结构层、其上干铺150厚水泥聚苯板保温、20厚最薄处1∶8水泥珍珠岩找2%坡、再做20厚1∶2.5水泥砂浆找平、刷基层处理剂一遍、做二层3厚SBS或APP改性沥青防水卷材、最后做30厚250×250，C20预制混凝土板、缝宽3~5，1∶1水泥砂浆填缝。图中还表达了地砖楼地面构造层次。

(5)了解各部位的标高、高度方向的尺寸和墙身细部尺寸。墙身详图应标注室内外地面、各层楼面、屋面、窗台、圈梁或过梁以及檐口等处的标高。同时，还应标注窗台、檐口等部位的高度尺寸及细部尺寸。在详图中，应画出抹灰及装饰构造线，并画出相应的材料图例。根据图中标注的标高、高度尺寸及细部尺寸，可了解各层楼地面、室外地坪、窗洞口顶面和窗台的高度位置，了解窗洞口、女儿墙、过梁、窗台等的高度和细部尺寸。

5.7.2 墙身详图的绘制步骤

(1)选取合适比例，通常为1∶10~1∶50。

(2)画定位线：定位线包括确定墙身位置的定位轴线和确定室内外地坪、各层楼面、屋面位置的定位线，这些线条用淡淡的细实线绘制。

(3)根据定位线画出墙身、楼板、屋面等。

(4)画出窗台、雨篷、过梁、女儿墙等细部构造。

(5)核对无误后，按线型要求加深图线，并在剖切到的结构轮廓内填充材料图例。标注尺寸、标高、定位轴线的编号、索引符号，注写构造说明和做法等。

能力训练

基础知识训练

1. 判断正误

(1)墙体具有分隔作用，它分隔的是水平空间。 ( )

(2)横墙就是水平布置的墙，纵墙就是竖向布置的墙。 ( )

(3)非承重墙就是指不承受任何荷载的墙。 ( )

(4)砖墙是由因为使用的材料是砖，因此，墙体的尺度都应满足砖的尺寸模数的要求。 ( )

(5)因为构造柱是从构造角度考虑设置的，因此，构造柱一般不单独做基础，而是将埋置在室内地面以下或锚固在地圈梁内。 ( )

(6)砌筑砌块墙，只要选择一种合适的砌块，用砂浆砌筑即可。 ( )

(7)油毡防潮层不适合用于有抗震要求的建筑中。 ( )

(8)砖砌平拱过梁不得用于有较大震动荷载或可能产生不均匀沉降的房屋。 (　　)

(9)圈梁要求在水平方向形成封闭状，如遇到不利条件无法闭合时，应设置附加圈梁。 (　　)

(10)在房屋的外围护结构中，由于外墙的所占的比例较大，所以，对外墙进行保温设计对整个建筑的节能意义影响较大。 (　　)

2. 选择正确答案

(1)墙承重的房屋中，整体刚度好，但空间划分受限制的承重方案是(　　)。

A. 横墙承重　B. 纵向承重　C. 纵横墙混合承重　D. 内框架承重

(2)关于散水的构造，下列哪种是不正确的(　　)。

A. 在素土夯实上做 80 ~ 100 mm 厚混凝土，其上再做 3% ~ 5% 的水泥砂浆抹面。

B. 散水宽度一般为 600 ~ 1000 mm。

C. 散水与墙体之间应整体连接，防止开裂。

D. 散水宽度比采用自由落水的屋顶檐口多出 200 mm 左右。

(3)可用于抗震地区的墙身防潮层的做法有(　　)。

A. 细石混凝土防潮层和油毡防潮层　B. 防水砂浆防潮层和细石混凝土防潮层

C. 防水砂浆和油毡防潮层　D. 地圈梁防潮和油毡防潮

(4)下列构造不属于墙体加固措施的有(　　)。

A. 壁柱　B. 圈梁　C. 构造柱　D. 窗台

(5)通常所说的 37 墙的构造尺寸实际是(　　)。

A. 370 mm　B. 365 mm　C. 370 cm　D. 375 mm

(6)当门窗洞口大于等于 2 m 时，须采用的过梁形式为(　　)。

A. 钢筋砖过梁　B. 钢筋混凝土过梁　C. 平拱砖过梁　D. 弧拱砖过梁

(7)天然的石材板采用以下哪种方法与墙体连接(　　)。

A. 软贴法　B. 硬贴法　C. 固定法　D. 挂贴法

(8)墙面抹灰一般要分层施工，其目的是(　　)。

Ⅰ节省材料；Ⅱ增加厚度；Ⅲ使墙面平整；Ⅳ提高抹灰层的牢固性

A. Ⅰ Ⅱ　B. Ⅱ Ⅳ　C. Ⅰ Ⅲ　D. Ⅲ Ⅳ

(9)半砖隔墙的顶部与楼板相接处，其顶部常采用(　　)或预留 30 mm 左右的缝隙，每隔 1 m 用木楔打紧。

A. 嵌水泥砂浆　B. 立砖侧砌　C. 半砖顺砌　D. 浇细石混凝土

(10)在室内地坪标高以下的墙身中设置(　　)以阻断毛细水保持墙身干燥，从而提高建筑物的耐久性。

A. 勒脚　B. 圈梁　C. 防潮层　D. 散水

识图能力训练

识读下图 5 - 59 墙身详图所示，回答问题：

该房屋的该墙体材料的是________，厚度为______。室内外地面高差为______，室外散水宽度为________，比一层地面低________。剖切到的大门高________，过梁高度为______。散水与墙身连接处的细部处理方法为______________________________，墙身防潮层的构造做法为＿＿＿＿＿＿＿＿＿＿＿＿＿＿＿＿＿。圈梁的材料是＿＿＿＿＿＿＿＿＿＿，圈梁的截面宽度是＿＿＿＿。

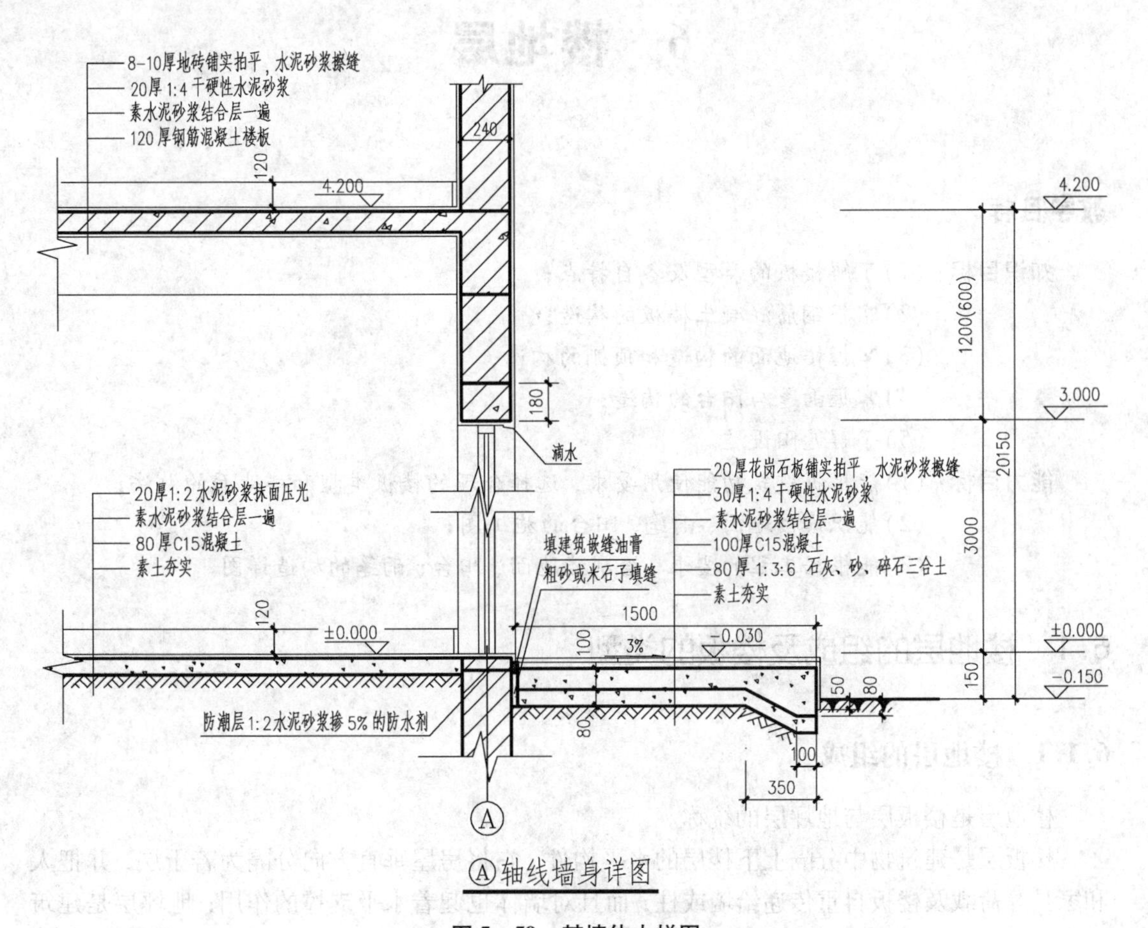

图5－59 某墙体大样图

绘图能力训练

任务：根据所学绘图步骤将图5－59墙身详图抄绘在一张A3图中。

要求：能读懂图纸的信息（墙体厚度、材料，细部尺寸，层高，标高，立面做法，细部构造等）并准确反应到图纸中，并要按照国家标准，规范图幅、图框、线型、材料图例、构造做法、尺寸标注、图名等。

6　楼地层

教学目标

知识目标：(1)了解楼板的类型及各自特点；
(2)掌握钢筋混凝土楼板的构造；
(3)掌握楼地面的构造和顶棚的构造；
(4)掌握雨篷与阳台的构造；
(5)了解遮阳设施。

能力目标：(1)能根据建筑功能使用要求，选择合理的楼板类型和楼地面的做法；
(2)能识读楼地面、雨篷、阳台的施工图；
(3)能根据工程的要求，绘制楼地面、阳台、雨篷的构造详图。

6.1　楼地层的组成及楼板的类型

6.1.1　楼地层的组成

楼地层是楼板层与地坪层的统称。

楼板层是建筑物中分隔上下楼层的水平构件，它将房屋垂直方向分隔为若干层，并把人和家具等荷载及楼板自重传递给墙或柱，而且对墙体也起着水平支撑的作用；地坪层是建筑物中与土壤直接接触的水平构件，承受作用在它上面的各种荷载，并将其传给地基。

1. 楼板层的构造组成

楼板层主要由面层、结构层和顶棚层组成，还可以根据需要设置附加层，如图6－1所示。

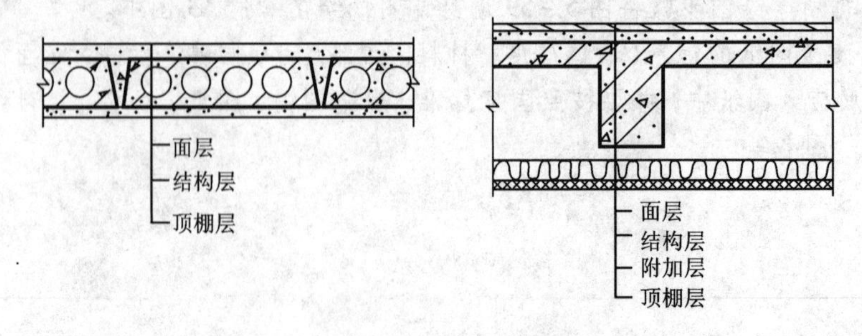

图6－1　楼板层的组成

(1)面层：又称楼面，是楼板层最上面的层次，起保护楼板结构层、承受并传递荷载、室内装饰等作用。

(2)结构层：又称楼板，它是楼板层的承重构件，承受楼板层上的全部荷载，并将其传给墙或柱，同时对墙体起水平支撑的作用，传递风荷载及地震所产生的水平力，增强建筑物的整体刚度和墙体的稳定性。结构层要求具有足够的强度、刚度和耐久性，并应符合隔音、防火等要求。

(3)顶棚层：又称天花板，它是楼板层下表面的面层，也是室内空间的顶界面，其主要功能是保护楼板、装饰室内、敷设管线及改善楼板在功能上的某些不足。

(4)附加层：又称功能层，在楼板层中起隔声、保温、防水、防潮等作用的构造层。可设置在面层和结构层之间，也可以设在结构层和顶棚层之间。

2. 地坪层的构造组成

地坪层主要由面层、垫层和基层组成，也可以根据实际需要设置附加层，如图 6－2 所示。

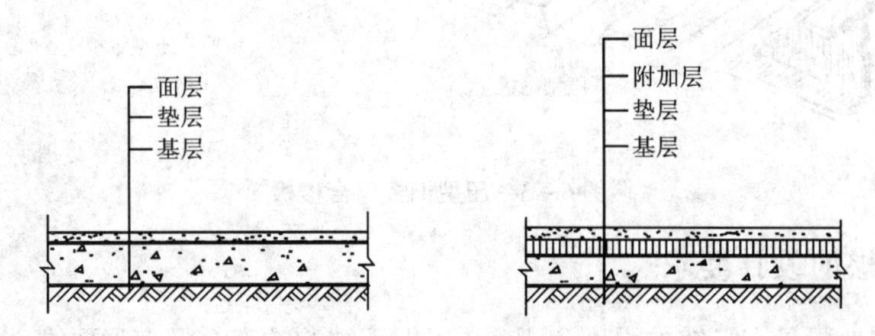

图 6－2 地坪层的组成

(1)面层：又称地面，作用与楼面基本相同。面层应坚固耐磨、表面平整、光洁、易清洁、不起尘。面层材料的选择与室内装修的要求有关。

(2)垫层：是地坪层的承重层。它必须有足够的强度和刚度，以承受面层的荷载并将其均匀地传给垫层下面的土层。垫层常用 C15 混凝土，其厚度为 60 ~ 100 mm，有时也用砂、碎石、炉渣等松散材料。

(3)基层：又称地基，垫层下面的支承土层。它也必须有足够承载能力和稳定性，以承受垫层传下来的荷载。土壤条件好、荷载不大时，一般采用原土夯实；当上部荷载较大时，需对原土壤进行置换加强，如 150 mm 厚 2:8 灰土，或 100 ~ 150 mm 厚碎砖、三合土等。

(4)附加层：为满足某些特殊使用要求而设置的构造层次，如防水、防潮、保温隔热等作用的构造层。

6.1.2 楼板的类型及选用

按使用的材料不同，楼板可分为木楼板、砖拱楼板、钢筋混凝土楼板和压型钢板组合楼板等类型。木楼板、砖拱楼板现已少采用。

钢筋混凝土楼板具有强度高、刚度大、耐久性好、防火性好、可塑性好、抗震性好，便于施工等特点，是目前应用最广泛的楼板类型。按施工方法的不同分为现浇整体式、预制装配式、装配整体式三种类型。

压型钢板组合楼板由楼面层、钢衬板和钢梁三部分组成。是以压型钢板为衬板，用抗剪螺栓连接在下部的工字型钢梁上，在上面浇筑混凝土，如图 6-3 所示。压型钢板组合楼板中的压型钢板既是板底的受拉钢筋，又是楼板的永久性模板，还承受施工时的荷载。这种楼板简化了施工程序，加快了施工进度，并且具有较强的承载力、刚度和整体稳定性，但耗钢量较大，适用于大空间、大跨度的建筑中。

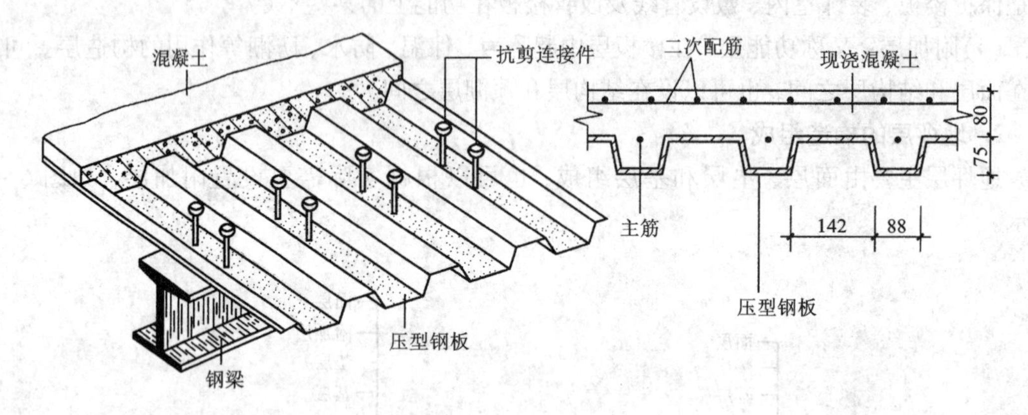

图 6-3　压型钢板组合楼板

6.1.3　楼板层的设计要求

(1)楼层和地层具有足够的强度和刚度，以保证结构的安全及变形要求。

(2)根据不同的使用要求和建筑质量等级，应满足不同程度的隔声、防火、防水、防潮、保温、隔热等要求。

(3)便于在楼层和地层中敷设各种管线。

(4)尽量为建筑工业化创造条件，提高建筑质量和加快施工进度。

6.2　钢筋混凝土楼板

6.2.1　现浇整体式钢筋混凝土楼板

现浇整体式钢筋混凝土楼板又称现浇板，是在施工现场通过支模、绑扎钢筋、浇筑混凝土及养护等工序所形成的楼板。这种楼板具有成型自由、整体性强、抗震性能好的优点，但模板用量大、工序多、工期长、工人劳动强度大，并且施工受季节影响较大。

现浇整体式钢筋混凝土楼板根据受力和传力情况分：板式楼板、肋梁楼板、井式楼板、无梁楼板等。

1. 板式楼板

将楼板现浇成一块平板，四周直接支承在墙或梁上，这种楼板称为板式楼板。板式楼板的底面平整，便于支模施工，但当楼板跨度大时，需增加楼板的厚度，耗费材料较多，所以板式楼板适用于平面尺寸较小的房间，如厨房、卫生间及走廊等。

板式楼板按受力特点分为单向板和双向板，如图 6-4 所示。

(1)单向板 当板的长边与短边之比≥3时，板上的荷载仅沿短边传递，这种板称为单向板。单向板厚度为跨度的1/40～1/30，且不小于60 mm。

(2)双向板 当板的长边与短边之比≤2时，板上的荷载将沿两个方向传递，这种板称为双向板。双向板短边受力大，长边受力小，受力主筋应平行短边，并布置在下部。板厚 ≥80 mm。平面长边与短边之比介于2～3之间时，宜按双向板计算。

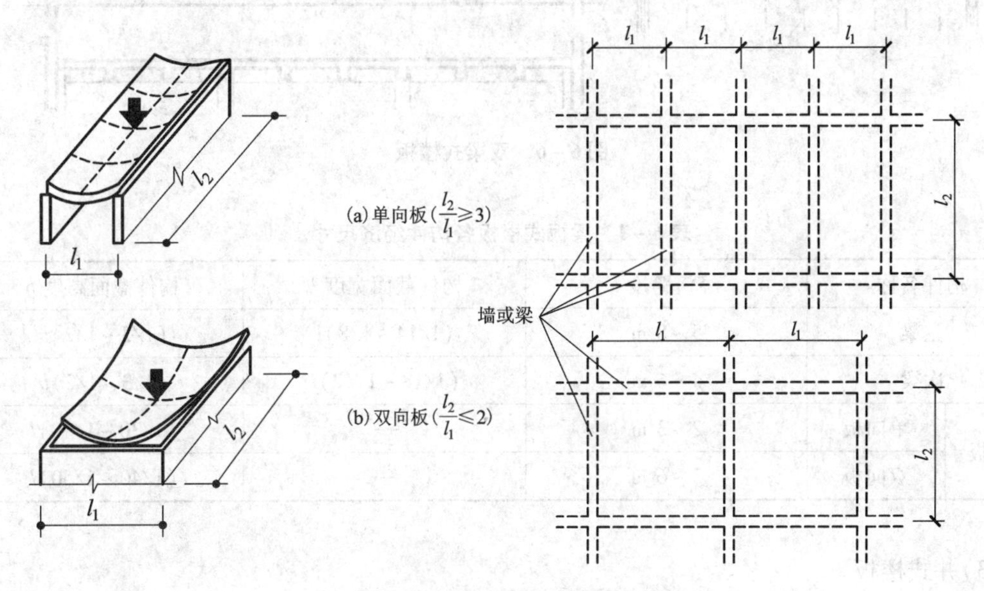

图6-4 单向板和双向板的受力特点

2. 肋梁楼板(梁板式楼板)

当房间平面尺寸较大时，为了避免楼板的跨度过大，可在楼板下设梁来减小板的跨度，这种由梁、板组成的楼板称为肋梁楼板，又称梁板式楼板。梁板式楼板分为单梁式楼板、双梁式楼板和井式楼板。

1)单梁式楼板

当房间有一个方向的平面尺寸相对较小时，可以只沿短向设梁，梁直接搁置在墙上，这种梁板式楼板属于单梁式楼板，如图6-5所示。单梁式楼板荷载的传递途径为：板→梁→墙，适用于教学楼、办公楼等建筑。

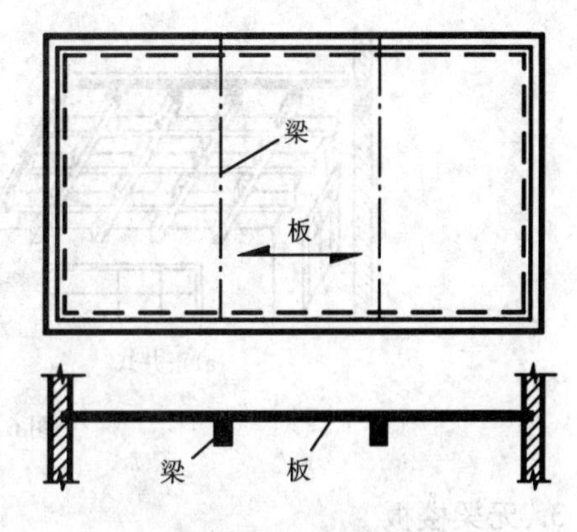

图6-5 单梁式楼板

2)双梁式楼板

当房间两个方向的平面尺寸都较大时，则需要在板下沿两个方向设梁，成双梁式楼板，如图6-6所示。一般沿房间的短向设置的为主梁，沿长向设置的为次梁，这种由板和主、次梁组成的梁板式楼板又叫主次梁楼板，其传递途径为：板→次梁→主梁→墙。适用于平面尺寸较大的建筑，如教学楼、办公楼、小型商店等。梁板式楼板的各构件的经济尺寸见表6-1。

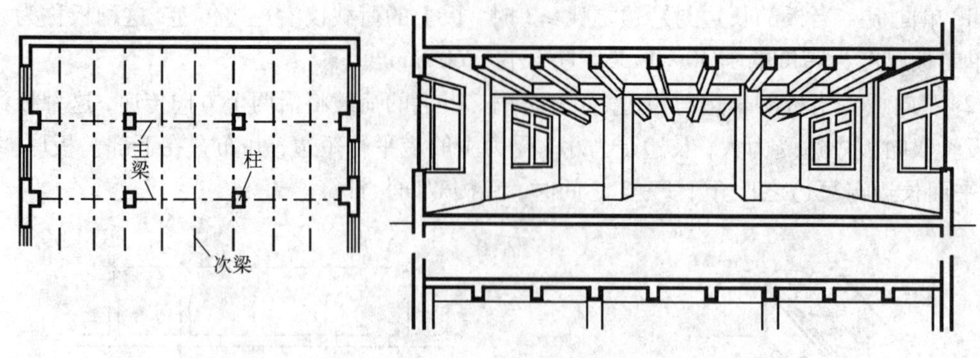

图 6－6　双梁式楼板

表 6－1　梁板式楼板各构件经济尺寸

构件名称		经济跨度 l	构件截面宽度 h	构件截面高度 b
主梁		5～8 m	$(1/14 \sim 1/8)l$	$(1/3 \sim 1/2)b$
次梁		4～6 m	$(1/18 \sim 1/12)l$	$(1/3 \sim 1/2)b$
楼板	单向板	2～3 m	—	$(1/30 \sim 1/40)l$
	双向板	3～6 m	—	$(1/40 \sim 1/50)l$

3）井式楼板

井式楼板是肋梁楼板的一种特殊形式，当房间的跨度超过 10 m，并且平面形状近似正方形时，常在板下沿两个方向设置等距离、等截面尺寸的井字型梁，这种楼板称井式楼板。井式楼板梁无主次之分，梁通常采用正井式和斜井式布置，如图 6－7 所示。

井式楼板的跨度一般为 6～10 m，板厚为 70～80 mm，井各边长一般在 3 m 左右。井式楼板的结构形式整齐，具有较强的装饰性，一般多用于公共建筑的门厅和大厅式的房间，如会议室、餐厅、小礼堂、歌舞厅等。

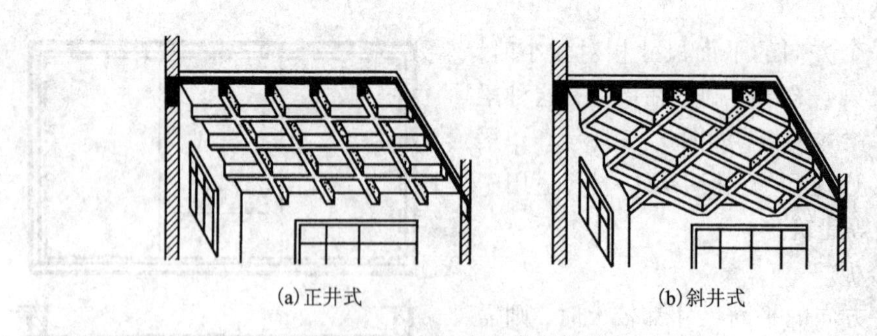

(a)正井式　　(b)斜井式

图 6－7　井式楼板

3. 无梁楼板

无梁楼板不设置梁，直接用柱子作为楼板的竖向支承。无梁楼板的柱距一般为 6 m，成方形布置。在柱与楼板连接处，柱顶构造分为有柱帽和无柱帽两种。当楼面荷载较小时，采用无柱帽的形式；当楼面荷载较大时，为提高板的承载能力、刚度和抗冲切能力，可以在柱顶设置柱帽和托板来减小板跨、增加柱对板的支托面积，如图 6－8 所示。由于板的跨度较大，故板厚不宜小于 120 mm，一般为 160～200 mm。

无梁楼板的板底平整，室内净空高度大，采光、通风条件好，便于采用工业化的施工方式，适用于楼面荷载较大的公共建筑(如商店、仓库、展览馆、多层车库等)和多层工业厂房。

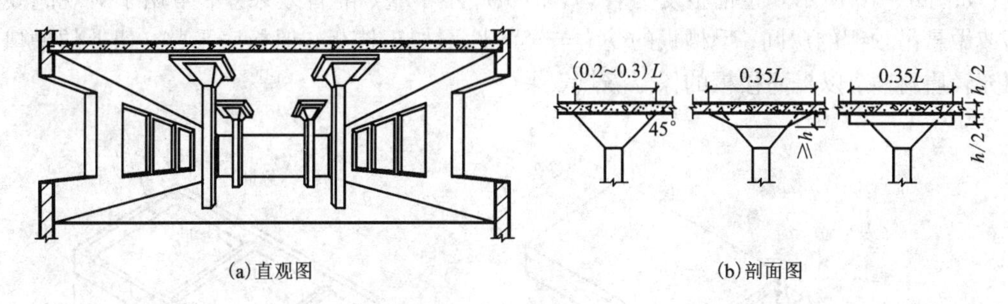

图 6－8 无梁楼板

6.2.2 预制装配式钢筋混凝土楼板

预制装配式钢筋混凝土楼板是指将钢筋混凝土楼板在预制厂或施工现场进行预先制作，而后进行现场吊装而成的楼板。这种楼板可节约模板、减少现场工序、缩短工期、提高施工工业化的水平，但由于其整体性能差，不宜用于抗震设防要求较高的地区。

1. 预制板的类型

预制装配式钢筋混凝土楼板可分为预应力和非预应力两种。采用预应力构件可以延缓裂缝的出现，提高构件的抗裂能力。

预制钢筋混凝土楼板按构造形式分有实心平板、槽形板、空心板三种类型。

1)实心平板

实心平板上下板面平整，跨度一般不超过 2.4 m，厚度为 60～80 mm，宽度为 600～1000 mm，由于板的厚度小，隔音效果差，故一般不用作使用房间的楼板，多用于楼梯平台、走廊、搁板、阳台、管沟盖板等，如图 6－9 所示。

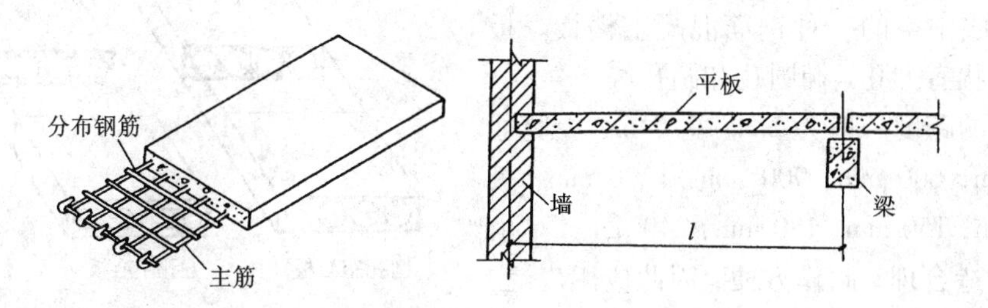

图 6－9 实心平板

2)槽形板

槽形板是一种梁板结合的构件，在板的两侧设有小梁(又叫肋)，构成槽形断面，故称槽形板。槽形板具有自重轻、节省材料、造价低、便于开孔留洞等优点。

槽形板的跨度为 3～7.2 m，板宽为 500～1200 mm，板肋高一般为 120～240 mm。由于板肋形成了板的支点，板跨减小，所以板厚较小，只有 30 ~ 50 mm。为了增加槽形板的刚度和便于搁置，板的端部需设端肋与纵肋相连。当板的长度超过 6 m 时，需沿着板长每隔 500 ~ 700 mm 增设横肋。

当板肋位于板的下面时，槽口向下，为正槽板；当板肋位于板的上面时，槽口向上，为反槽板，如图 6 - 10 所示。正槽板受力合理，但板底不平整、隔音效果差，常用于对观瞻要求不高或做悬吊顶棚的房间；反槽板的受力与经济性不如正槽板，但板底平整，朝上的槽口内可填充轻质材料，以提高楼板的保温隔热效果。

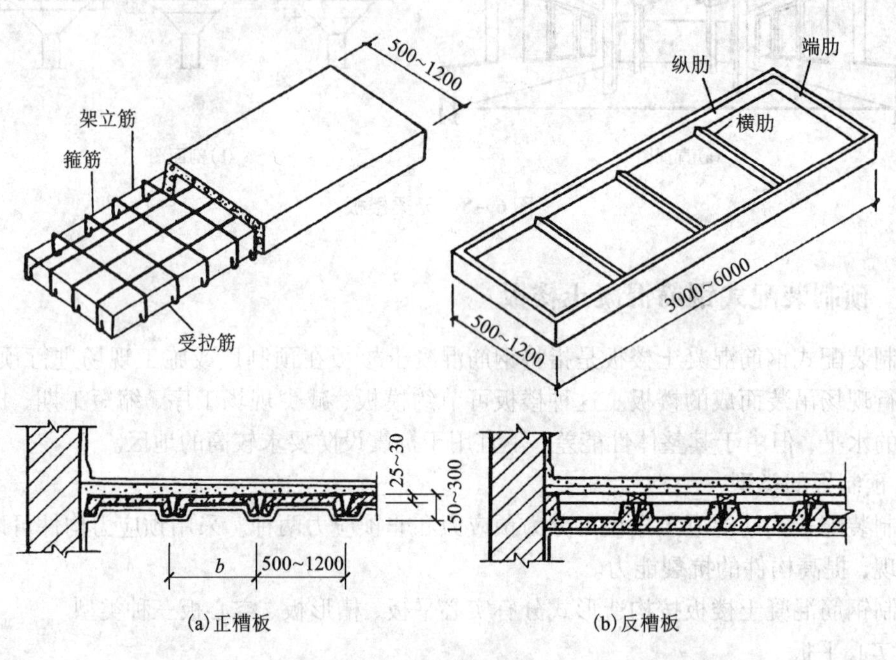

图 6 - 10　槽形板

3) 空心板

空心板是将平板沿纵向抽孔，将多余的材料去掉，形成中空的一种钢筋混凝土楼板。板中孔洞的形状有方孔、椭圆孔和圆孔等。

空心板的跨度一般为 2.4 ~ 7.2 m，板宽通常为 500 mm，600 mm，900 mm，1200 mm，板厚有 120 mm，150 mm，180 mm，240 mm 等，由于圆孔板构造合理，制作方便，因此应用广泛，如图 6 - 11 所示。

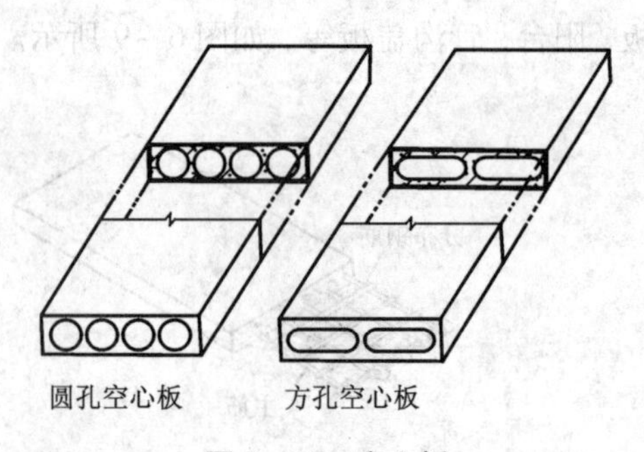

图 6 - 11　空心板

2. 预制板的安装构造

空心板安装前，为了提高板端的承压能力，避免灌缝材料进入孔洞内，应用混凝土或砖填塞端部孔洞。

1) 预制板的布置

布置预制板时，应根据房间的平面尺寸，并结合所选板的规格来定。当房间的平面尺寸较小时，可采用板式结构，即将预制板直接搁置在墙上，由墙来承受板传来的荷载，如图6－12(a)所示。当房间的开间、进深尺寸都较大时，需先在墙上搁置梁，由梁来支承楼板，这种楼板的布置方式为梁板式结构，如图6－12(b)所示。

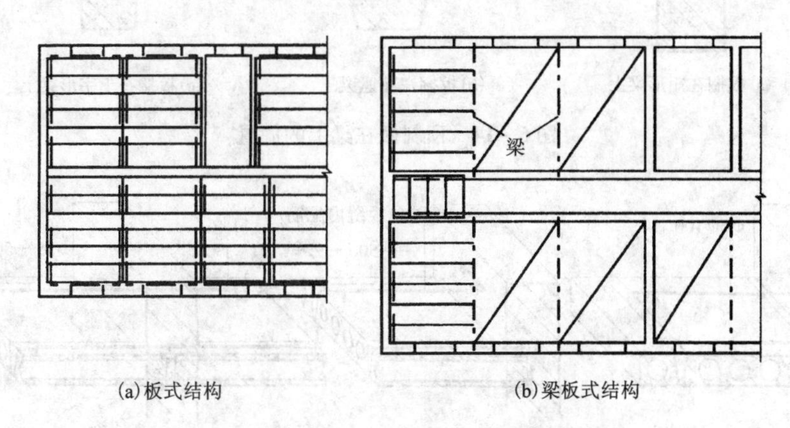

图6－12 预制楼板结构布置

2)预制板的支承端构造

a. 坐浆

预制板安装时，应先在墙或梁上铺10～20 mm厚的M5水泥砂浆进行找平(即坐浆)，然后再铺板，以使板与墙或梁有较好的连接，也能保证墙或梁受力均匀，如图6－13所示。

b. 支承

预制板在墙和梁上均应有足够的搁置长度，在钢筋混凝土梁上的搁置长度应不小于80 mm，在内墙上的搁置长度应不小于100 mm，在外墙上的搁置长度应不小于110 mm。

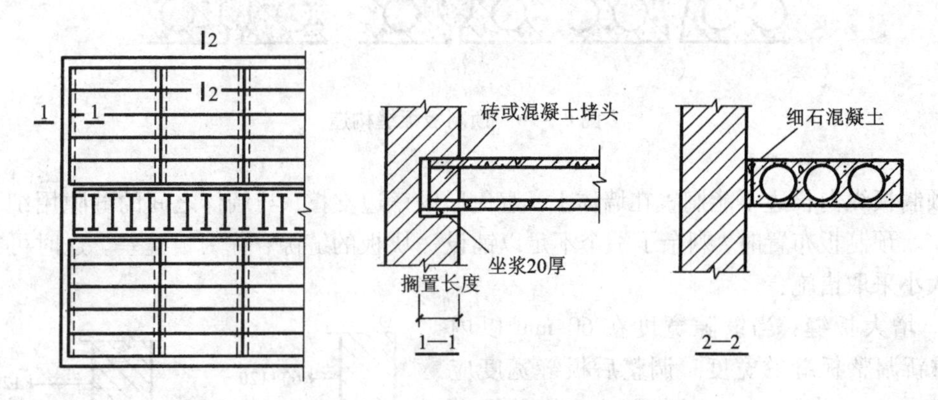

图6－13 预制板在墙上的搁置

板在梁上的搁置方式一般有两种：一种是板直接搁置在矩形截面梁上；另一种是板搁置在花篮梁或十字梁上。在梁高不变的情况下，后者可以获得更大的房间净高，如图6－14所示。

c. 拉结筋

为增强板与墙体的整体性，加强房屋的整体刚度，可以用拉结筋将楼板与墙体之间、楼板与楼板之间拉结起来，具体设置要求按抗震要求和刚度要求设定，如图6－15所示。

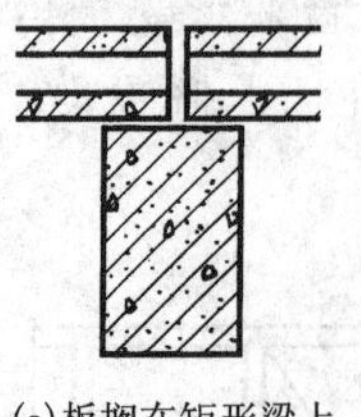

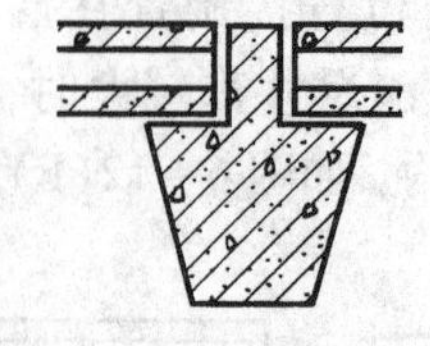

图 6－14　预制板在梁上的搁置

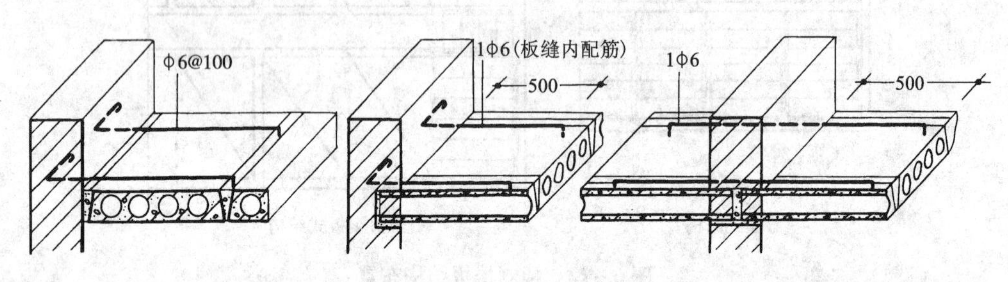

图 6－15　拉结筋示意图

3)板缝构造处理

预制板铺设时，应留置 10～20 mm 宽的侧缝，预制板侧缝的形式与生产预制板的侧模有关，一般有 V 形缝、U 形缝和凹槽缝三种，如图 6－16。

板缝一般以砂浆或混凝土灌实，要求较高时，可在板缝内加配钢筋。为提高抗震能力，还可以将板端露出的钢筋交错搭接在一起，或者加钢筋网片，再浇灌细石混凝土。

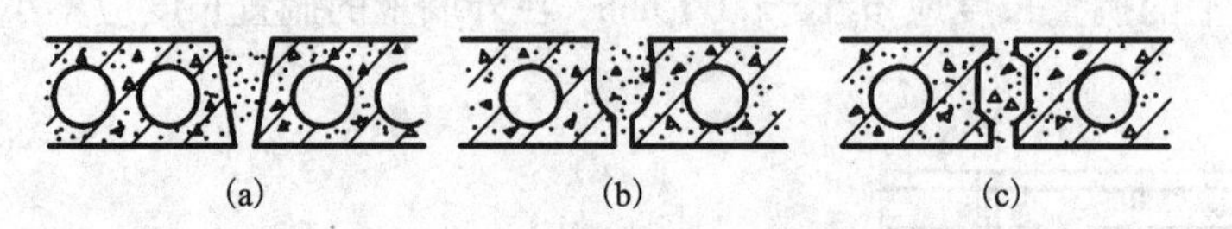

图 6－16　预制板板缝构造

预制板纵向长边不能搁置在墙体上，避免形成三边支撑，与墙体之间的缝隙用细石混凝土灌实。预制板布置时，剩余了一个不足以铺设一块板的缝隙，称为板缝差。这时可根据缝隙的大小采取措施：

a. 增大板缝：当缝隙宽度在 60 mm 以内时，重新调整板缝的宽度。调整后板缝宽度应小于 50 mm，超出 50 mm 的板缝应在灌缝混凝土内加配钢筋。

b. 采用不同板宽的板，如 500 mm，600 mm，900 mm，1200 mm 板宽的板配合使用。

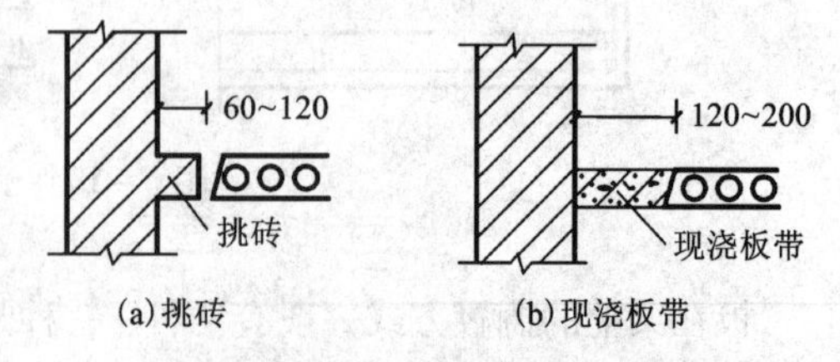

图 6－17　预制板板缝调整措施

c. 挑砖：当缝隙宽度为 60～120 mm 时，由平行于板边的墙挑砖，挑出的砖与板的上下表面平齐，如图 6－17(a)所示。

d. 现浇板带：当缝隙宽度为 120～200 mm 时，缝隙处用局部现浇板带的方法解决。现浇板带一般位于墙边，以便埋设穿越楼板的管道或位于较重的隔墙下，如图 6－17(b)所示。

e. 采用调缝板：如采用 400 宽的特制调缝板。

3. 楼板与隔墙

房间设置重质隔墙时，如砖砌隔墙或砌块隔墙，不宜将隔墙直接搁置在楼板上，避免楼板受集中荷载破坏。工程实际中，一般根据楼板的铺设情况，隔墙可按图 6－18 所示的方式进行设置。

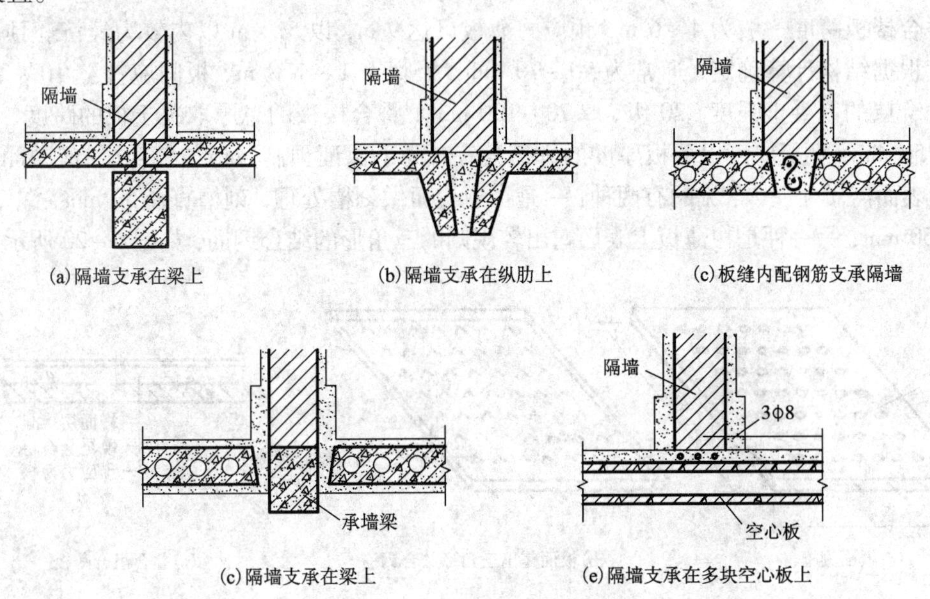

(a)隔墙支承在梁上　(b)隔墙支承在纵肋上　(c)板缝内配钢筋支承隔墙

(c)隔墙支承在梁上　(e)隔墙支承在多块空心板上

图 6－18　隔墙在楼板上的搁置

6.2.3　装配整体式钢筋混凝土楼板

装配整体式钢筋混凝土楼板是在预制板安装后再浇注一层钢筋网细石混凝土层形成一个整体的楼板。它结合了预制板和现浇板的优点，具有整体性好、施工简单、省模板、工期短等特点。

装配整体式钢筋混凝土板有密肋填充块楼板和叠合楼板两种。

1. 密肋填充块楼板

密肋填充块楼板的密肋有现浇和预制两种，现浇的密肋填充块楼板是在空心砖、加气混凝土块等填充块之间现浇密肋小梁和面板。预制的密肋填充块楼板是在空心砖和预制的倒 T 形密肋小梁或者带骨架芯板上现浇混凝土面层，这种楼板有利于节约模板，如图 6－19 所示。

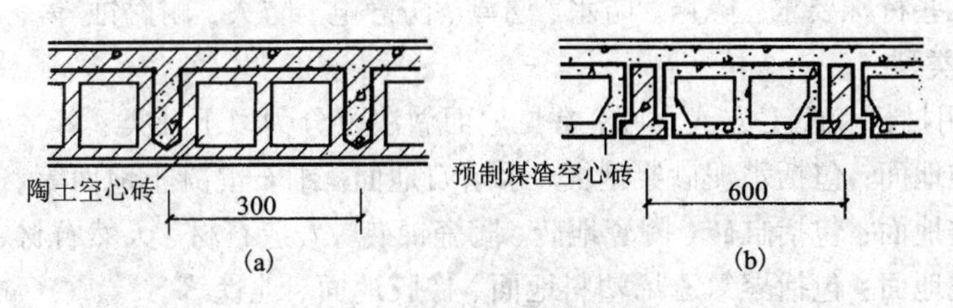

图 6－19　密肋填充块楼板

2. 叠合楼板

预制薄板与现浇混凝土面层叠合而成的装配整体式楼板，称为叠合式楼板，它既省模板，整体性又好，但施工较麻烦。叠合式楼板的预制钢筋混凝土薄板既是永久性模板承受施工荷载，也是整个楼板结构的一个组成部分。预应力钢筋混凝土薄板内配以高强钢丝作为预应力筋，同时也是楼板的跨中受力钢筋，板面现浇混凝土叠合层，只需配置少量的支座负弯矩钢筋。所有楼板层中的管线均事先埋在现浇叠合层内。

叠合楼板跨度一般为4～6 m，预应力薄板可达9 m，以5.4 m以内较为经济。预应力薄板厚度根据结构计算确定，通常为50～70 mm，板宽1.1～1.8 m，板间应留缝10～20 mm。现浇叠合层的混凝土强度C20级，厚70～120 mm。叠合楼板的总厚取决于板的跨度，一般为150～250 mm，楼板厚度以薄板厚度的2倍为宜。为了保证预制薄板与叠合层有较好的连接，薄板上表面需做处理，常见的有两种：一是在上表面做刻槽处理，刻槽直径50 mm，深20 mm，间距150 mm；另一种是在薄板上表面露出较规则的三角形的结合钢筋，如图6－20所示。

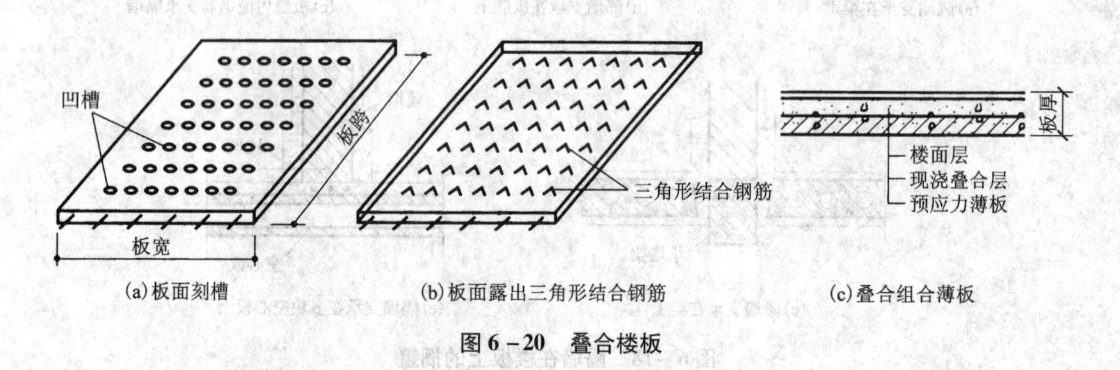

图6－20　叠合楼板

6.3　楼地面的构造

6.3.1　楼地面的设计要求及类型

1. 楼地面的设计要求

楼板层面层与地坪层面层可统称为地面，其构造要求基本一致。

(1)坚固耐久。面层要求坚固耐磨，平整光洁，不起尘，易清洁；

(2)具有一定的弹性和保温性能。人行走时不致有过硬的感觉，同时，有弹性的地面对防撞击有利。地面材料的导热系数小，给人以温暖舒适的感觉，冬季时走在上面不致感到寒冷。

(3)满足某些特殊要求：隔声、防水、防潮、防静电、防火、耐腐蚀等。

2. 地面的类型

按面层所用材料和施工方式不同，常见地面做法可分为以下几类：

(1)整体类地面：包括水泥砂浆地面、水磨石地面、细石混凝土地面等。

(2)板块类地面：包括缸砖、陶瓷地砖、陶瓷锦砖、人造石材、天然石材、木地板等地面。

(3)卷材类地面：包括聚氯乙烯塑料地面、橡胶地面、地毯等。

(4)涂料类地面：包括各种高分子涂料所形成的地面。

6.3.2 地面构造

1. 整体地面

整体类地面是采用在现场拌和的湿料，经浇抹形成的面层，具有构造简单，造价较低的特点，是一种应用较广泛的类型。

(1)水泥砂浆地面与混凝土地面

水泥砂浆地面是在混凝土垫层或楼板上抹水泥砂浆形成面层，通常有单面层和双面层两种做法，双层做法抹面质量高，不易开裂。混凝土地面是在楼板结构层或地坪垫层上整体浇筑混凝土并抹平。它们共同的特点是构造简单、坚固、耐磨、防水、造价低廉，但导热系数大、易返潮、易起灰、不易清洁，常被用于建筑装修标准较低的建筑地面或厂房、仓库等地面，其构造做法见表6－2。

表6－2 整体式地面的构造

类别	名称	简图	构造	
			地面	楼面
整体类地面	水泥砂浆地面		(1)20 mm 厚1:2.5 水泥砂浆(单层做法)，1:1.5 水泥砂浆5 厚，1:3 水泥砂浆20 厚(双层做法)； (2)刷水泥砂浆一道(内掺建筑胶)	
	细石混凝土地面		(1)40 mm 厚 C20 细石混凝土地面； (2)刷水泥砂浆一道(内掺建筑胶)	
			(3)60 mm 厚 C15 混凝土垫层； (4)150 mm 厚5～32 卵石灌 M2.5 混合砂浆振捣密实或3:7 灰土； (5)素土夯实	(3)60 mm 厚1:6 水泥焦渣填充层； (4)现浇钢筋混凝土楼板或预制楼板上的现浇叠合层

(2)现浇水磨石地面

现浇水磨石地面整体性好，防水、不起尘、易清洁、装饰效果好，但导热系数偏大、弹性小，适用于建筑装修标准要求不高，或需经常用水清洗的楼地面。其构造为：底层用10～15 mm 厚的水泥砂浆找平后，按设计图案用1:1 的水泥砂浆固定分隔条(铜条、铝条或玻璃条)，然后用1:(1.5 ～2)水泥石渣抹面，厚度为10～15 mm，经养护一周后用磨光机磨光，再用草酸溶液清洗，最后打蜡抛光，如图6－21 所示。

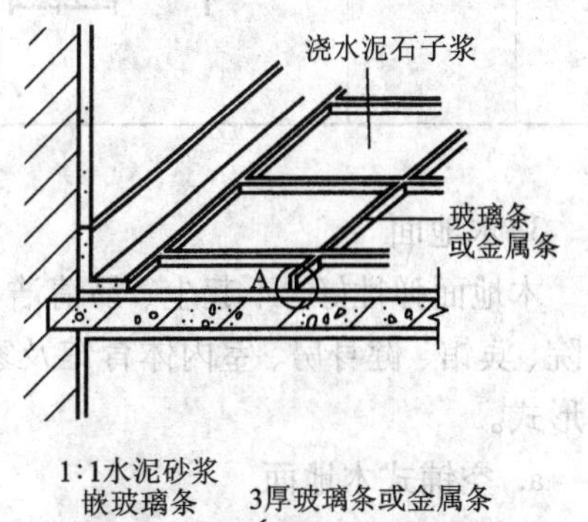

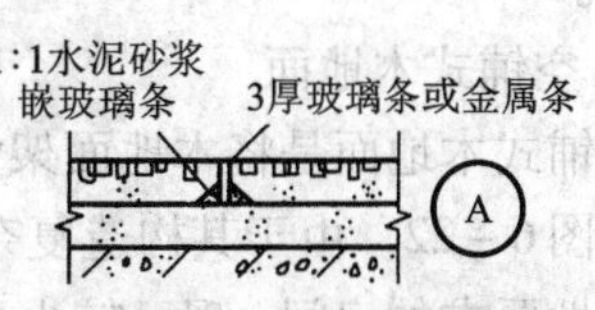

图6－21 现浇水磨石地面

2. 板块类地面

1)陶瓷地砖地面

陶瓷地砖的性能优越，色彩丰富，多用于高档地面的装修。陶瓷地砖按材质与吸水率分为瓷质砖和半陶质(炻质)砖，陶质砖吸水率小，透光性好，断面细腻呈贝壳状，质地坚硬，如陶瓷彩釉砖、瓷质无釉砖及玻化砖等。陶瓷地砖一般厚度为 6 ~ 10 mm，常用的有 300 mm × 300 mm，500 mm × 500 mm，600 mm × 600 mm，800 mm × 800 mm 等多种规格。半陶质砖吸水率比陶质砖大，它透光性差，但机械强度高，热稳定性好，耐化学腐蚀性好，断面呈石状。常用于厨房、卫生间等房间。陶瓷地砖地面构造做法见表 6 – 3。

2）石材地面

石材地面包括天然石材地面和人造石材地面。

天然石材主要有大理石和花岗石两大种。大理石一般质地较软，色泽和纹理美观，花岗岩一般质地较硬，色泽美观，耐磨度优于大理石材。常用规格有 600 mm × 600 mm，800 mm × 800 mm，1000 mm × 1000 mm，厚度为 20 mm。大理石和花岗石均属高档地面装修材料，一般用于装修标准较高的建筑门厅、大厅等部位。人造石材有人造大理石材、预制水磨石材等类型，价格低于天然石材。石材地面构造见表 6 – 3。

表 6 – 3　地砖与石材地面构造

类别	名　称	简　图	构　造	
			地面	楼面
板块类地面	地面砖地面	D d L	(1)5 ~ 10 mm 厚 1∶1 水泥浆黏贴地面砖，干水泥擦缝； (2)20 mm 厚 1∶3 干硬性水泥砂浆找平； (3)水泥砂浆一道（内掺建筑胶）	
			(4)60 mm 厚 C15 混凝土垫层； (5)素土夯实	(4)现浇钢筋混凝土楼板或预制楼板上的现浇叠合层
	石材板地面	D d L	(1)8 ~ 10 mm 厚 1∶1 水泥砂浆黏贴板材，干水泥擦缝； (2)30 mm 厚 1∶3 干硬性水泥砂浆结合层表面撒水泥粉； (3)刷水泥砂浆一道（内掺建筑胶）	
			(4)60 mm 厚 C15 混凝土垫层； (5)素土夯实	(4)现浇钢筋混凝土楼板或预制楼板上的现浇叠合层

3）木地面

木地面弹性好、不起尘、易清洁、导热系数小，但防火、防潮性能差、造价较高，常用于剧院、宾馆、健身房、室内体育馆及家装地面中。木地面按构造方法分为空铺、实铺、黏贴三种形式。

a. 空铺式木地面

空铺式木地面是将木地面架空铺设，使板下有足够的空间便于通风，以保持干燥，具体构造见图 6 – 22。由于其构造复杂，耗费木材较多，故一般用于要求环境干燥、对楼地面有较高的弹性要求的房间，现已较少采用。

b. 实铺式木地面

实铺式木地面是在混凝土垫层或楼板上固定小断面的木搁栅，木搁栅的断面尺寸一般为

50 mm×50 mm 或 50 mm×70 mm，间距 400～500 mm，然后在木搁栅上铺定木板材。木板材可采用单层和双层做法。

c. 黏贴式木地面

在混凝土垫层或楼板上先用 20 mm 厚 1∶2.5 的水泥砂浆找平，干燥后用专用黏结挤黏结木板材，黏贴式木楼地面由于省去了搁栅，节约了木材、施工简便、造价低廉。

当在地坪层上采用实铺式木楼地面时，须在混凝土垫层上设防潮层。

实铺式和黏贴式木地面的构造见表 6－4。

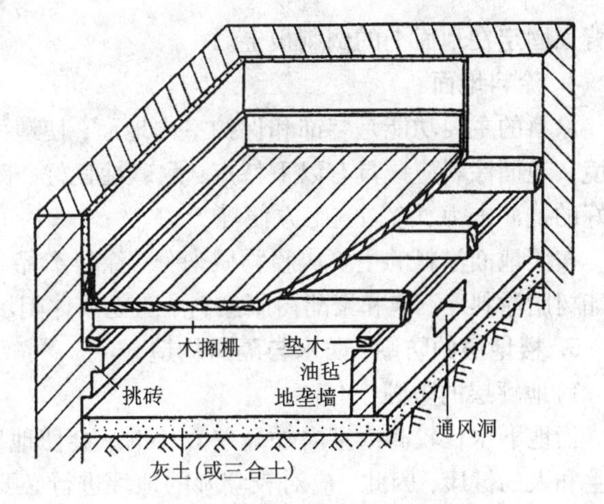

图 6－22 空铺式木地面

表 6－4 实铺式和黏贴式木地面的构造

类别	名 称	简 图	构 造	
			地面	楼面
木地面	实铺式木地面	L	(1)地板漆两道； (2)100 mm×25 mm 长条松木地板(背面满刷氟化钠防腐剂)； (3)50 mm×50 mm 木龙骨 400 架空 20 mm，表面刷防腐剂	
			(4)60 mm 厚 C15 混凝土垫层； (5)紫土夯实	(4)现浇钢筋混凝土楼板或预制楼板上的现浇叠合层
	黏贴式木地面	D d L	(1)打腻子，涂清漆两道； (2)10～14 mm 厚黏贴硬木企口席纹拼花地板； (3)20 mm 厚 1∶2.5 水泥砂浆	
			(4)60 mm 厚 C15 混凝土垫层； (5)0.2 mm 厚浮铺塑料薄膜一层	(4)现浇钢筋混凝土楼板或预制楼板上的现浇叠合层

3. 卷材地面

常见地面卷材有彩色石英塑料板、聚氯乙烯塑料地毡、橡胶地毡、各种地毯等。卷材地面弹性好，消声的性能也好，适用于公共建筑和居住建筑。

聚氯乙烯塑料地毡和橡胶地毡铺贴方便，可以干铺，也可以用黏结剂黏贴在其找平层上。塑料地毡具有步感舒适、防滑、防水、耐磨、隔声、美观等特点，且价格低廉。

地毯分为化纤地毯和羊毛地毯两种。羊毛地毯图案典雅大方、美观豪华，一般只在建筑物中局部使用作为装饰用途，地面广泛使用的是化纤地毯。化纤地毯的铺设方法有活动式和固定式。地毯固定有两种方法：一种是用黏结剂将地毯四周与房间地面黏贴；另一种是将地毯背面固定在地面上的倒刺板上。

4. 涂料地面

涂料的主要功能是装饰和保护室内地面，使地面清洁美观，为人们创造一种优雅的室内环境。地面涂料应该具有以下特点：耐碱性良好、良好的耐水性、耐擦洗性、良好的耐磨性、良好的抗冲击力、涂刷施工方便等。

按照地面涂料的主要成膜物质来分，涂料产品主要有以下几种：环氧树脂地面涂料、聚氨酯树脂涂料、不饱和聚酯树脂涂料、亚克力休闲场涂料等。

5. 楼地层的防潮、防水与隔声构造

1)地坪层的防潮

当地下水位较高或室内外高差较小时，会使地面、墙面潮湿，影响结构的耐久性、室内卫生和人的健康，因此，应对较潮湿的地坪进行必要的防潮处理。

a. 设置防潮层

在混凝土垫层上、刚性整体面层下先刷一道冷底子油，然后铺憎水的热沥青或防水涂料，形成防潮层，以防止潮气上升到地面。也可在垫层下铺一层粒径均匀的卵石或碎石、粗砂等，以切断毛细水的上升通路，如图 6 – 23(a)、(b)所示。

b. 设置保温层

一种是在地下水位低、土壤较干燥的地面，可在垫层下铺一层 1:3 水泥炉渣或其他工业废料做保温层；第二种是在地下水位较高的地区，可在面层与混凝土垫层间设保温层，并在保温层下做防水层，如图 6 – 23(c)、(d)所示。

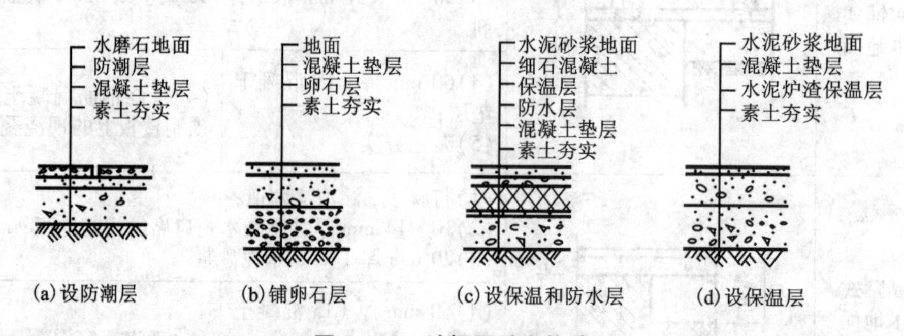

图 6 – 23　地坪层防潮构造

c. 架空地坪层

这是利用地垄墙将地坪层架空的地坪层。架空层高度范围的外墙设置通风口，利用架空层与室外空气的流动，带走潮气，达到防潮的目的，如图 6 – 24 所示。

2)楼地面的防水

建筑中受水影响房间，如卫生间、厨房、盥洗室、洗浴中心等，地面必须做好排水与防渗漏处理。其结构层宜为整体性好的现浇钢筋混凝土楼板，面层应选用防水性、整体性好的材料，如水泥砂浆、现浇水磨石、缸砖、瓷砖、陶瓷锦砖等，并在结构层与面层之间设置防水层。防水层一般选用防水砂浆、防水卷材或防水涂料等，并沿四周墙体向上延伸 100 ~ 150 mm，在门洞口处向外延伸不小于 250 mm。为防止溢水，受水影响房间的地面应降低 20 ~ 50 mm，并设不小于1% 的坡度，坡向地漏，如图 6 – 25(a)、(b)所示。

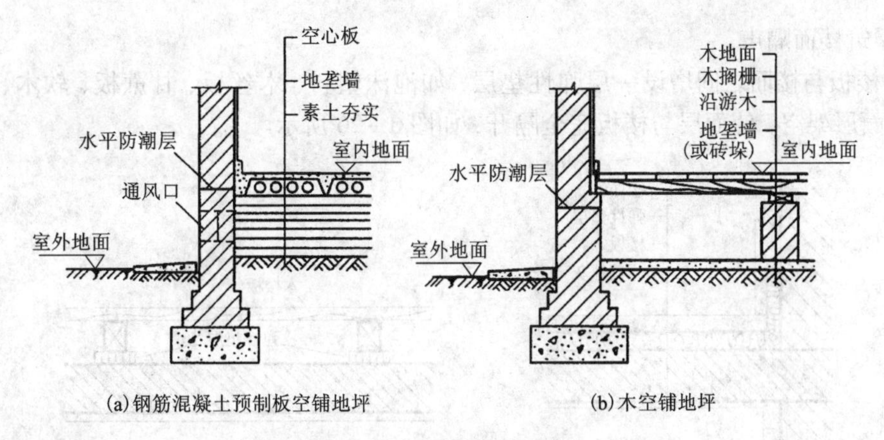

(a)钢筋混凝土预制板空铺地坪　　(b)木空铺地坪

图6－24　架空地坪层防潮

有管道穿过楼板层时，管道与楼板层间的处理方法有两种：一种是在管道周围用C20干硬性细石混凝土捣固密实后，用防水涂料做密封处理，如图6－25(c)所示；另一种是对于煤气管道、热水管道等，为避免管道因胀缩变形与楼板层间出现缝隙，导致漏水，需在楼板中管道穿过的位置先埋设一个直径稍大的套管，套管下端与楼板底面平齐，上端高出楼地面30 mm左右，如图6－25(d)所示。

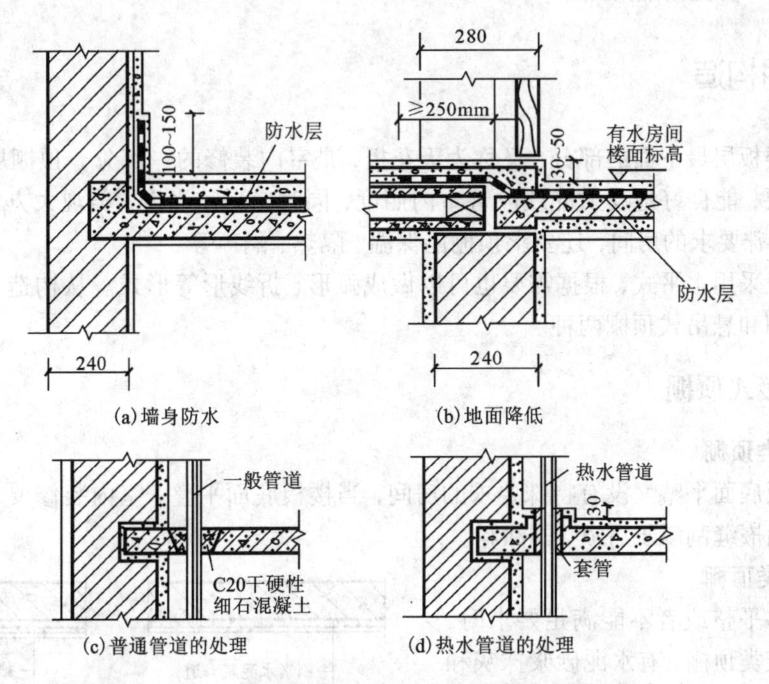

(a)墙身防水　　(b)地面降低

(c)普通管道的处理　　(d)热水管道的处理

图6－25　有水房间楼板层的防水及管道穿楼板的构造

3)楼板层的隔声

楼板层隔声关键是隔绝撞击声，主要做法有三种。

a. 利用面层隔声

即铺设有弹性的面层材料，如地毯、橡胶地毡、塑料地毡、软木板等，这种做法简单，效果显著。

b. 浮筑楼面隔声

即在楼板与楼面之间增设一层弹性垫层，如泡沫塑料、木丝板、甘蔗板、软木、矿棉板等，或将面层架空，使面层与楼板完全隔开，如图 6－26 所示。

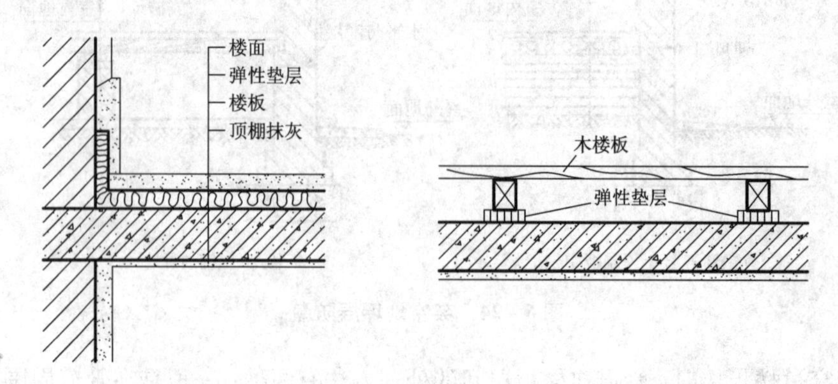

图 6－26　浮筑楼面隔声

c. 吊顶隔声

即在楼板下设悬吊顶棚，利用吊顶与楼板之间的空气间层来隔声，有时在吊顶上铺设吸声材料，可进一步提高隔声效果。

6.4　顶棚构造

顶棚是楼板层最下面的部分，又称为天花板，是室内装修的一部分。顶棚层应能满足管线敷设的需要，能良好地反射光线改善室内照度，同时应平整光滑，美观大方，与楼板层有可靠连接，特殊要求的房间，还要求顶棚能保温、隔热、隔声等。

顶棚一般采用水平式，根据需要也可以做成弧形、折线形等形式。从构造上来分，一般有直接式顶棚和悬吊式顶棚两种。

6.4.1　直接式顶棚

1. 喷刷类顶棚

对于楼板底面平整又没有特殊要求的房间，当楼板底面平整、室内装修要求不高时，直接在楼板底面嵌缝刮腻子后喷、刷涂料。

2. 抹灰类顶棚

板底不够平整或者不能满足要求时，可以采用抹灰类顶棚，有水泥砂浆抹灰和纸筋灰抹灰。水泥砂浆抹灰做法为先在板底刷素水泥浆一道，经找平抹面，最后喷刷涂料，如图 6－27(a)所示。

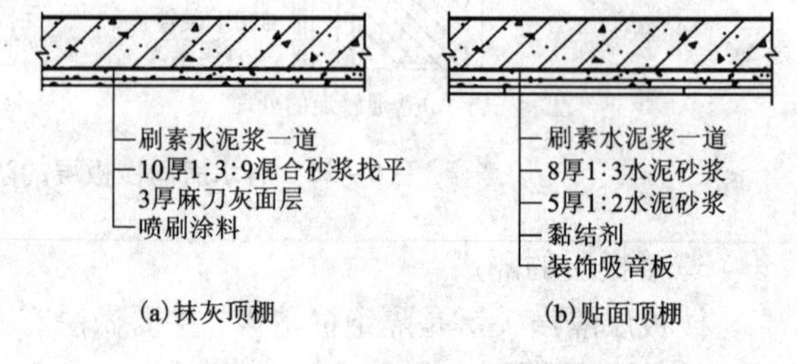

(a)抹灰顶棚　(b)贴面顶棚

图 6－27　直接式顶棚构造

3. 贴面类顶棚

当顶棚有保温、隔热、隔声等要求或者装修标准较高时，可以使用黏结剂将适用于顶棚装饰的墙纸、装饰吸音板、泡沫塑胶板等材料黏贴于顶棚上，如图 6－27(b)所示。

4. 结构式顶棚

当屋顶采用网架结构等类型时，结构本身就具有一定的艺术性，可以不必另做顶棚，只需要结合灯光、通风、防火等要求做局部处理即可，称为结构式顶棚。

6.4.2 悬吊式顶棚

悬吊式顶棚又称“吊顶”，它离屋顶或楼板的下表面有一定的距离，通过悬挂物与主体结构联结在一起。在现代建筑物中，设备和管线较多，例如灭火喷淋、供暖通风、电气照明等，往往需要借助悬吊式顶棚来解决。

1. 吊顶的类型

根据结构构造形式的不同，吊顶可分为整体式吊顶、活动式装配吊顶、隐蔽式装配吊顶和开敞式吊顶等。

根据材料的不同，吊顶可分为板材吊顶、轻钢龙骨吊顶、金属吊顶等。

2. 吊顶的构造组成

吊顶一般由吊筋、龙骨和面层组成。

1)吊筋

吊筋一般采用不小于Φ6 mm 的圆钢制作，间距不超过 2 m，或者采用断面不小于 40 mm ×40 mm 的方木制作。

2)吊顶龙骨

龙骨分为主龙骨与次龙骨，主龙骨为吊顶的承重结构，次龙骨则是吊顶的基层。主龙骨通过吊筋或吊件固定在楼板结构上，次龙骨用同样的方法固定在主龙骨上。

龙骨有木龙骨和轻钢、铝合金等金属龙骨两种类型，其断面大小视其材料品种、是否上人和面层构造做法等因素而定。主龙骨断面比次龙骨大，间距约为 900～1200 mm。次龙骨间距视面层材料而定，间距一般不超过 600 mm。

3)吊顶面层

吊顶面层分为抹灰面层和板材面层两大类。抹灰面层为湿作业施工，费工费时；板材面层，既可加快施工速度，又容易保证施工质量。板材吊顶有植物板材、矿物板材和金属板材、格栅等类型。

3. 吊顶的构造

1)木质(植物)板材吊顶

吊顶龙骨一般用木材制作，分格大小应与板材规格相协调，如图 6－28 所示。为了防止植物板材因吸湿而产生凹凸变形，面板宜锯成小块板铺钉在次龙骨上，板块接头必须留 3～6 mm 的间隙作为预防板面翘曲的措施。板缝缝形根据设计要求可做成密缝、斜槽缝、立缝等形式。

2)矿物板材吊顶

矿物板材吊顶常用石膏板、石棉水泥板、矿棉板等板材作面层，轻钢或铝合金型材作龙骨。这类吊顶的优点是自重轻、施工安装快、无湿作业、耐火性能优于植物板材吊顶和抹灰吊顶，故在公共建筑或高级工程中应用较广。

轻钢和铝合金龙骨的布置方式有两种：

a. 龙骨外露的布置方式，即龙骨露在面板外的形式，如图 6－29 所示。

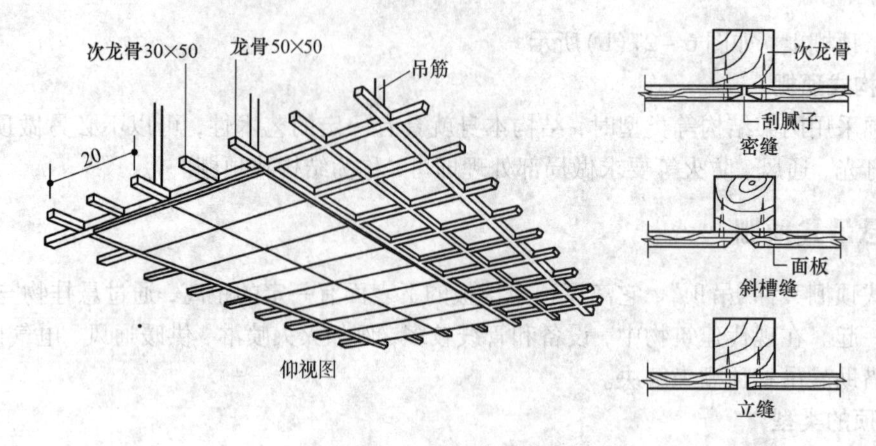

图6－28　木质板材吊顶构造

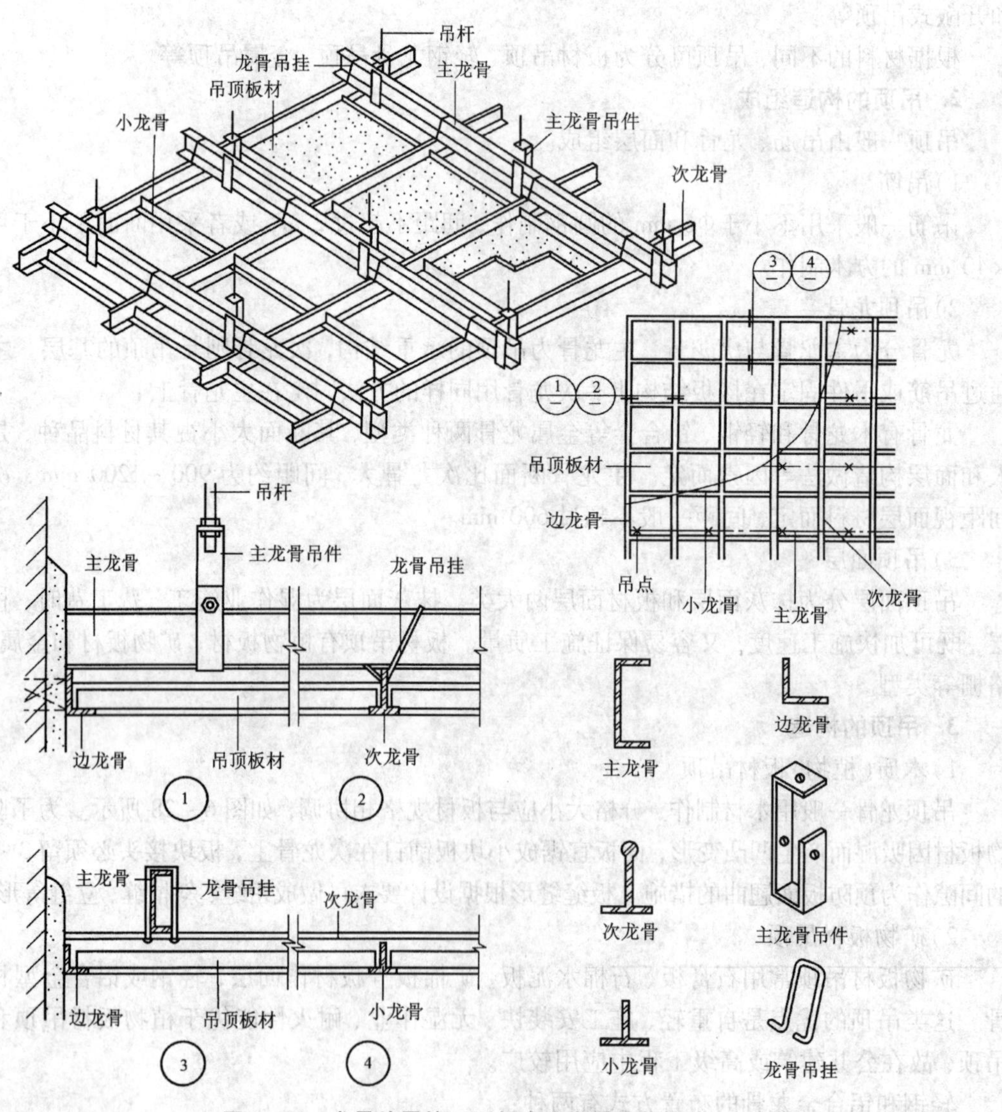

图6－29　龙骨外露的T形铝合金龙骨吊顶构造

b. 不露龙骨的布置方式

龙骨隐藏在面板内的形式。主龙骨仍采用槽形断面的轻钢型材，但次龙骨采用U形断面轻钢型材，用专门的吊挂件将次龙骨固定在主龙骨上，面板用自攻螺钉固定于次龙骨上，如图6－30所示。

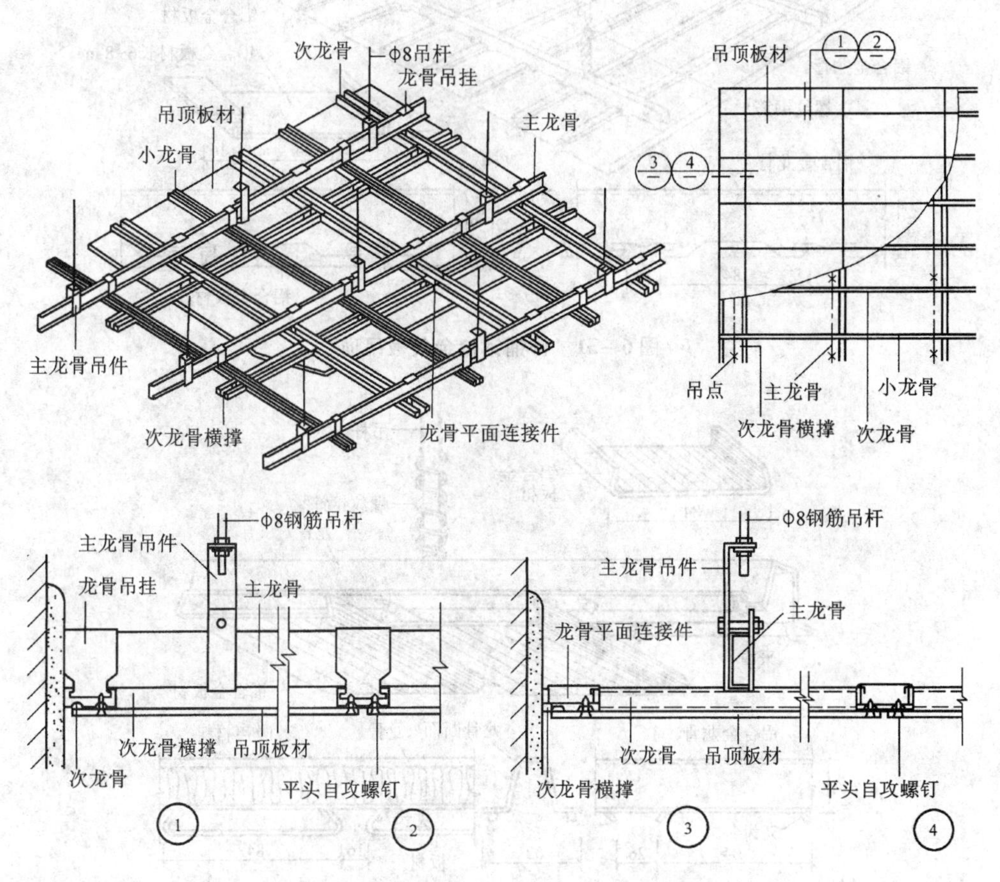

图6－30 不露龙骨的U形轻钢龙骨吊顶构造

3)金属板材吊顶

金属板材吊顶最常用的是以铝合金条板作面层，龙骨采用轻钢型材。有密铺铝合金条板吊顶和开敞式铝合金条板吊顶两种形式：

a. 密铺铝合金条板吊顶，如图6－31所示。

b. 开敞式铝合金条板吊顶，如图6－32所示。

6.5 阳台与雨篷

6.5.1 阳台

阳台是连接室内的室外平台，给居住在建筑物里的人们提供一个舒适的室外活动空间，是住宅、公寓、旅馆等居住建筑中不可缺少的一部分。

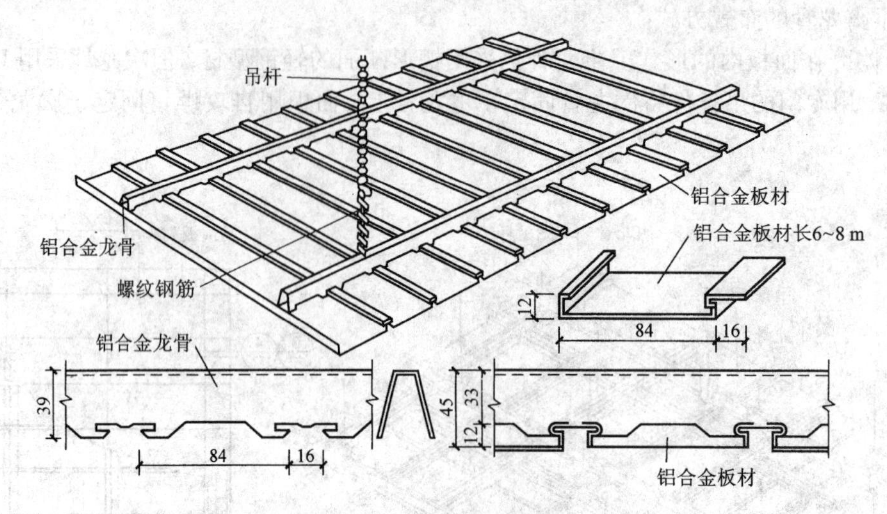

图 6－31　密铺铝合金条板吊顶

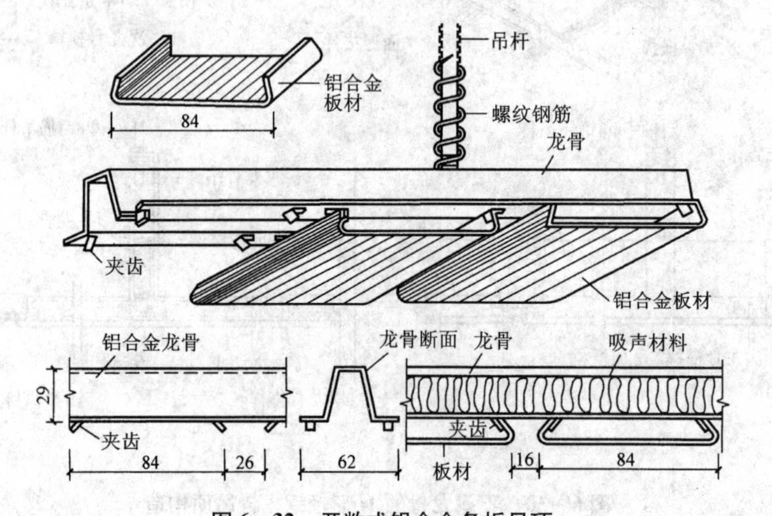

图 6－32　开敞式铝合金条板吊顶

1. 阳台的类型

阳台按其与外墙面的关系分为凸阳台、凹阳台、半凸半凹阳台，如图 6－33 所示。

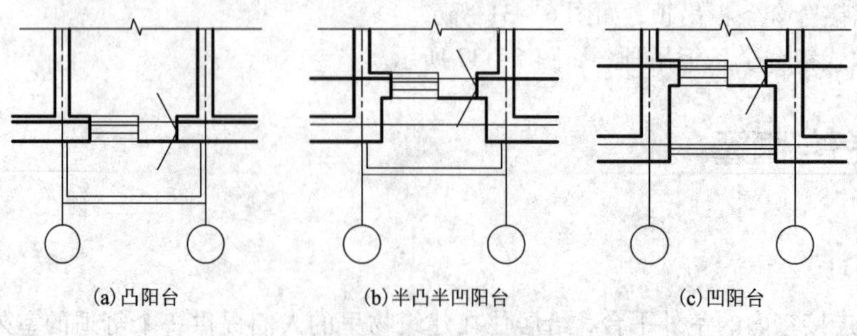

图 6－33　阳台的形式

按其在建筑中所处的位置可分为中间阳台和转角阳台。

按照其施工方式，分为现浇阳台和预制阳台。

按使用功能不同又可分为生活阳台（靠近卧室或客厅）和服务阳台（靠近厨房）。

2. 阳台结构布置方式

1）墙承式

将阳台板直接搁置在墙上。这种结构型式稳定、可靠，施工方便，多用于凹阳台，如图 6－34（a）所示。

2）挑板式

是将房间楼板直接向墙外悬挑形成阳台板，悬挑长度一般为 1.2 m 左右，挑板厚度不小于挑出长度的 1/12，如图 6－34（b）所示。

3）压梁式

是将阳台板和墙梁（或过梁、圈梁）现浇在一起，利用梁上部墙体的重量来防止阳台倾覆，又称为压梁式。阳台悬挑长度不宜超过 1.2 m，这种阳台底面平整，构造简单，外形轻巧，但板受力复杂，如图 6－34（c）所示。

4）挑梁式

是从建筑物的横墙（或过梁、圈梁）上伸出挑梁，上面搁置阳台板。为防止阳台倾覆，挑梁压入横墙部分的长度应不小于悬挑部分长度的 1.5 倍。这种阳台底面不平整，挑梁端部外露，影响美观，工程中一般在挑梁端部增设与其垂直的边梁（又叫面梁或封口梁），既可以遮挡挑梁头，又可以承受阳台栏杆重量，还可以加强阳台的整体性，如图 6－34（d）所示。

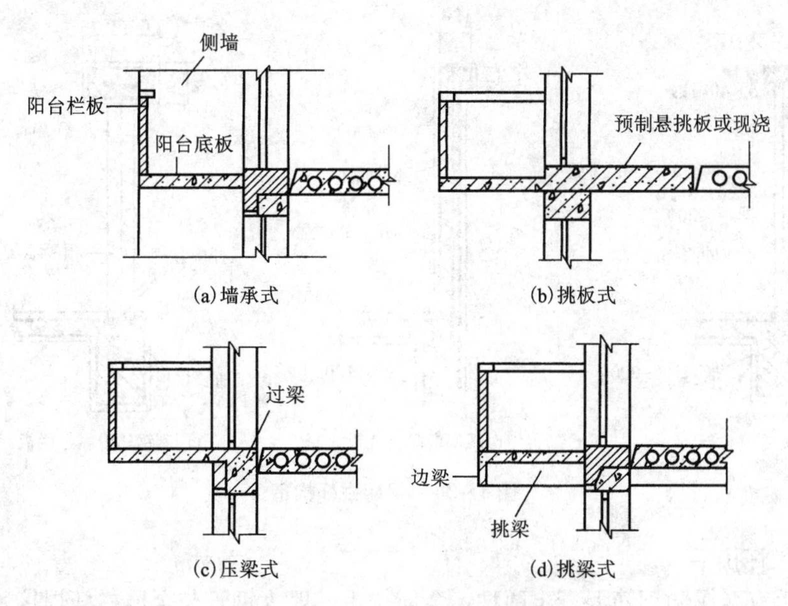

图 6－34 阳台的结构布置方式

3. 阳台的构造

1）阳台栏杆（板）

栏杆（栏板）是为保证人们在阳台上活动安全而设置的竖向构件，要求坚固可靠，舒适美观。栏杆的形式有实体、空花和混合式，如图6－35所示。

低层、多层住宅阳台栏杆净高不低于1.05 m，中高层住宅阳台栏杆净高不低于1.1 m，但也不大于1.2 m。阳台栏杆形式为应防坠落，垂直栏杆间净距不应大于110 mm；为防攀爬，不应设水平栏杆，放置花盆处，还应采取防坠落措施。

考虑地区气候特点。南方地区宜采用有助于空气流通的空透式栏杆，而北方寒冷地区和中高层住宅应采用实体栏杆，并满足立面美观的要求，为建筑物的形象增添风采。

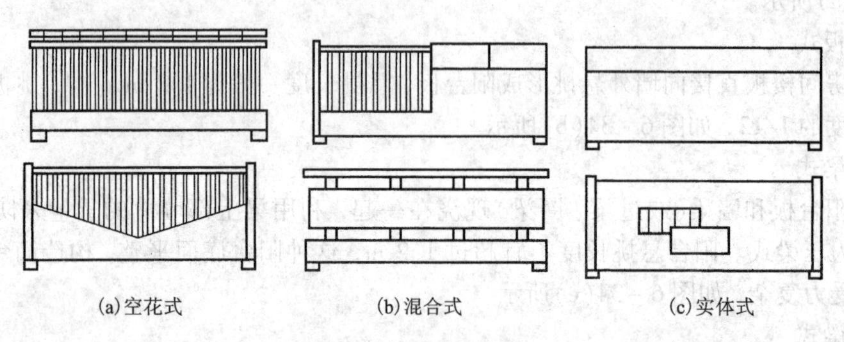

图6－35　阳台栏杆形式

栏杆应与阳台板有可靠的连接，通常是在阳台板顶面预埋扁钢与金属栏杆焊接，也可将栏杆插入阳台板的预留空洞中，用砂浆灌注。阳台栏杆栏板的构造，如图6－36所示。

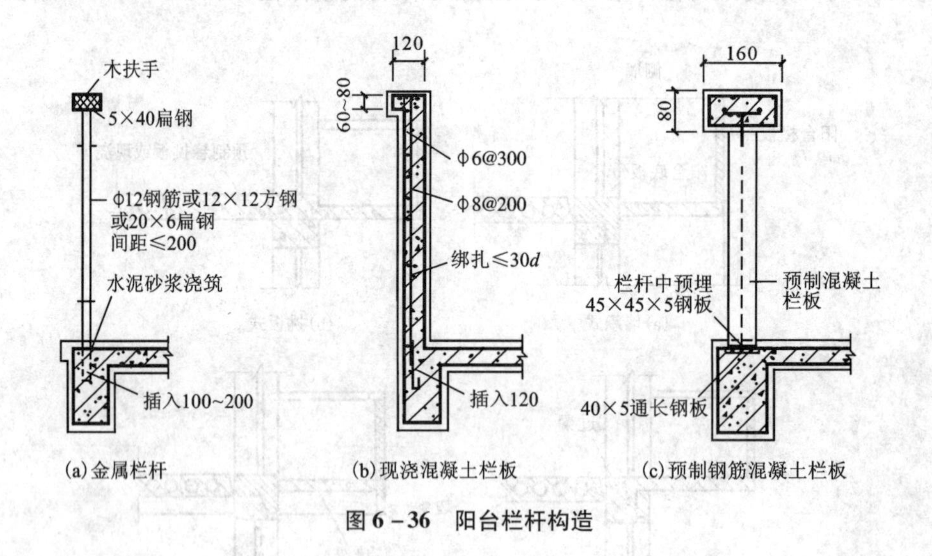

图6－36　阳台栏杆构造

2)阳台栏杆扶手

栏杆扶手有金属和钢筋混凝土两种。金属扶手一般为钢管与金属栏杆焊接。钢筋混凝土扶手形式多样，有不带花台、带花台、带花池等，如图6－37所示。

3)阳台细部构造

阳台细部构造主要包括栏杆与扶手的连接、栏杆与面梁(或称止水带)的连接、栏杆与墙体的连接等。

a. 栏杆与扶手的连接方式有焊接、现浇等方式，如图6－38所示。

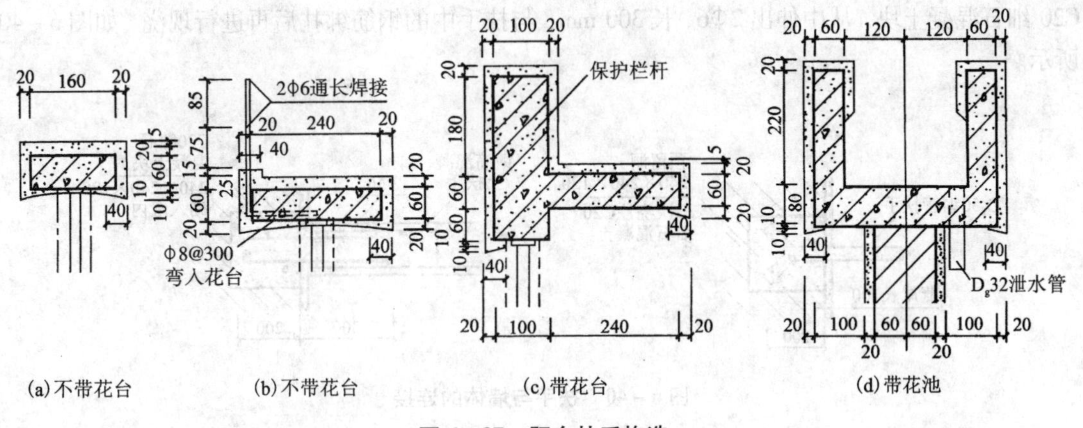

(a)不带花台 (b)不带花台 (c)带花台 (d)带花池

图6-37 阳台扶手构造

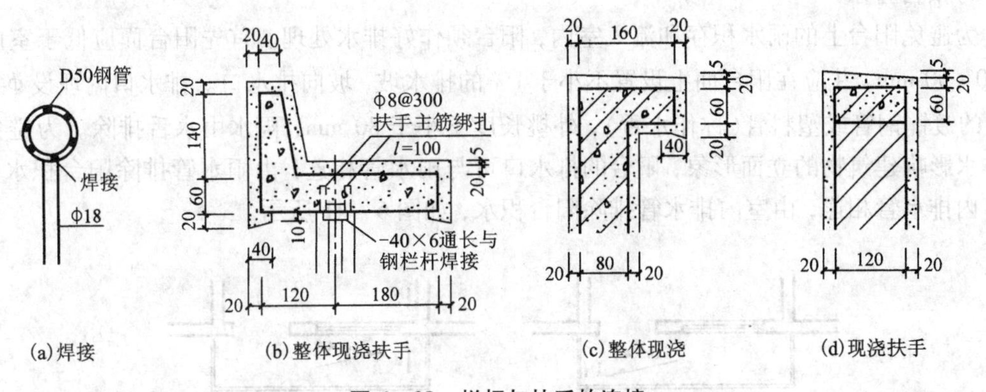

(a)焊接 (b)整体现浇扶手 (c)整体现浇 (d)现浇扶手

图6-38 栏杆与扶手的连接

b. 栏杆与面梁或阳台板的连接方式有预埋铁件焊接、榫接坐浆、插筋现浇连接等，如图6-39所示。

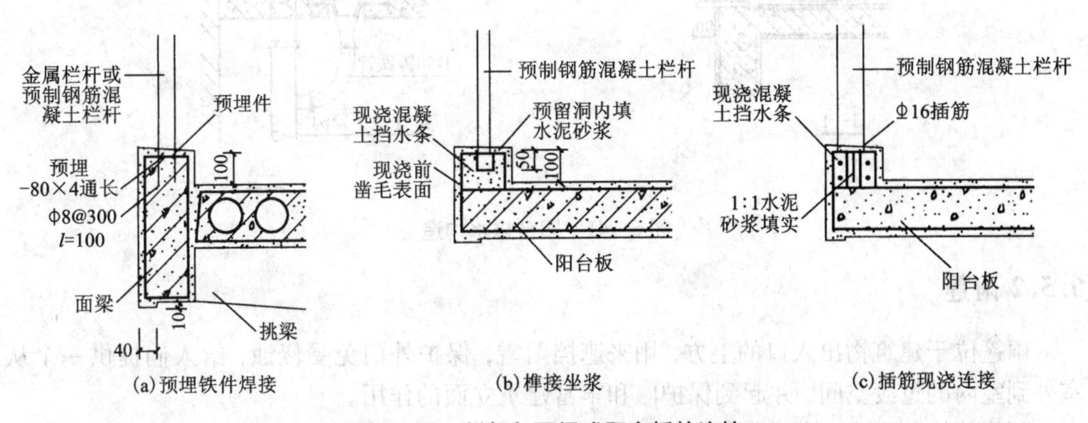

(a)预埋铁件焊接 (b)榫接坐浆 (c)插筋现浇连接

图6-39 栏杆与面梁或阳台板的连接

c. 扶手与墙的连接，应将扶手或扶手中的钢筋伸入外墙的预留洞中，用细石混凝土或水泥砂浆填实固牢；现浇钢筋混凝土栏杆与墙连接时，应在墙体内预埋240 mm×240 mm×120 mm

C20 细石混凝土块，从中伸出2Φ6，长300 mm，与扶手中的钢筋绑扎后再进行现浇，如图6－40所示。

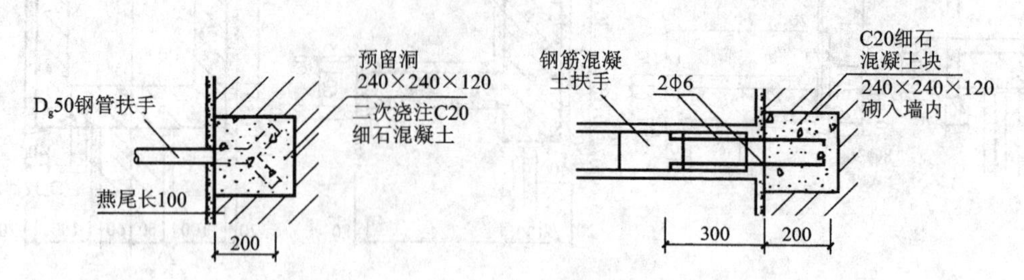

图6－40　扶手与墙体的连接

4）阳台排水

为避免阳台上的雨水积存和流入室内，阳台须作好排水处理。首先阳台面应低于室内地面30～50 mm，并应在阳台面上设置不小于1%的排水坡，坡向排水口。排水口内埋设ϕ40～ϕ50的镀锌钢管或塑料管（称作水舌），外挑长度不小于80 mm，雨水由水舌排除。为避免阳台排水影响建筑物的立面形象，阳台的排水口可与雨水管相连，由雨水管排除阳台积水，或与室内排水管相连，由室内排水管排除阳台积水，如图6－41所示。

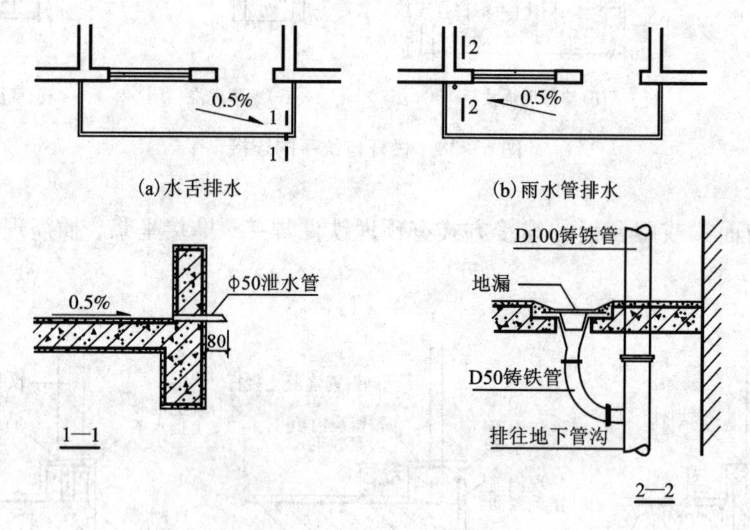

图6－41　阳台排水构造

6.5.2 雨篷

雨篷位于建筑物出入口的上方，用来遮挡雨雪，保护外门免受侵蚀，给人们提供一个从室外到室内的过渡空间，并起到保护门和丰富建筑立面的作用。

雨篷从构造形式上分为：钢筋混凝土雨篷、钢结构玻璃采光雨篷等。

1．钢筋混凝土雨篷

钢筋混凝土雨篷一般与建筑主体结构浇筑而成，按照结构形式分为板式雨篷和梁板式雨篷。

(1)板式雨篷 板式雨篷一般与门洞口上的过梁整浇，上下表面相平，从受力角度考虑，雨篷板一般做成变截面形式，根部厚度不小于70 mm，端部厚度不小于50 mm，如图6－42(a)。

(2)梁板式雨篷 当门洞口尺寸较大，雨篷挑出尺寸也较大时，雨篷应采用梁板式结构。即雨篷由梁和板组成，为使雨篷底面平整，梁一般翻在板的上面成翻梁，如图6－42(b)所示。当雨篷尺寸更大时，可在雨篷下面设柱支撑。

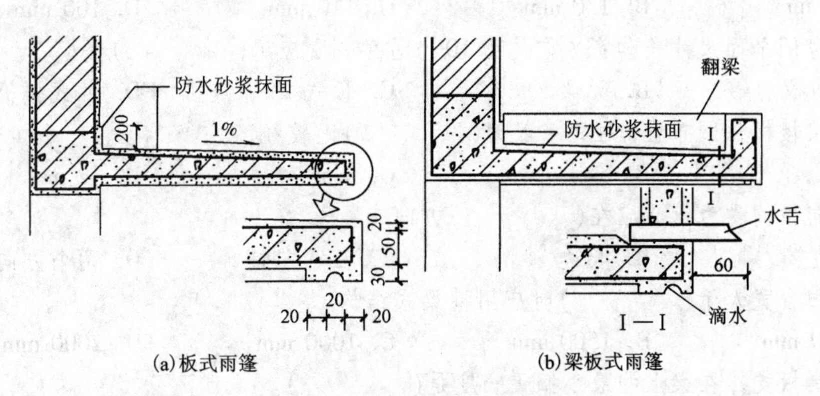

图6－42 钢筋混凝土雨篷构造

雨篷顶面应做好防水和排水处理，一般采用20 mm厚的防水砂浆抹面进行防水处理，防水砂浆应沿墙面上升，高度不小于250 mm，同时在板的下部边缘做滴水，防止雨水沿板底漫流。雨篷顶面需设置1%的排水坡，并在一侧或双侧设排水管将雨水排除。为了立面需要，可将雨篷上的雨水由雨篷附近的雨水管集中排除，这时雨篷外缘上部需做挡水边坎。

2. 钢结构玻璃采光雨篷

钢结构玻璃采光雨篷结构轻巧、造型美观、透明新颖、富有现代感，是现代建筑中广泛采用的一种雨篷。

能力训练

基础知识训练

1. 判断正误

(1)预制板直接支承在墙上时，其搁置长度不小于120 mm。 ( )

(2)大面积制作水磨石地面时，采用铜条或玻璃条分格，这只是美观的要求。 ( )

(3)阳台和雨篷多采用悬挑式结构。 ( )

(4)采用十字型梁和花篮型截面梁可以有效提高房屋的净空高度。 ( )

(5)槽形板板肋位于板的下面时，槽口向下，为反槽板，板筋位于板的上部，槽口向上，为正槽板，正槽板结构受力合理，反槽板方便使用，顶棚美观。 ( )

(6))为了防渗漏热水管穿过楼板处应用细石混凝土填实。 ( )

(7)预应力钢筋混凝土空心楼板搁量应避免出现三面支承的情况，即板的长边不得伸入砖墙内。 ( )

(8)吊顶一般由吊筋、龙骨和面层三部分组成。 ( )

(9)压型钢板组合楼板中的压型钢板既是板底的受拉钢筋，又是楼板的永久性模板，还承受施工时的荷载。（　　）

(10)预制空心板安装前，应用混凝土或砖填塞端部孔洞，此举主要是为了避免灌缝材料以及老鼠进入孔洞内。（　　）

2. 选择正确答案

(1)为防儿童跌落，栏杆垂直杆件间净距不应大于（　　）。

A. 150 mm　B. 130 mm　C. 110 mm　D. 100 mm

(2)当房间平面尺寸长和宽方向均为 10 m 左右时，应用（　　）楼板。

A. 单向板肋梁　B. 无梁　C. 板式　D. 井式楼板

(3)无梁楼板柱网布置，柱距一般为（　　）比较经济。

A. 3 m　B. 6 m　C. 9 m　D. 12 m

(4)单向板的受力钢筋应在（　　）方向布置。

A. 短边　B. 长边　C. 任意方向　D. 两个方向

(5)凸阳台宽大于（　　）时应用挑梁式结构。

A. 1200 mm　B. 1500 mm　C. 1000 mm　D. 2000 mm

(6)预制板支撑在梁上的最小搁置长度是（　　）。

A. 110 mm　B. 250 mm　C. 80 mm　D. 100 mm

(7)当钢筋混凝土雨篷悬挑尺寸较小时，如在 1.2 m 以下时可采用（　　）雨篷。

A. 板式　B. 梁板式　C. 墙梁外挑式

(8)低层、多层住宅阳台栏杆净高不应低于（　　）mm。

A. 900　B. 1000　C. 1050　D. 1100

(9)雨篷上表面应用防水砂浆抹面，并应顺墙面向上延伸形成泛水，其泛水高度至少为（　　）。

A. 100 mm　B. 150 mm　C. 200 mnl　D. 250 mm

(10)预制板布置时，出现板缝差。以下哪一项不是处理板缝差的措施（　　）。

A. 增大板缝　B. 现浇板带

C. 砖砌板缝　D. 重新设计房屋的平面尺寸

识图能力训练

根据表 6－5、表 6－6、图 6－43、图 6－44 所示的工程情况，回答问题：

(1)根据二层平面图可知该建筑雨篷采用是________材料，坡度________，并设排水管将雨水排除。

(2)二层走廊临门厅处的栏杆高________，此门厅层高为________。

(3)该建筑为钢筋混凝土框架结构，楼板结构层为________；休息间楼面材料为________。

(4)门厅地面材料是________，地面防潮层采用________；门厅顶棚高________，采用________吊顶。

绘图能力训练

(1)请根据表6－5、表6－6、图6－43、图6－44所示的工程情况，标注一楼休息室地面构造做法和二楼休息室楼板顶棚与地面构造做法。

(2)请根据所学知识绘制雨篷大样图。

表6－5 工程做法表(选自05ZJ001)

编号	装修名称	用料及分层做法
地62	细石混凝土防潮地面	1. 8～10厚地砖铺实拍平水泥浆擦缝 2. 20厚1:4干硬性水泥砂浆 3. 素水泥浆结合层一遍 4. 30厚细石混凝土随捣随抹 5. 黏贴3厚SBS改性沥青防水卷材 6. 刷基层处理剂一遍 7. 15厚1:2水泥砂浆找平 8. 80厚C15混凝土 9. 素土夯实
涂23	乳胶漆(3遍漆)	1. 清理基层 2. 满刮腻子一遍 3. 刷底漆一遍 4. 乳胶漆二遍
顶19	铝合金封闭式条形板吊顶	1. 配套金属龙骨 2. 铝合金条板，板宽150
楼10	陶瓷地砖楼面	1. 8～10厚地砖铺实拍平，水泥浆擦缝 2. 20厚1:4干硬性水泥砂浆 3. 素水泥浆结合层一遍
楼33	陶瓷地砖卫生间楼面	1. 8～10厚地砖铺实拍平，水泥浆擦缝 2. 20厚1:4干硬性水泥砂浆 3. 1.5厚聚氨酯防水涂料，面上撒黄砂，四周沿墙上翻150 4. 刷基层处理剂一遍 5. 15厚1:2水泥砂浆找平 6. 50厚C15混凝土找坡，最薄处不小于20 7. 钢筋混凝土楼板
内墙4	混合砂浆墙面	1. 15厚1:1:6水泥石灰砂浆 2. 5厚1:0.5:3水泥石灰砂浆
踢17(100高)	面砖踢脚	1. 17厚1:3水泥砂浆 2. 3～4厚1:1水泥砂浆加水重20%白乳胶镶贴 3. 8～10厚面砖、水泥浆擦缝
外墙15	花岗岩外墙面	1. 30厚1:2.5水泥砂浆，分层灌浆 2. 20～30厚花岗岩板(背面用双股16号钢丝绑扎与墙面固定)，水泥浆擦缝
顶3	混合砂浆顶棚	1. 钢筋混凝土板底面清理干净 2. 7厚1:1:4水泥石灰砂浆 3. 5厚1:0.5:3水泥石灰砂浆

表 6－6　装修表（除注明外，装修选自 05ZJ001）

房间名称	地面		楼面		内墙面		顶棚		踢脚		备　注
	做法	颜色	做法	颜色	做法	颜色	做法	颜色	做法	颜色	
门厅	地 62	米色			内墙 4 涂 23	乳白色	顶 11	乳白色	踢 17	红褐色	米色花岗石防滑地面砖 800×800 吊顶高 5.8 m
会议室	地 62	米色			内墙 4 涂 23	乳白色	顶 11	乳白色	踢 17	红褐色	米色花岗石防滑地面砖 800×800 吊顶高 2.8 m
办公室、楼梯间	地 62	米色	楼 10	米色	内墙 4 涂 23	乳白色	顶 3 涂 23	乳白色	踢 17	红褐色	米色防滑陶瓷地面砖 600×600
休息间	地 62	米色	楼 10	米色	内墙 4 涂 23	乳白色	顶 3 涂 23	乳白色	踢 17	红褐色	米色防滑陶瓷地面砖 600×600
走廊	地 62	米色	楼 10	米色	内墙 4 涂 23	乳白色	顶 19	乳白色	踢 17	红褐色	仿花岗石陶瓷地面砖 600×600 吊顶高 2.6 m
门廊	同台阶				内墙 4		顶 3 涂 23	乳白色			深灰色花岗石贴面
屋面、雨篷女儿墙（含压顶）					内墙 4						

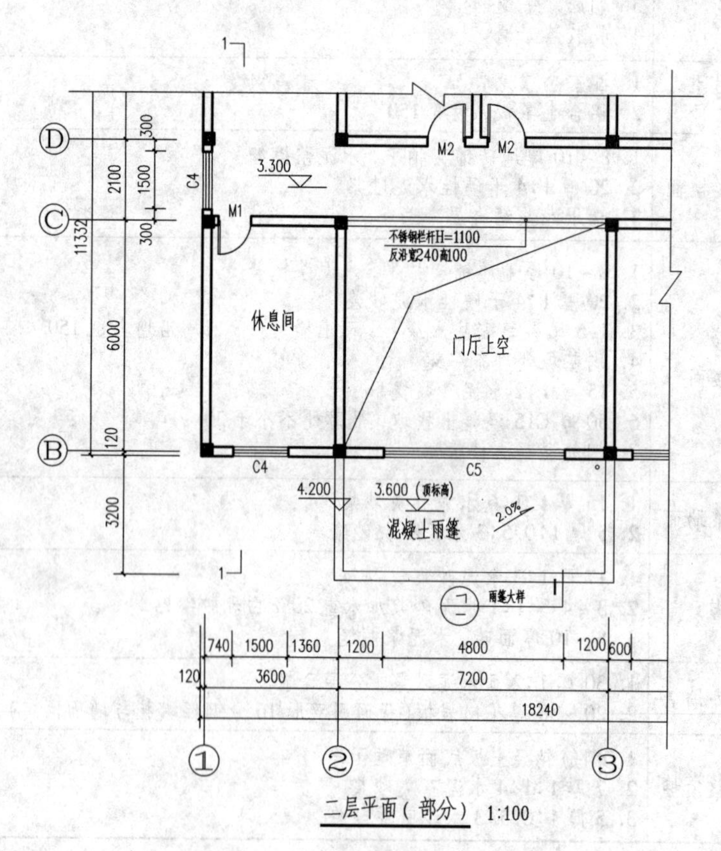

二层平面（部分）　1:100

（a）

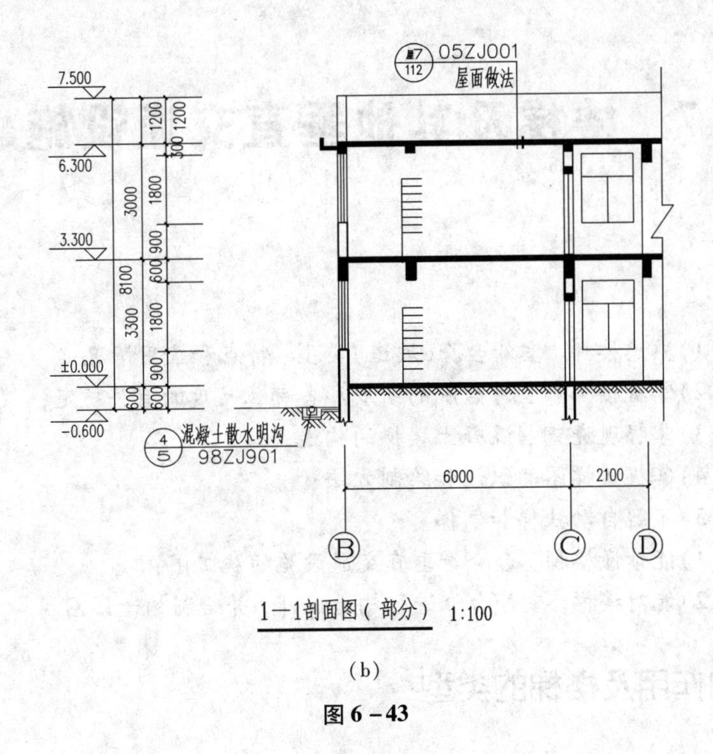

1—1剖面图（部分） 1:100

(b)

图 6－43

7 楼梯及其他垂直交通设施

教学目标

知识目标：(1)熟悉楼梯、室外台阶(坡道)类型、特点和应用情况；
(2)掌握楼梯和室外台阶的组成和各部位尺度的有关规定；
(3)掌握现浇钢筋混凝土楼梯的构造；
(4)掌握楼梯图的识读和绘制方法；
(5)了解自动扶梯和电梯。

能力目标：(1)能读懂楼梯、台阶等垂直交通设施的施工图；
(2)能对楼梯、室外台阶进行构造设计，并绘制构造详图。

7.1 楼梯的作用及楼梯的类型

7.1.1 楼梯的作用

楼梯、电梯、台阶、坡道均为建筑中的垂直交通设施。楼梯是用来解决房屋中上下楼层之间联系的垂直交通设施，也是建筑内部安全疏散的重要设施，其位置、数量、平面形式应符合有关标准与规范的规定。

7.1.2 楼梯的类型

1. 按位置分

按位置分：室内楼梯和室外楼梯。

2. 按使用性质分

按使用性质分：主楼梯、辅助楼梯、消防楼梯。

3. 按材料分

按材料分：钢筋混凝土楼梯、钢楼梯、木楼梯等。

4. 按平面形式分

按平面形式分：直跑楼梯、平行双跑楼梯、多跑楼梯、转角楼梯、双分楼梯、双合楼梯、剪刀楼梯、弧形楼梯、螺旋形楼梯等

(1)直跑式楼梯：是指沿着一个方向上楼的楼梯，有单跑、多跑之分。直行单跑楼梯，直跑楼梯中间不设休息平台，梯段踏步数一般不超过18级，仅用于层高不高的建筑，如图7－1(a)所示。直行多跑楼梯可以看作直行单跑楼梯的延伸，但增设了中间平台，变为多梯段，给人以直接、顺畅的感觉，导向性强，在公共建筑中常用于人流较多、层高较大的建筑，如图7－1(b)所示。

(2)平行双跑楼梯：是指第二跑楼梯段折回和第一跑梯段平行的楼梯。这种楼梯所占的楼梯间长度较小，布置紧凑，使用方便，是最常用的楼梯形式之一，如图7-1(c)所示。

(3)平行双分、双合楼梯：是在平行双跑楼梯基础上演变产生的。其梯段平行而行走方向相反，通常在人流多，楼段宽度较大时采用。由于其造型对称的严谨性，常用作办公类建筑的主要楼梯，如图7-1(e)、(f)所示。

(4)转角楼梯：人流导向较自由，折角可变，可为90°，也可大于或小于90°，如图7-1(g)、(h)所示。在设有电梯的建筑中，可利用楼梯井作为电梯井道位置。

(5)交叉楼梯：是由两个直行单跑楼梯交叉并列布置而成，通行的人流量较大，且为上下楼层的人流提供了两个方向，如图7-1(i)所示。

(6)剪刀楼梯：相当于两个双跑楼梯对接。用于层高较大且有人流多向性选择要求的开敞空间如商场、多层食堂等，如图7-1(j)所示。

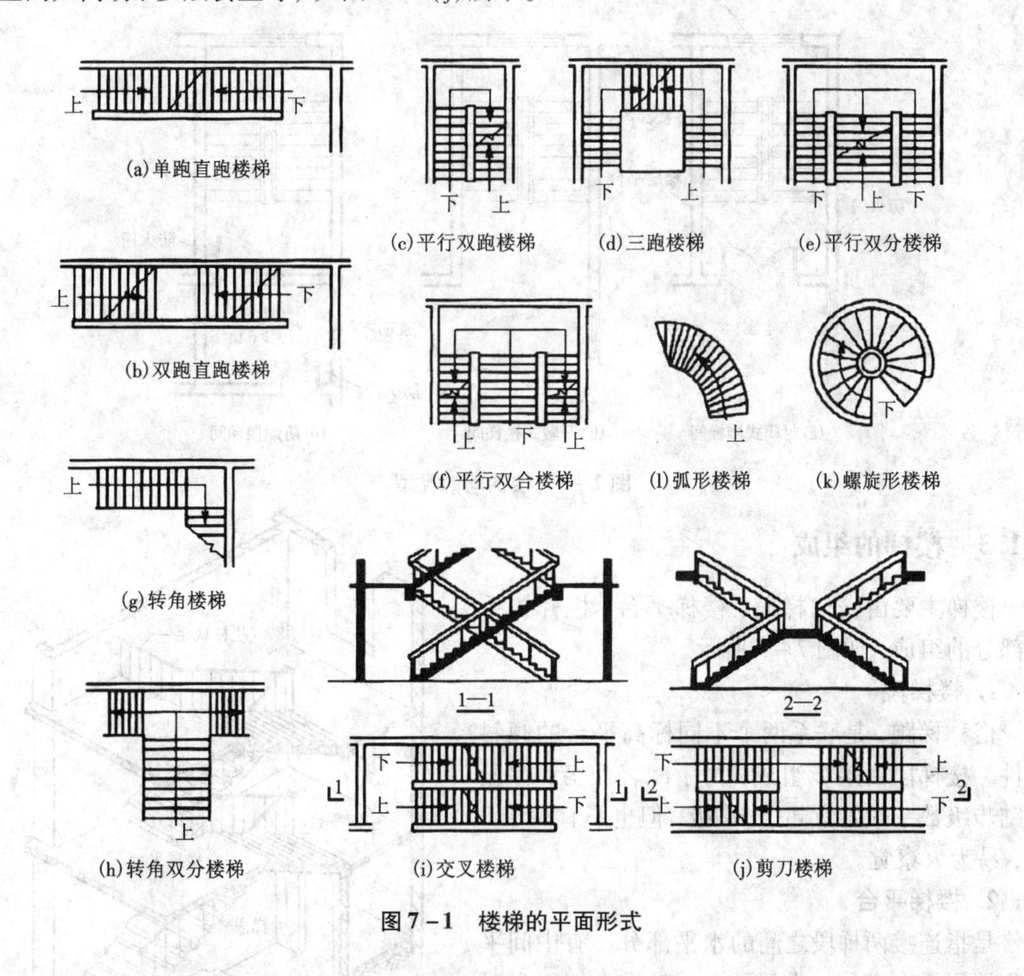

图7-1　楼梯的平面形式

(7)螺旋形楼梯：通常是围绕一根单柱布置，平面呈圆形。其平台和踏步均为扇形平面，踏步内侧宽度很小，并形成较陡的坡度，行走时不安全，且构造较复杂。不能作为主要人流交通和疏散楼梯，但由于其流线形造型美观，常作为建筑小品布置在庭院或室内，如图7-1(k)所示。

(8)弧形楼梯：与旋转楼梯不同之处在于它围绕一个较大的轴心空间旋转，且仅为一段弧环。其扇形踏步内侧宽度较大，坡度较缓，可以用来通行较多人流。一般置于公共建筑的门厅，具有明显导向型和优美、轻盈的造型，如图7－1(1)所示。

5. 按楼梯间形式分

(1)开敞楼梯间：楼梯间不设门，楼层平台与走廊相连，适用于非高层建筑及多层单元住宅等，如图7－2(b)所示。

(2)封闭楼梯间：楼梯间设有乙级防火门，并向疏散方向开启。适用于医院、疗养院、2层以上的商场、5层以上的公共建筑，12～18层单元式小区高层住宅等，如图7－2(a)所示。

(3)防烟楼梯间：楼梯间入口应设前室、阳台或凹廊。公共建筑中前室面积不小于6 m^2，居住建筑中不小于4.5 m^2。前室和楼梯间的门为乙级防火门，并向疏散方向开启。一般适用于防火等级为一类高层建筑和除单元式及通廊式外的建筑高度超过32 m的二类高层建筑以及塔式住宅，如图7－2(c)所示。

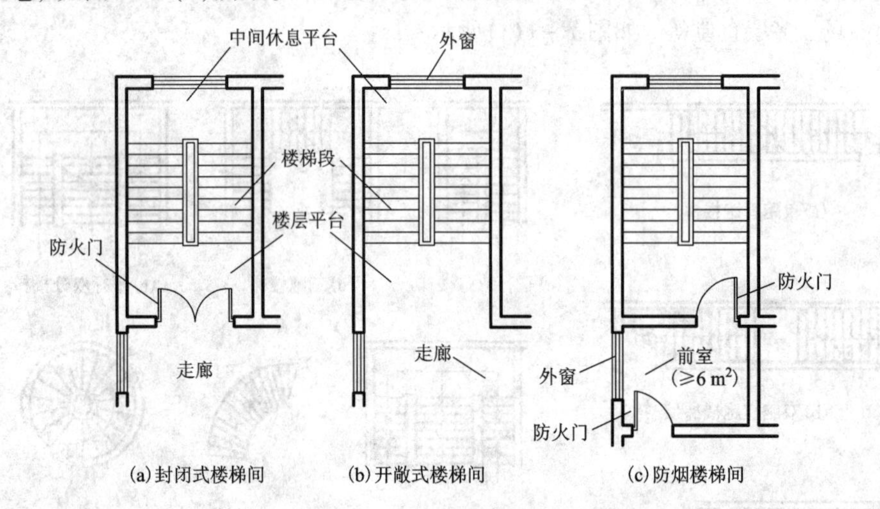

图7－2　楼梯间的类型

7.1.3　楼梯的组成

楼梯主要由楼梯梯段、楼梯平台、栏杆扶手三部分的组成，如图7－3所示。

1. 楼梯段

俗称梯跑，是联系两个不同标高平台的倾斜构件。楼梯段由踏步组成，为了减轻疲劳，梯段的踏步级数一般不宜超过18级，但也不宜少于3级，易为人察觉。

2. 楼梯平台

是指连接两梯段之间的水平部分。有中间平台和楼层平台之分。中间平台用来供人们行走时调节体力和改变行进方向，楼层平台是与楼层地面标高齐平的平台。

3. 栏杆(板)、扶手

为保证人们在楼梯上行走安全，在梯段及平

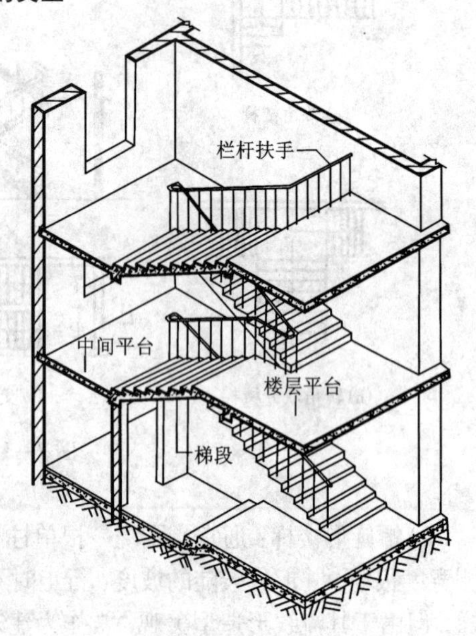

图7－3　楼梯的组成

台临空边缘设置栏杆(板)。栏杆(板)上部供人用手扶持的配件称扶手。

楼梯段至少应在一侧设扶手，当楼梯段宽达三股人流(1650 mm)时应在两侧设扶手，达四股人流(2200 mm)需在梯段中间加设中间扶手。扶手也可设在墙上称为靠墙扶手。栏杆(板)、扶手必须坚固可靠，并保证足够的安全高度，同时，它们也是建筑内部重点装饰的地方，在选择材料及形式时要注意其艺术效果。

7.2 楼梯的尺度

楼梯的尺度一般是指楼梯的坡度、楼梯段的宽度、平台的宽度、踏步尺寸、楼梯井的宽度、栏杆(板)、扶手的尺度、楼梯空间高度等。

7.2.1 楼梯的坡度

楼梯的坡度指的是楼梯段的坡度，即楼梯段的倾斜角度。根据楼梯的使用情况，合理选择楼梯的坡度。楼梯坡度越小，行走越舒适，但加大了楼梯间进深；楼梯的坡度越陡，行走越吃力，但楼梯间面积可减小。一般来说，公共建筑中的楼梯使用的人数多，坡度应平缓些；住宅建筑中的楼梯使用的人数较少，坡度可陡些；而专供幼儿和老年人使用的楼梯坡度应平缓些。

楼梯的坡度有两种表示法，即角度法和比值法。角度是指斜面与水平面的夹角，如28°，30°…；比值是指斜面的垂直投影高度与斜面的水平投影长度之比，如1:2，1:2.5…。一般楼梯的坡度在23°～45°之间，30°左右为适宜坡度。坡度超过45°时，应设爬梯；坡度小于20°时，可设坡道。楼梯坡度取值范围如图7－4所示。

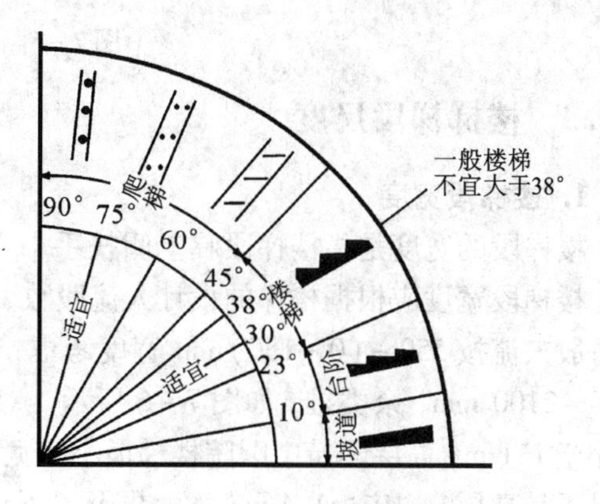

图7－4 楼梯坡度取值范围

7.2.2 踏步尺度

踏步由踏面(供行走时踏脚的水平部分)和踢面(形成踏步高差的垂直部分)组成，踏步尺寸决定了楼梯的坡度。踢面高常以 h 来表示，踏面宽常以 b 来表示，踏步尺寸与人行步距有关，通常用下列经验公式来表示 b 与 h 的关系：

$$2h+b=600\sim620\ \text{mm}$$

$$h+b\approx450\ \text{mm}$$

式中：h 为踢面的高度，mm；b 为踏面的宽度，mm；600～620 mm 为人的平均步距。

在建筑工程中，踏面宽度一般为250～320 mm，踢面高度一般为140～180 mm。常用的民用建筑楼梯的适宜踏步尺寸见表7－1。

表 7－1 常见的民用建筑楼梯的适宜踏步尺寸

楼梯类型	住宅	学校办公楼	影剧院会堂	医院	幼儿园
踢面高 h/mm	156～175	140～160	120～150	150	120～150
踏面宽 b/mm	260～300	280～340	300～350	300	260～280

当踏面尺寸较小时，为了人们上下楼梯时更加舒适，在不改变楼梯坡度的情况下，可采取加做踏口或将踢面倾斜的方式增加踏面宽度，如图 7－5 所示。

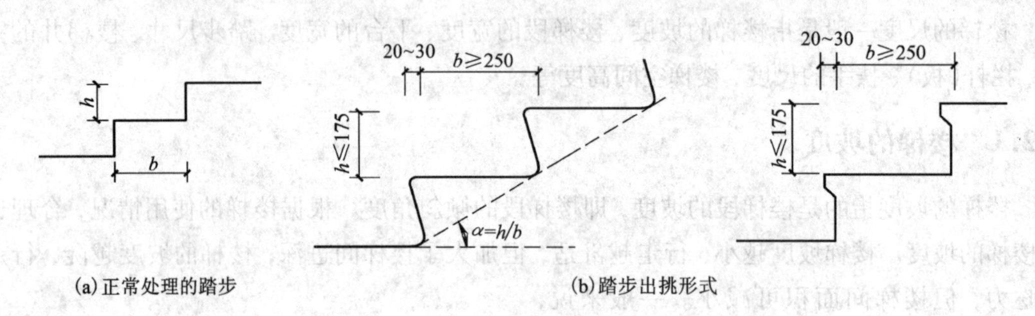

(a)正常处理的踏步　　(b)踏步出挑形式

图 7－5 踏步的尺寸

7.2.3 楼梯梯段尺度

1. 楼梯段宽度

楼梯段的宽度是指楼梯段临空侧扶手中心线到墙面(或靠墙扶手中心线)之间的水平距离。楼梯段宽度应根据楼梯的设计人流股数、防火要求及建筑物的使用性质等因素确定。一般每股人流按 550＋(0～150)mm 宽度考虑，双人通行时为 1100～1400 mm，三人通行时为 1650～2100 mm，余类推，如图 7－6 所示。对于多层公共建筑的疏散楼梯其梯段最小宽度应不小于1.1 m；高层建筑中医院楼梯最小净宽度1.3 m，住宅1.1 m，其他1.2 m；商业建筑不论是否是高层，均应≥1.4 m；而六层及以下住宅中，一边没有栏杆梯段净宽则只需≥1.0 m。

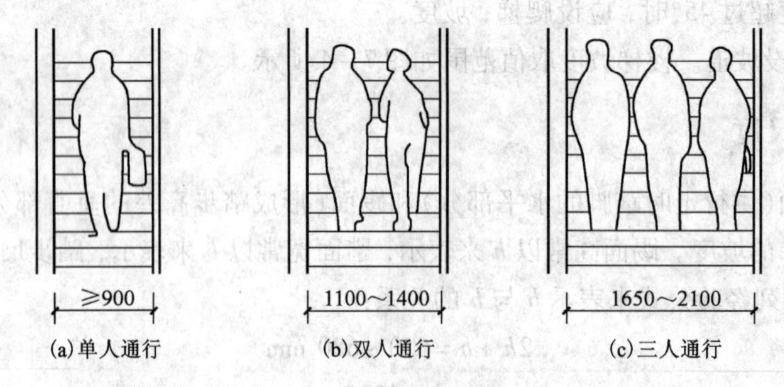

(a)单人通行　　(b)双人通行　　(c)三人通行

图 7－6 楼梯段的宽度

2. 楼梯段的投影长度

梯段长度(L)则是每一梯段的水平投影长度，其值为 $L=b(N-1)$，其中 b 为踏面宽，N 为梯段踏步级数，如图 7－7 所示。

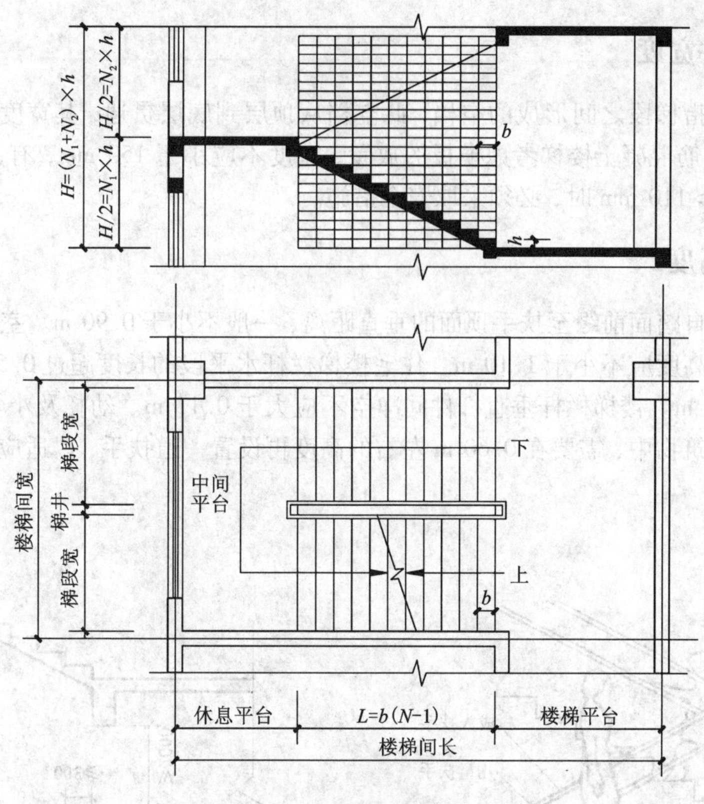

图 7-7 梯段宽和梯段投影长

7.2.4 平台宽度

楼梯平台的宽度是指墙面到转角扶手中心线的距离。平台宽度分为中间平台宽度和楼层平台宽度。为了保证通行顺畅和搬运家具设备的方便，楼梯平台的宽度应不小于楼梯段的宽度且不小于1.2 m。对于开敞式楼梯间，由于楼梯平台同走廊连成一体，这时楼层平台的净宽为最后一个踏步前缘到靠走廊墙的距离，一般≮500 mm，封闭式楼梯间防火门开启处平台宽要满足一定要求，如图7-8所示。

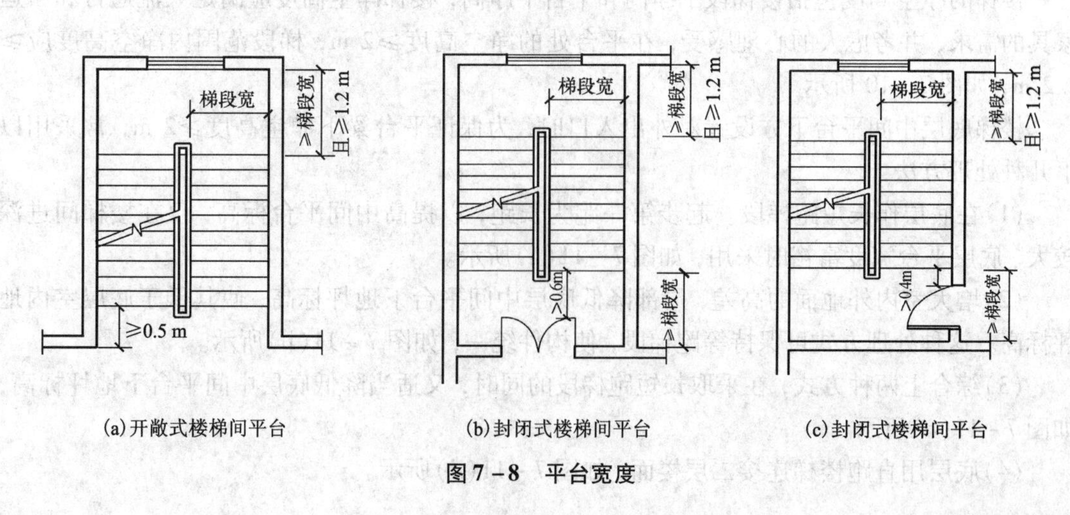

(a)开敞式楼梯间平台　(b)封闭式楼梯间平台　(c)封闭式楼梯间平台

图 7-8 平台宽度

7.2.5 楼梯井宽度

所谓梯井是指梯段之间形成的空档，此空档从顶层到底层贯通，其宽度一般为60~200 mm，对于现浇钢筋混凝土楼梯考虑模板的放置，宽度不应小于150 mm，有儿童经常使用的楼梯，梯井净宽>110 mm时，必须采取安全措施。

7.2.6 扶手高度

扶手高度为自踏面前缘至扶手顶面的垂直距离，一般不小于0.90 m。室外楼梯，特别是消防楼梯的扶手高度应不小于1.10 m。住宅楼梯栏杆水平段的长度超过0.50 m时，其高度必须不低于1.05 m。楼梯栏杆垂直杆件间净空不应大于0.11 m。幼托及小学校等使用对象主要为儿童的建筑物中，需要在0.60 m左右的高度再设置一道扶手，以适应儿童的身高，如图7-9所示。

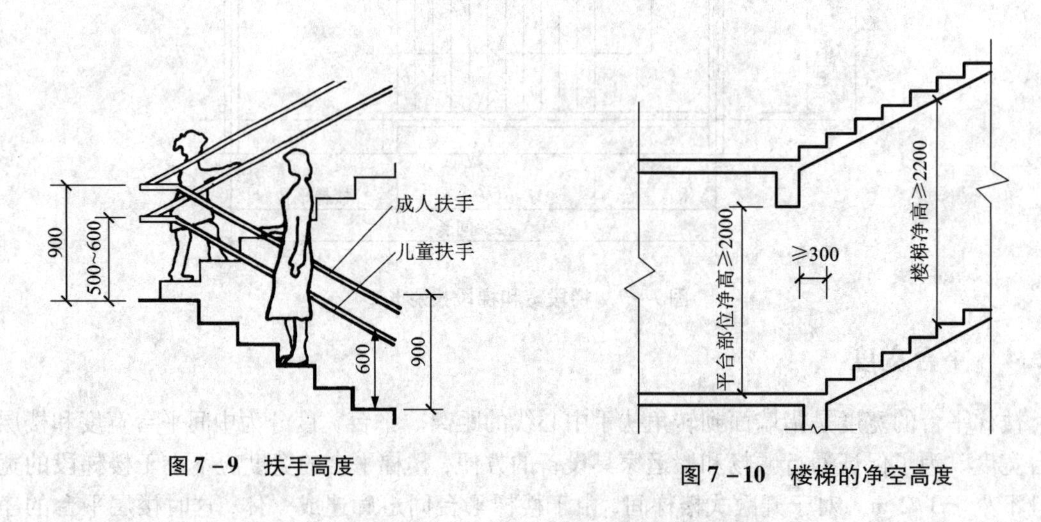

图7-9 扶手高度

图7-10 楼梯的净空高度

7.2.7 楼梯净空高度

楼梯的净空高度包括楼梯段下净高和平台下净高，楼梯净空高度应满足人流通行和搬运家具的需求，并考虑人的心理感受，在平台处的净空高度≥2 m，梯段范围内净空高度应≥2.2 m，如图7-10所示。

楼梯底层中间平台下方设置对外出入口时，为保证平台梁下净空高度≥2 m，常采用以下几种处理方法：

(1)在底层作长短跑梯段。起步第一跑为长跑，以提高中间平台标高，仅在楼梯间进深较大、底层平台宽度富裕时采用，如图7-11(a)所示。

(2)增大室内外地面的高差，局部降低底层中间平台下地坪标高，使其低于底层室内地坪标高。这种处理方式可保持等跑梯段，使构件统一，如图7-11(b)所示。

(3)综合上两种方式，在采取长短跑梯段的同时，又适当降低底层中间平台下地坪标高，如图7-11(c)所示。

(4)底层用直跑楼梯连接二层楼面，如图7-11(d)所示。

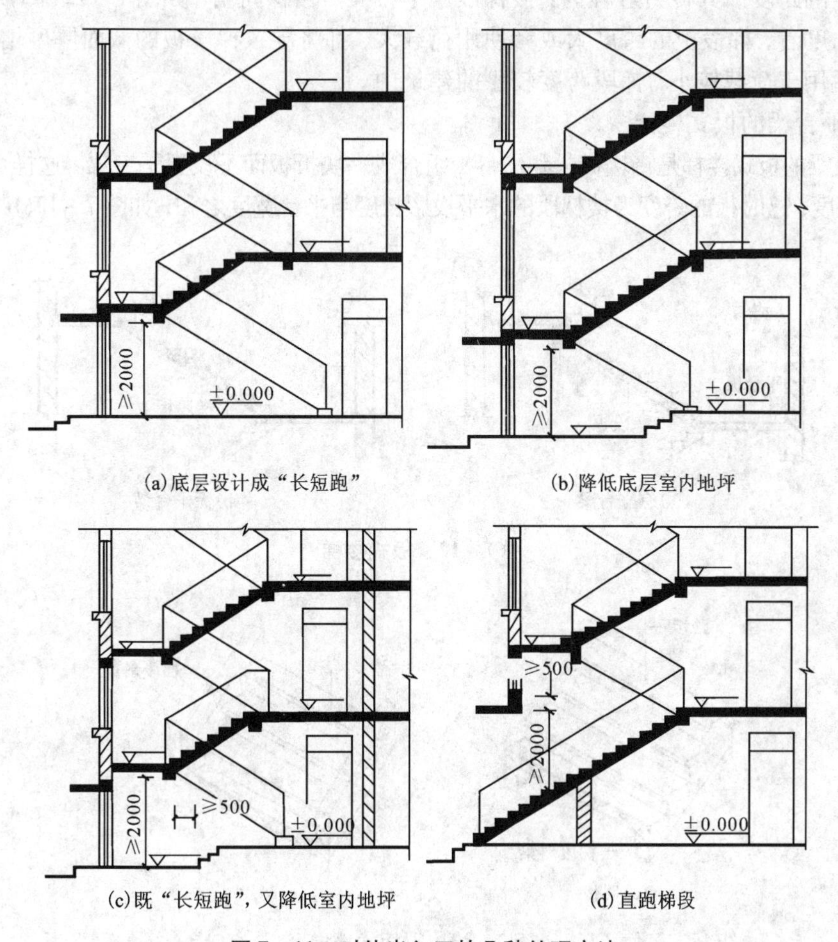

图 7－11　对外出入口的几种处理方法

7.3　钢筋混凝土楼梯的构造

钢筋混凝土楼梯由于坚固、耐久、耐火，所以，在民用建筑中被大量采用。钢筋混凝土楼梯按施工方式分为现浇钢筋混凝土楼梯和预制装配式钢筋混凝土楼梯两类。

7.3.1　现浇整体式钢筋混凝土楼梯构造

现浇式钢筋混凝土楼梯是把楼梯段和平台整体浇筑在一起的楼梯。其特点是整体性好、刚度大、有利于抗震，但消耗模板量大，施工工序多，施工速度慢。

1. 现浇钢筋混凝土楼梯的形式

现浇式钢筋混凝土楼梯按结构形式不同，分为板式楼梯和梁板式楼梯。

1）板式楼梯

板式楼梯是把楼梯段看作一块斜放的板，楼梯板分为有平台梁和无平台梁两种形式。

a. 有平台梁的板式楼梯

有平台梁的板式楼梯是指楼梯段分别与上下两端的平台梁整浇在一起，平台梁之间的距离为楼梯段的跨度。其传力过程为：楼梯段→平台梁→楼梯间墙，如图7－12(a)所示。从力学和结构角度看，梯段板的跨度大或者使用荷载大，都将导致梯段板的截面厚度增大，所以，板式楼梯适用于荷载较小，梯段跨度较小的建筑中。

b. 无平台梁的板式楼梯

无平台梁的板式楼梯是将楼梯段和平台板组合成一块折板而不设置平台梁，这样可以增大平台下净空高度，这时板的跨度为楼梯段的水平投影长度与平台宽度之和，如图7－12(b)所示。

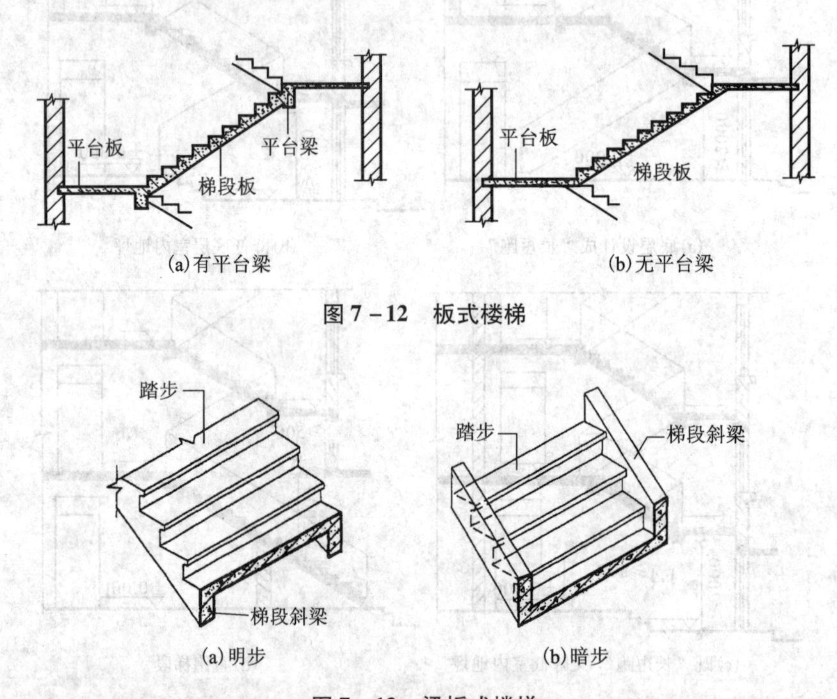

图7－12　板式楼梯

图7－13　梁板式楼梯

2)梁板式楼梯

梁板式楼梯的楼梯段由踏步板和斜梁组成，踏步板把荷载传给斜梁，斜梁两端支承在平台梁上。楼梯荷载的传力过程为：踏步板→斜梁→平台梁→楼梯间墙，斜梁减少了踏步板的支承跨度，所以，梁式楼梯比板式楼梯能承受更大荷载，适应较大荷载和较大跨度的楼梯。

根据斜梁和踏步板位置的不同，楼梯踏步可形成明步和暗步。

明步：斜梁一般设两根，位于踏步板两侧的下部，这时踏步外露。这种做法楼梯造型较为明快，但梁与板交接形成的阴角在板下，容易积灰，清洁楼梯时污水会顺着梯井流下，对清洁不利，如图7－13(a)所示。

暗步：斜梁位于踏步板两侧的上部，这时踏步被斜梁包在里面。这种做法楼梯板底平整，梁与踏步形成的凹角在上面，可防止清扫楼梯时垃圾及污水污染下面，对楼梯间卫生较为有利，如图7－13(b)所示。

2. 现浇钢筋混凝土楼梯的细部构造

1)踏步面层及防滑处理

a. 踏步面层

建筑物中楼梯的使用率往往很高，楼梯踏面容易受到磨损，影响行走和美观，所以踏面应耐磨、防滑、便于清洗，并应有较强的装饰性。楼梯踏面材料一般与门厅或走道的地面材料一致，常用的有水泥砂浆面层、水磨石面层、缸砖面层、大理石面层、花岗石面层、瓷砖面层等，还可在面层上铺设地毯，如图7-14所示。

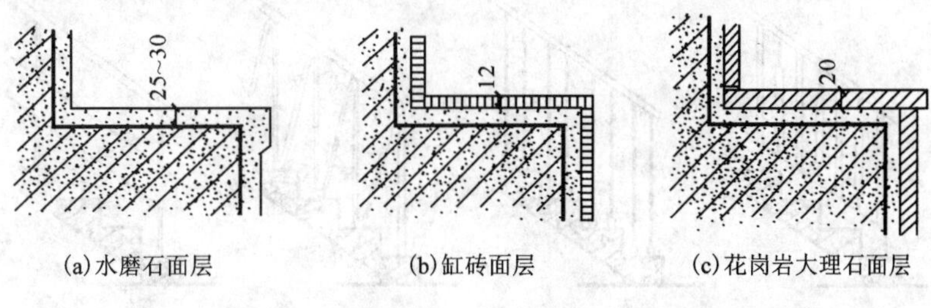

图7-14 踏步面层

b. 防滑处理

楼梯踏步面层应有防滑措施，避免行人滑倒，并起到保护踏步阳角的作用。通常是在踏步边缘做防滑条、防滑槽或防滑包口。防滑条一般做两道也可以做一道，长度一般按踏步长度每边减150 mm应高出踏步面层3 mm，高度为10~20 mm，材料可采用水泥砂浆，金刚砂，缸砖金属条，折角铸铁等，如图7-15所示。

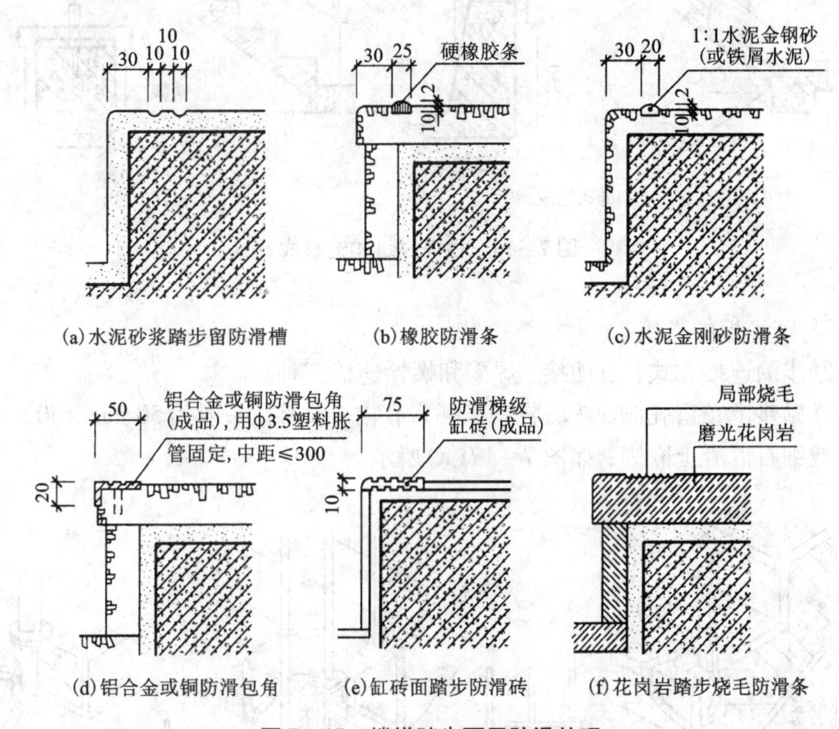

图7-15 楼梯踏步面层防滑处理

2)栏杆(板)与扶手构造

a. 栏杆的形式

栏杆的材料可采用金属、木材、混凝土等，金属栏杆可采用方钢、圆钢、扁钢、钢管等制作成各种图案，既起安全防护作用，又有一定的装饰效果，如图7-16(a)所示。栏板多采用钢筋混凝土或配筋的砖砌体，如图7－16(b)所示。也可将栏杆和栏板进行组合设计，栏杆部分采用金属材料，栏板部分可用预制混凝土板材、有机玻璃、钢化玻璃、塑料板等，如图7－16(c)所示。

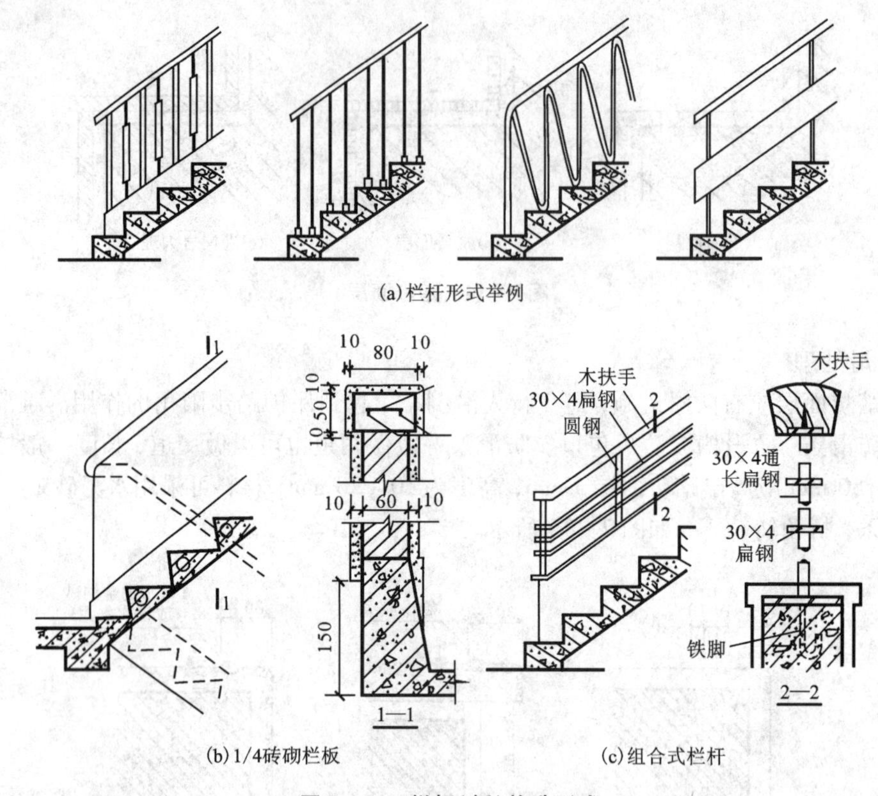

图7－16　栏杆(板)构造形式

b. 栏杆与踏步板的连接

栏杆与踏步的连接方式：有插接、焊接和螺栓连接三种。

插接是在踏步上预留孔洞，然后将钢条插入孔内，预留孔一般为50 mm×50 mm，洞内浇注水泥砂浆或细石混凝土嵌固，如图7－17(a)所示。

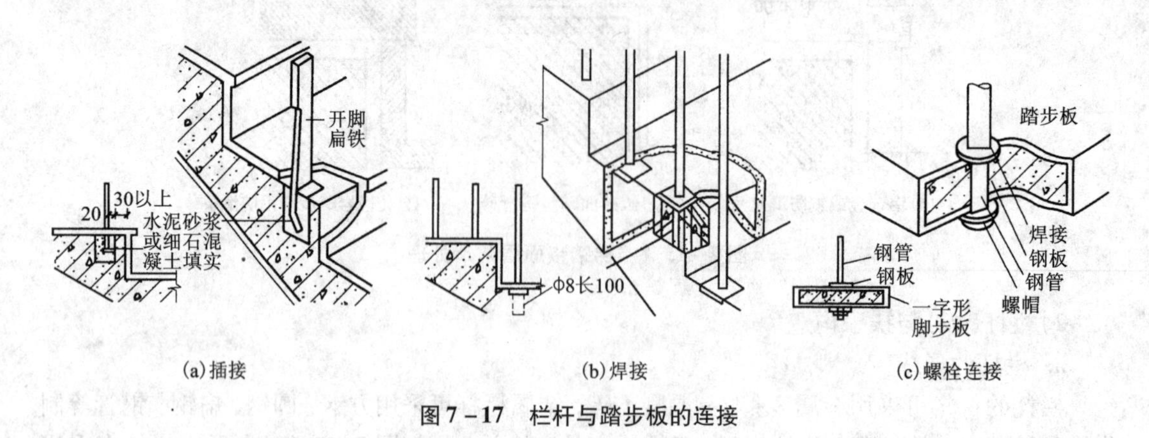

图7－17　栏杆与踏步板的连接

焊接则是在浇注楼梯踏步时，在需要设置栏杆的部位，沿踏面预埋钢板或在踏步内埋套管，然后将钢条焊接在预埋钢板或套管上，如图 7－17(b)所示。

螺栓连接指利用螺栓将栏杆固定在踏步上，如图 7－17(c)所示。

c．扶手与栏杆的连接构造

扶手材料一般有硬木、金属管、塑料、水磨石、天然石材等，如图 7－18 所示。

木扶手与栏杆顶部的压条一般用螺钉固定，金属扶手可与栏杆焊接，顶层平台上的水平扶手端部与墙体的连接一般是在墙上预留孔洞，用细石混凝土或水泥砂浆填实，如图 7－19(a)所示；也可将扁钢用木螺丝固定在墙内预埋的防腐木砖上，如图 7－19(b)所示；当为钢筋混凝土墙或柱时，则可预埋铁件焊接，如图 7－19(c)所示。

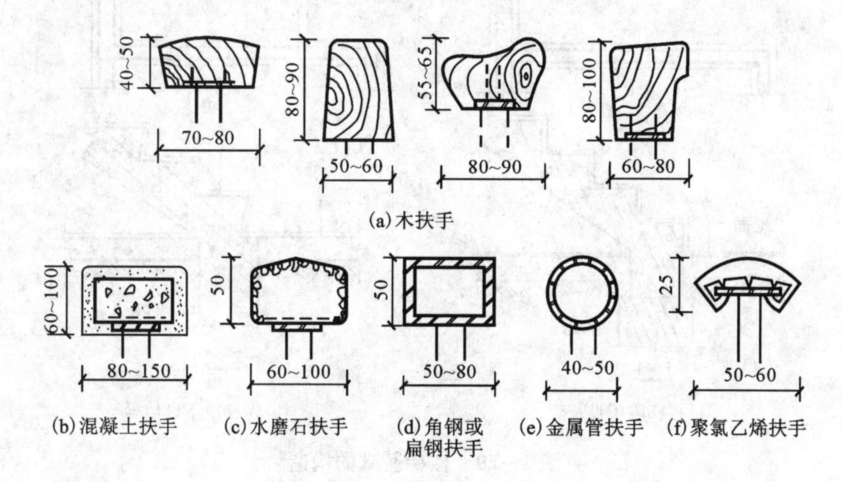

图 7－18　扶手的类型

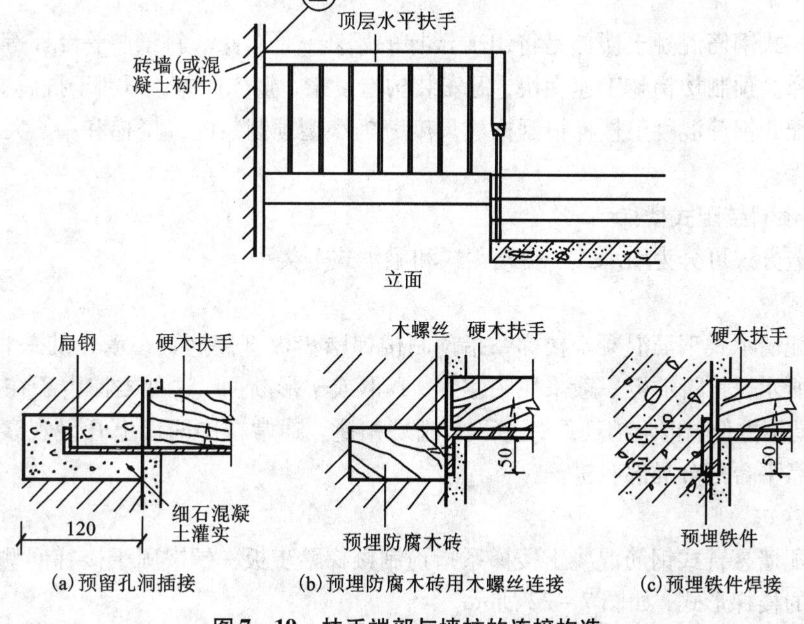

图 7－19　扶手端部与墙柱的连接构造

3）梯基的构造

楼梯首层第一个楼梯段不能直接搁置在地坪层上，需在其下面设置基础。

楼梯段的基础做法有两种：一种是在楼梯段下直接设砖、石、混凝土基础，如图7－20(a)所示。另一种是在楼梯间墙上搁置钢筋混凝土地梁，将楼梯段支撑在地梁上，如图7－20(b)所示。

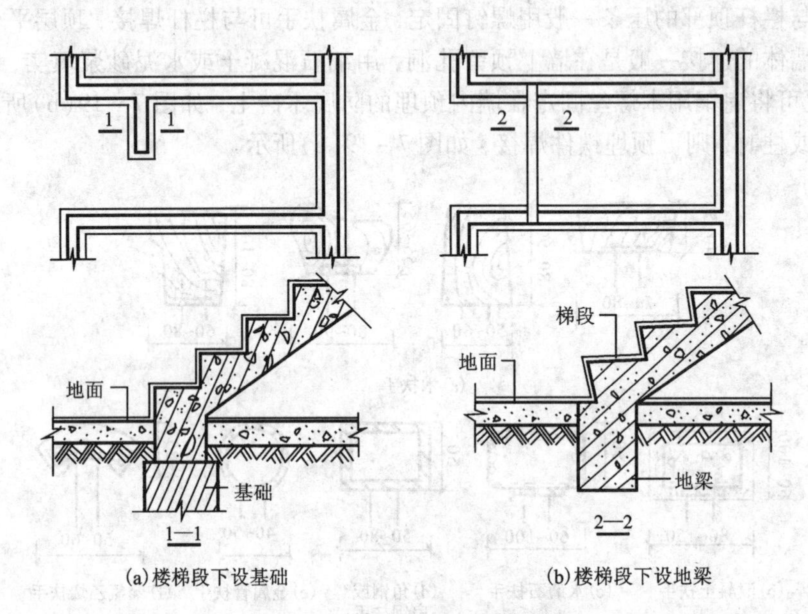

图7－20　楼梯基础的构造

7.3.2　预制装配式钢筋混凝土楼梯构造

预制装配式钢筋混凝土楼梯是将组成楼梯的踏步、平台梁、斜梁、平台板等预制好，现场拼装的楼梯。预制楼梯施工速度快，但安装构造复杂，整体性差，不利于抗震。

预制装配式钢筋混凝土楼梯根据构建尺度分为小型预制装配式楼梯和中、大型预制装配式楼梯两类

1. 小型预制装配式楼梯

按其构造方式可分为墙承式、墙悬臂式和梁承式等类型。

1）墙承式

预制装配墙承式钢筋混凝土楼梯系指预制楼梯踏步板直接搁置在墙上的一种楼梯形式，如图7－21所示，其踏步板一般采用一字形、L形或┓形断面。这种楼梯由于在梯段之间有墙，搬运家具不方便，也阻挡视线，上下人流易相撞。通常在中间墙上开设观察口，也可将中间墙两端靠平台部分局部收进。

2）墙悬臂式

预制装配墙悬臂式钢筋混凝土楼梯系指预制楼梯踏步板一端嵌固于楼梯间侧墙上，另一端凌空悬挑的楼梯形式，如图7－22所示。

预制装配墙悬臂式钢筋混凝土楼梯用于嵌固踏步板的墙体厚度不应小于240 mm，踏步

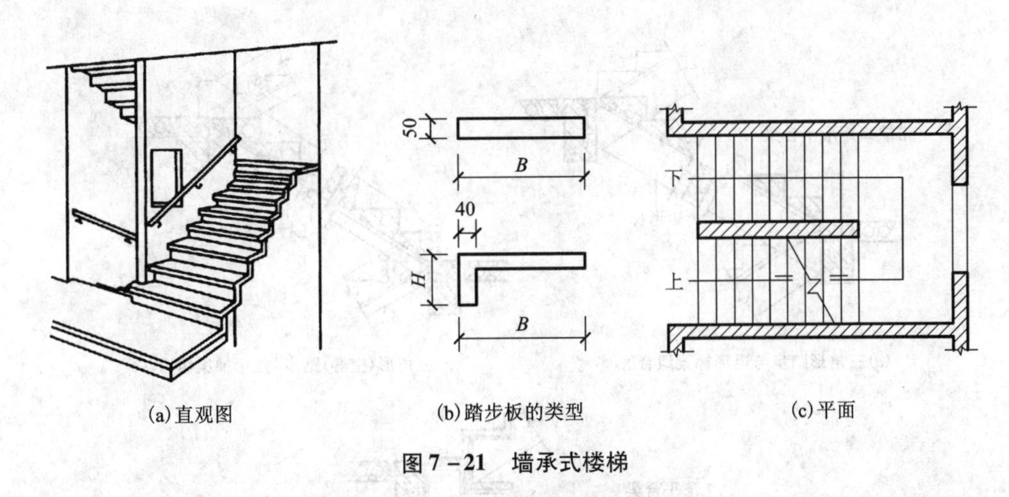

(a)直观图 (b)踏步板的类型 (c)平面

图7－21 墙承式楼梯

板悬挑长度一般≤1500 mm。踏步板一般采用L形带肋断面形式，其人墙嵌固端一般做成矩形断面，嵌人深度240 mm。

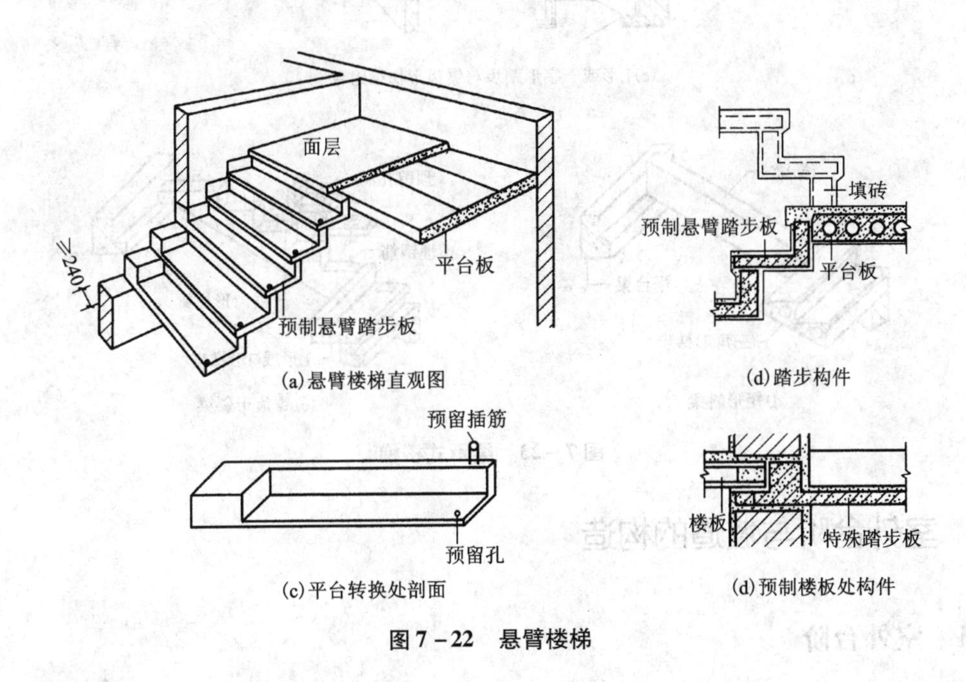

(a)悬臂楼梯直观图 (d)踏步构件

(c)平台转换处剖面 (d)预制楼板处构件

图7－22 悬臂楼梯

3)梁承式

梁承式楼梯是将踏步板、平台梁、斜梁、平台板预制好，再通过组装而成。

斜梁由平台梁支承，避免了构件转折处受力不合理和节点处理的困难，故采用较多，如图7－23所示，梁承式楼梯梯斜梁一般有矩形、L形、锯齿形三种断面形式，用于搁置三角形、L形断面踏步板。

2. 中型和大型预制装配式楼梯

中型预制装配式楼梯一般是由梯段和楼梯平台两部分构件装配而成，大型预制装配式楼梯则往往以整个楼梯间或梯段连接平台的形式进行预制加工的，构件重量较大，尺度较大，对运输、吊装均有一定要求。

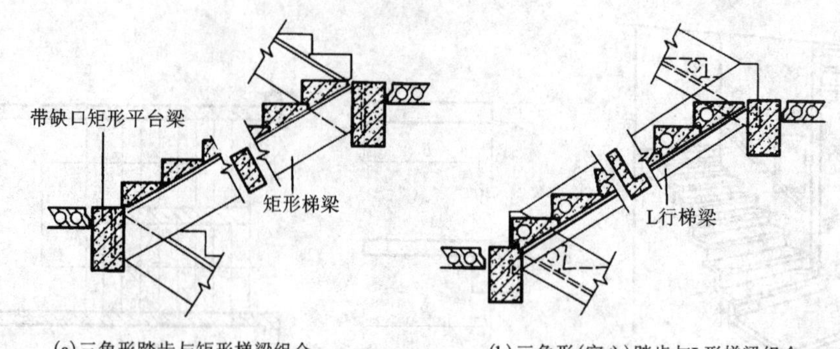

(a)三角形踏步与矩形梯梁组合　(b)三角形(空心)踏步与L形梯梁组合

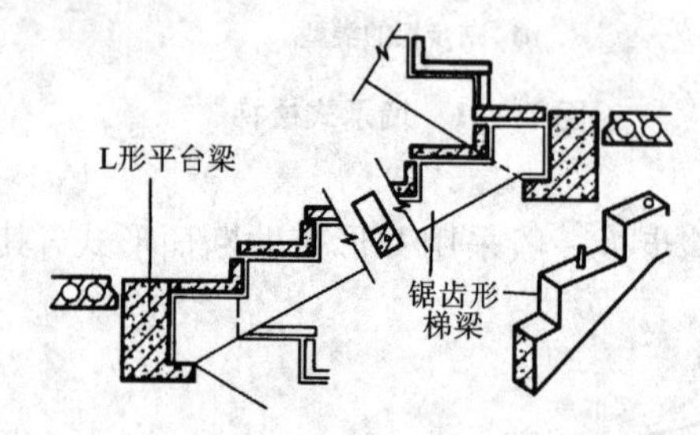

(c)L形或一字形踏步与锯齿形梯梁组合

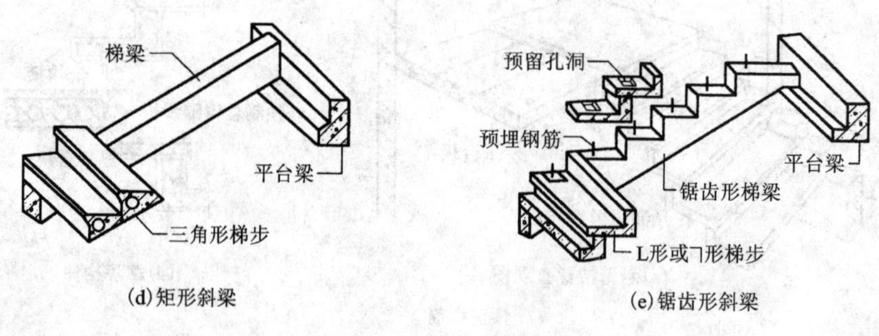

(d)矩形斜梁　(e)锯齿形斜梁

图7－23　梁承式楼梯

7.4　室外台阶与坡道的构造

7.4.1　室外台阶

室外台阶位于建筑物的出入口外侧，用来联系房屋室内外地坪并解决室内外的高差。

1. 室外台阶的形式

室外台阶的形式有单面踏步式、三面踏步式等。某些大型公共建筑，为考虑汽车能在大门入口处通行，常采用台阶与坡道相结合的形式，如图7－24所示。

2. 室外台阶的尺度

室外台阶由平台和踏步组成。平台宽度应比大门洞口每边至少宽出500 mm，平台进深尺寸不小于门扇宽加300～600 mm，以做为人们上下台阶的缓冲空间。考虑无障碍设计，出入口台阶平台深度不应小于1000 mm。台阶的坡度应比室内楼梯平缓，每步台阶高度为100～150 mm，宽度为300～400 mm。台阶的级数根据室内外地坪高差确定。平台表面应做向外倾

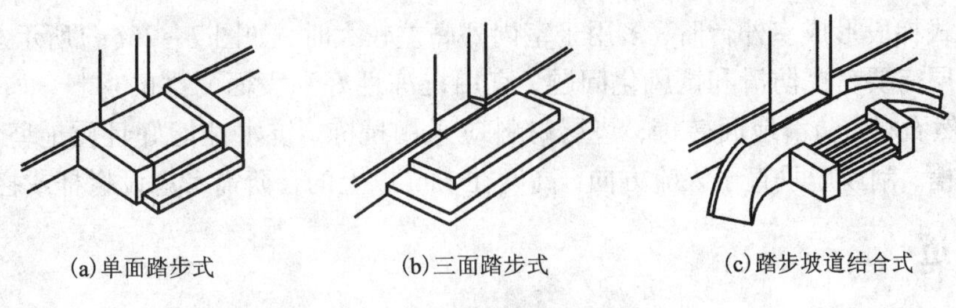

图 7－24　室外台阶的形式

斜 1% ~4% 的流水坡，以免积水或雨水流入室内，如图 7－25 所示。考虑房屋主体沉降、热胀冷缩、冰冻等因素可能造成台阶破坏，一般的解决方法是将二者结构完全脱开，在坡道与建筑物外墙根部之间留置变形缝，缝内用玛蹄脂嵌固。

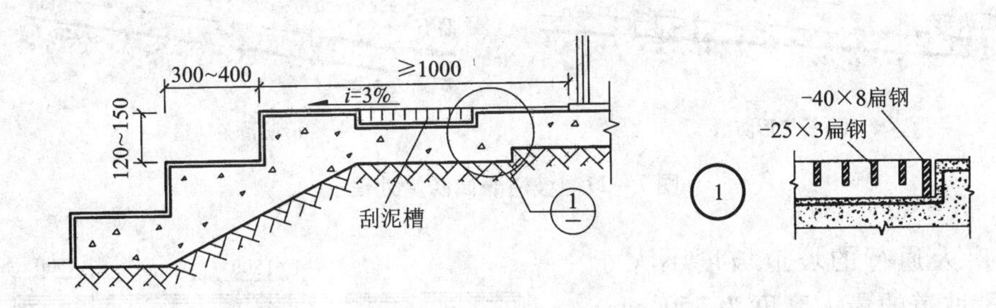

图 7－25　室外台阶的尺度

3. 室外台阶的构造做法

室外台阶有实铺式和架空式两种构造形式。实铺式室外台阶的构造与地坪类似，由面层、垫层和基层组成，如图 7－26(a)、图 7－27(b)所示。架空式室外台阶是在外墙和地坪

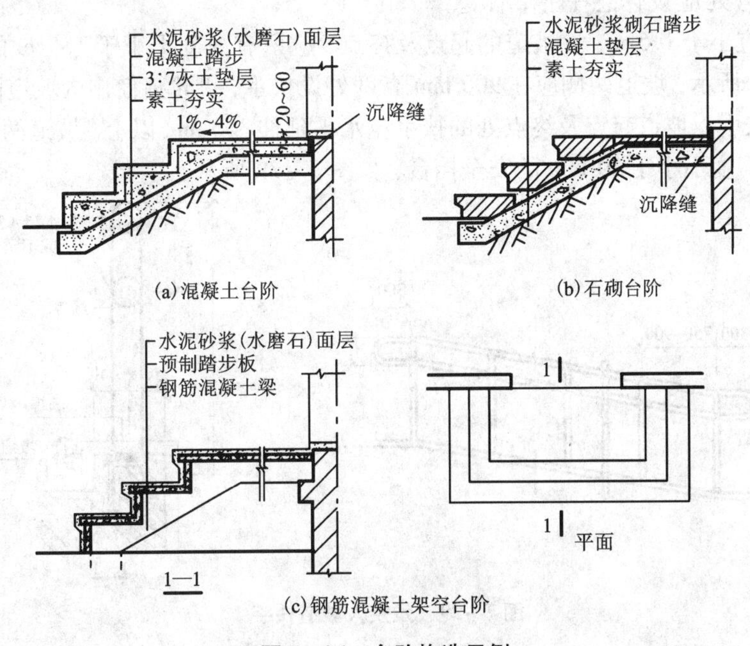

图 7－26　台阶构造示例

间架设梁板式梯段形成室外台阶，多用于室内外高差较大时，如图 7－26(c)所示。

台阶面层需要考虑防滑和抗风化问题，宜用抗冻性好和表面耐磨的材料，如水泥砂浆、水磨石、天然石材、防滑地面砖等，垫层材料应采用抗冻、抗水性能好且质地坚实的材料。面层设刮泥槽，刮齿应垂直于人流方向，高度在 1 m 以上的台阶需考虑设拦杆或拦板。

7.4.2 坡道

坡道是一种解决垂直交通的无障碍设施，坡道按所处的位置不同分为室内坡道和室外坡道。坡道的坡度一般在 1∶6～1∶12 左右，坡度超过 1∶10 时，就应采取防滑措施。坡道应采用耐久性好的材料，如混凝土、天然石等。对经常处于潮湿、坡度较陡的坡道需作防滑措施，如图 7－27 所示。

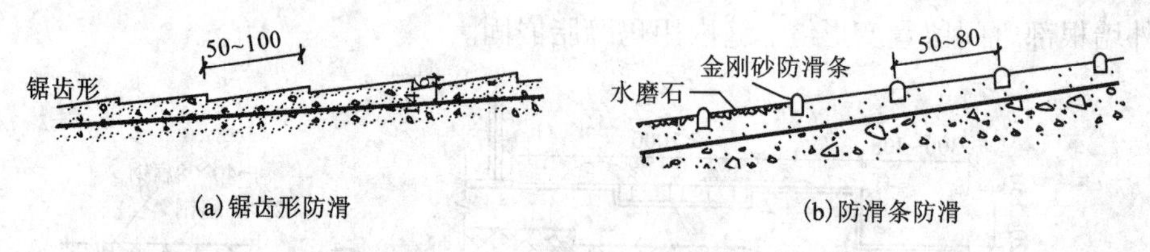

图 7－27　坡道表面防滑处理

供残疾人通行的坡道坡度不大于 1/12，每段坡道的最大高度为 750 mm，最大坡段水平长度为 9000 mm。为便于残疾人使用的轮椅顺利通过，室内坡道的最小宽度应不小于 900 mm，室外坡道的最小宽度应不小于 1500 mm。

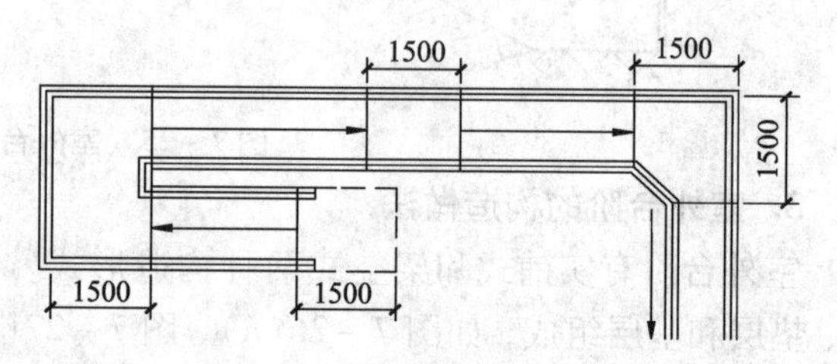

图 7－28　残疾人坡道示意图

坡道在转弯处应设休息平台，休息平台的深度不应小于 1.5 m；在坡道的起点及终点，应留有深度不小于 1.5 m 的轮椅缓冲地带，如图 7－28 所示；坡道两侧应在 900 mm 高度处设扶手，供轮椅使用的坡道两侧应设高度为 650 mm 的扶手。坡道起点及终点处的扶手应水平延伸 300 mm 以上；坡道两侧凌空时，在栏杆下端宜设高度不小于 50 mm 的安全挡台，如图 7－29 所示。

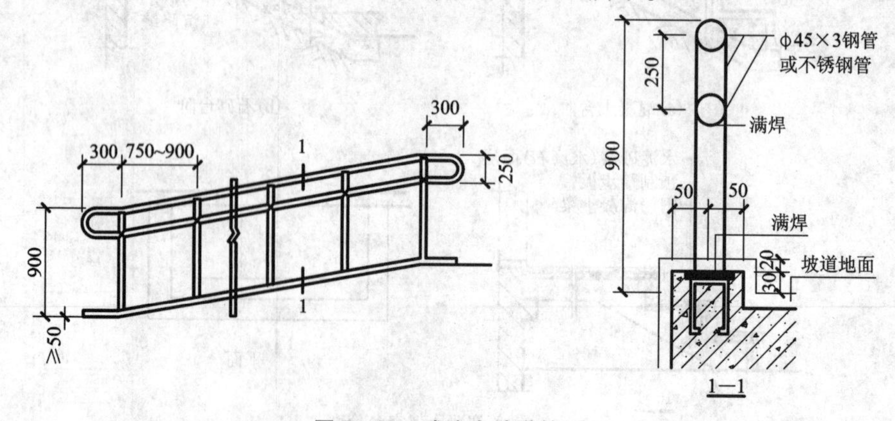

图 7－29　残疾人坡道扶手

7.5　电梯与自动扶梯

7.5.1　电梯

高层建筑的垂直交通以电梯为主，其他有特殊功能要求的多层建筑，如大型宾馆、百货公司、医院等，除设置楼梯外，还需设置电梯以解决垂直交通的问题。

1. 电梯的分类

电梯按驱动方式分为：交流电梯、直流电梯、液压电梯、齿轮齿条电梯、螺杆式电梯、直线电机驱动的电梯。

电梯按用途分为：乘客电梯、载货电梯、病床电梯、观光电梯等。

2. 电梯的组成

电梯由轿箱、井道、机房组成，如图7－30所示。

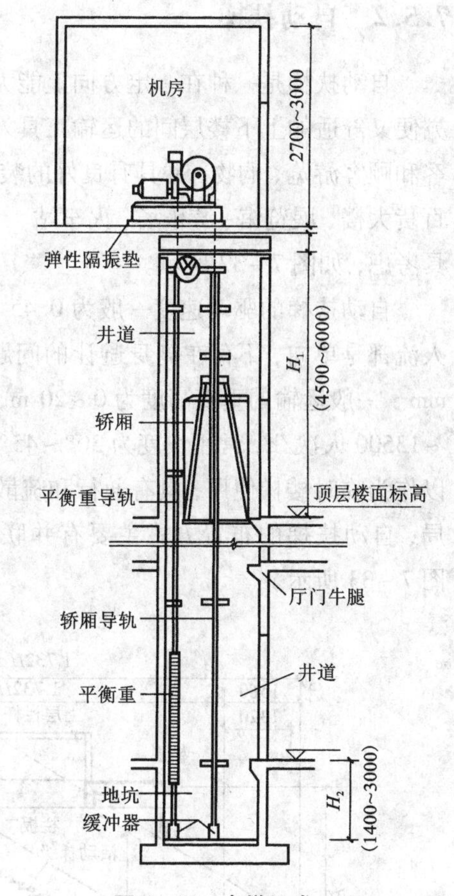

图7－30　电梯组成

(1)轿箱是直接载人、运货的箱体，其构造形式和尺寸应符合轿箱的安装要求。

(2)电梯井道：电梯轿厢运行的通道，一般采用现浇钢筋混凝土墙；当建筑物高度不大时，也可以采用砖墙；观光电梯可采用玻璃幕墙，井道底部要做地坑。

井道地坑底部应低于底层地面标高至少1.4 m，考虑电梯停靠时的冲力，作为轿箱下降时所需的缓冲器的安装空间。

(3)机房：一般设在电梯井道的顶部，其平面及剖面尺寸均应满足设备的布置、方便操作和维修要求，并具有良好的采光和通风条件。

3. 电梯井道的构造设计

电梯井道的构造设计应满足如下要求：

(1)平面尺寸：平面净尺寸应当满足电梯生产厂家提出的安装要求。

(2)井道的防火：井道和机房四周的围护结构必须具备足够的防火性能，其耐火极限不低于该建筑物的耐火等级的规定。当井道内超过两部电梯时，需用防火结构隔开。

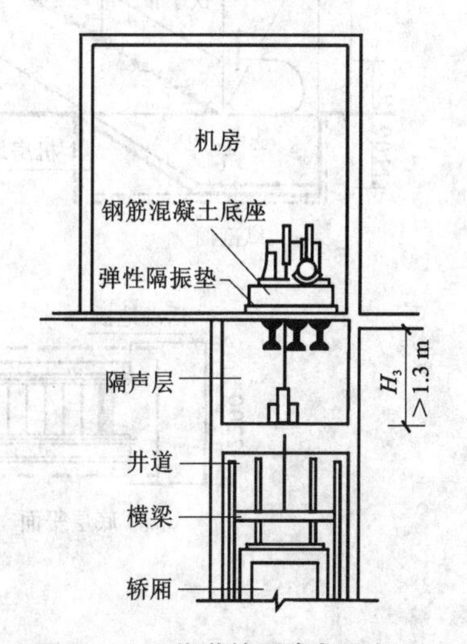

图7－31　井道的隔声与隔振

(3)井道的隔振与隔声：一般在机房的机座下设弹簧垫层隔振，并在机房下部设置1.5 m左右的隔声层，如图 7－31 所示。

（4）井道的通风：在井道的顶层和中部适当位置（高层时）及坑底处设置不小于 300 mm ×600 mm 或面积不小于井道面积 3.5% 的通风口，通风口总面积的 1/3 应经常开启。

7.5.2　自动扶梯

自动扶梯是一种在一定方向上能大量、连续输送流动客流的装置。除了提供乘客一种既方便又舒适的上下楼层间的运输工具外，自动扶梯还可引导乘客走一些既定路线，以引导乘客和顾客游览、购物，并具有良好的装饰效果。在有频繁而连续人流的大型公共建筑中，如百货大楼、展览馆、游乐场、火车站、地铁站、航空港等建筑将自动扶梯作为主要垂直交通工具考虑，如图 7－32 所示。

自动扶梯的驱动速度一般为 0.45～0.5 m/s，可正向、逆向运行。由于自动扶梯运行的人流都是单向，不存在侧身避让的问题，因此，其梯段宽度较楼梯更小，通常为 600～1000 mm。一般运输的垂直高度为 0～20 m，常用速度为 0.5 m/s，自动扶梯的理论载客量为 4000～13500 人次/h，常用坡度为 30°～45°等。自动扶梯的优势还在于停电情况下，自动扶梯可以作为临时楼梯使用，具有通行和疏散的能力。根据自动扶梯在建筑中的位置及建筑平面布局，自动扶梯的布置方式主要有并联排列式、平行排列式、串联排列式、交叉排列式，如图 7－33 所示。

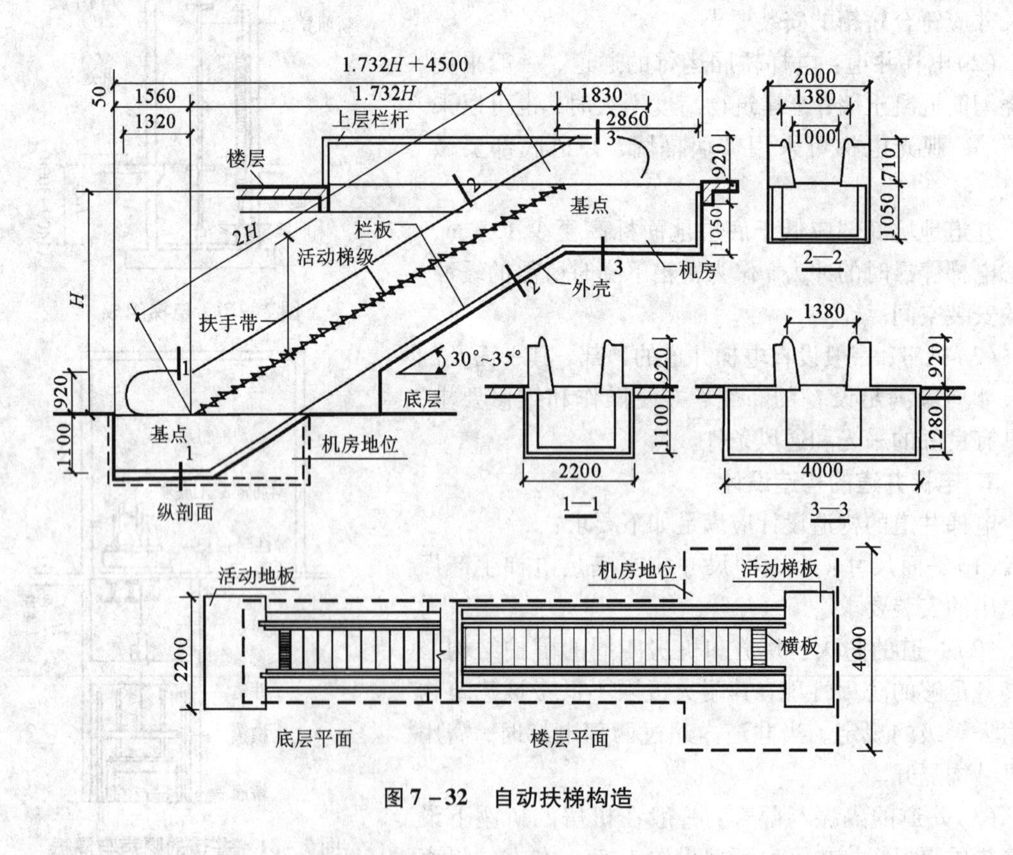

图 7－32　自动扶梯构造

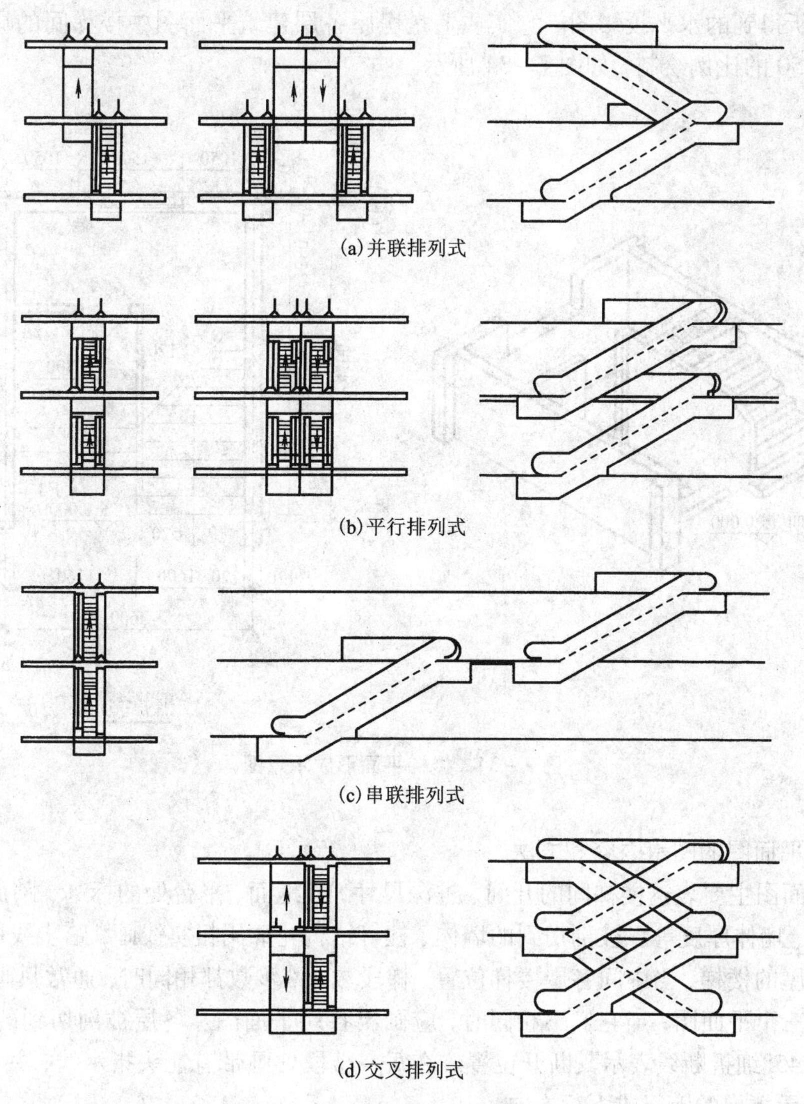

(a)并联排列式

(b)平行排列式

(c)串联排列式

(d)交叉排列式

图 7－33 自动扶梯的布置方式

7.6 楼梯详图的识读与绘制

7.6.1 楼梯详图的识读

楼梯是多层建筑上下之间的重要交通设施，由楼梯段、平台和栏杆扶手组成。楼梯详图主要反映楼梯的类型、结构形式、各部位的尺寸及踏步、栏板等的装饰做法，它是楼梯施工、放样的主要依据。

楼梯详图一般包括楼梯平面图、剖面图和节点详图。

1. 楼梯平面图

1)楼梯平面图的形成

楼梯平面图是用一个假想的水平剖切平面通过每层向上的第一个梯段的中部剖切后，向下作正投影所得到的水平投影图。它实质上是房屋各层建筑平面图中楼梯间的局部放大图，通常采用1∶50的比例绘制，如图7－34所示。

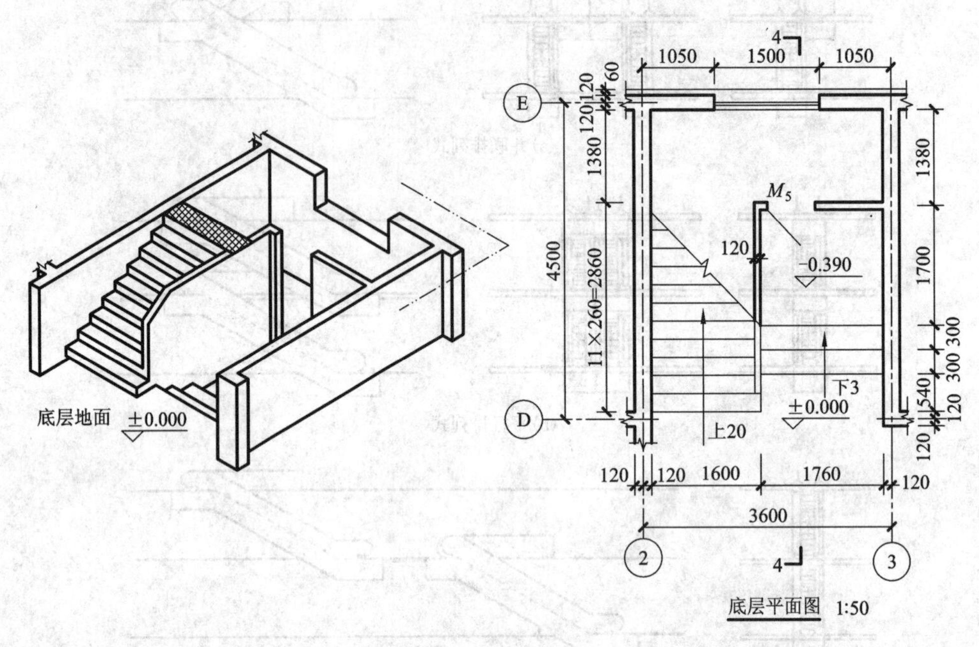

图7－34　楼梯平面形成示意图

2）楼梯平面图的图示内容和方法

楼梯平面图主要表达楼梯间的开间、进深尺寸，楼地面、平台处的标高，踏面及平台宽，楼梯井宽度、墙体厚度等。被剖切到的墙体、柱等结构轮廓用粗实线画，踏步线用细实线画。三层以上房屋的楼梯，当中间各层楼梯位置、梯段数、踏步数都相同时，通常只画出底层、中间层和顶层三个平面图；当它们不相同时，应画出各层平面图。各层被剖切到的楼段，均在平面图中以45°细折断线表示其断开位置。在每一楼段处画带有箭头指示线，并注写“上”或“下”字样表示楼梯的上行或下行方向。

通常，楼梯平面图画在同一张图纸内，并互相对齐，这样既便于识读又可省略标注一些重复尺寸。

3）楼梯平面图的识读示例（图7－35）

a. 了解楼梯在建筑平面图中的位置及有关轴线的布置。图中看出该楼梯位于横向定位轴线①～②、纵向定位轴线Ⓓ～Ⓔ之间，为开敞式楼梯间。

b. 了解楼梯间、梯段、休息平台等处的平面形式和尺寸以及楼梯踏步的宽度和数量。该楼梯间平面为规则的矩形，形式为平行双跑楼梯，一二层楼层平台处净宽1110 mm、中间平台净宽1650 mm，因为一二层层高不同，梯段的长度也有所不同，一层两个梯段及二层的第一个梯段长均为3000 mm，“10×300＝3000”表示该梯段由10个面宽为300 mm的踏步组成，二层第二个梯段长2400 mm，即“8×300＝2400”。

c. 了解楼梯的走向，上、下起步的位置及各层平面图投影形状。一层楼梯平面只有一个被剖切的梯段及扶手栏杆，并注有“上”字的长箭头，表明从此处往上起步。顶层楼梯平面图

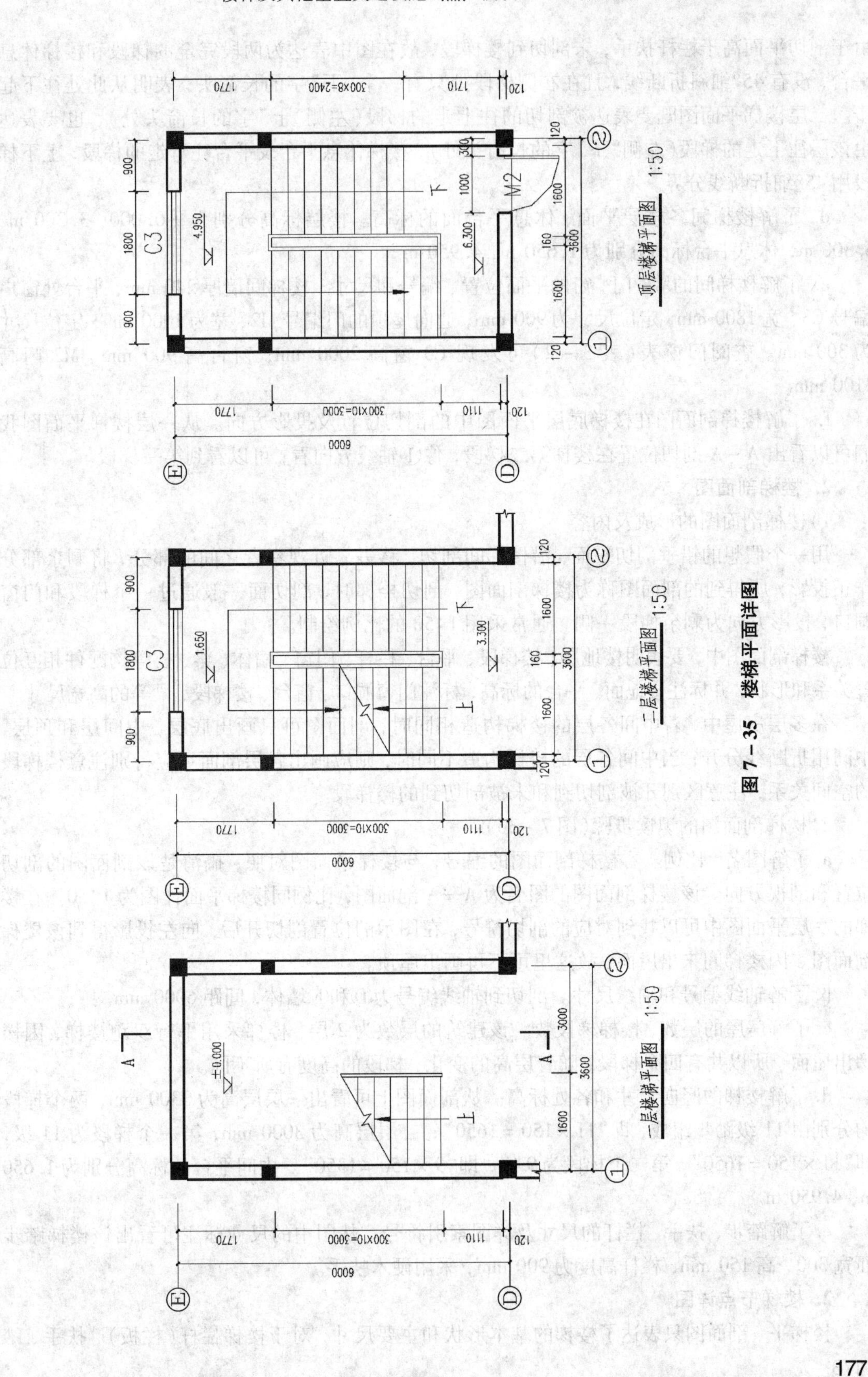
顶层楼梯平面图 1:50
二层楼梯平面图 1:50
一层楼梯平面图 1:50
C3
M2
4.950
6.300
1.650
3.300
±0.000
上
下
300×8=2400
300×10=3000
1770
1710
1110
120
6000
900
1800
1600
160
3600
3000
1000
300
A
①
②
Ⓔ
Ⓓ

图 7-35 楼梯平面详图

由于剖切平面高于栏杆扶手，未剖切到楼梯段，故在图中表达为两段完全的梯段和楼梯休息平台，没有45°细斜折断线，且在右侧梯段处只有一个“下”字的长箭头，表明从此处往下起步。二层楼梯平面图既要表达被剖切的往上走的梯段(左侧“上”字的长箭头处)，也要表达由该层往下走的梯段(左侧“下”字的长箭头处)、楼梯休息平台及平台往下走的梯段，上下梯段用45°细折断线分界。

d. 了解楼梯间各楼层平面、休息平台面的标高。楼层标高分别为±0.000，3.300 m，6.300 m，休息平台标高分别为1.650 m，4.950 m。

e. 了解楼梯间的墙、门、窗的平面位置、编号和尺寸。楼梯间墙厚240 mm，平台处窗户编号C3，宽1800 mm，定位尺寸为900 mm；通向屋顶的门编号M2，宽为1000 mm，定位尺寸为300 mm。查阅门窗表(表3－2)可发现C3窗高2000 mm，窗台高900 mm，M2门高2100 mm。

f. 了解楼梯剖面图在楼梯底层平面图中的剖切位置及投影方向。从一层楼梯平面图我们可以看出A－A剖切位置在楼梯第二梯段，像①轴线方向看，可以看到第一梯段。

2. 楼梯剖面图

1)楼梯剖面图的形成及内容

用一个假想的铅垂剖切平面，沿楼梯间剖切，移去靠近观察者之间的部分，将剩余部分作正投影，所得到的剖面图称为楼梯剖面图，剖切楼梯时，剖切面一般通过一个梯段和门窗洞口，投影方向为剩余梯段一侧。通常采用1∶50的比例绘制。

楼梯剖面图中，要表明楼地层、楼梯段、平台、栏杆、门窗、墙体、梁、柱等构配件相互位置关系和形状，并标注楼地面、平台的标高，标注门窗洞口、窗台、楼梯段、梁等的高宽尺寸。

在多层房屋中，若中间各层的楼梯构造相同时，剖面图可只画出底层，中间层和顶层，中间用折断线分开；当中间各层的楼梯构造不同时，则应画出各层剖面。应特别注意楼梯段的空间关系，注意区别开被剖切到和未被剖切到的楼梯段。

2)楼梯剖面图的识读步骤(图7－36)。

a. 了解图名、比例。看楼梯剖面图的编号，与楼梯平面图对照，搞清楚该剖面图的剖切位置和剖视方向。该楼梯剖面图的图名为A—A剖面图，比例同楼梯平面详图为1∶50。在楼梯的一层平面图中可以找到对应的剖切符号，在图示的位置剖切开后，向左投影得到该楼梯剖面图。因楼梯间未出屋面，故这里可不再画出屋顶。

b. 了解轴线编号和轴线尺寸。剖切到轴线编号为Ⓓ和Ⓔ墙体，间距6000 mm。

c. 了解房屋的层数、楼梯梯段数。该建筑的层数为2层，楼梯采用平行双跑楼梯，因楼梯出屋面，所以共有四个梯段，随着层高的变化，梯段的高度有所不同。

d. 了解楼梯的竖向尺寸和各处标高。从剖面图上可看出一层层高为3300 mm，两个梯段均分别由11级踏步组成，即“11×150＝1650”；二层层高为3000 mm，第一个梯段为11级，即“11×150＝1650”，第二个梯段为9级，即“9×150＝1350”。中间平台的标高分别为1.650 m，4.950 m。

e. 了解踏步、扶手、栏杆的尺寸及详图索引符号。从图中的尺寸标注可看出该楼梯踏步面宽300、高150 mm，栏杆高度为900 mm，采用硬木扶手。

2. 楼梯节点详图

楼梯平、剖面图只表达了楼梯的基本形状和主要尺寸，对于楼梯栏杆(栏板)、扶手、踏

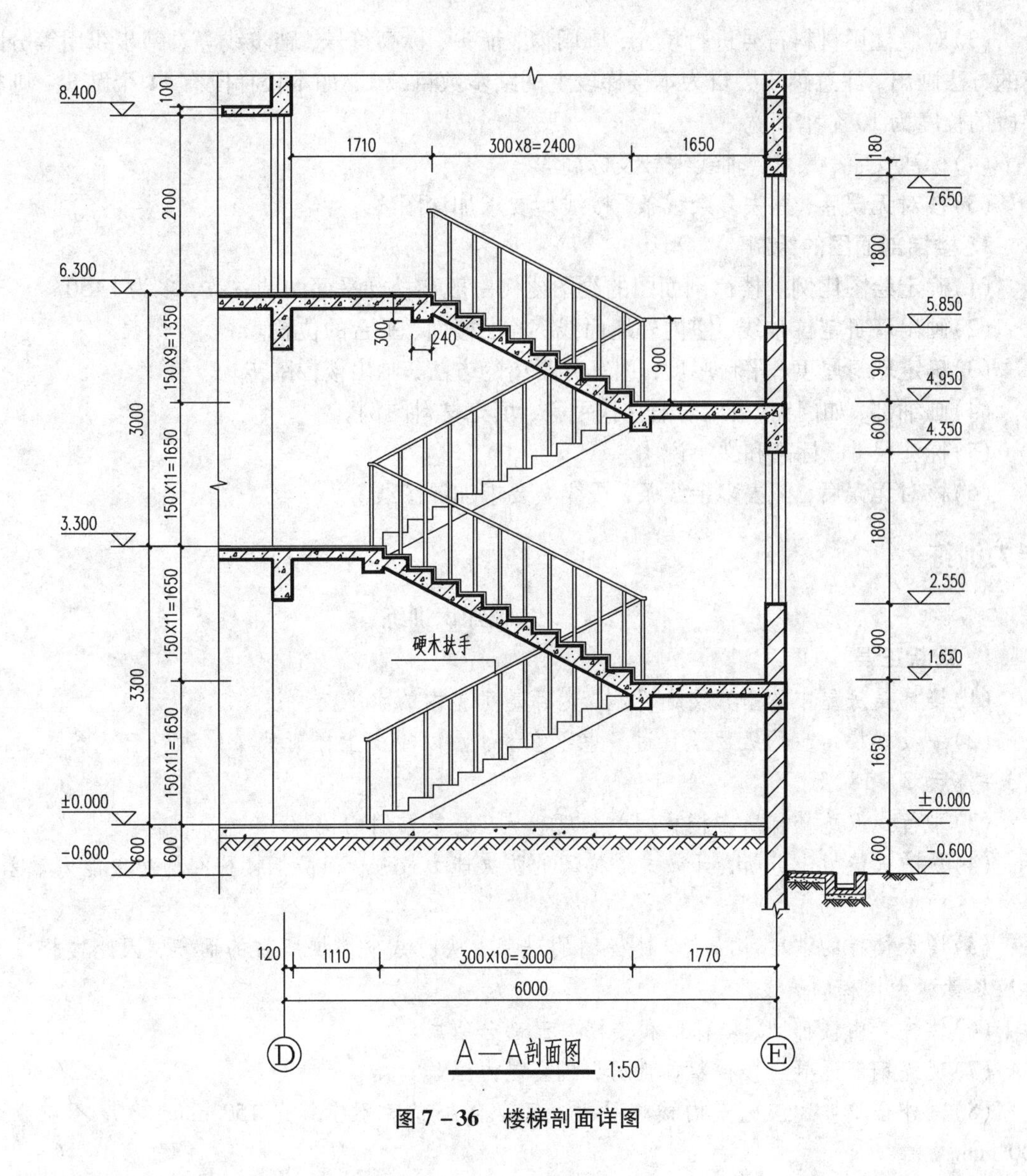

图 7－36　楼梯剖面详图

步等细部构造，在用 1∶50 的比例绘制的图中往往不能表示的十分清楚，还需要用更大比例画出，这种图称为节点详图。

楼梯节点详图主要包括楼梯踏步、扶手、栏杆等详图。节点详图一般在对应的平、立、剖面图中标注有相应的索引符号，节点详图名称按规定命名。常选用建筑构造通用图集中的节点做法，与详图索引符号对照可查阅有关标准图集，得到它们的断面形式、细部尺寸、用料、构造连接及面层装修做法等。

7.6.2　楼梯详图的绘制

1. 楼梯平面图的绘制

(1)确定绘图比例，一般采用 1∶50。

(2)画出楼梯间的定位轴线和墙身线、定出平台的宽度、楼梯的长度和宽度。

(3)对墙柱用材料符号进行填充，画门窗、箭头、标高符号、踏步线等。踏步线用等分距离的方法画出，注意踏步数目为本楼梯段上的踏步数目减1，如本楼梯段有11个踏步，则楼梯段的长度为10个踏面宽。

(4)标注文字、尺寸、轴线编号及标高等。

(5)核对无误后，擦去多余线条，按线型要求加深图线。

2. 楼梯剖面图的绘制

(1)确定绘图比例。楼梯剖面图的绘图比例一般和楼梯平面图的一致，多为1∶50。

(2)画出墙身定位轴线、室内外地面线、各层楼面、平台的位置。

(3)确定墙身厚度、平台厚度，用等分距离的方法，画出楼梯踏步。

(4)画细部，如门窗、梁、栏杆、扶手等，填充材料图例。

(5)标注尺寸、标高和文字说明。

(6)核对无误后，擦去多余线条，按线型要求加深图线。

能力训练

基础知识训练

1. 判断正误

(1)楼梯是房屋中的垂直交通设施，走廊是房屋内的水平交通设施。　　(　　)

(2)一段楼梯踏步的级数不宜过多也不宜太少，以减少上楼时疲劳感和符合人行走的习惯，一般为3～18级。　　(　　)

(3)平行式双跑楼梯所占楼梯间的长度较大，是最常用的楼梯之一。　　(　　)

(4)从防火能力上分析，开敞式楼梯间的防火能力最强，而防烟楼梯间的防火能力最差。　　(　　)

(5)增大楼梯的坡度可以减少楼梯间的进深，从而减少楼梯所占的面积，因此楼梯设计时应尽量加大楼梯的坡度。　　(　　)

(6)楼梯是由楼梯间、楼梯段和楼梯井三部分组成。　　(　　)

(7)现浇钢筋混凝土楼梯整体性好，抗震能力强。　　(　　)

(8)室外台阶坡度应比室内楼梯平缓，每步台阶高度不应超过150 mm，宽度不应小于300 mm。　　(　　)

(9)电梯的井道的高度就是从首层室内地面到顶层楼地面的高度。　　(　　)

(10)在停电情况下，自动扶梯可以作为普通楼梯使用，具有通行和疏散的能力。

2. 选择正确的答案

(1)建筑内的垂直交通设施包括(　　　　)。

①楼梯、②电梯、③自动扶梯、④走廊、⑤过道、⑥台阶、⑦坡道

A. ①②④⑥　　B. ②③④⑦　　C. ①②③⑥⑦　　D. ④⑤

(2)为了人们上下楼梯时更加舒适，在不改变楼梯坡度的情况下，可采用采取(　　　　)措施增加踏面的宽度。

A. 加做踏口或将踢面倾斜　　B. 增加踏面的宽度

C. 增大楼梯间的进深　　D. 增加踢面的高度

(3)楼梯栏杆扶手的高度一般为(　　　　)，供儿童使用的楼梯应在(　　　　)高度增

设儿童使用的扶手。

A. 1000 mm, 400 mm　　B. 900 mm, 500 ~ 600 mm

C. 700 mm, 500 ~ 600 mm　　D. 900 mm, 400 mm

(4)楼梯平台下有通行要求的净高和梯段下部的净高要满足以下的要求(　　)。

A. 2100 mm 和 2000 mm　　B. 1800 mm 和 2000 mm

C. 2200 mm 和 2000 mm　　D. 2000 mm 和 2200 mm

(5)钢筋混凝土现浇楼梯考虑到模板的支撑问题，楼梯井的宽度一般要求(　　)。

A. 大于 60 mm　B. 不小于 150 mm　C. 不小于 200 mm　D. 不小于 400 mm

(6)对于层高不大的中小型楼梯来说，一般可采用的现价钢筋混凝土楼梯的形式可采用(　　)。

A. 带平台梁的板式楼梯　B. 梁板式楼梯　C. 折板式楼梯　D. 板式楼梯

(7)对于公共建筑的疏散楼梯其梯段最小宽度应(　　)。

A. 不大于 1.1 m　B. 不小于 1.5 m　C. 不小于 1.1 m　D. 不小于 0.9 m

(8)当首次楼梯平台下需要过人，但平台下净空高度不能满足要求时，可采取(　　)。

①将楼梯段设计成不等跑，增加第一段踏步的级数　②增大室内外地面的高差　③采用直跑楼梯　④增加房屋的层高　⑤将①、②结合考虑

A. ①②④　B. ①②③④　C. ①②③　D. ①②③⑤

(9)室外台阶与主体结构之间的构造处理，下列表述不正确的有(　　)。

A. 室外台阶的坡度应比室内楼梯平缓，每步台阶高度为 100 ~ 150 mm，宽度为 300 ~ 400 mm。

B. 台阶的级数根据室内外地坪高差确定

C. 平台表面应做向外倾斜 1% ~4% 的流水坡，以免积水或雨水流入室内

D. 要将台阶与主体结构连接成为一个整体，以保证房屋的整体性

(10)电梯的井道底部要设置地坑，地坑的深度应(　　)。

A. 比室外地坪低 1.4 m 以上　　B. 应比首层室内地坪低 1.4 m 以上

C. 与室内地坪平齐　　D. 应与室外地坪平齐

识图能力训练

根据图 7 – 37 楼梯详图，回答问题。

1)读识楼梯平面详图，回答问题。

(1)楼梯间在建筑平面中位于________轴线间，该楼梯形式为________，楼梯间开间尺寸为________mm，楼梯间进深为________mm。

(2)该楼梯的楼梯段宽度是________mm，休息平台宽________mm，梯井宽________mm。

(3)楼梯间承重墙厚________mm，外墙窗宽________mm。

2)读识楼梯剖详图，回答问题。

(1)该楼梯是现浇钢筋混凝土________(梁式、板式)楼梯。

(2)该建筑共有________层，首层层高________m，楼梯共设________级踏步，一层中间平台标高为________m，二至四层层高是________m，每层设楼梯踏步________级，室内外地面高差为________mm，顶层楼面标高为________m，栏杆扶手高度为________mm。

(3)图中 $\frac{1}{-}$ 符号表达的含义是________________。

3）读识楼梯节点详图，回答问题。

（1）图中①符号表达的含义是________________。

（2）楼梯踏步的踏面宽______mm，踢面高______mm，踏步面层厚度为______mm，楼梯踏步板的厚度为______mm。

（3）楼梯扶手材料是______，扶手尺寸为______，栏杆采用______的圆钢制成，与踏步用预埋钢筋通过______连接。

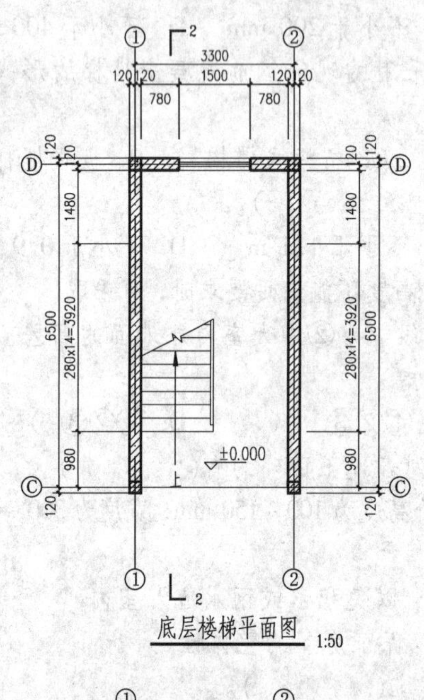

底层楼梯平面图 1:50

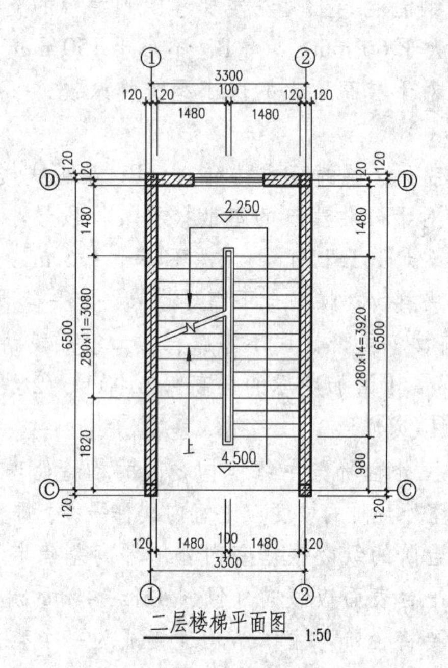

二层楼梯平面图 1:50

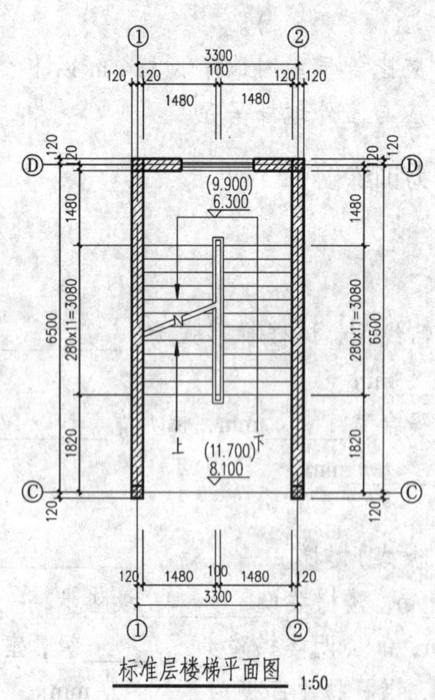

标准层楼梯平面图 1:50

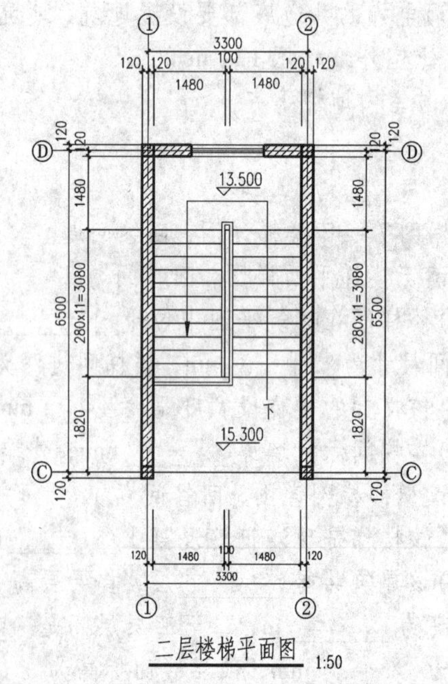

二层楼梯平面图 1:50

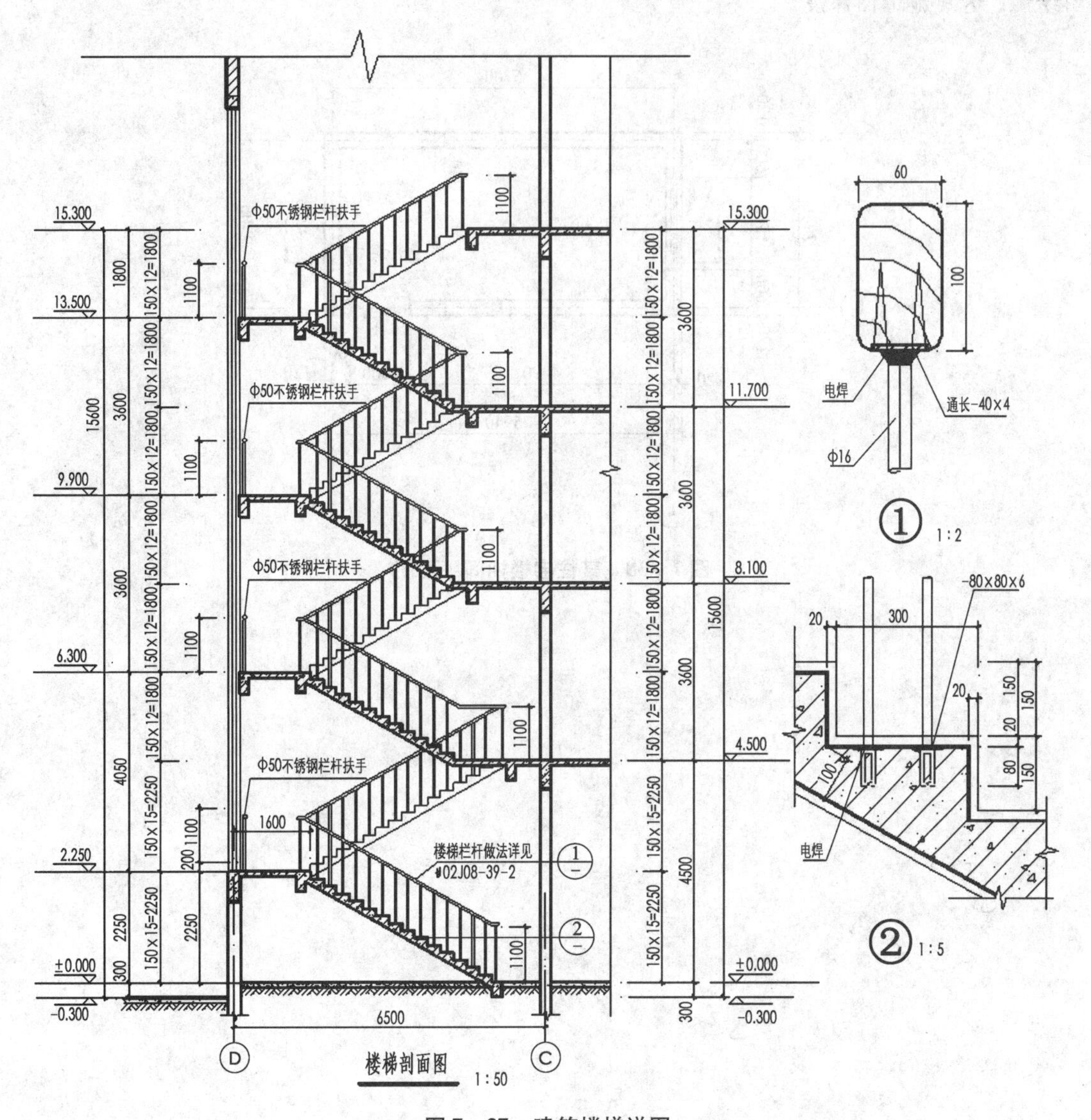

图 7－37　建筑楼梯详图

绘图能力训练

任务：根绝已给建筑的楼梯间平面图 7－38 及有关要求进行楼梯构造设计，确定楼梯尺度，绘制楼梯平面、剖面、详图。

条件：某五层住宅，层高为 3.0 m，墙体均为 240 mm 厚砖墙，定位轴线居中，楼梯只到五楼楼面不通顶楼梯间，楼梯间尺寸为 5700 mm×2700 mm，如图 7－38 所示。试进行平行双跑楼梯构造设计。

要求：楼梯采用钢筋混凝土板式楼梯，梯段按顺时针向上转，每层踏步总数 18 级，踏步宽 300 mm，要写出计算过程，以 1∶50 比例绘出楼梯的各层平面图，并在对应 1—1 剖切位置绘制 1∶50 楼梯剖面（制楼梯平面、剖面应根据楼梯设计结果进行尺寸标注和标高标注），3 号图绘制，达到施工图深度。

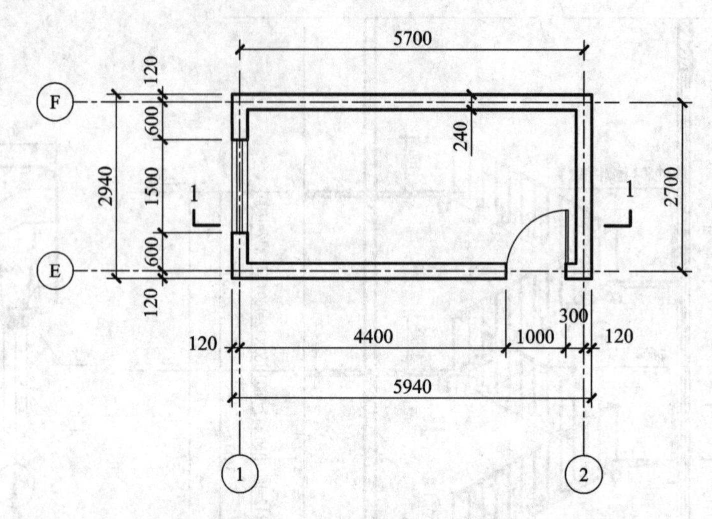

图 7－38　某住宅楼梯间平面图

8 屋 顶

教学目标

知识目标：(1)了解屋顶的类型和设计要求；

(2)掌握平屋顶的构造组成，排水方式、防水做法、保温隔热构造；

(3)熟悉坡屋顶的构造。

能力目标：(1)会识读屋顶平面图和屋顶排水、防水构造详图；

(2)能进行屋顶排水组织设计和防水处理。

8.1 屋顶的类型和设计要求

屋顶是房屋最上层的覆盖部分，它的作用有三个方面：一是承重作用，承受作用在屋顶上的风、雪、屋面的自重及上人等荷载；二是围护作用，防御自然界的风、雨、雪、太阳辐射热和冬季低温等影响；三是美观作用，屋顶的形式对建筑立面和整体造型有很大的影响，是装饰建筑立面重要的内容之一。屋顶设计的中心内容是防水和排水的问题。

8.1.1 屋顶的类型

屋顶按照外形和坡度可以分为：平屋顶、坡屋顶、曲面屋顶等类型。

1. 平屋顶

平屋顶屋面坡度一般 <5%，常用坡度为 2% ~3%；上人屋顶屋面坡度可选 1% ~2%。平屋顶有挑檐平屋顶、女儿墙平屋顶、挑檐女儿墙平屋顶、盝顶平屋顶等形式，如图 8－1 所示。

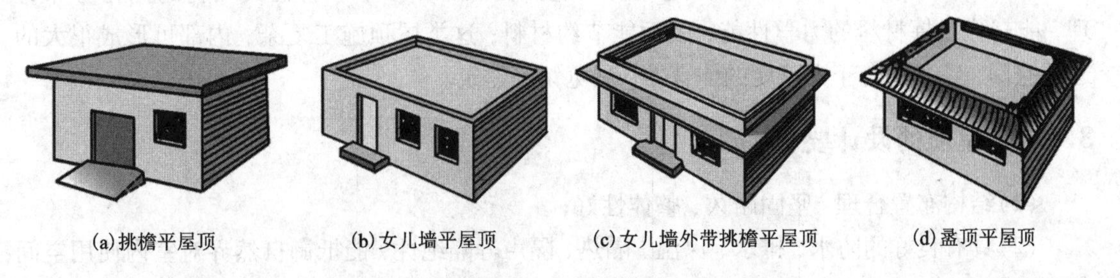
(a)挑檐平屋顶 (b)女儿墙平屋顶 (c)女儿墙外带挑檐平屋顶 (d)盝顶平屋顶

图 8－1 平屋顶类型

平屋顶的特点是采用与楼盖基本相同的结构形式，易于协调统一建筑与结构的关系，造型简洁，节约材料，减少建筑体积，提高预制化程度；屋顶可设露台屋顶花园，种植植物，美化、绿化环境，在民用建筑中，应用广泛。

2. 坡屋顶

坡屋顶的坡度较大，一般屋面坡度在10%以上。常用的有单坡、双坡、四坡、歇山、庑殿等形式。当房屋跨度较小时可做单坡，跨度较大时常做双坡或四坡。在一些古建筑中，为了取得“吐水溜远”和美观的效果，常将屋顶坡面做成曲面，如卷棚顶、庑殿顶、攒尖顶等形式。坡屋顶类型见图8－2。

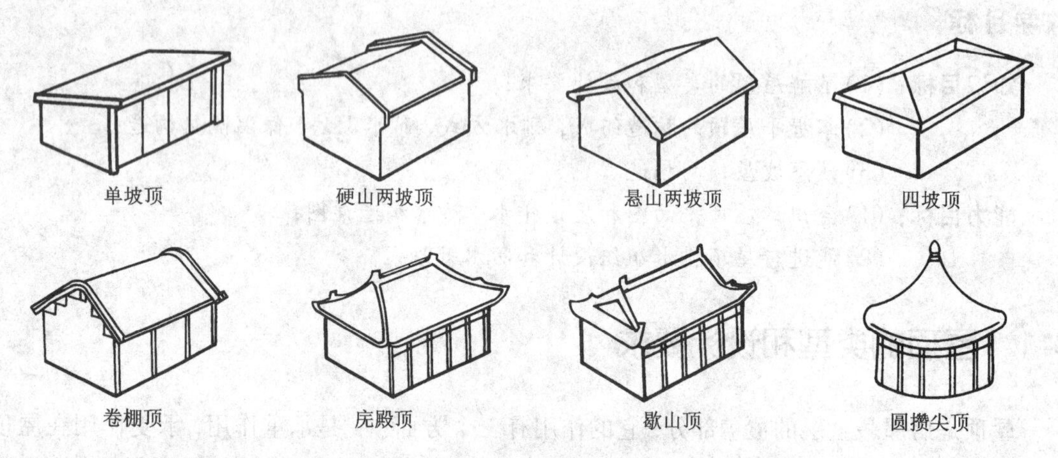

图8－2　坡屋顶类型

坡屋顶的特点是屋顶构造高度大，有利于排水，对其内部做密闭填充或开敞通风处理，可提高屋顶的保温与隔热效果；同时，坡屋顶可形成屋顶立面，称建筑的第五立面，对建筑的立面起到美化作用。坡屋顶在我国历史悠久，广泛应用于民居建筑。某些现代建筑，考虑到景观环境和建筑风格的要求时也常采用坡屋顶。

3. 曲面屋顶

随着科学技术的不断发展，出现了许多新型的屋顶结构形式，曲面屋顶就是由各种薄壳结构、悬索结构、拱结构和网架结构等新型结构作为屋顶承重结构，如双曲拱屋顶、球形网壳屋顶、扁壳屋顶、鞍形悬索屋顶等。曲面屋顶类型见图8－3。

曲面屋顶形式流畅舒展，使得建筑群的造型更加丰富多彩，而且其结构的内力分布合理，能充分发挥材料的力学性能，因而能节约材料；这类屋顶施工复杂，内部可形成很大的通透空间，特别适合于大跨度的体育馆、展览馆等建筑。

8.1.2　屋顶的设计要求

(1)结构布置合理、坚固耐久、整体性好；

(2)具有良好的防水、排水、保温、隔热、隔声等隔绝性，能抵御自然界对室内使用空间的不良影响。

(3)构造简单、自重轻、取材方便、经济合理；

(4)具有良好的色彩和造型，满足建筑装饰艺术要求。

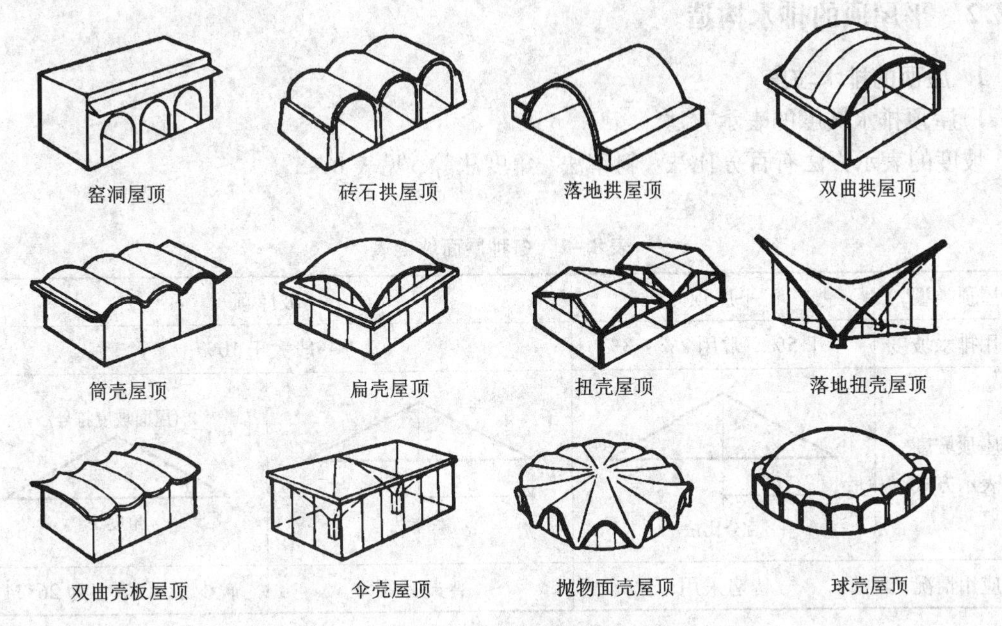

图 8－3 曲面屋顶类型

8.2 平屋顶的构造

8.2.1 平屋顶的构造组成

平屋顶一般由屋面、承重结构、保温隔热层、顶棚等基本层次组成，如图 8－4 所示。

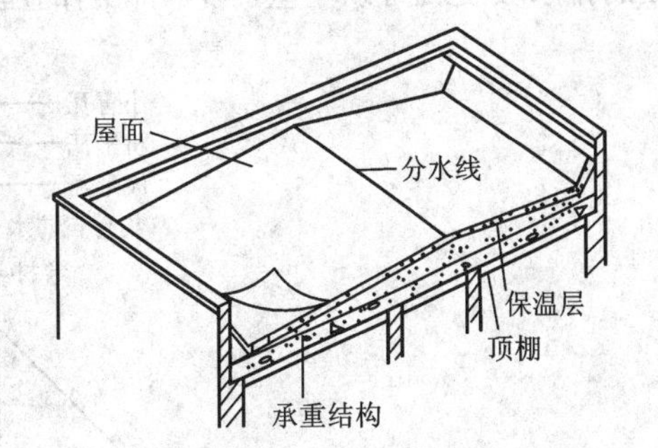

图 8－4 平屋顶的组成

1. 屋面

屋面是屋顶最上面的构造层次，要承受施工荷载和使用时的维修荷载，以及自然界风吹、日晒、雨淋、大气腐蚀等的长期作用，因此，屋面材料应有一定的强度、良好的防水性和耐久性能。

2. 承重结构

承重结构承受屋面传来的各种荷载和屋顶自重，考虑到防水的要求，平屋顶的承重结构宜采用现浇钢筋混凝土楼板。

3. 顶棚

顶棚位于屋顶的底部，用来满足室内对顶部的平整度和美观要求。

4. 保温隔热层

当对屋顶有保温隔热要求时，需要在屋顶中设置相应的保温隔热层，以防止外界温度变化对建筑物室内空间带来影响。

8.2.2 平屋顶的排水构造

1. 屋顶的排水坡度

1)屋顶排水坡度的表示方法

坡度的表示方法有百分比法、斜率法、角度法等，见表 8－1。

表 8－1 各种屋面坡度表

屋顶类型	平屋顶	坡屋顶	
常用排水坡度	小于 5%，常用 2% ~3%	一般大于 10%	
屋顶坡度表示方式	H L 百分比法	H L 斜率法	2（屋面坡度符号） 1 θ 角度法
应用情况	普遍采用	普遍采用	较少采用，θ 多为 26°34′

2)屋顶坡度影响因素

为了排水，屋面应设有坡度，影响屋顶坡度大小的因素有：

a. 屋面防水材料：不同防水材料，有各自的适宜排水坡度范围。防水材料若尺寸较小，接缝必然较多，容易产生缝隙渗漏，如平瓦、小青瓦屋面应有较大的排水坡度，以便将屋面积水迅速排除；如果屋面的防水材料覆盖面积较大，接缝少而且严密，如油毡、镀锌铁皮屋面的排水坡度就可以小些。不同材料的屋顶坡度的取值如图 8－5。

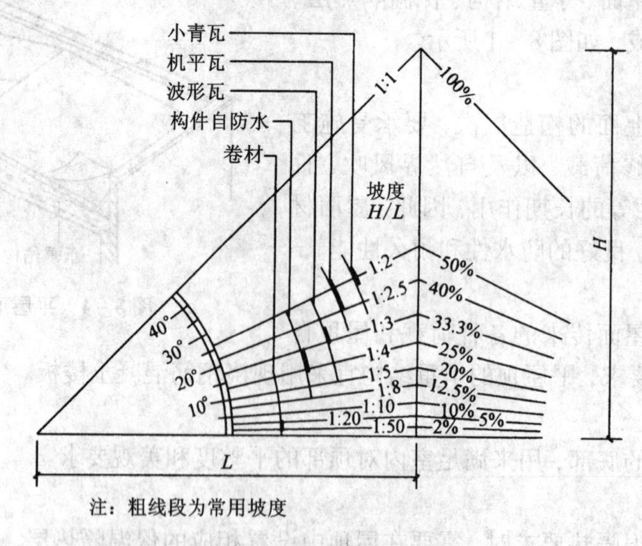

图 8－5 常用屋顶坡度范围

b. 当地的地理气候条件：主要与当地的降雨(降雪)量有关；当地降雨量小，则屋顶坡度可平缓一些，如我国北方建筑；当地降雨量大，则屋顶坡度可陡一些，如南方房屋。

c. 屋顶的结构形式的影响：不同结构形式，则采用的屋顶坡度不同。

d. 施工方法及建筑造型的影响。

3)屋顶排水坡度的形成方法

屋顶排水坡度的形成方式有结构找坡和材料找坡两种。

a. 结构找坡

又称搁置找坡，即将屋面板按一定的坡度倾斜搁置，使结构本身形成排水所需的坡度。结构找坡的优点是不需另设找坡层，省工省料，经济简便。但屋面板略有倾斜使得室内空间高度不相等，需做吊顶。平屋顶用结构找坡时，适宜坡度为3%。另外，结构找坡不利于日后的加层。

b. 材料找坡

又称垫置找坡，即将屋面板水平放置，用炉渣等轻质材料垫置形成坡度。北方地区屋顶做保温层时，可利用保温层形成坡度。材料找坡的优点是室内顶棚平整，内部观感较好，加层时方便。但增大屋面自重，不适合坡度要求较大的屋面。平屋顶用材料找坡时，适宜坡度为2%。

2. 屋顶的排水方式

屋面排水方式有无组织排水和有组织排水两大类。

1)无组织排水

无组织排水又称为自由落水，是屋面雨水顺坡由屋檐自由落下的排水方式。无组织排水的檐口应向外挑出，做成挑檐，如图8-6所示。

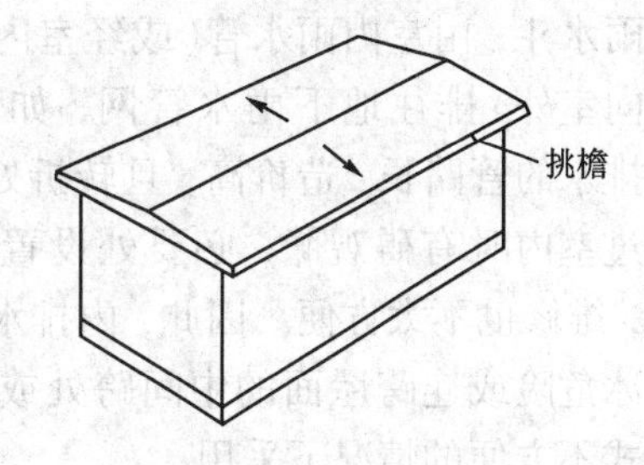

图8-6 无组织排水

无组织排水构造简单、排水可靠、造价低廉、维修方便。但落水时沿檐口形成水帘，雨水溅起，污染墙身和环境。在寒冷地区檐口有结冰，冰柱可能坠落伤人。所以，无组织排水一般只适用于降水量在900 mm以下、檐口高度不大于10 m或年降水量在900 mm以上、檐口高度小于8 m的房屋以及次要建筑中。另外，城镇主要街道两旁的房屋以及重要建筑物等，由于使用和观感上的原因不宜采用无组织排水。

2)有组织排水

有组织排水是设置与屋面排水方向垂直的纵向天沟(檐沟)，雨水顺坡流向檐沟，把雨水汇集起来，经雨水口和雨水管等排水装置引导至地面或排入地下排水系统中。有组织排水克服了无组织排水的缺点，所以应用广泛，尤其是在降雨量大的地区或房屋较高的情况下，宜采用有组织排水。有组织排水又分为外排水和内排水两种形式。

外排水是屋面雨水经安装在外墙面上的雨水管排至室外地面的一种排水方式。平屋顶外排水根据檐口构造不同又分为下列几种排水方式：

a. 挑檐沟外排水：屋面雨水汇集到悬挑在墙外的檐沟内，再由水落管排下，如图8-7(a)所示。

b. 女儿墙外排水：屋面雨水需穿过女儿墙流入室外的雨水管，如图8-7(b)所示。

c. 女儿墙挑檐沟外排水：在屋檐部位既有女儿墙，又有挑檐沟，雨水经穿过女儿墙经檐沟流向雨水口，经雨水管排除，如图8-7(c)所示。

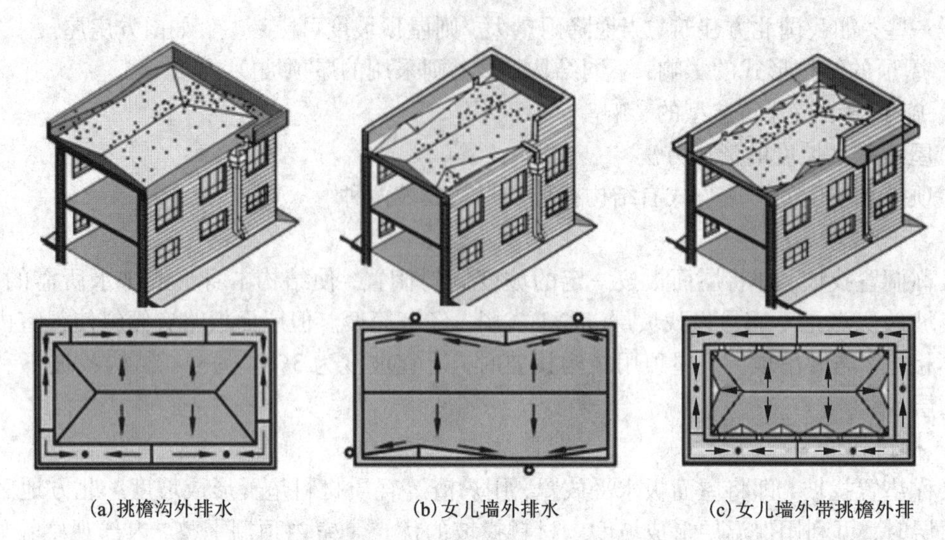

图8－7　有组织外排水

内排水即屋面雨水顺坡流向檐沟或中间天沟，经雨水斗，由室内雨水管(或经室内一定距离后再转向室外)排往地下雨水管网，如图8－8所示。内排水的管路长、造价高，且转折处易堵塞，管道经过室内时有碍观瞻，必要处设置管道井予以隐蔽，维修也不太方便。因此，内排水一般在檐口有结冰危险或连跨屋面的中间跨处或采用其他排水方式不方便的情况下采用。

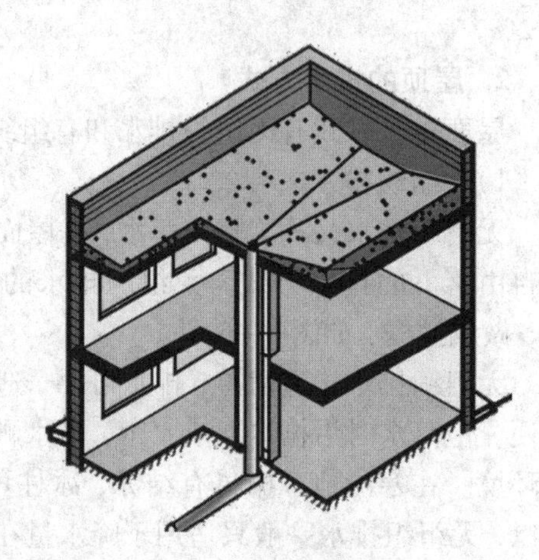
图8－8　有组织内排水

3. 排水装置

(1)天沟：汇集屋顶雨水的沟槽，有钢筋混凝土槽形板形成的矩形天沟和在屋面板上用找坡材料形成的三角形天沟两种，如图8－9所示。

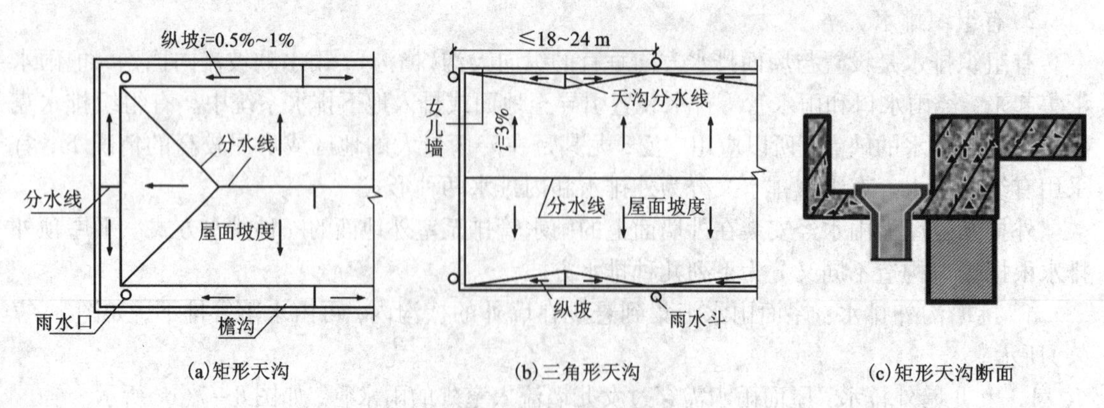

图8－9　天沟的形式

（2）雨水口：雨水口是将天沟的雨水汇集至雨水管的连通构件，雨水口有设在檐沟底部的直管式雨水口和设在女儿墙根部的弯管式雨水口，如图8－10所示。

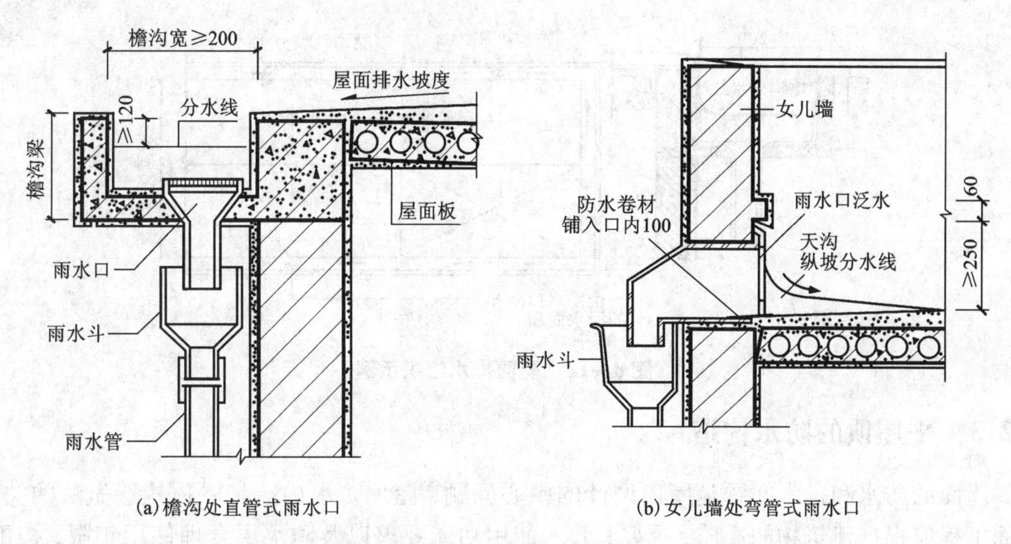

(a)檐沟处直管式雨水口　　(b)女儿墙处弯管式雨水口

图8－10　雨水口形式

（3）雨水管：无论是外排水还是内排水，都要通过雨水管将雨水排除，因此，必须设置一定数量的雨水管才能解决有组织排水屋面雨水排除的问题。雨水管应与雨水口配套，目前多采用塑料雨水管，直径有50 mm、75 mm、100 mm、125 mm、150 mm、200 mm几种规格，一般民用建筑最常用的雨水管直径100 mm，面积较小的阳台可用75 mm的雨水管。有组织排水系统中，雨水管的数量应依据地区每小时达最大降雨量时一根雨水管所能承担的屋面排水面积进行设置，经验公式为：

$$F=438D^2/H$$

式中：F为容许集水面积，m^2；D为雨水管直径，cm；H为每小时降雨量，mm/h。

例如：某地$H=110$ mm/h，选用雨水管直径$D=10$ cm，则每个雨水管容许集水面积为：$F=438\times10^2/110=398.18\ m^2$。如屋面水平投影面积为1000 m^2，则至少应设置三个雨水管。

雨水管的间距不宜过大，避免雨水不能迅速排除引起外溢，一般为10～15 m，最大不超过24 m。按经验公式计算出得到的间距称为理论间距，当理论间距大于适用间距时，按适用间距设置；若理论间距小于适用间距，应按理论间距设置。雨水管和墙面之间应留20 mm的距离，便于雨水管和墙面之间的固定。

4. 屋顶的排水组织设计

屋面的排水组织设计一般可按下列步骤进行：

（1）确定屋面排水坡度；

（2）确定排水方式；

（3）划分排水区域；

（4）确定檐沟的断面形状、尺寸以及坡度；

（5）确定雨水管所用材料、口径大小，布置雨水管；

（6）檐口、泛水、雨水口等细部节点构造设计；

(7)绘出屋顶平面排水图及各节点详图。

屋顶排水组织示意见图 8－11 所示。

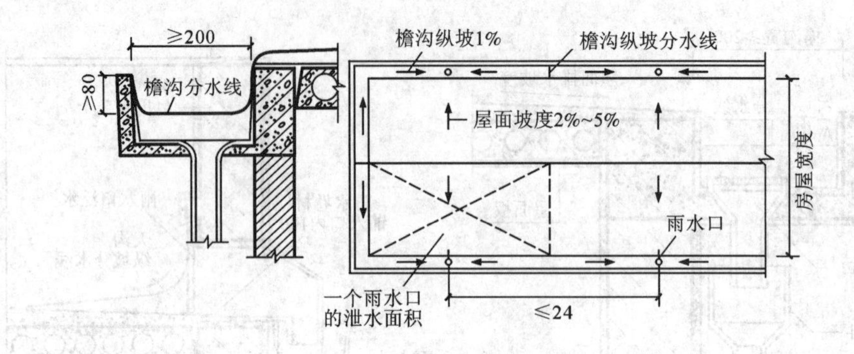

图 8－11　屋面排水组织示例

8.2.3　平屋顶的防水构造

屋面的防水和排水问题是屋顶设计的中心问题，屋顶防水构造是屋顶构造做法的关键。屋面工程应根据建筑物的性质、重要程度、使用功能要求以及防水层合理使用年限，按不同等级进行防水设防。

就防水而言，平屋面防水构造相对复杂，施工工序相对较多，并具有代表性。根据防水材料不同，平屋顶的防水构造分为柔性防水屋面，如卷材防水屋面、涂膜防水屋面，以及刚性防水屋面，如混凝土或砂浆类防水屋面等。

1. 卷材防水屋面

卷材防水屋面是指以防水卷材和黏合剂分层黏贴而构成防水层的屋面。由于防水卷材具有一定的韧性和适应变形的能力，又称做柔性防水屋面。防水卷材有沥青类卷材、高聚物改性沥青卷材和合成高分子防水卷材，黏结剂有沥青玛蹄脂、氯丁胶等。

1)卷材防水屋面的特点

能适应温度变化、振动影响、不均匀沉陷和抵抗一定的水压，整体性好，不易渗漏，严格遵守施工规范能保证防水质量，是当前国内屋面防水工程的主要做法；但其施工操作较为复杂，技术要求较高。

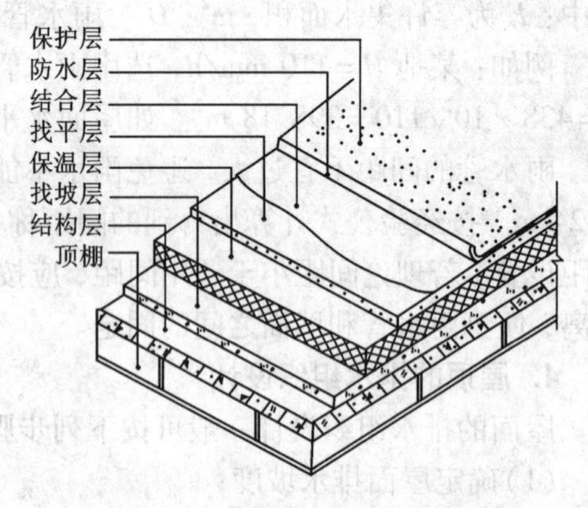

图 8－12　卷材防水屋面的构造组成

2)卷材防水屋面的基本构造

卷材防水屋面的构造层次较多，主要有结构层、找平层、结合层、防水层、保护层，另外还有找坡层、保温层等，如图 8－12 所示。

结构层：采用钢筋混凝土屋面板，可预制也可现浇。采用预制装配式钢筋混凝土板时，应采用细石混凝土灌缝，其强度等级不应小于 C20。结构层应有必要的刚度和强度，安全稳定，坚固耐用。

找坡层：当屋顶采用材料找坡时，应选用轻质材料以减轻屋面的自重。如焦渣、页岩陶粒、膨胀珍珠岩，轻集料混凝土等。找坡层最薄处的厚度不应小于20 mm厚。当建筑物跨度超过18 m时，应考虑采用结构找坡，以避免造成屋面过大的自重。

保温层：有保温隔热要求的建筑，屋面应设置保温层。保温材料一般多选孔隙多，表观密度轻、导热系数小的材料，亦可与找坡层结合一起做。

找平层：为保证基底平整，一般用20～30 mm厚的1∶3水泥砂浆、细石混凝土或沥青砂浆做找平层，表面应压实平整。

结合层：结合层的作用是使基层与防水层黏接牢固。高分子卷材大多用配套的基层处理剂，也可采用冷底子油或稀释乳化沥青做结合层。

防水层：由防水卷材与胶结材料黏合而成，是屋面防水的主要部分。卷材主要采用沥青类卷材、高聚物改性沥青防水卷材和合成高分子防水卷材等。

保护层：保护层所用材料及做法应根据防水层材料和屋面的利用情况而定。不上人屋面保护层的做法：在卷材表面涂刷水溶型或溶剂型的浅色保护着色剂，如氯丁银粉胶等，也可以用热沥青黏结一层粒径3～5 mm的粗砂(俗称绿豆砂)，其厚度约7 mm。上人屋面保护层的做法：通常可采用水泥砂浆铺贴缸砖、大阶砖、混凝土板(块)等，也可现浇40 mm厚C20细石混凝土。

卷材防水屋面构造做法如图8－13。

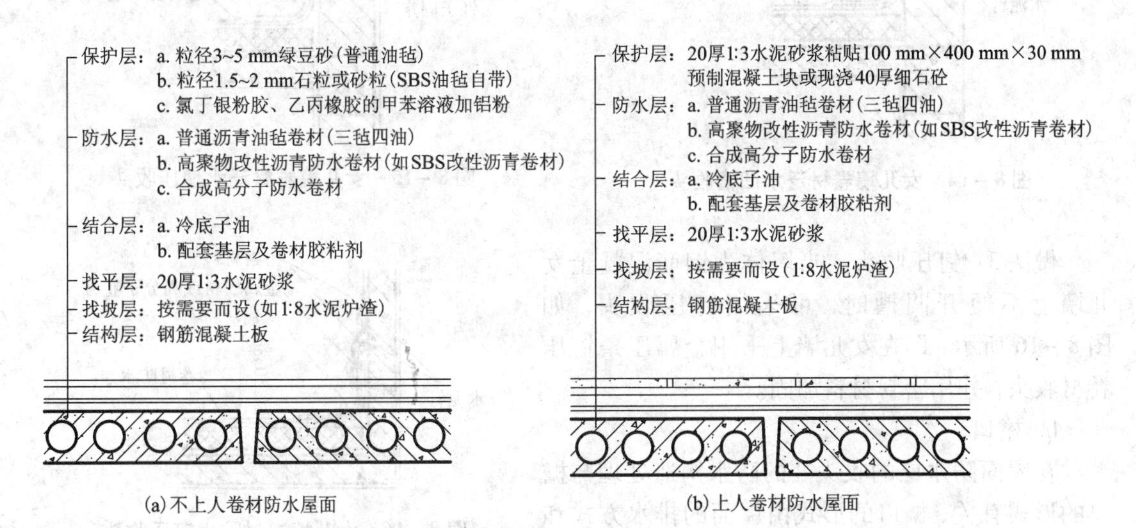

图8－13 卷材防水屋面构造做法

3) 卷材防水屋面的细部

卷材防水屋面在檐口，屋面与突出构件之间、变形缝、上人孔等处特别容易产生渗漏，所以应加强这些部位的防水处理。

a. 泛水

泛水是指屋面防水层与突出构件交接处的防水构造。一般在屋面防水层与女儿墙，上人屋面的楼梯间，突出屋面的电梯机房，水箱间，高低屋面交接处等都需做泛水。泛水高度不应小于250 mm，转角处应将找平层做成半径$R=50\sim100$ mm的圆弧或135°斜面，以防止黏贴卷材时因直角转弯而折断或不能铺实。

以女儿墙处的泛水为例，介绍泛水的构造。

做法1：凹槽收头。常在女儿墙内做立面凹槽作为卷材的收头，如图8－14所示。其要点是：砖墙上预留60 mm×60 mm的凹槽，距屋面不小于250 mm，槽内用水泥砂浆抹成平整的斜坡。

为加强泛水处的防水能力，应在女儿墙与屋面相交处铺贴卷材附加层。附加卷材层的水平段一端伸入屋面不小于250 mm，另一端铺贴到女儿墙凹槽的斜坡上。待基本卷材层也铺贴至凹槽内后，再用压条和水泥钉钉入，将卷材固定在凹槽内再用密封材料封口，水泥砂浆抹平。

做法2：埋压收头。当女儿墙较低时可采用埋压收头，如图8－15所示，卷材收头直接铺至女儿墙压顶下，用压条及水泥钉固定，再用密封材料封闭严密，女儿墙压顶也须做防水处理。

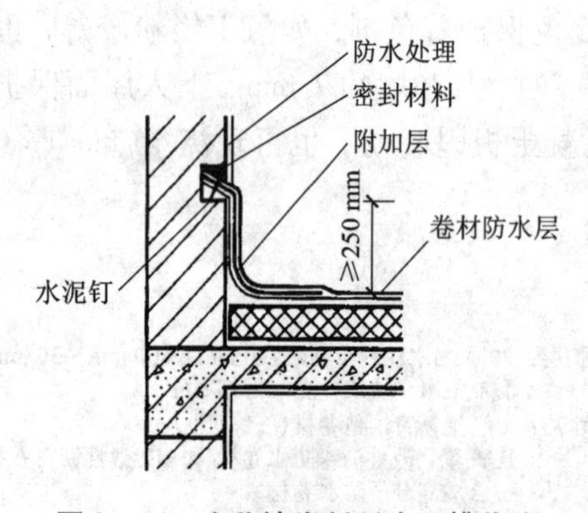

图8－14　女儿墙卷材泛水凹槽收头

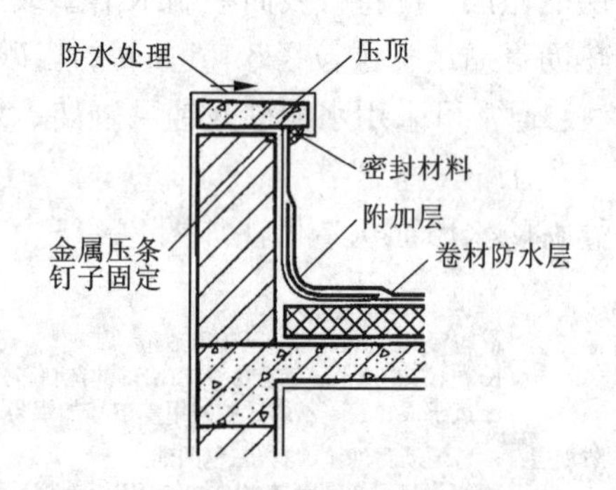

图8－15　女儿墙卷材泛水埋压收头

做法3：钉压收头。当墙体为钢筋混凝土女儿墙上不便开凹槽时，可采用钉压收头，如图8－16所示，即在女儿墙上采用金属压条钉压卷材收头，并用密封材料加固。

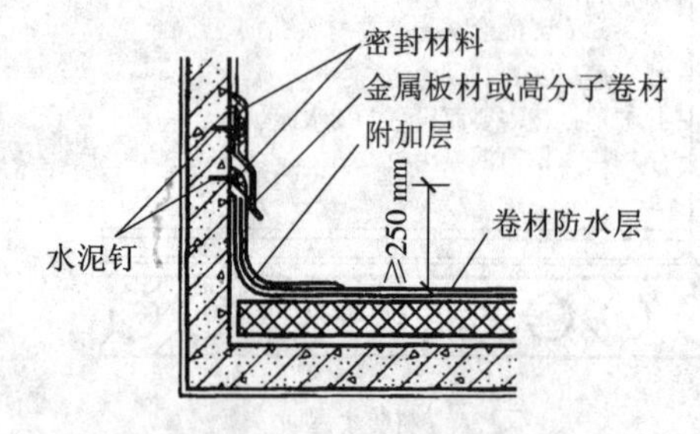

图8－16　女儿墙卷材防水钉压收头

b. 檐口

在屋面防水层的收头处的防水构造处理与檐口的形式有关，檐口的形式由屋面的排水方式和建筑物的立面造型要求来确定，一般有无组织排水檐口、挑檐沟檐口、女儿墙檐口和斜板挑檐檐口等。

无组织排水檐口的挑檐板一般与屋顶圈梁整体浇筑，屋面防水层的收头压入距挑檐板前端40 mm处的预留凹槽内，先用钢压条固定，然后用密封材料进行密封，如图8－17所示。

有组织排水檐口通常可有挑檐沟排水和女儿墙排水，将聚集在檐沟中的雨水分别由雨水口经水斗、雨水管(又称水落管)等装置导至室外明沟内。挑檐沟可采用钢筋混凝土制作，挑出墙外，挑出长度大时可用挑梁支承檐沟，如图8－18所示。檐沟内的水经雨水口流入雨水管。

女儿墙檐口，檐沟可设于女儿墙内侧，如图8－19所示，并在女儿墙上每隔一段距离设雨水口，檐沟内的水经雨水口流入雨水管中。亦有不设檐沟，雨水顺屋面坡度直通至雨水口

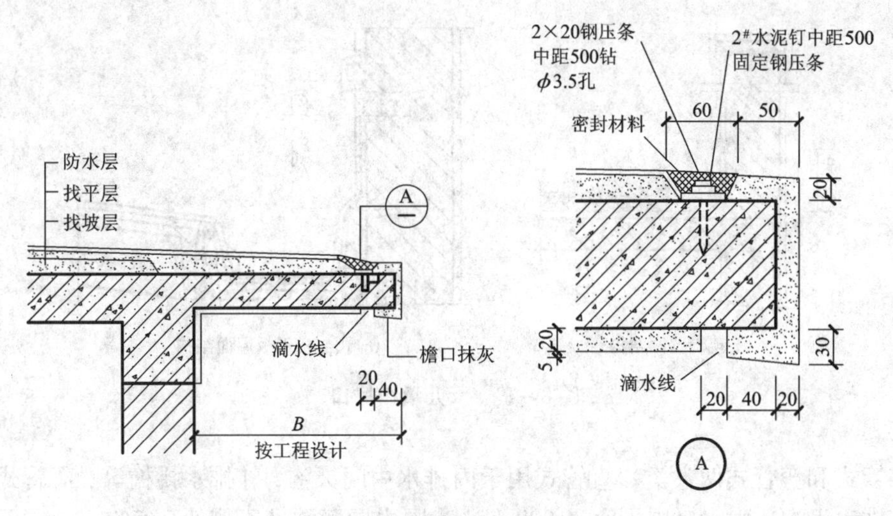

图 8－17 自由落水檐口

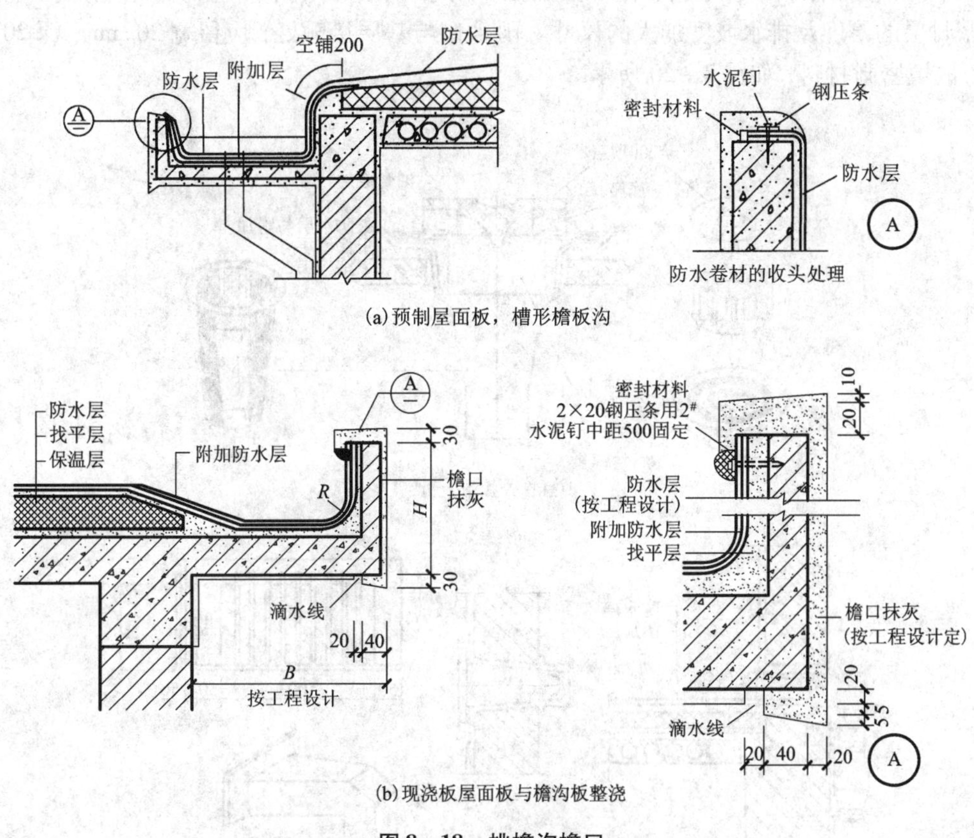

图 8－18 挑檐沟檐口

排出女儿墙外，或借弯头直接通至雨水管中，注意防水层与女儿墙应做泛水处理。

c. 雨水口

雨水口是屋面雨水排至落水管的连接构件，通常为定型产品，多用铸铁、钢板制作。雨

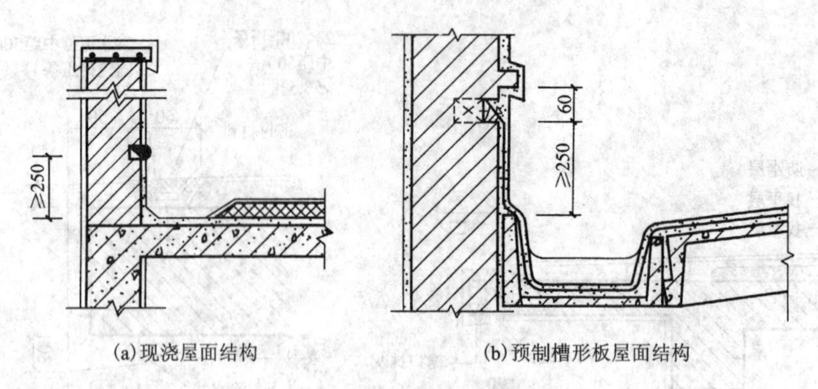

图 8 - 19　女儿墙内檐口

水口分直管式和弯管式两大类。直管式用于内排水中间天沟，外排水挑檐等；弯管式只适用女儿墙外排水天沟。雨水口周围直径 500 mm 范围内屋面坡度不应小于 5%，并应用厚度不小于 2 mm 的防水涂料或黏贴卷材附加层加强。雨水口的埋设标高，应考虑增加的附加层和柔性密封层的厚度及排水坡度加大的尺寸。雨水口与基层接触处，应留宽 20 mm、深 20 mm 凹槽，嵌填密封材料，如图 8 - 20 所示。

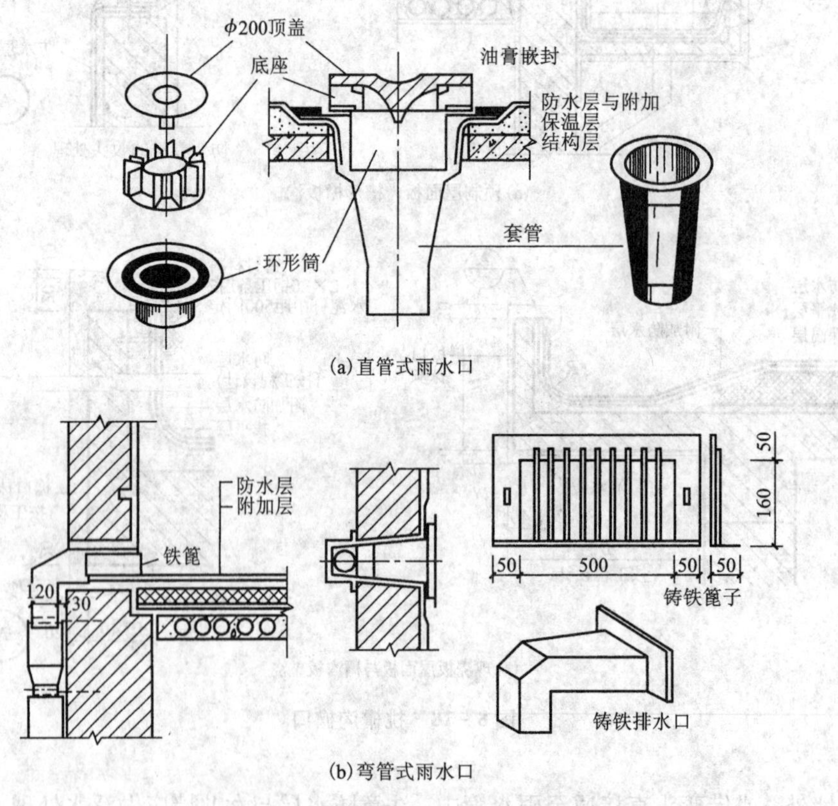

图 8 - 20　卷材防水屋面雨水口构造

d. 上人孔

不上人屋面考虑到屋面检修、安装设备和维护等要求，需设屋面上人孔。上人孔的平面尺寸不小于600 mm×700 mm，且应位于靠墙处，以方便设置爬梯。上人孔的孔壁一般与屋面板整浇，高出屋面至少250 mm，孔壁与屋面之间做成泛水，孔口用木板上加钉0.6 mm厚的镀锌薄钢板进行盖孔，屋面上人孔构造如图8－21。

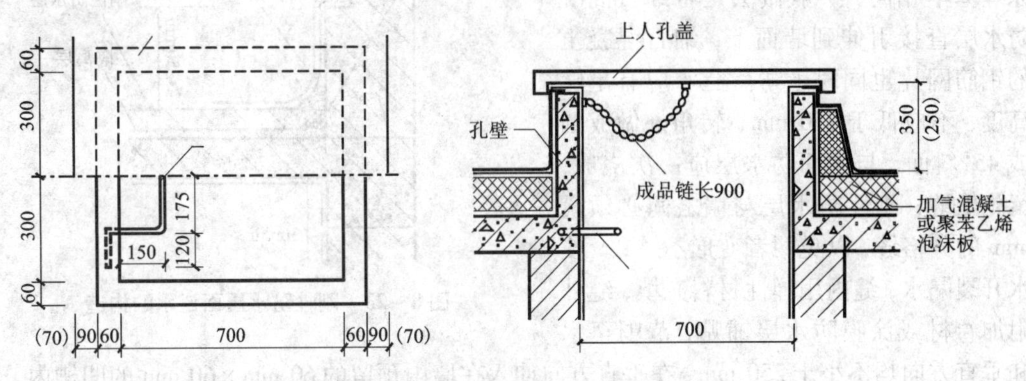

图8－21 屋面上人孔构造

2. 刚性防水屋面

指用刚性防水材料，如防水砂浆、细石混凝土、配筋的细石混凝土等做防水层的屋面

1）刚性防水屋面的主要特点

刚性防水屋面构造简单、施工方便、造价经济；对温度变化和结构变形较敏感，容易产生裂缝而渗漏，不适合温差变化大、有振动荷载、基础有较大不均匀沉降的建筑。

2）刚性防水屋面的基本构造

刚性防水屋面是由结构层、找平层、隔离层和防水层组成。对于不同要求的屋面其构造做法是有所不同的，具体由设计确定。刚性防水屋面构造如图8－22。

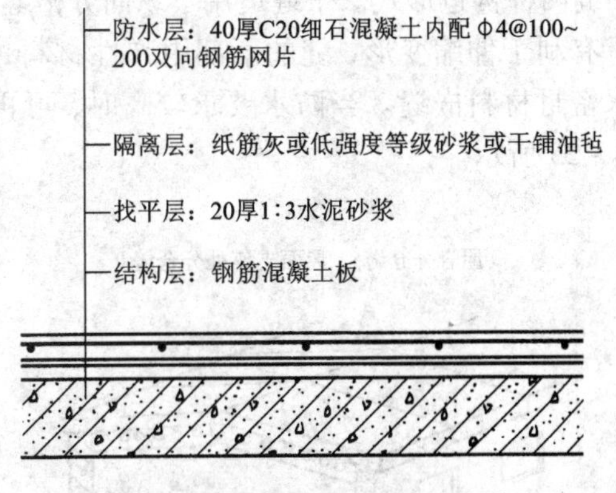

图8－22 刚性防水屋面的构造

结构层：刚性防水屋面的结构层应具有足够的强度和刚度，以尽量减少结构层变形对防水层的影响。一般采用现浇钢筋混凝土屋面板，当采用预制钢筋混凝土屋面板时，应加强对板缝的处理。

找平层：为使刚性防水层便于施工，厚度均匀，应在结构层上用20厚1:3的水泥砂浆找平。当采用现浇钢筋混凝土屋面板时，若能够保证基层平整，可不做找平层。

隔离层：设置隔离层是为了使防水层与结构层分离，使其各自变形独立，减小结构层变形对防水层的影响。隔离层一般采用麻刀灰、纸筋灰、低强度等级水泥砂浆或干铺一层油毡等做法。如果防水层中加有膨胀剂，其抗裂性较好，则不需再设隔离层。

刚性防水层：一般采用配筋的细石混凝土形成。细石混凝土的强度等级不低于C20，厚度不小于40，并应配置直径为4 mm的双向钢筋，间距100～200。钢筋应位于防水层中间偏上的位置，上面保护层的厚度不小于10 mm。

3）刚性防水屋面细部构造

a. 泛水

刚性防水屋面泛水构造与柔性防水屋面原理基本相同，一般做法是将细石混凝土防水层直接引伸到墙面上，细石混凝土内的钢筋网片也同时上弯。泛水应有足够的高度，不应低于250 mm，转角外做成圆弧或45°斜面，与屋面防水层应一次浇成，不留施工缝；刚性防水层与墙之间必须设30 mm的分格缝，以免两者变形不一致，使泛水开裂漏水，缝内用弹性材料充填，缝外用附加卷材或涂膜防水层铺贴，范围至水平和垂直方向均不小于250 mm，在垂直方向伸入在墙内预留的60 mm×60 mm的凹槽内，做好压缝收头处理，并用密封材料嵌填，如图8－23所示。

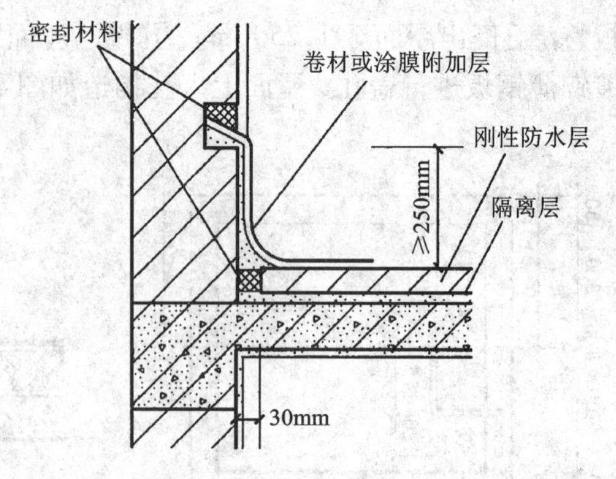

图8－23 刚性防水屋面泛水的构造

b. 分格缝

分格缝又称分仓缝，是为了避免刚性防水层因结构变形、温度变化和混凝土干缩等产生裂缝所设置的“变形缝”。

分格缝的间距应控制在刚性防水层受温度影响产生变形的许可范围内，一般不宜大于6 m，并应位于结构变形的敏感部位，如预制板的支承端，不同屋面板的交接处、屋面与女儿墙的交接处等，并与板缝上下对齐，如图8－24所示。分格缝的宽度为20～40 mm，有平缝和凸缝两种构造形式。平缝适用于纵向分格缝，凸缝适用于横向分格缝和屋脊处的分格缝。为了有利于伸缩变形，缝的下部用弹性材料，如聚乙烯发泡棒、沥青麻丝等填塞，上部用防水密封材料嵌缝。当防水要求较高时，可再在分格缝的上面加铺一层卷材进行覆盖。如图8－25所示。

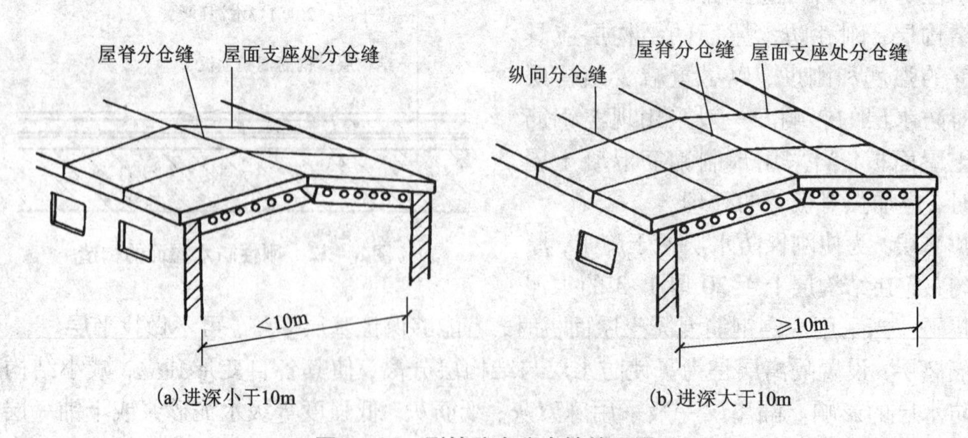

图8－24 刚性防水分仓缝的设置

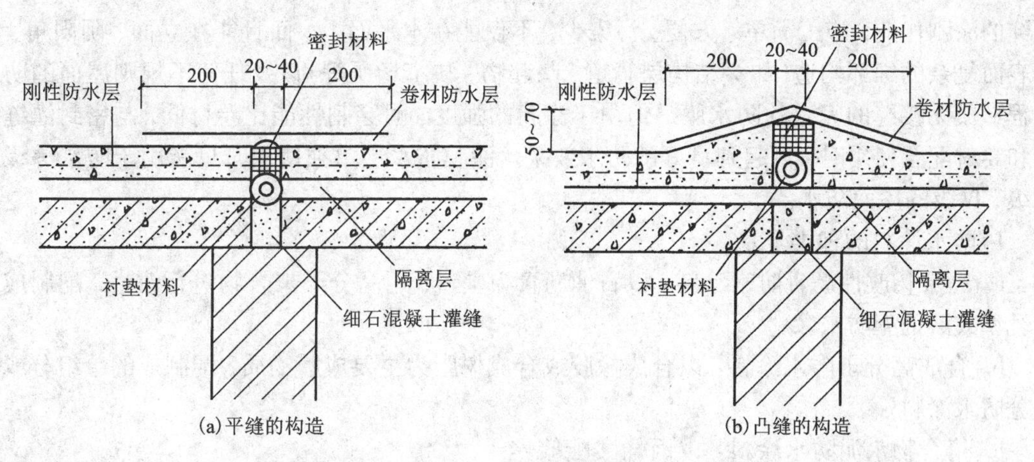

图 8－25 分仓缝的构造

c. 檐口

无组织排水檐口通常直接由刚性防水层挑出形成，挑出尺寸一般不小于450 mm，也可设置挑檐板，刚性防水层伸到挑檐板之外，如图 8－26 所示。有组织排水檐口有挑檐沟檐口、女儿墙檐口和斜板挑檐檐口等做法。挑檐沟檐口的檐沟底部应用找坡材料垫置形成纵向排水坡度，铺好隔离层后再做防水层，防水层一般采用1∶2 的防水砂浆或细石混凝土，如图8－27 所示。女儿墙檐口与刚性防水层之间按泛水处理，其形式与卷材防水屋面相同。

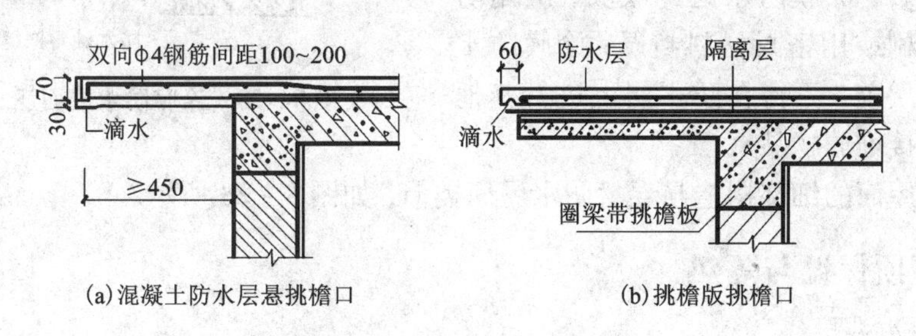

图 8－26 自由落水挑檐口

d. 雨水口

刚性防水屋面雨水口的规格和类型与柔性防水屋面所用雨水口相同。安装直管式雨水口为防止雨水从套管与沟底接缝处渗漏，应在雨水口四周加铺柔性卷材，卷材应铺入套管的内壁。檐口内浇筑的混凝土防水层应盖在附加的卷材上，防水层与雨水口相接处用油膏嵌封。安装弯式雨水口前，下面应铺一层柔性卷材，然后再浇筑屋面防水层，防水层与弯头交接处用油膏嵌封。

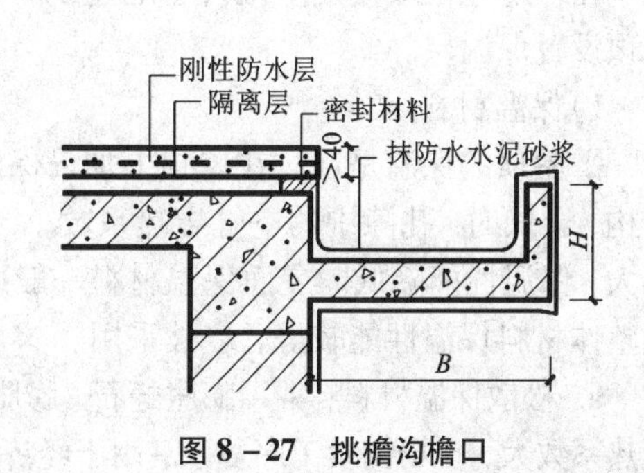

图 8－27 挑檐沟檐口

3. 涂膜防水屋面

涂膜防水屋面是指在屋面找平层上涂刷防水涂料，经固化后形成一层具有一定厚度和弹性的整体薄膜，使基层表面与水隔绝，起到密封防水作用。涂膜防水层整体性好，大多采用单纯的涂刷作业，施工简单、方便、污染少，不仅能在水平面上，而且能在立面、阴阳角、各种表面复杂的细部构造（如穿结构层管道、凸起物、狭窄场所等）以及任何不规则屋面的防水工程形成无接缝的完整的防水膜。但由于涂膜的强度、耐穿刺性能比卷材低，与密封灌缝材料和卷材配合使用时，可起到良好的防水效果。涂膜防水层单独使用时只能用于防水等级为Ⅲ级、Ⅳ级的屋面防水。

1）防水涂料的种类

a. 高聚物改性沥青防水涂料：以石油沥青为基料，用高分子聚合物进行改性，配制成的水乳型或溶剂型防水涂料。

b. 合成高分子防水涂料：以合成橡胶或合成树脂为主要成膜物质，配制成的单组分或多组分防水涂料。

c. 聚合物水泥防水涂料：以丙烯酸酯等聚合物乳液和水泥为主要原料，加入其他外加剂制得的双组分水性建筑防水涂料。

2）涂膜防水屋面的构造做法

根据屋面防水涂膜的暴露程度，应选择耐紫外线、热老化保持率相适应的涂料。防水涂膜应分遍涂布，待先涂布的涂料干燥成膜后，方可涂布后一遍涂料，且前后两遍涂料的涂布方向应相互垂直；涂膜防水层的收头，应用防水涂料多遍涂刷或用密封材料封严；涂膜防水层在未做保护层前，不得在防水层上进行其他施工作业或直接堆放物品。

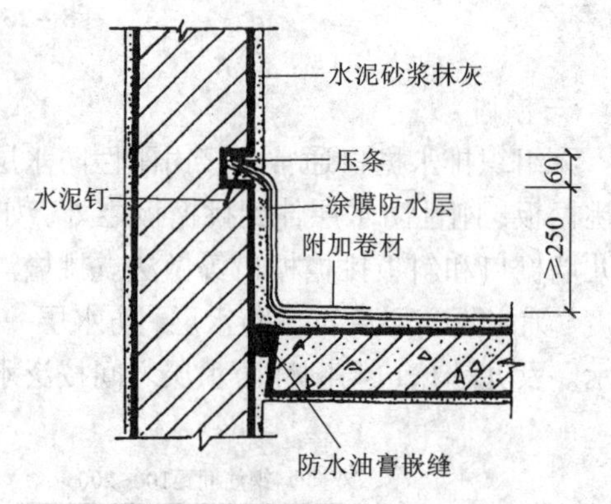

图 8－28　涂膜防水屋面泛水构造

涂膜防水屋面的细部构造与卷材防水屋面类似，如图 8－28 所示。

8.2.4　平屋顶保温与隔热

1. 平屋顶保温

在寒冷地区或使用空调设备的建筑中，为防止屋顶热损失过大或顶棚出现冷凝水，需在屋顶设置保温层。

1）保温材料

平屋顶的保温是通过在屋顶上加设保温材料来满足保温要求的。保温材料大多属于多孔结构，干燥时，孔隙中的空气导热系数小，保温性能好；潮湿时，孔隙中的水汽导热系数较空气大，保温性能降低。屋面保温材料一般可分为松散材料、板块材料和整体材料。板块材料和整体材料保温性能较好，多被采用。

a. 松散保温材料：常用膨胀蛭石、膨胀珍珠岩、炉渣、矿渣等，这些无机保温材料自重大，导热系数大，现场铺设工序复杂，用于经济不发达的边远地区或对保温要求不高的建筑中。

b. 板块保温材料：将保温材料加工成各种板材后用于屋面保温，如聚苯乙烯泡沫塑料板、水泥蛭石板、水泥珍珠岩板、加气混凝土板和泡沫玻璃板等。

c. 整体保温层材料：在屋面上采用整体现喷有机材料形成保温层。这些有机保温材料克服了无机保温材料的缺点，如现喷硬质聚氨酯泡沫塑料等。

2）保温构造

平屋顶屋面坡度平缓，常将保温层放在屋面结构层之上。根据保温层与防水层位置的关系，保温层做法有正置和倒置两种形式。

a. 正置保温屋面

即保温层放在防水层之下，结构层之上，如图8－29所示。因防水层设在保温层之上，可防止保温层受潮，保温效果好。

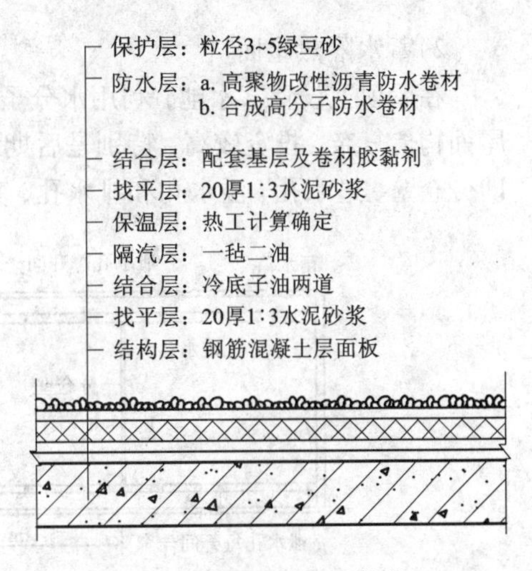

图8－29 正置保温屋面构造

b. 倒置式保温屋面

即将保温层设置在防水层上，如图8－30所示。此类做法因将保温层设置在防水层之上，可以延缓防水层的老化，有利于防水层的耐久。倒置式保温屋面的保温层应采用吸水率低且长期浸水不腐烂的保温材料，如干铺或黏贴聚苯乙烯泡沫保温板，也可用现喷硬质聚氨酯泡沫塑料。倒置式保温屋面的坡度不宜大于3%，上部应做保护层。

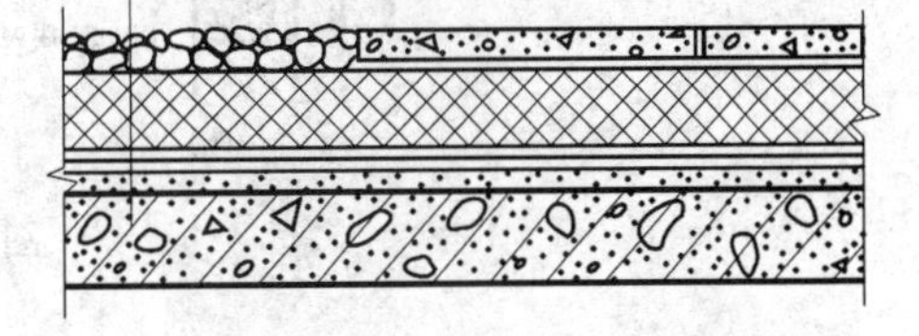

图8－30 倒置式保温屋面

2. 平屋顶的隔热

在气候炎热地区，太阳辐射强度大，照射在近乎水平的屋顶上，将使屋顶温度剧烈升高，从而对房间造成烘烤作用，影响室内的正常工作和生活。为减少传进室内的热量和降低室内的温度，屋顶应采取隔热降温措施，屋顶隔热有以下几种做法：

1）通风隔热屋面

通风隔热屋顶有两种做法：一种是在结构层与悬吊顶棚之间设置通风间层，在外墙上设进气口与排气口，如图8－31（a）所示；另一种是在屋面上架空铺设一层预制板、大阶砖或瓦材类，使架空层与屋面之间形成可流动的空气间层形成设架空屋面，如图8－31（b）所示，架空层进风口应朝夏季主导风向，出风口应设于背风向。架空层高度宜取180～300 mm，屋面较大且坡度平缓时宜高一些，以利通风。

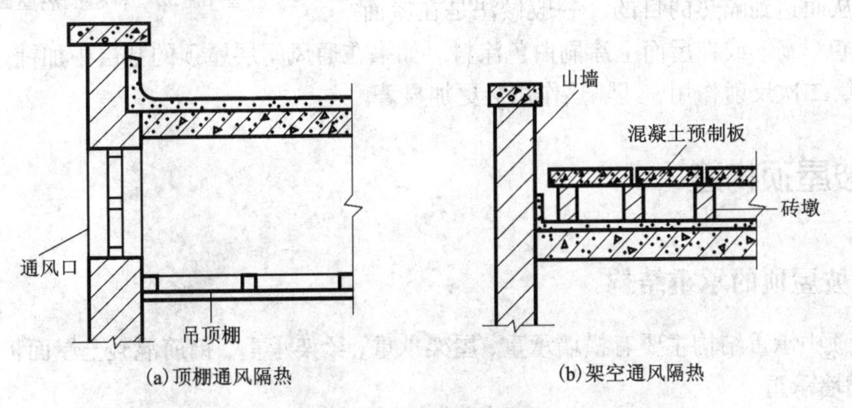

图8－31 通风隔热屋面

2）蓄水隔热屋面

在屋顶上设置蓄水池，利用水分子蒸发带走大量的热，从而达到降温隔热的目的。这种屋面构造复杂，投资较高，特别是后期维修管理费用高。蓄水屋面要注意做好“一壁三孔”，即分仓壁、过水孔、溢水孔和排水孔，其构造如图8－32所示。

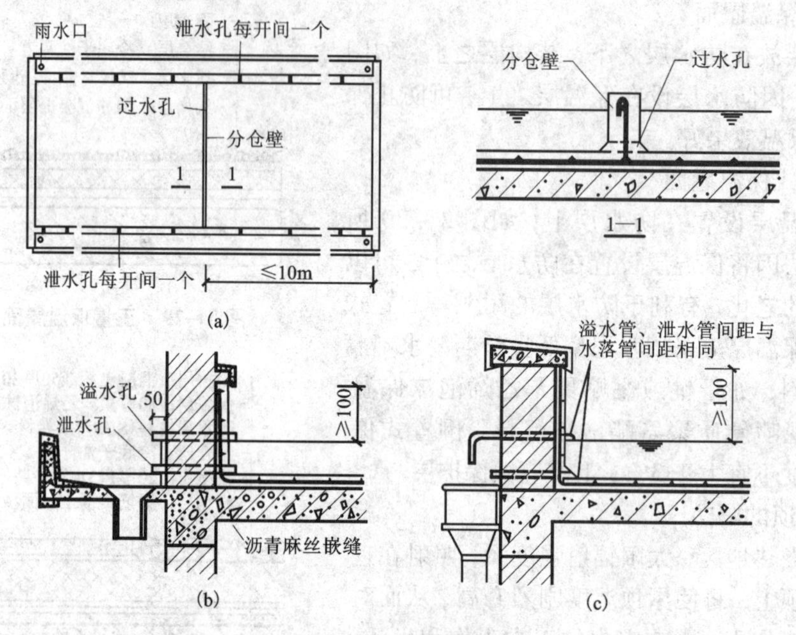

图8－32　蓄水屋面

3）植被隔热屋面

近年来，各地较多地采用在屋顶上种植植物，利用植物的蒸腾和光合作用，吸收太阳辐射热，已经取得了可喜的成果。这种做法不仅能有效地隔热，同时还可以美化绿化环境，如图8－33所示。

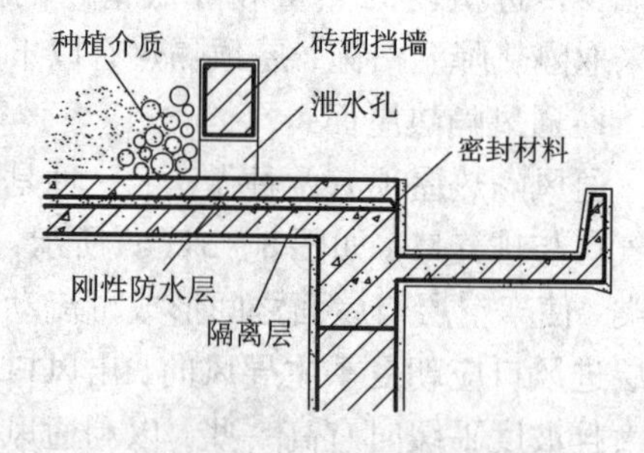

图8－33　种植隔热屋面

4）反射隔热屋面

即利用材料对阳光的反射作用，以减少接受的辐射热，从而达到隔热的目的。一般做法是在屋面上铺设浅色砂砾，或在屋面上涂刷白色涂料。如果在通风间层屋顶的基层中加铺一层铝箔纸板，利用第二次反射作用，其隔热作用会更加显著。

8.3　坡屋顶构造

8.3.1　坡屋顶的承重结构

坡屋顶中承重结构主要有横墙承重、屋架承重、梁架承重、钢筋混凝土屋面板承重等。

1．横墙承重

将横墙顶部砌成三角形，上部搁置檩条来承受屋面荷载的一种结构形式，又称硬山搁檩。这种承重方式用横墙代替屋架，故简化了屋顶构造，节省钢材和木材，便于施工，造价较低，有利于防火、隔声。但房间开间不够灵活，适用于开间为4.5 m以内、尺寸较小的房间，如住宅、宿舍、旅馆等建筑，如图8－34所示。

2. 屋架承重

在建筑物的纵向承重墙或柱上，搁置屋架，在屋架上搁置檩条来承受屋面重量的一种结构形式。这种承重方式的建筑，室内横墙的位置可根据使用需要来确定，增加了使用的灵活性，适用于房间面积较大或内部使用需要敞通空间的建筑，如教学楼，食堂等，如图8－35所示。

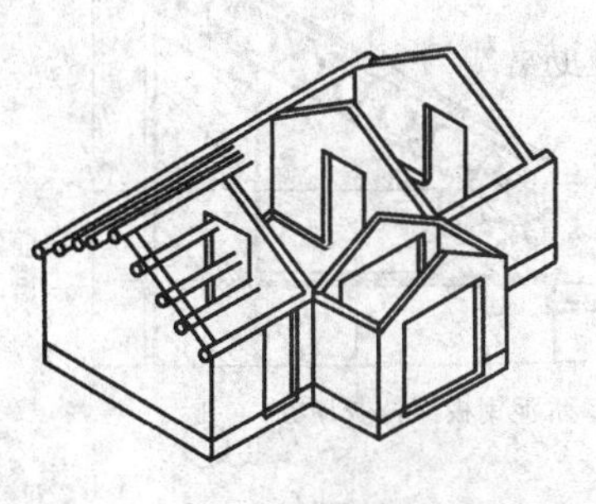

图8－34 横墙承重

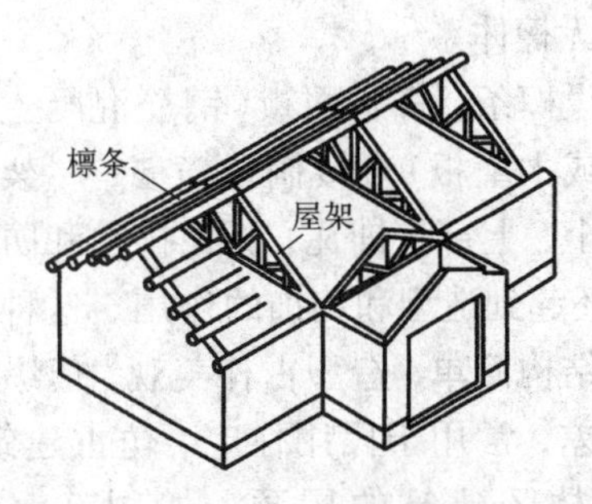

图8－35 屋架承重

3. 梁架承重

梁架也称木构架，是我国传统建筑的结构形式。它是由柱和梁组成的结构，檩条把一排排梁架连系起来，形成一个整体骨架。这种承重系统的主要优点是结构牢固、抗震性好，墙只起围护和分隔作用，体现了所谓“墙倒房不塌”的特点，但消耗木材量较多，耐火性和耐久性均较差，维修费用高，如图8－36所示。

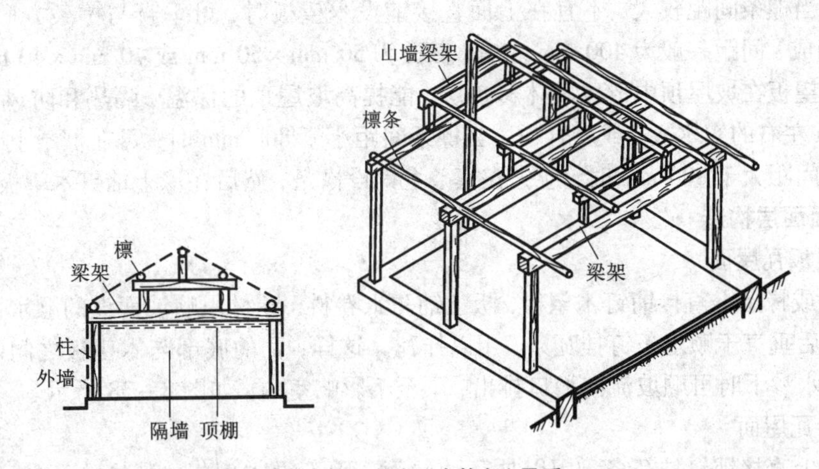

图8－36 梁架(木构架)承重

4. 钢筋混凝土屋面板承重

即在墙上倾斜搁置现浇或预制钢筋混凝土屋面板(类似于平屋顶的结构找坡屋面板的搁置方式)来作为坡屋顶的承重结构。其特点是节省木材，提高了建筑物的防火性能，构造简单，近年来常用于住宅建筑和风景园林建筑中。

8.3.2 坡屋顶的屋面构造

坡屋顶层面坡度较大，层面材料一般多用瓦材，如平瓦、小青瓦、波形瓦、油毡瓦等。由于瓦材尺寸小，不能直接搁置在承重结构上，它下面必须设置基层，故坡屋顶的屋面由基层和面层组成。

1. 屋面基层

坡屋顶的层面基层按照是否设檩条，分为有檩体系和无檩体系。

1）无檩体系

不设檩条，将屋面板（钢筋混凝土板层面板或木望板）直接搁在横墙、屋架或屋面梁上，上部可铺瓦，瓦在排水和防水同时，还起到造型和装饰的作用。这种构造方式结构简单，造型古朴美观，但纵向刚度较差，常用于民用住宅、仿古建筑、风景园林区建筑的屋顶，如图 8－37 所示。

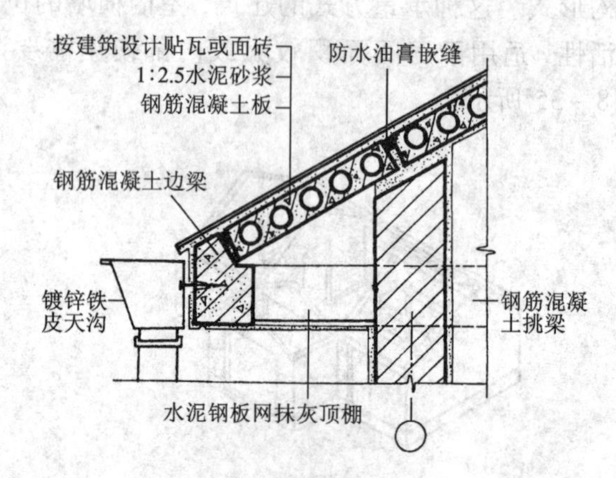

图 8－37 无檩体系钢筋混凝土板基层屋面

2）有檩体系

有檩体系的屋面基层包括檩条、椽条、望板、顺水条、挂瓦条等。

檩条：檩条支承在横墙或屋架上，所用材料有木材、钢材及钢筋混凝土。檩条的断面尺寸由结构计算确定，方木檩条一般为(75～100) mm×(100～180) mm，木檩条跨度4 m，钢筋混凝土檩条可达6 m。

椽条：当檩条间距较大，不宜在上面直接铺设木望板时，可垂直与檩条方向架立椽条，椽条用木制成，间距一般为400 mm 左右，截面为50 mm×50 mm 或40 mm×40 mm。

望板：望板在坡屋顶中形成整体覆盖层，能提高坡屋顶的保温、隔热和防风沙能力，一般为20 mm 左右的实木板，或胶合板。当檩条间距小于800 mm 时，可在檩条上直接铺钉木望板；檩条间距大于800 mm 时，应先在檩条上铺设椽条，然后在椽上铺钉木望板。

2. 屋面面层构造

1）木望板瓦屋面

在檩条或椽条上直接铺钉木望板，板上铺防水卷材，卷材用顺坡而设的顺水条钉固于屋面板上，然后垂直于顺水条钉挂瓦条，用以挂瓦。这样，瓦的底部与木望板之间留有一定空间，当有雨水渗下时可顺坡流向檐口排出，不至于影响室内，如图 8－38 所示。

2）冷摊瓦屋面

在椽条上直接铺钉挂瓦条，用以挂瓦的屋面。因不设木望板，其构造简单，造价低廉，如图 8－39 所示。

3）挂瓦板瓦屋面

挂瓦板为预应力或非预应力混凝土构件，板的基本断面形式如图 8－40 所示。板的长度可达6 m，搁置在横墙或屋架上，然后在挂瓦板上直接挂设平瓦。这种做法可节约大量木材，减少施工程序。挂瓦板的横档之间可用轻质材料填充，有利于屋面保温。缺点是板与板之间、板与支座之间的连接不够有力，抗震性能稍差，板在运输过程中损耗较大。

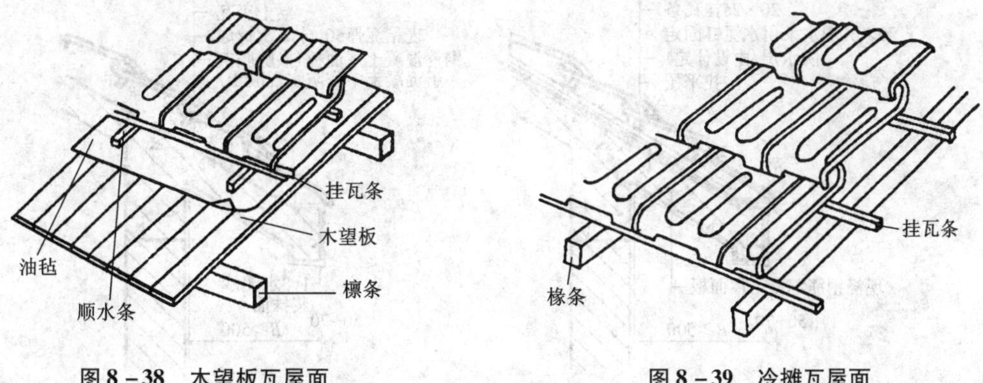

图8-38 木望板瓦屋面　　图8-39 冷摊瓦屋面

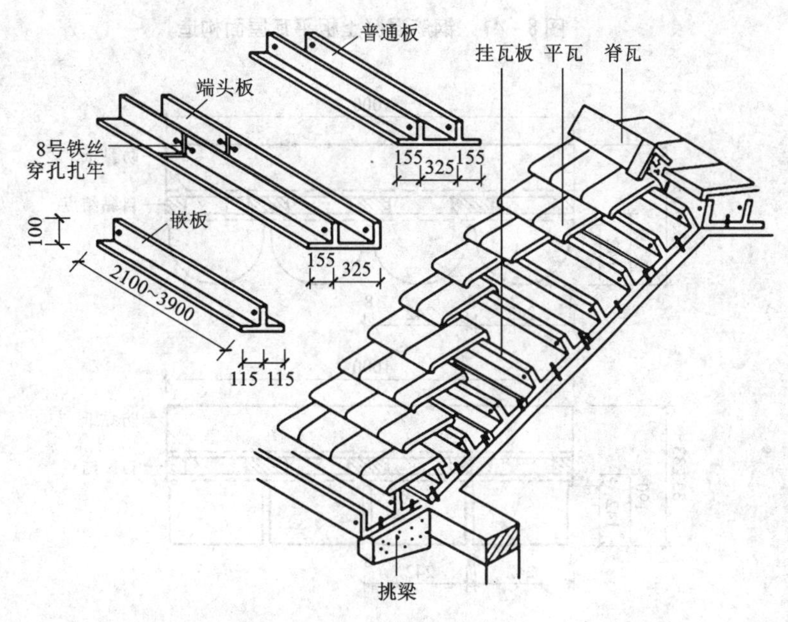

图8-40 挂瓦板瓦屋面

4）钢筋混凝土板平瓦屋面

这是无檩条体系瓦屋面的做法，在现代坡屋顶建筑中应用广泛。预制钢筋混凝土空心板或现浇平板作为瓦屋面的基层，在其上盖瓦，如图8-41所示。

5）油毡瓦屋面

油毡瓦是以玻璃纤维为胎基，经浸涂石油沥青后，面层热压各色彩砂，背面撒以隔离材料而制成的瓦状材料，形状有方形和半圆形，如图8-42所示。油毡瓦适用于排水坡度大于20%的坡屋面，可铺设在木板基层和混凝土基层的水泥砂浆找平层上，如图8-43所示。

6）压型钢板屋面

压型钢板是将镀锌钢板轧制成型，表面涂刷防腐涂层或彩色烤漆而成的屋面材料，有的中间填充了保温材料，成为夹芯板，可提高屋顶的保温效果。此类屋面具有自重轻、施工方便、装饰性与耐久性强的优点。压型钢板屋面一般与钢屋架相配合，如图8-44所示。

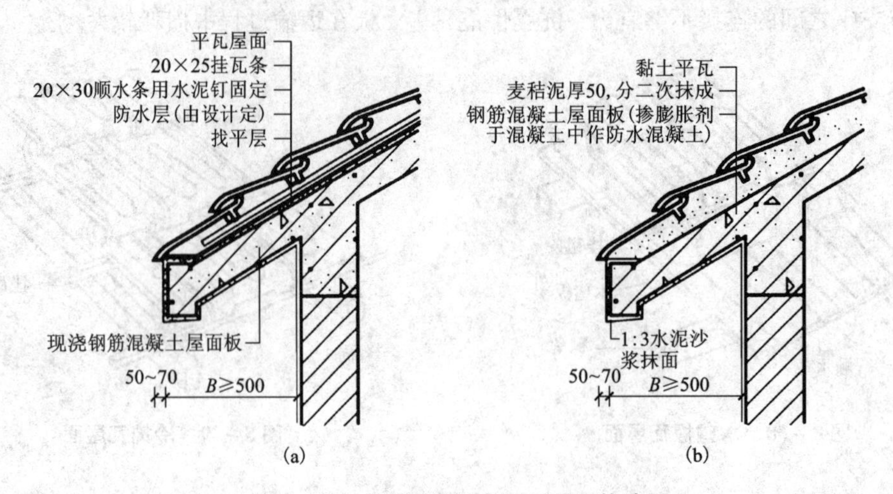

图 8-41 钢筋混凝土板平瓦屋面构造

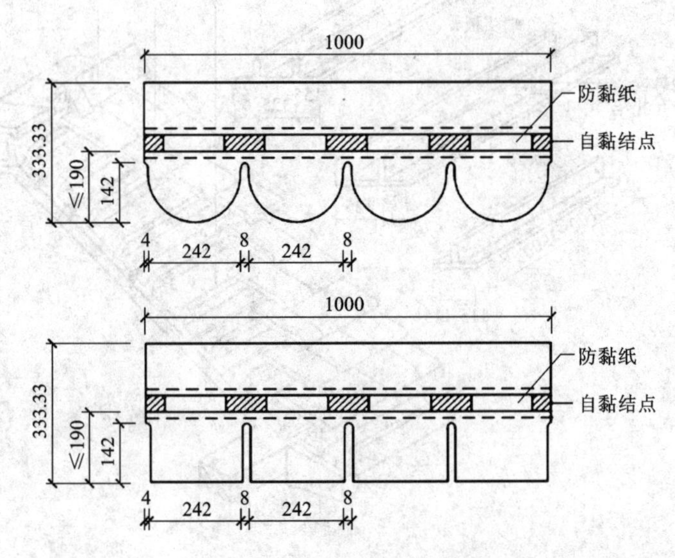

图 8-42 油毡瓦的规格

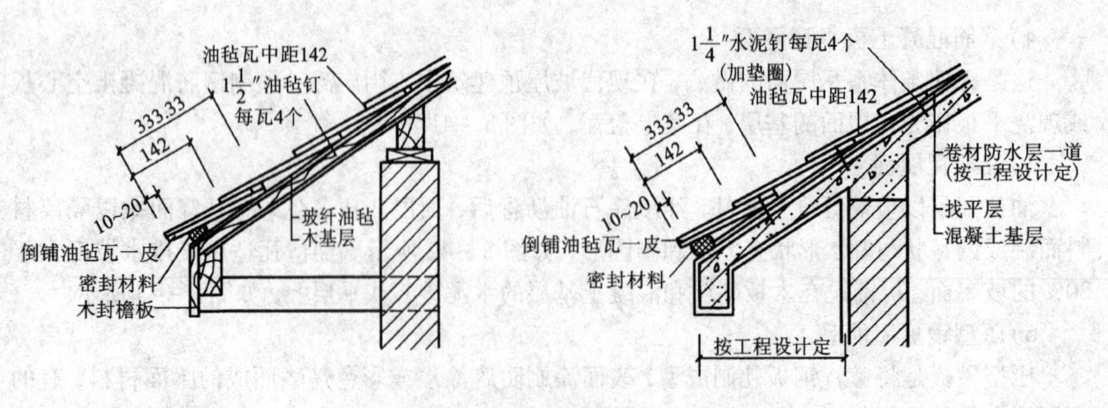

图 8-43 油毡瓦屋面构造

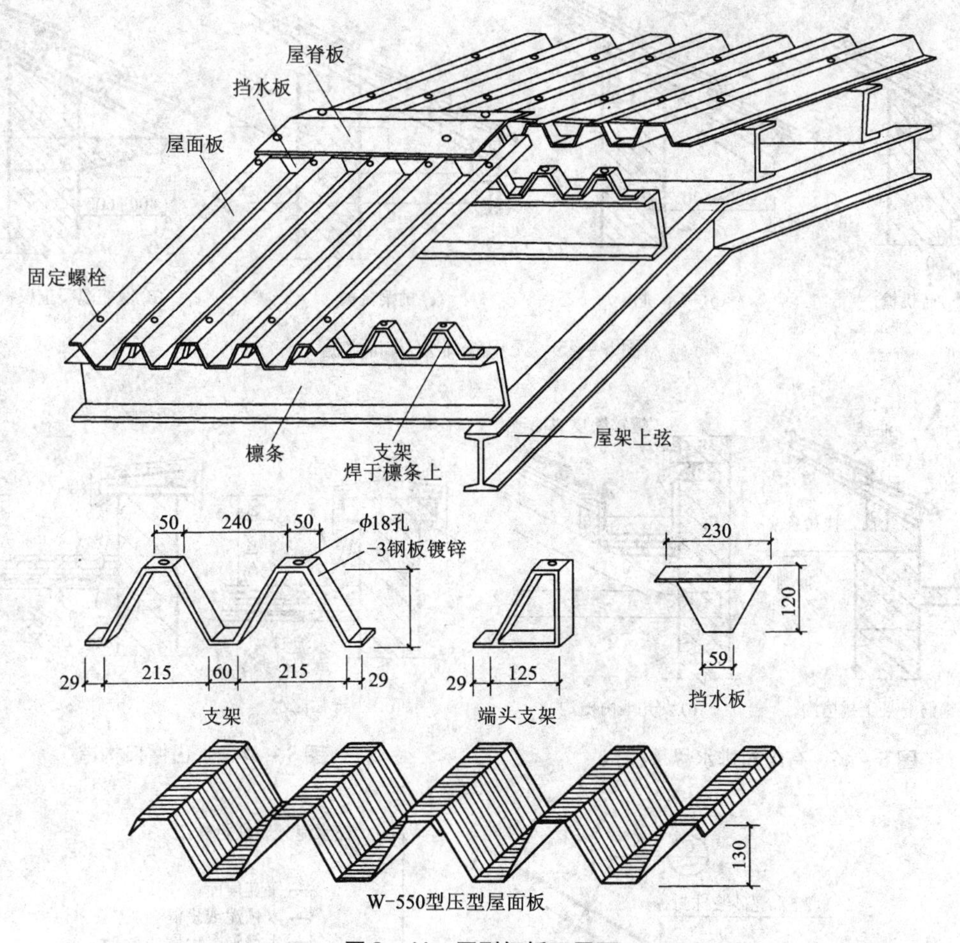

图 8-44 压型钢板瓦屋面

8.3.3 坡屋顶的细部构造

1. 坡屋顶的檐口

1)纵向檐口

无组织排水檐口：当坡屋顶采用无组织排水时，应将屋面伸出纵墙形成挑檐。挑檐的构造做法有砖挑檐、椽木挑檐、挑梁挑檐和钢筋混凝土板挑檐等，如图 8-45 所示。

有组织排水檐口：当坡屋顶采用有组织排水时，一般多采用外排水，需在檐口处设置檐沟，檐沟的构造形式一般有钢筋混凝土挑檐沟和女儿墙内檐沟两种，如图 8-46 所示。

2)山墙檐口

坡屋顶山墙檐口的构造有硬山和悬山两种。

硬山：是将山墙升起包住檐口，女儿墙与屋面交接处应做泛水，一般用砂浆黏结小青瓦或抹水泥石灰麻刀砂浆泛水，如图 8-47 所示。

悬山：是将檩条伸出山墙挑出，上部的瓦片用水泥石灰麻刀砂浆抹出披水线，进行封固，如图 8-48 所示。

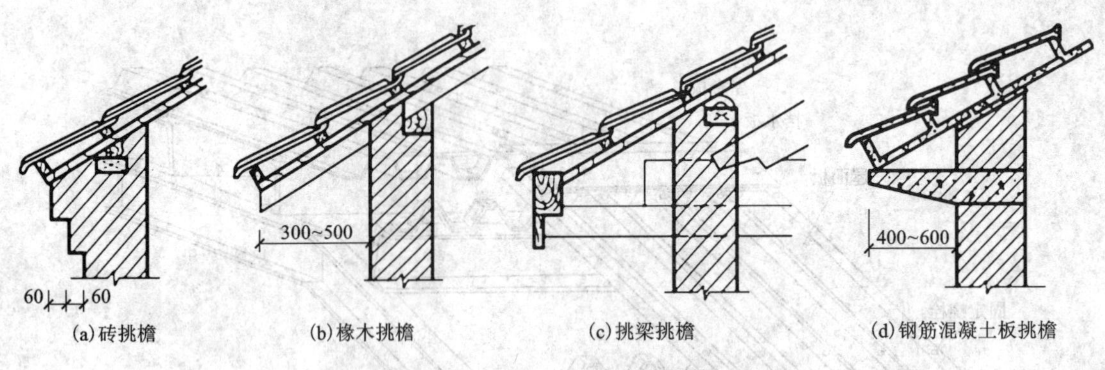

图 8-45 无组织排水纵向挑檐

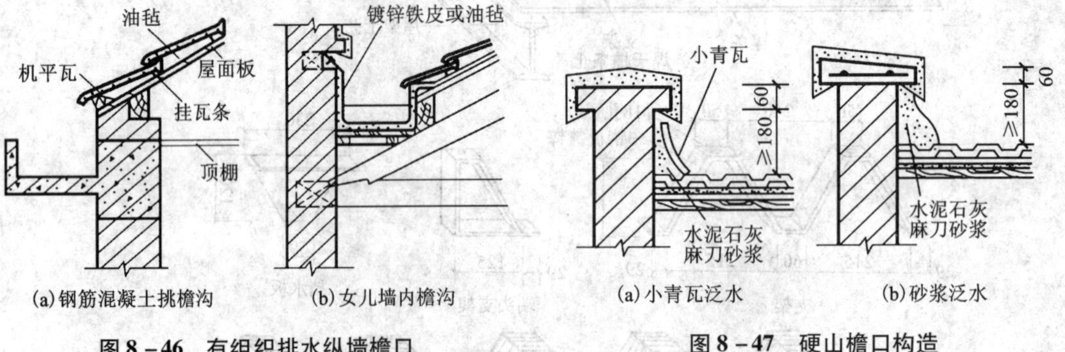

图 8-46 有组织排水纵墙檐口

图 8-47 硬山檐口构造

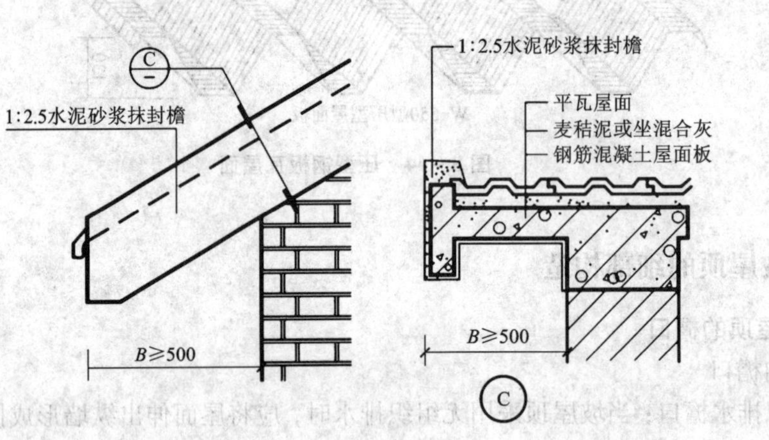

图 8-48 悬山檐口构造

2. 屋脊、天沟和斜沟构造

互为相反的坡面在高处相交形成屋脊，屋脊处应用V形脊瓦盖缝，如图 8-49(a)所示。在等高跨和高低跨屋面相交处会形成天沟，两个互相垂直的屋面相交处会形成斜沟。天沟和斜沟应保证有一定的断面尺寸，上口宽度应为 300~500 mm，沟底一般用镀锌铁皮铺于木基层上，镀锌铁皮两边向上压入瓦片下至少 150 mm，如图 8-49(b)所示。

3. 压型钢板屋面的细部构造

1)压型钢板屋面檐口构造

当压型钢板屋面采用无组织排水时，挑檐板与墙板之间应用封檐板密封，以提高屋面的围护效果，如图 8－50 所示。当采用有组织排水时，应在檐口处设置檐沟。檐沟可采用彩板檐沟或钢板檐沟，当用彩板檐沟时，压型钢板应伸入檐沟内，其长度一般为 150 mm，如图 8－51 所示。

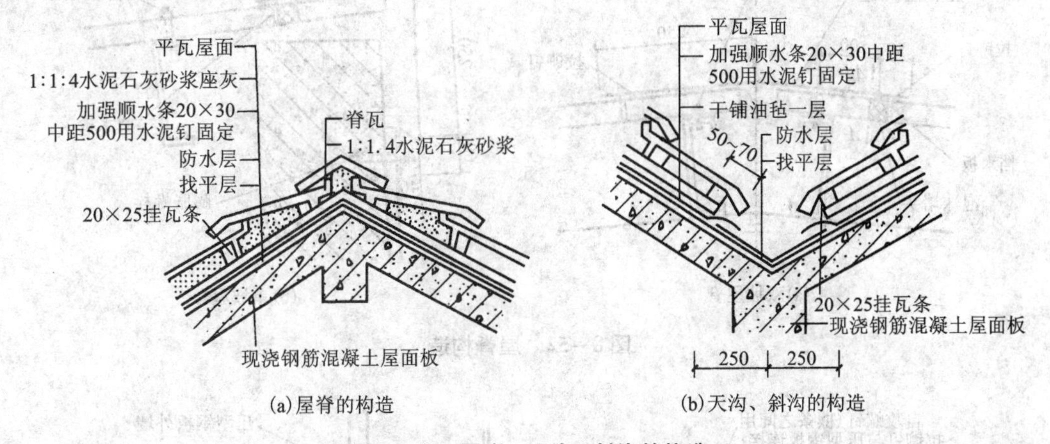

(a)屋脊的构造 (b)天沟、斜沟的构造

图 8－49 屋脊、天沟、斜沟的构造

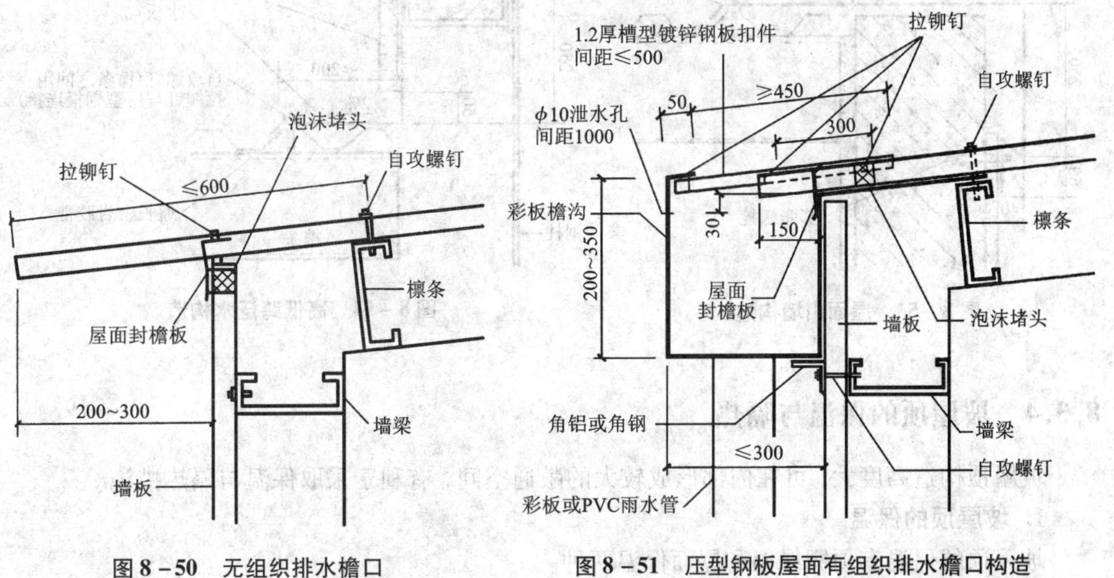

图 8－50 无组织排水檐口

图 8－51 压型钢板屋面有组织排水檐口构造

2)压型钢板屋面屋脊构造

分为双坡屋脊和单坡屋脊，如图 8－52 所示。

3)压型钢板屋面山墙构造

压型钢板屋面与山墙之间一般用山墙包角板整体包裹，包角板与压型钢板屋面之间用通长密封胶带密封，如图 8－53 所示。

4)压型钢板屋面高低跨泛水构造

压型钢板屋面高低跨交接处，加铺泛水板进行处理，泛水板上部与高侧外墙连接，高度不小于 250 mm，下部与压型钢板屋面连接，宽度不小于 200 mm，如图 8－54 所示。

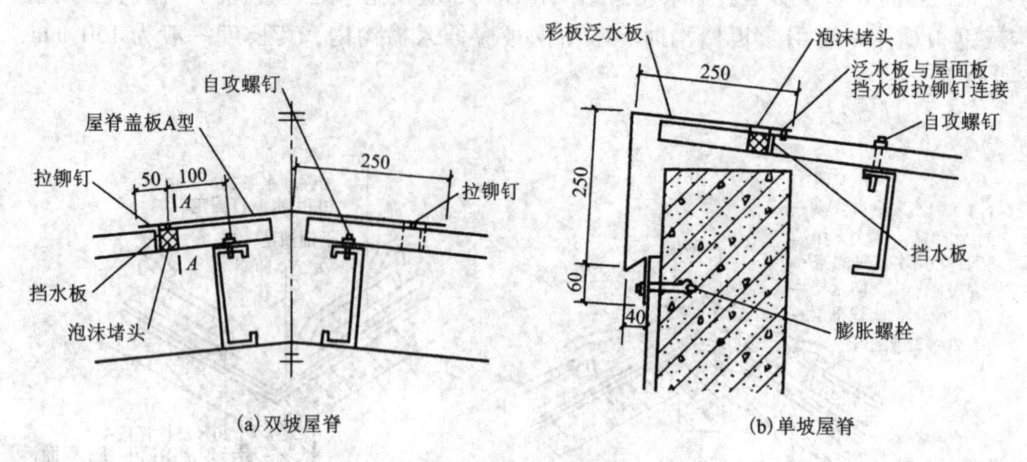

图 8－52　屋脊构造

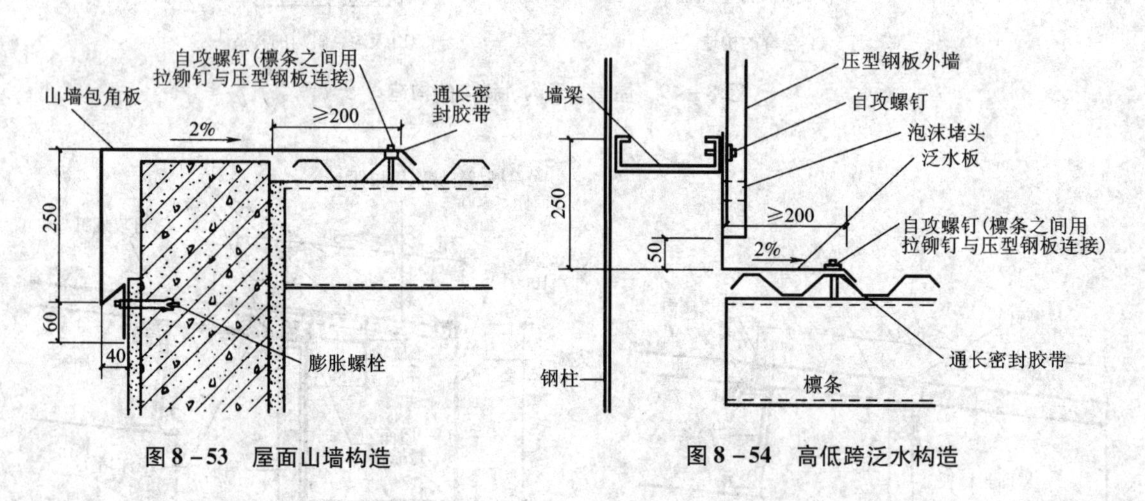

图 8－53　屋面山墙构造

图 8－54　高低跨泛水构造

8.3.4　坡屋顶的保温与隔热

坡屋顶构造高度大，可在内部形成较大的敞通空间，有利于采取保温与隔热措施。

1. 坡屋顶的保温

坡屋顶的保温有顶棚保温和屋面保温两种。

顶棚保温是在坡屋顶的悬吊顶棚上加铺木板，上面干铺一层油毡做隔汽层，然后在油毡上面铺设轻质保温材料。屋面保温是在瓦材与檩条之间或檩条与檩条之间布置保温材料，如图 8－55 所示。

2. 坡屋顶的隔热

坡屋顶隔热一般是在坡屋顶中设进气口和排气口，通过组织空气在屋顶对流，形成屋顶内的自然通风，以减少由屋顶传入室内的辐射热，从而达到隔热降温的目的。进气口一般设在檐墙上、屋檐部位或室内顶棚上，出气口最好设在屋脊处，以增大高差，利于加速空气流通，如图 8－56 所示。

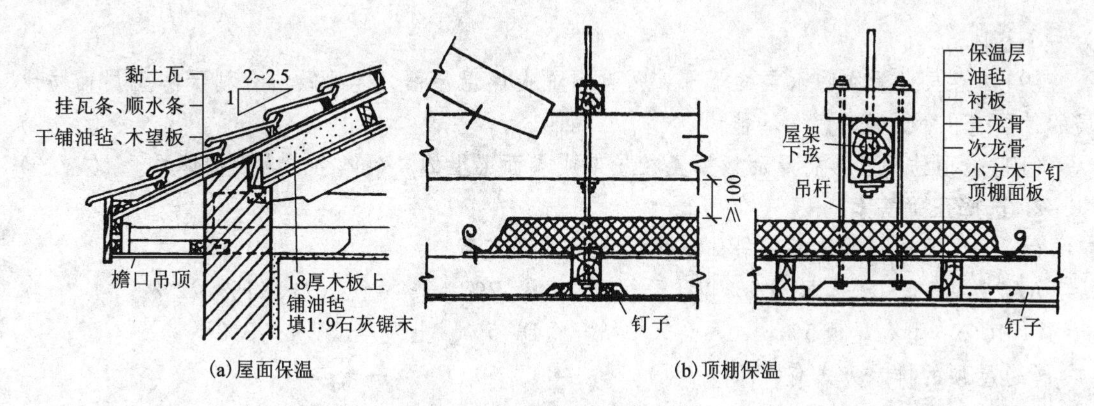

(a)屋面保温 (b)顶棚保温

图8-55 坡屋顶的保温

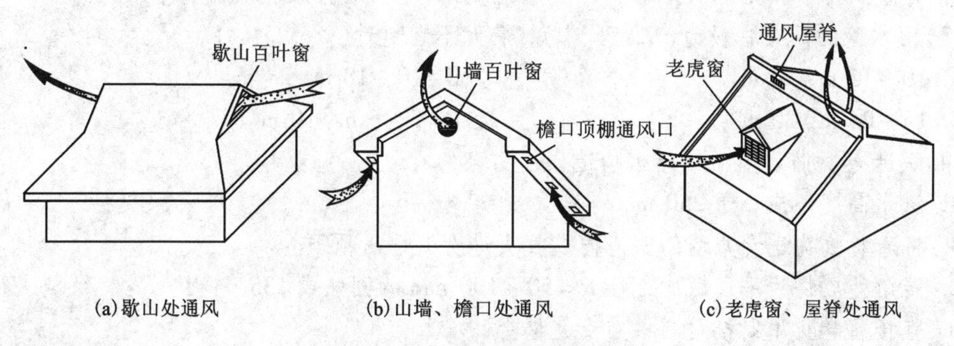

(a)歇山处通风 (b)山墙、檐口处通风 (c)老虎窗、屋脊处通风

图8-56 几种通风屋顶的示意图

能力训练

基础知识训练

1. 判断正误

(1)坡屋顶屋面结构形式简单，易于协调建筑与结构的关系；而平屋顶屋面屋顶构造高度大，有利于排水。 ( )

(2)屋面材料尺寸小的，可将屋顶坡度做得大一些，避免在材料接缝的地方漏水。 ( )

(3)平屋顶屋面采用材料找坡形成屋面坡度可使室内顶棚平整，内部观感好，但会增大屋面的自重。 ( )

(4)自由落水屋面，构造简单，不需设置雨水口和落水管，因此，屋面应尽量采用此类排水方式。 ( )

(5)女儿墙檐口应采用直管式雨水口，而挑檐沟檐口应采用弯管式雨水口的形式。 ( )

(6)卷材防水屋面能适应温度变化、振动影响、不均匀沉陷和抵抗一定的水压，整体性好，不易渗漏，但构造复杂。 ( )

(7)柔性防水屋面若采用混凝土保护层，应该配置双向构造钢筋，以抵抗温度应力，防止屋面开裂。 ( )

(8)刚性防水屋面的构造做法中，隔离层的作用是加强防水层和结构层的联系，使其成

为一个整体。 (　　)

(9)保温层设置在防水层的下部，成为倒置式保温屋面，这种做法有利于防止屋面防水层的过早老化，提高其耐久的能力。 (　　)

(10)屋顶结构直接将屋面板搁置在屋架或屋面梁上的屋面体系成为无檩体系。 (　　)

2. 选择正确答案

(1)平屋顶屋面的坡度一般选择在(　　　)范围。

A. 2% ~3%，上人屋顶5%以上　　B. 2% ~3%，上人屋顶1% ~2%

C. 10%，上人屋顶5%　　D. 5%，上人屋顶2% ~3%

(2)屋顶的排水方式有(　　　)。

A. 自由落水和无组织排水　　B. 内排水和外排水

C. 有组织排水和无组织排水　　D. 单面坡排水和双面坡排水

(3)雨水管的间距一般为(　　　)，最大不宜超过(　　　)。

A. 10 ~15 m、24 m　　B. 10 ~18 m、24 m

C. 15 ~24 m、30 m　　D. 3 ~5 m、10 m

(4)关于卷材防水屋面的泛水构造描述错误的有(　　　)。

A. 泛水高度不应小于250 mm

B. 将卷材收头进女儿墙的凹槽内或收头进女儿墙压顶下

C. 转角处应将找平层做成半径 $R = 50 \sim 100$ mm 的圆弧或135°斜面

D. 直接将卷材用黏接材料贴在女儿墙上

(5)为了避免刚性防水层因结构变形、温度变化和混凝土干缩等产生裂缝所设置的“变形缝”称为(　　　)。

A. 温度缝　　B. 沉降缝　　C. 分仓缝　　D. 防震缝

(6)关于刚性防水屋面刚性防水层正确的说法有(　　　)。

A. 细石混凝土的强度等级不低于C20，厚度不小于40 mm，并应配置直径为4 mm的双向钢筋，间距100 ~200 mm。

B. 细石混凝土的强度等级不低于C20，厚度不小于20 mm，并应配置直径为4 mm的双向钢筋，间距250 mm以上。

C. 在细石混凝土内配置直径为4 mm的双向钢筋，间距100 ~200 mm，钢筋的位置应在混凝土层的最底部。

D. 细石混凝土的强度等级不低于C30，厚度不小于80，并应配置直径为10 mm的双向钢筋，间距100 ~200 mm。

(7)下列不属于坡屋顶的承重结构形式的有(　　　)。

A. 屋架承重、梁架承重　　B. 钢筋混凝土板承重

C. 内墙承重、外墙承重　　D. 横墙承重

(8)坡屋顶山墙的檐口的构造形式有(　　　)。

A. 女儿墙檐口和　　B. 檐沟檐口　　C. 挑板檐口　　D. 硬山和悬山

(9)压型钢板屋面最好与下列哪一种承重结构相配合(　　　)。

A. 梁架　　B. 钢筋混凝土板　　C. 钢屋架　　D. 硬山

(10)坡屋顶的保温构造形式有(　　　)。

A. 顶棚保温和屋面保温　　　　B. 正置保温和倒置保温

C. 材料保温和结构保温　　　　D. 内保温和外保温

识图和绘图能力训练

任务：根据图 8－57 所示的某办公楼的平面图，完成屋顶排水组织设计并绘制施工图。

要求：

(1) 确定屋面排水的组织形式，檐口的形式，雨水口的位置，分水线的位置，屋面坡度，绘制屋顶平面图。

(2) 确定屋面防水的形式，确定防水构造，绘制檐口的构造详图，注意泛水的处理。

(3) 图纸、图线、尺寸及符号标注符合国家标准，达到施工图深度。

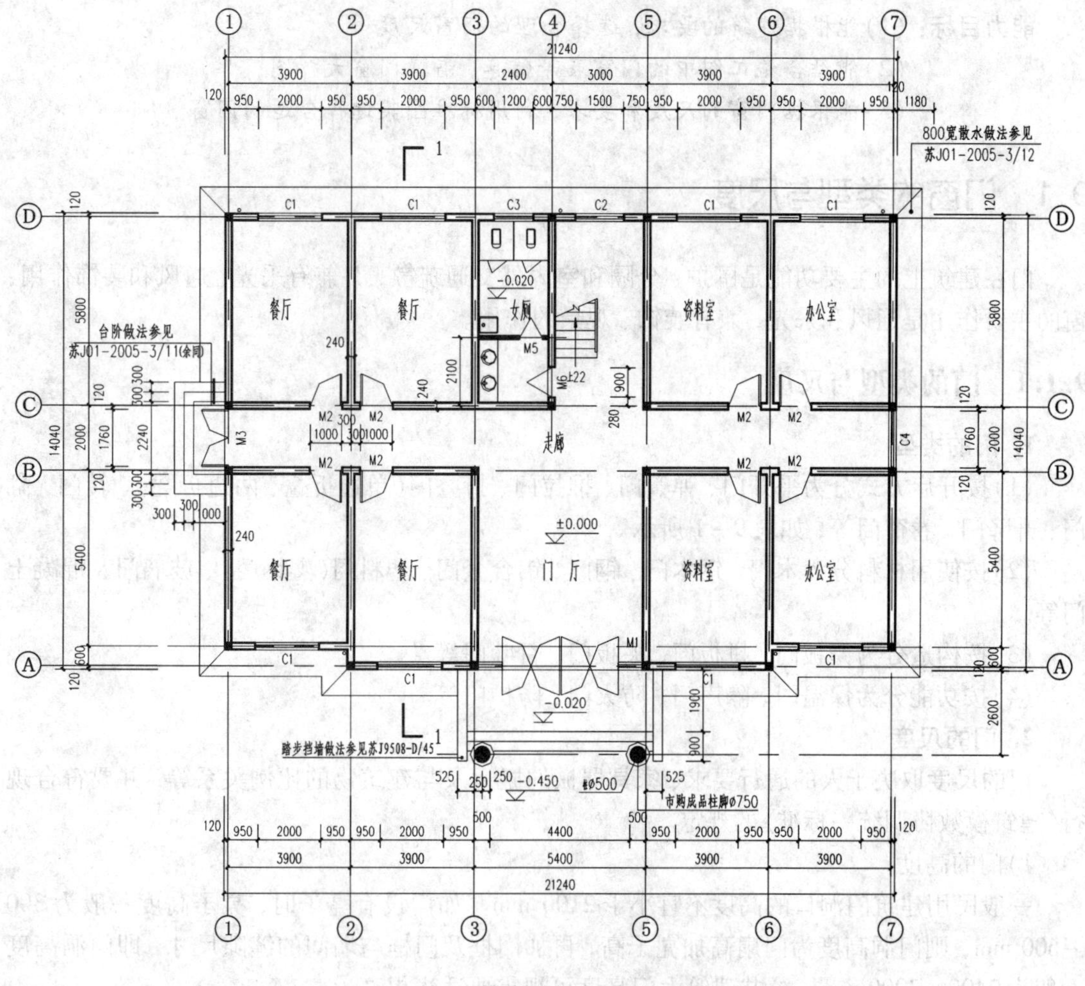

图 8－57 某办公楼建筑平面图

9 门 窗

教学目标

知识目标：(1)了解门窗的类型和特点；

(2)熟悉门窗的构造要求；

(3)了解遮阳设施。

能力目标：(1)能根据建筑的要求，选择合理的门窗尺度；

(2)能结合施工图中的门窗表等信息，看懂门窗大样图；

(3)能根据门窗的尺度和要求，利用标准图集选择合适的门窗。

9.1 门窗的类型与尺度

门在建筑上的主要功能是围护、分隔和室内外交通疏散，并兼有采光、通风和装饰作用；窗的主要作用是通风和采光，兼有装饰、观景的作用。

9.1.1 门的类型与尺度

1. 门的类型

(1)按开启方式分为平开门、弹簧门、推拉门、折叠门(单边折叠、两边折叠)、转门，翻门、升降门、卷帘门等，如表9-1所示。

(2)按使用材料分为木门、钢木门、钢门、铝合金门、塑料门(塑钢门)、玻璃门及混凝土门等。

(3)按构造分为镶板门、拼板门、夹板门、百叶门等。

(4)按功能分为保温门、隔声门、防火门、防护门等。

2. 门的尺度

门的尺度取决于人的通行要求、家具器械的搬运及与建筑物的比例关系等，并要符合现行《建筑模数协调统一标准》的规定。

1)门的高度

一般民用建筑门洞口的高度不宜小于2100 mm。如门设有亮子时，亮子高度一般为300~600 mm，则门洞高度为门扇高加亮子高，再加门框及门框与墙间的缝隙尺寸，即门洞高度一般为2400~3000 mm。公共建筑大门高度可视需要适当提高。

2)门的宽度

为避免门扇过宽易产生翘曲变形，同时也有利于开启，一般单扇门为700~1000 mm，双扇门为1200~1800 mm；宽度在2100 mm以上时，则多做成三扇、四扇门或双扇带固定扇的门，辅助房间(如浴厕、贮藏室等)门的宽度可窄些，一般为700~800 mm。

表 9－1 门的开启方式

单扇平开门 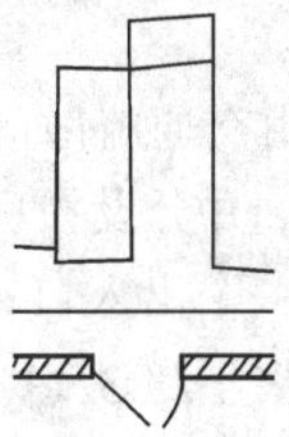	双扇平开门 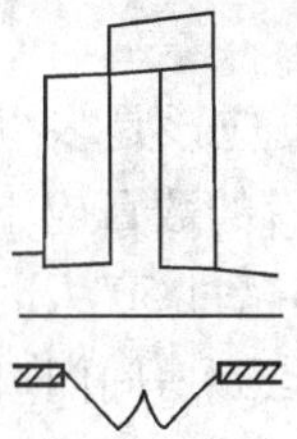	单扇弹簧门 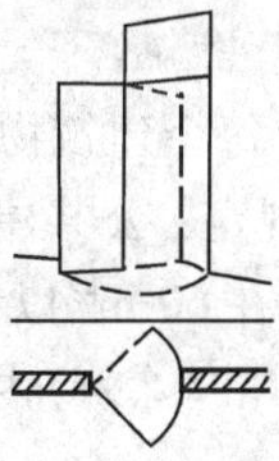	双扇弹簧门 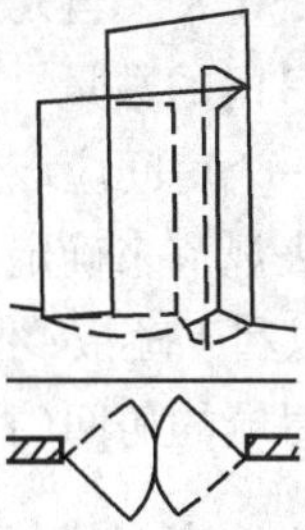
单扇推拉门 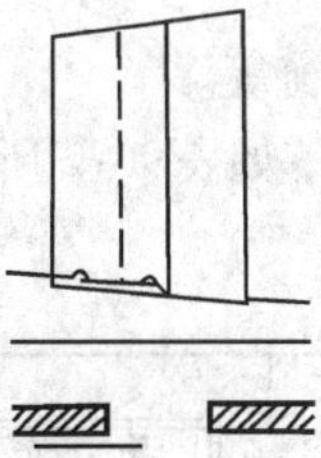	双扇推拉门 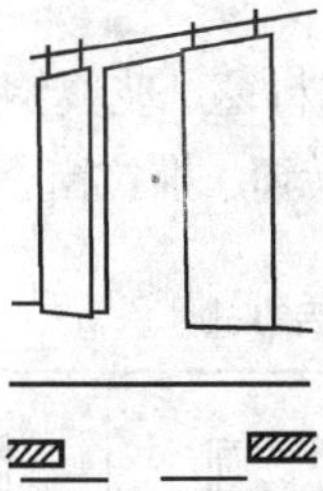	多扇推拉门 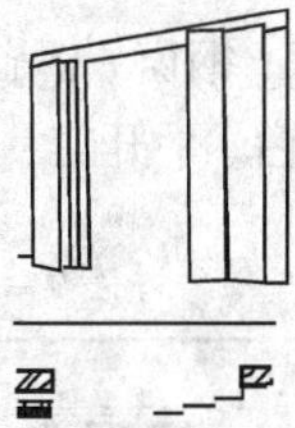	空格栅栏门 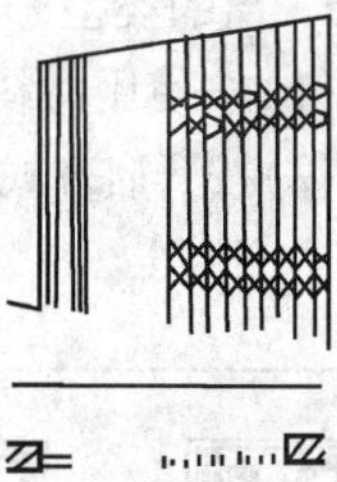
侧挂折叠门 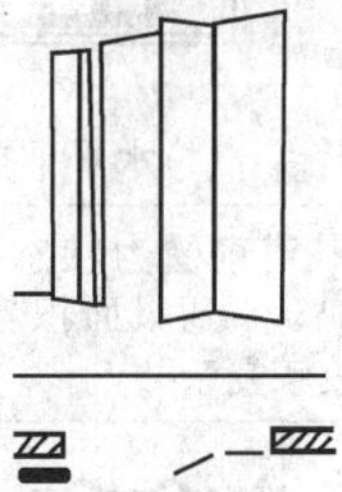	中悬折叠门 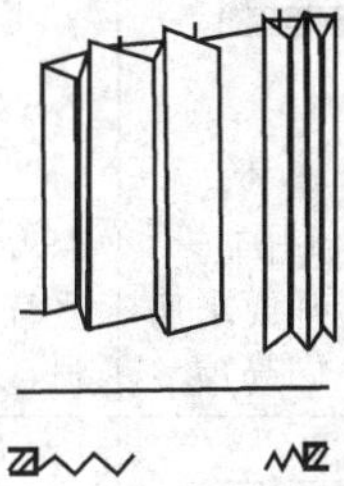	侧悬折叠门 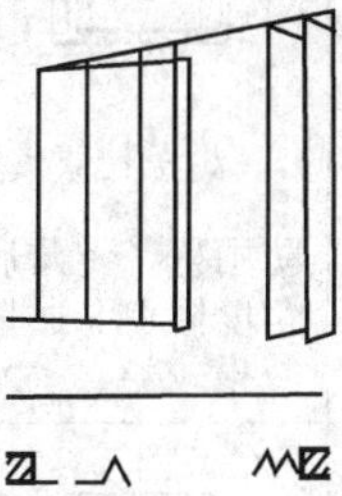	转门 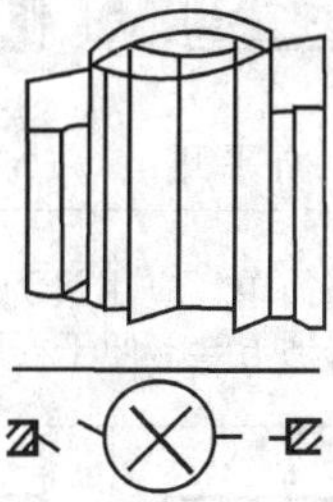

上翻门 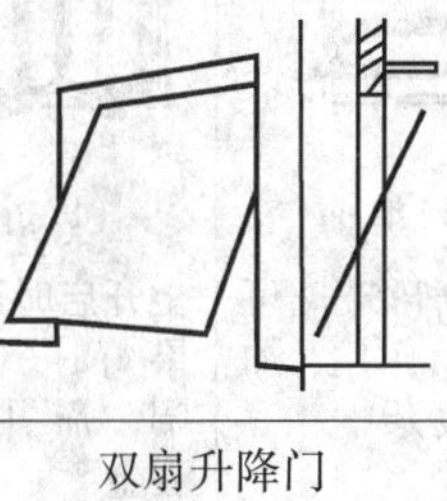	双扇上翻门 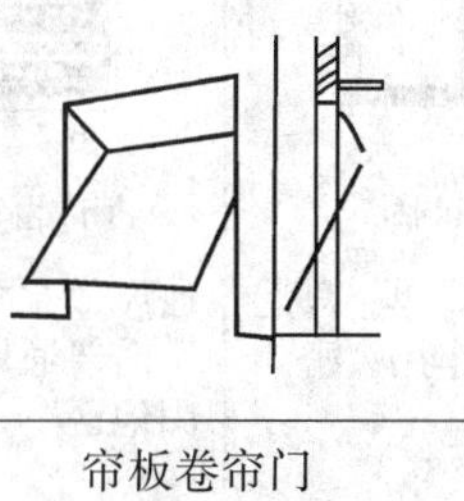	单扇升降门 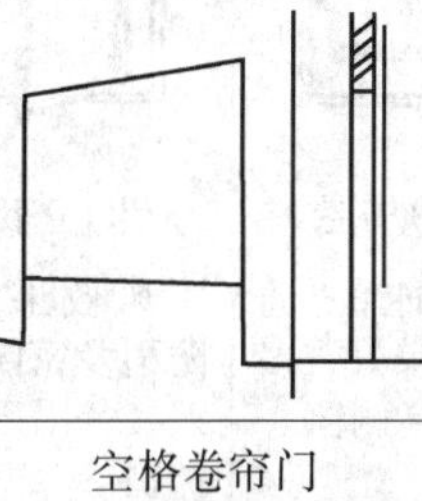
双扇升降门 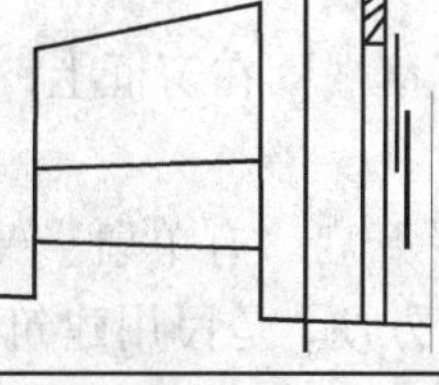	帘板卷帘门 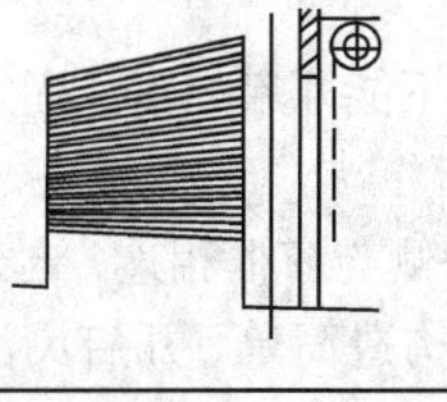	空格卷帘门 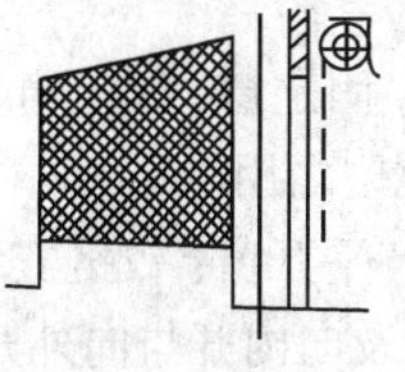

注：①转门的两旁还应设平开门或弹簧门。②上翻门、升降门、卷帘门等一般适用于洞口较大、有特殊要求的房间，如车库的门等。

对于人员密集的剧院、电影院、礼堂、体育馆等公共场所中观众厅的疏散门，门宽一般按每百人取0.6~1.0 m计算；门的数目均不应小于2个，且每个疏散门的平均疏散人数不应超过250人。当人员较多时，出入口应分散布置。

3)门的数量

一个房间应该开几个门，每个建筑物门的总宽度应该是多少，一般是由交通疏散的要求和防火规范来确定的。一般规定：公共建筑安全入口的数目应不少于两个，并分设在房间两端，以利于疏散；但房间面积在60 m^2 以下，人数不超过50人时，可只设一个出入口；位于走道尽端的房间(托儿所、幼儿园除外)内由最远一点到房间门口的直线距离不超过14 m。

9.1.2 窗的类型与尺度

1. 窗的类型

(1)按使用材料分为木窗、钢窗、铝合金窗、塑料窗、玻璃钢窗、塑钢窗等。

(2)按开启方式分为固定窗、平开窗、悬窗、立转窗、推拉窗、百叶窗等，如表9－2所示。

表9－2 窗的开启方式

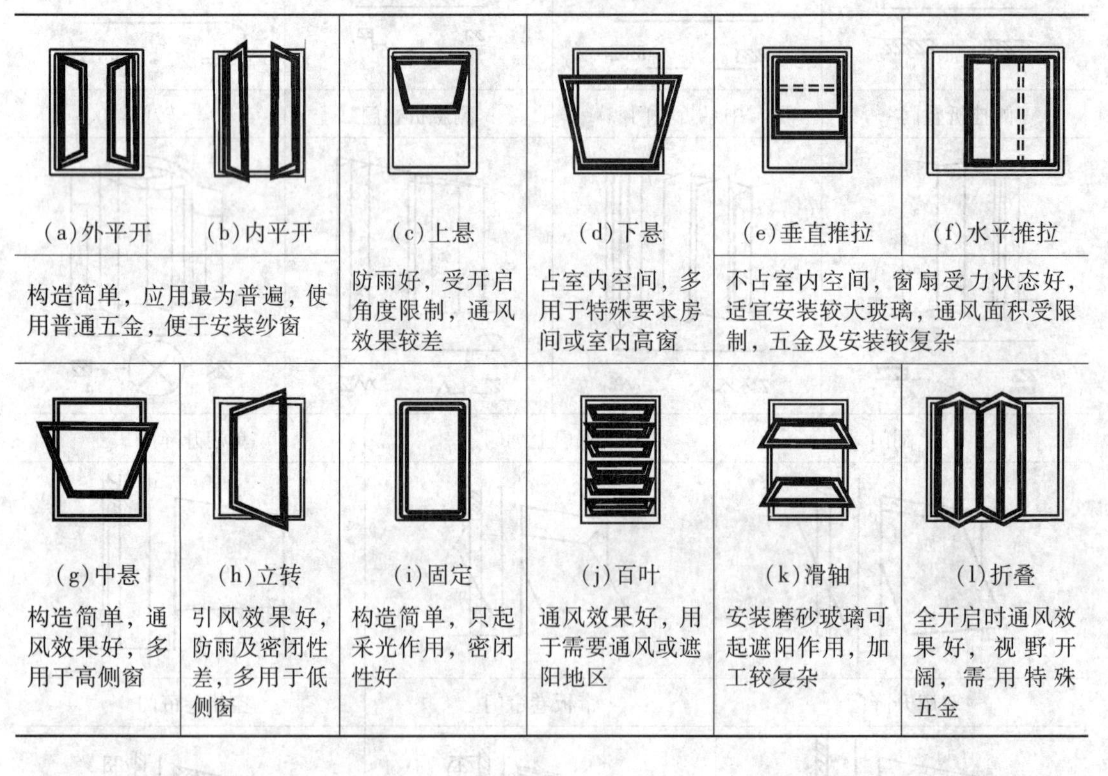

(a)外平开	(b)内平开	(c)上悬	(d)下悬	(e)垂直推拉	(f)水平推拉
构造简单，应用最为普遍，使用普通五金，便于安装纱窗		防雨好，受开启角度限制，通风效果较差	占室内空间，多用于特殊要求房间或室内高窗	不占室内空间，窗扇受力状态好，适宜安装较大玻璃，通风面积受限制，五金及安装较复杂	
(g)中悬	(h)立转	(i)固定	(j)百叶	(k)滑轴	(l)折叠
构造简单，通风效果好，多用于高侧窗	引风效果好，防雨及密闭性差，多用于低侧窗	构造简单，只起采光作用，密闭性好	通风效果好，用于需要通风或遮阳地区	安装磨砂玻璃可起遮阳作用，加工较复杂	全开启时通风效果好，视野开阔，需用特殊五金

a. 固定窗：固定窗是无窗扇、不能开启的窗。固定窗的玻璃直接嵌固在窗框上，可供采光和眺望之用。

b. 平开窗：铰链安装在窗扇一侧与窗框相连，向外或向内水平开启。有单扇、双扇、多扇，以及向内开与向外开之分。其构造简单、开启灵活、制作维修方便，是民用建筑中被广泛应用的窗。

c. 悬窗：因铰链和转轴的位置不同，可分为上悬窗、中悬窗、下悬窗。

d. 立转窗：引导风进入室内效果较好，防雨及密封性较差，多用于单层厂房的低侧窗。

e. 推拉窗：分垂直推拉窗和水平推拉窗两种。它们开启时不占据室内外空间，窗扇受力状态较好，适宜安装较大玻璃，但通风面积受到限制。

2. 窗的尺度

窗的尺度主要取决于房间的采光通风、构造做法和建筑造型等要求，并要符合现行《建筑模数协调统一标准》的规定。

一般平开木窗的窗扇高度为800～1200 mm，宽度不宜大于600 mm，如图9－1所示；上下悬窗的窗扇高度为300～600 mm，中悬窗窗扇高不宜大于1200 mm，宽度不宜大于1000 mm；推拉窗高宽均不宜大于1500 mm。各类窗的高度与宽度尺寸通常采用扩大模数3M数列作为洞口的标志尺寸，需要时只要按所需类型及尺度大小直接选用。

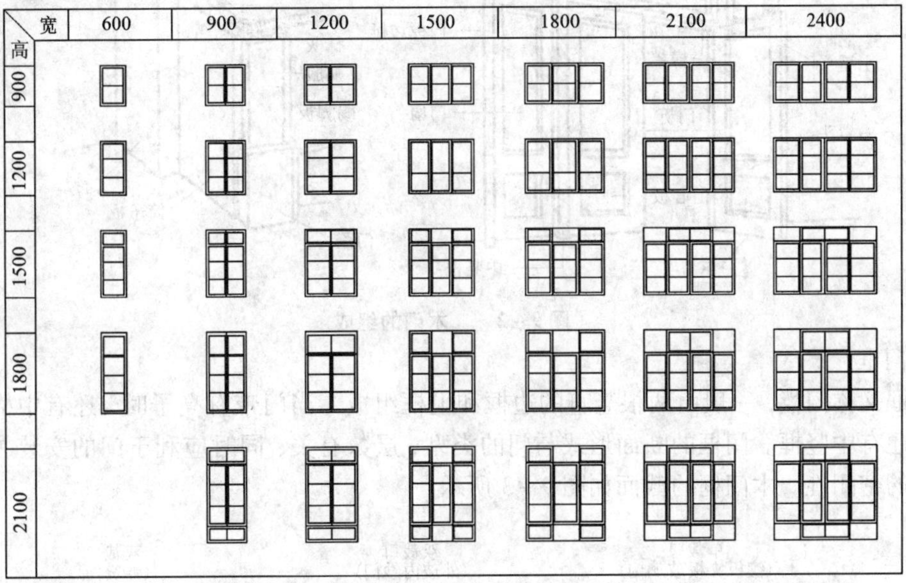

图9－1 平开木窗标准尺寸表

采光是窗的主要功能，窗的面积可根据窗地面积比（窗洞口面积之和与房间地面面积比）进行窗口面积的估算，也可确定窗口面积后，按表9－3中规定的窗地面积比值进行验算。

表9－3 民用建筑采光等级表

采光等级	视觉工作特征		房间名称	窗地面积比
	工作或活动要求精确度	要求识别的最小尺寸/mm		
Ⅰ	极精密	<0.2	绘图室、制图室、画廊、手术室	1/3～1/5
Ⅱ	精密	0.2～1	阅览室、医务室、专业实验室	1/4～1/6
Ⅲ	中精密	1～10	办公室、会议室、营业厅	1/6～1/8
Ⅳ	粗糙	>10	观众厅、居室、盥洗室、厕所	1/8～1/10
Ⅴ	极粗糙	不作规定	储藏室、门厅、走廊、楼梯	1/10以下

9.2　木门窗的构造

9.2.1　木门构造

1. 门的组成

门一般由门框、门扇、亮子、五金零件及筒子板、贴脸等附件组成，如图 9－2 所示。

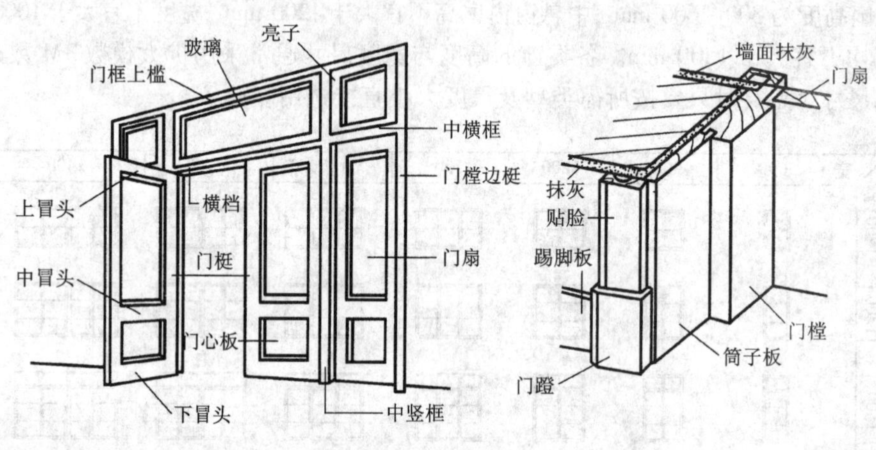

图 9－2　木门的组成

1) 门框

门框又称门樘，一般由两根竖直的边框和上框组成。当门带有亮子时，还有中横框；多扇门则还有中竖框。门框的断面形式与门的类型、层数有关，同时应利于门的安装，并应具有一定的密闭性。木门框的截面如图 9－3 所示。

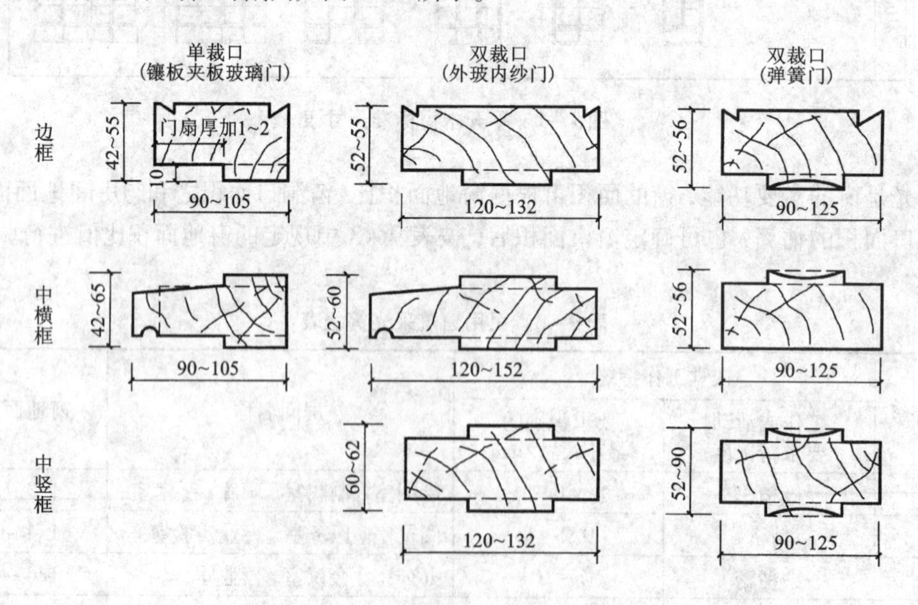

图 9－3　门框的断面形状和尺寸

为便于门扇密闭，门框上有裁口(或铲口)。根据门扇数与开启方式的不同，裁口的形式可分为单裁口与双裁口两种。单裁口用于单层门，双裁口用于双层门或弹簧门。裁口宽度要比门扇宽度大1～2 mm，以利于安装和门扇开启，裁口深度一般为8～10 mm，如图9－3所示。

由于门框靠墙一面易受潮变形，故常在该面开1～2道背槽，以免产生翘曲变形，同时也利于门框的嵌固。背槽的形状可为矩形或三角形，深度为8～10 mm，宽为12～20 mm，如图9－3所示。

2)门扇

常用的木门门扇有镶板门(包括玻璃门、纱门)和夹板门。

a. 镶板门

镶板门是广泛使用的一种门，门扇由边梃、上冒头、中冒头(可作数根)和下冒头组成骨架，内装门心板构成。构造简单，加工制作方便，适于一般民用建筑作内门和外门。

门心板一般采用10～12 mm厚的木板拼成，也可采用胶合板、硬质纤维板、塑料板、玻璃和塑料纱等，如图9－4所示。

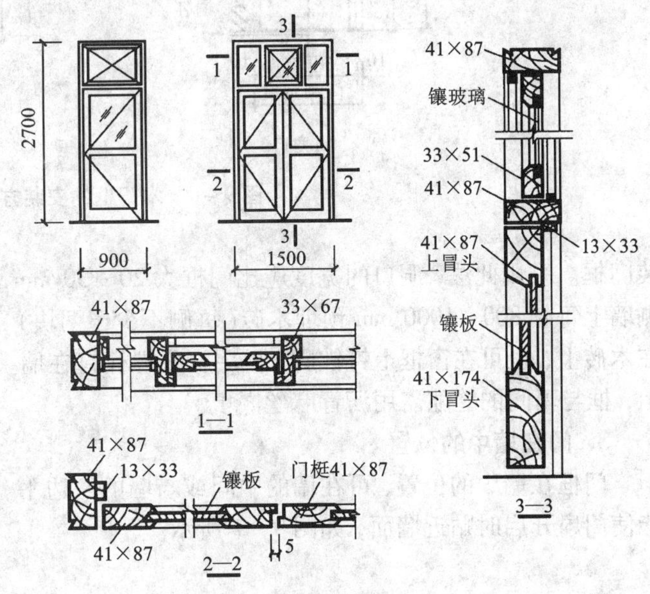

图9－4 镶板门构造

b. 夹板门

夹板门是用断面较小的方木做成骨架，两面黏贴面板而成。门扇面板可用胶合板、塑料面板和硬质纤维板。面板不再是骨架的负担，而是和骨架形成一个整体，共同抵抗变形。夹板门的形式可以是全夹板门、带玻璃或带百叶夹板门，如图9－5所示。

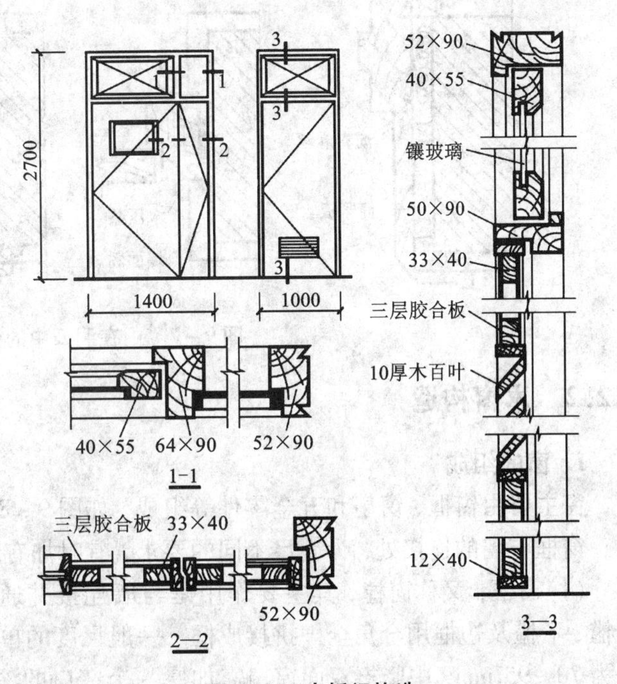

图9－5 夹板门构造

2. 门框安装方法

门框的安装根据施工方式分立口和塞口两种，如图9－6所示。

(1)立口：先立门框后砌洞口两边墙体。采用此法，框与墙的结合紧密，但是立门框与砌墙工序交叉，影响施工速度，窗框及其临时支撑易被碰撞，有时会产生位移或破损。

(2)塞口：先砌墙留洞口后安

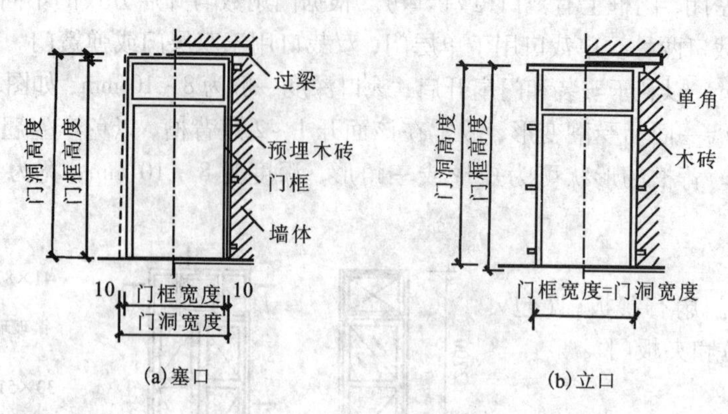

图 9-6 木门框的安装方式

装门框。采用此法，洞口的宽度应比门框大 20~30 mm，高度比门框大 10~20 mm，门洞两侧墙上每隔 800~1000 mm 预埋木砖(每侧不少于两块)，安装窗框时用长钉或螺钉将窗框钉在木砖上，也可在窗框上钉铁脚，再用膨胀螺栓钉在墙上，或用膨胀螺栓直接把窗框钉于墙上，框与墙间的缝隙需用沥青麻丝嵌填。

3. 门在墙中的位置

门框在墙中的位置，可在墙的中间或与墙的一边平。一般多与开启方向一侧平齐，尽可能使门扇开启时贴近墙面，如图 9-7 所示。

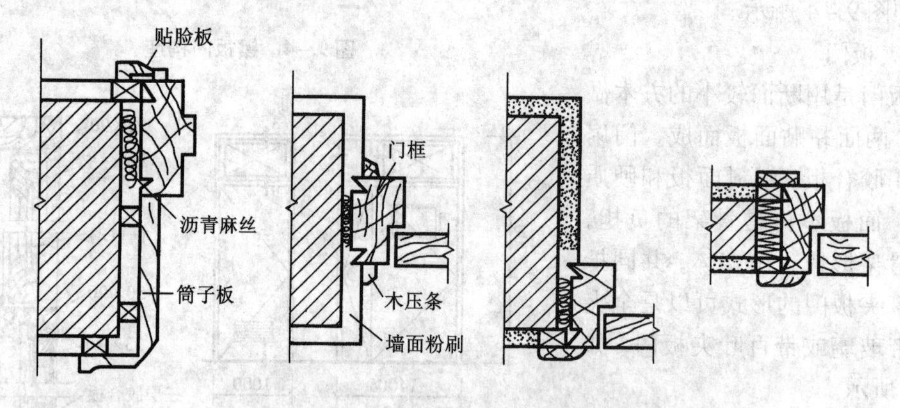

图 9-7 门在洞口中的位置

9.2.2 木窗构造

1. 窗的组成

窗主要由窗框、窗扇和五金零件等组成，如图 9-8 所示。

窗框与墙的连接处，为满足不同的要求，有时加有贴脸板、窗台板、窗帘盒等。

(1)窗框：又称窗樘，其主要作用是与墙连接并通过五金零件固定窗扇。窗框由上槛、中槛、下槛及边框用合角全榫拼接成框。一般尺度的单层窗窗框的厚度常为 40~50 mm，宽度为 70~95 mm，中竖梃双面窗扇需加厚一个铲口的深度 10 mm，中横档除加厚 10 mm 外，若要加披水板，一般还要加宽 20 mm 左右。

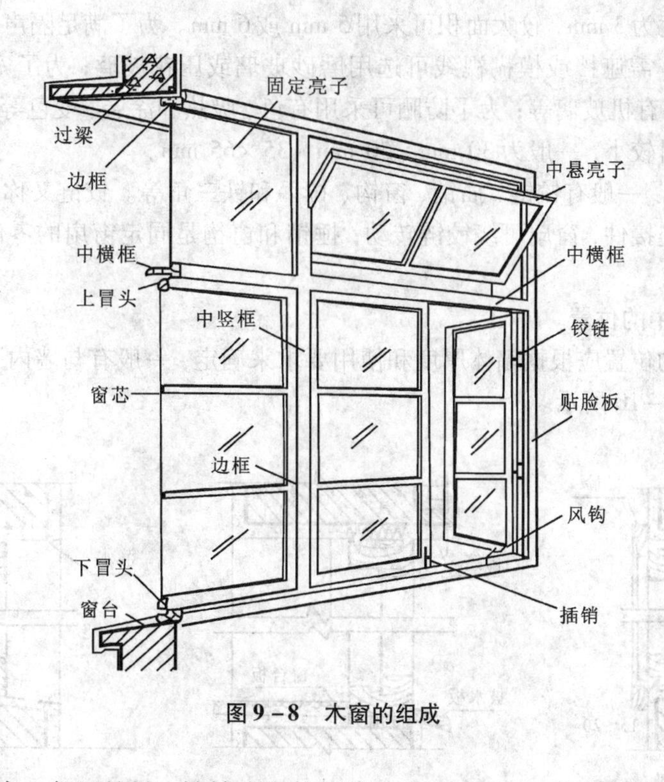

图9-8 木窗的组成

(2)窗扇：窗扇一般用铰链、转轴或滑轨固定在窗樘上。平开玻璃窗一般由上下冒头和左右边梃榫接而成，有的中间还设窗棂(窗芯)。窗扇厚度为35~42 mm，一般为40 mm。上下冒头及边梃的宽度视木料材质和窗扇大小而定，一般为50~60 mm，下冒头可较上冒头适当加宽lO~25 mm，窗棂宽度为27~40 mm，如图9-9所示。

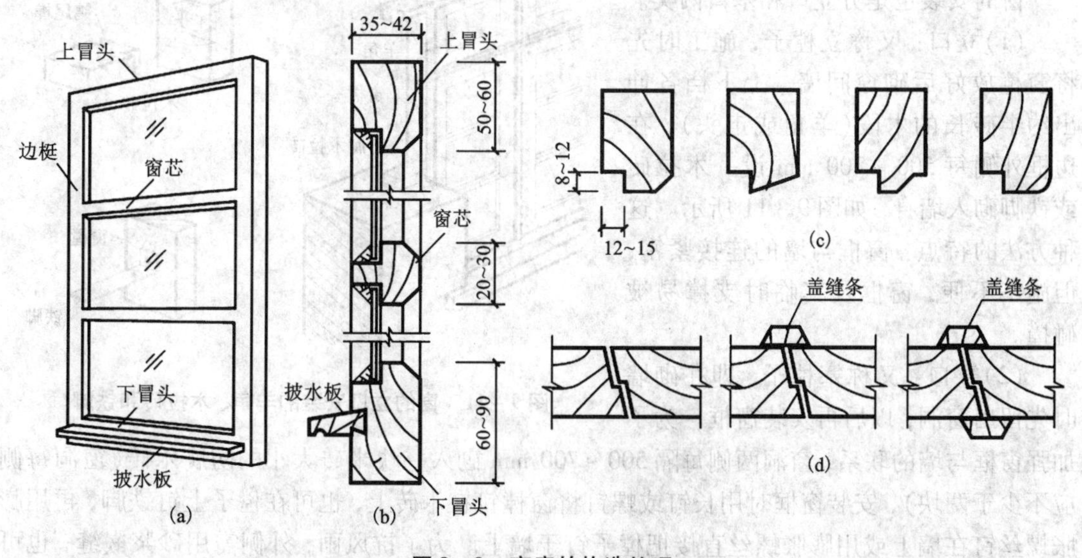

图9-9 窗扇的构造处理

玻璃常用厚度为3 mm，较大面积可采用5 mm或6 mm。为了满足隔声、保温等需要可采用双层中空玻璃；需遮挡或模糊视线可选用磨砂玻璃或压花玻璃；为了安全可采用夹丝玻璃、钢化玻璃以及有机玻璃等；为了防晒可采用有色、吸热和涂层、变色等种类的玻璃。

纱窗窗扇用料较小，一般为30 mm×50 mm～35×65 mm。

(3)五金零件：一般有铰链、插销、窗钩、拉手和铁三角等。铰链又称合页、折页，是连接窗扇和窗框的连接件，窗扇可绕铰链转动；捶销和窗钩是同定窗扇的零件；拉手为开关窗扇用。

2. 窗在洞口中的位置

窗在洞口中的位置应根据墙体厚度和使用要求来确定，一般有与墙内平、与墙外平和居中等形式，如图9－10所示。

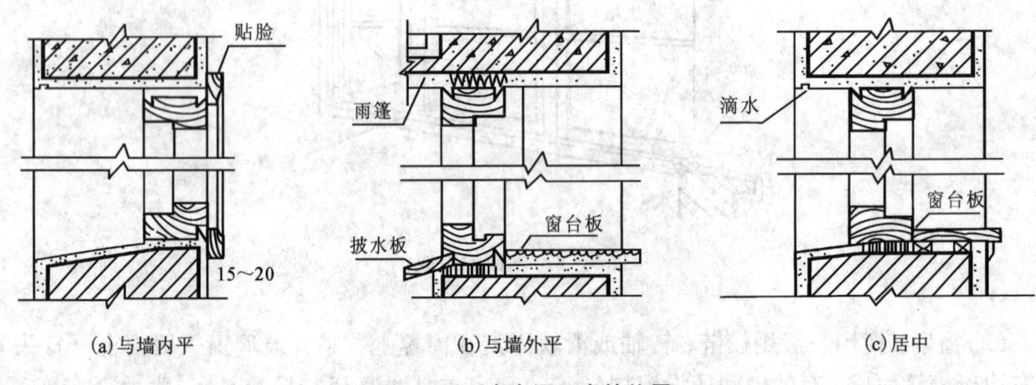

图9－10 窗在洞口中的位置

3. 窗的安装方法

窗的安装也是分立口和塞口两类。

(1)立口：又称立樘子，施工时先将窗樘放好后砌窗间墙。上下档各伸出约半砖长的木段(羊角或走头)，在边框外侧每500～700 mm设一木拉砖或铁脚砌入墙身，如图9－11所示。这种方法的特点：窗框与墙的连接紧密，但施工不便，窗框及其临时支撑易被碰撞。

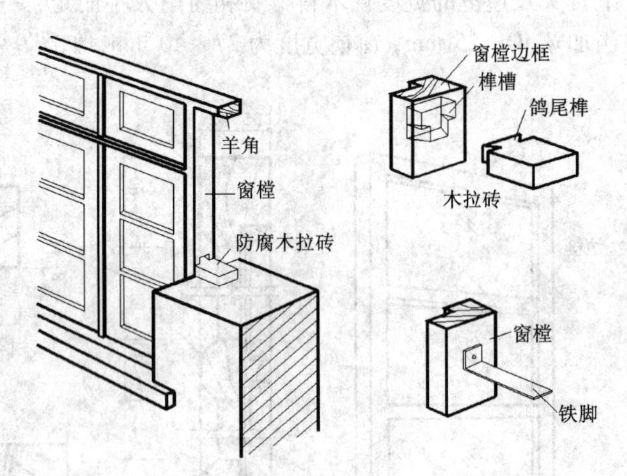

图9－11 窗的立口安装的羊角、木拉砖和铁脚

(2)塞口：又称塞樘子，即在砌墙时先留出窗洞，以后再安装窗框。为了加强窗框与墙的联系，窗洞两侧每隔500～700 mm砌入一块半砖大小的防腐木砖(窗洞每侧应不少于两块)，安装窗框时用长钉或螺钉将窗樘钉在木砖上，也可在樘子上钉铁脚，再用膨胀螺丝钉在墙上或用膨胀螺丝直接把樘子钉于墙上。为了抗风雨，外侧需用砂浆嵌缝，也可加钉压缝条或油膏嵌缝，寒冷地区应用纤维或毡类如毛毡、矿棉、麻丝或泡沫塑料绳等垫塞，塞口的窗框每边应比窗洞小10～20 mm，如图9－12所示。

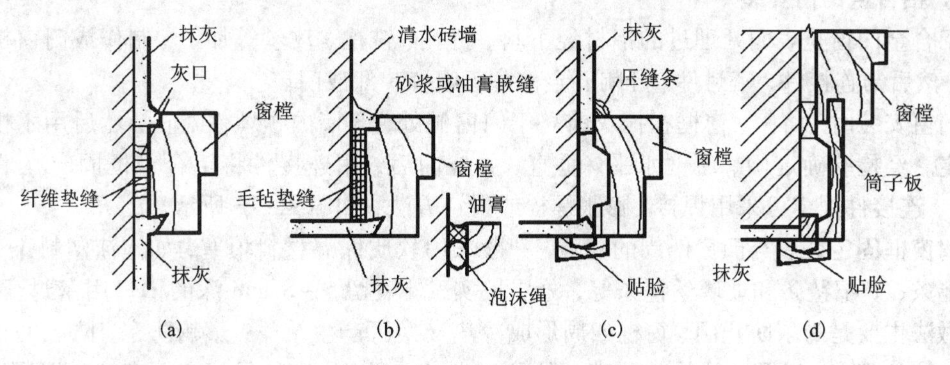

图 9－12 窗框的墙缝处理

9.3 铝合金和塑料门窗构造

9.3.1 铝合金门窗

1. 铝合金门窗的特点

铝合金门窗是目前建筑中使用较为广泛的基本窗型，具有以下特点：

(1)质量轻。铝合金门窗用料省、质量轻。

(2)性能好。密封性好，气密性、水密性、隔声性、隔热性都较木门窗有显著的提高。因此，在装设空调设备的建筑中，对防潮、隔声、保温、隔热有特殊要求的建筑，以及多台风、多暴雨、多风沙地区的建筑更适用。

(3)耐腐蚀、坚固耐用。铝合金门窗不需要涂涂料，氧化层不褪色、不脱落，表面不需要维修。铝合金门窗强度高、刚性好、坚固耐用，开闭轻便灵活、无噪声、安装速度快。

(4)色泽美观。铝合金门窗框料型材，表面经过氧化着色处理，既可保持铝材的银白色，也可以制成各种柔和颜色或带色的花纹。

(5)铝合金门窗强度比钢窗、塑钢窗低，其平面开窗尺寸较大时易变形。

2. 铝合金门窗框料

铝合金门窗设计通常采用定型产品，选用时应根据不同地区、不同气候、不同环境、不同建筑物的不同使用要求选用。系列名称是以铝合金门窗框的厚度构造尺寸来区别各种铝合金门窗的称谓，如：平开门框厚度构造尺寸为 50 mm 宽，即称为 50 系列铝合金平开门；推拉窗窗框厚度构造尺寸 90 mm 宽，即为 90 系列铝合金推拉窗等。常见铝合金门窗系列见表 9－4。

表 9－4 常见铝合金门窗系列

门的种类	窗的种类	门的种类	窗的种类
型材截面系列	型材截面系列	70 系列推拉铝合金门	55 系列推拉铝合金窗
50 系列平开铝合金门	40 系列平开铝合金窗	90 系列推拉铝合金门	60 系列推拉铝合金窗
55 系列平开铝合金门	50 系列平开铝合金窗	70 系列铝合金地弹簧门	70 系列推拉铝合金窗
70 系列平开铝合金门	70 系列平开铝合金窗	100 系列铝合金地弹簧门	90 系列推拉铝合金门

3. 铝合金门窗安装

铝合金门窗是表面处理过的铝材经下料、打孔、铣槽、攻丝等加工，制作成门窗框料的构件，然后与连接件、密封件、开闭五金件一起组合装配成门窗。

门窗安装时，将门、窗框在抹灰前立于门窗洞处，与墙内预埋件对正，然后用木楔将三边固定。经检验确定门、窗框水平、垂直、无挠曲后，用连接件将铝合金框固定在墙(柱、梁)上，连接件固定可采用焊接、膨胀螺栓或射钉方法，如图 9-13 所示。

门窗框固定好后与门窗四周的缝隙，一般采用软质保温材料填塞，如泡沫塑料条、泡沫聚氨酯条、矿棉毡条和玻璃丝毡条等，分层填实，外表留 5~8 mm 深的槽口用密封膏密封。这种做法主要是为了防止门、窗框四周形成冷热交换区产生结露，影响防寒、防风的正常功能和墙体的寿命，以及建筑物的隔声、保温等功能。同时，避免了门窗框直接与混凝土、水泥砂浆接触，消除了碱对门、窗框的腐蚀。

门窗框与墙体等的连接固定点，每边不得少于 2 点，且间距不得大于 0.7 m。在基本风值大于或等于 0.7 kPa 的地区，间距不得大于 0.5 m；边框端部的距离不得大于 0.2 m。

平开铝合金窗和铝合金推拉窗构造如图 9-14、9-15 所示。

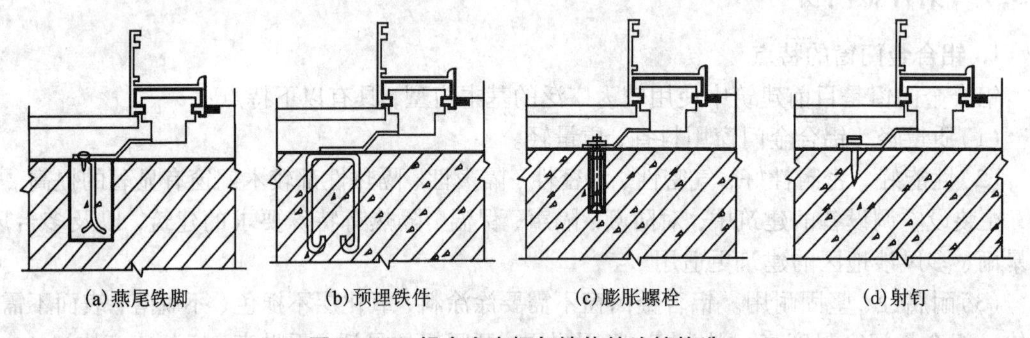

(a)燕尾铁脚　(b)预埋铁件　(c)膨胀螺栓　(d)射钉

图 9-13　铝合金窗框与墙体的连接构造

9.3.2 塑料门窗

1. 塑料门窗的材料

塑料门窗是以改性硬质聚氯乙烯(UPVC)为原料，经挤塑机挤出成型为各种断面的中空异型材，定长切割后，在其内腔衬入钢质型材加强筋，再用热熔焊接机焊接组装成门窗框、扇，装配上玻璃、五金配件、密封条等构成门窗成品。塑料型材内膛以型钢增强，形成塑钢结构，故称塑钢门窗。常见塑料门窗品种见表 9-5。

表 9-5　常见塑料门窗品种

型号	名称	系列	型号	名称	系列
SG	塑钢固定窗	60	SM2-4	塑钢门	60
SP1-5	塑钢平开窗	60	STLM	塑钢推拉窗	80
STLC	塑钢推拉窗	60、75	SM5-6	塑钢弹簧窗	100
SM1-2	塑钢门	60	SLM1-2	塑钢折叠门	30

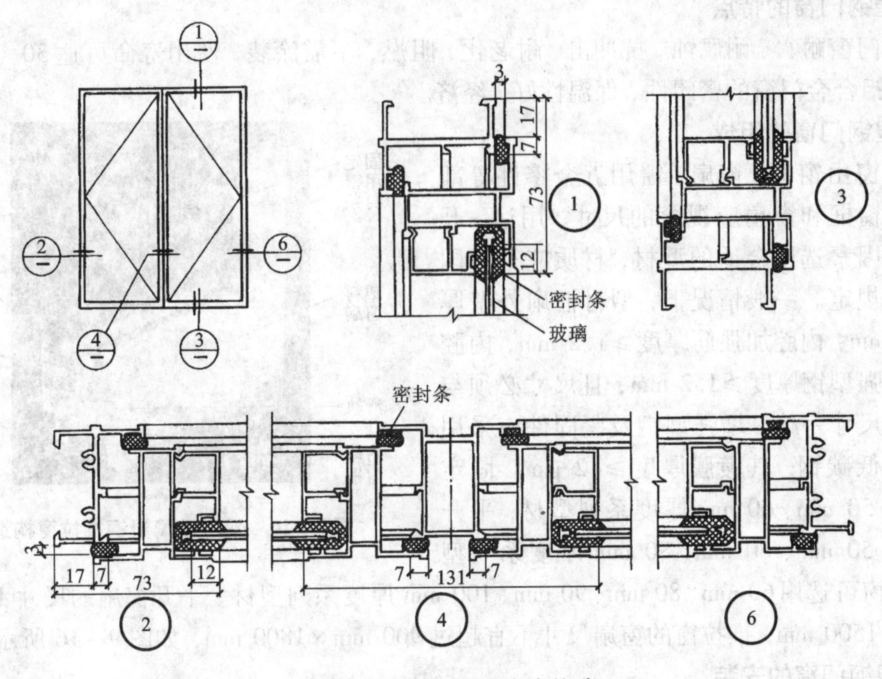

图 9－14 平开铝合金窗构造

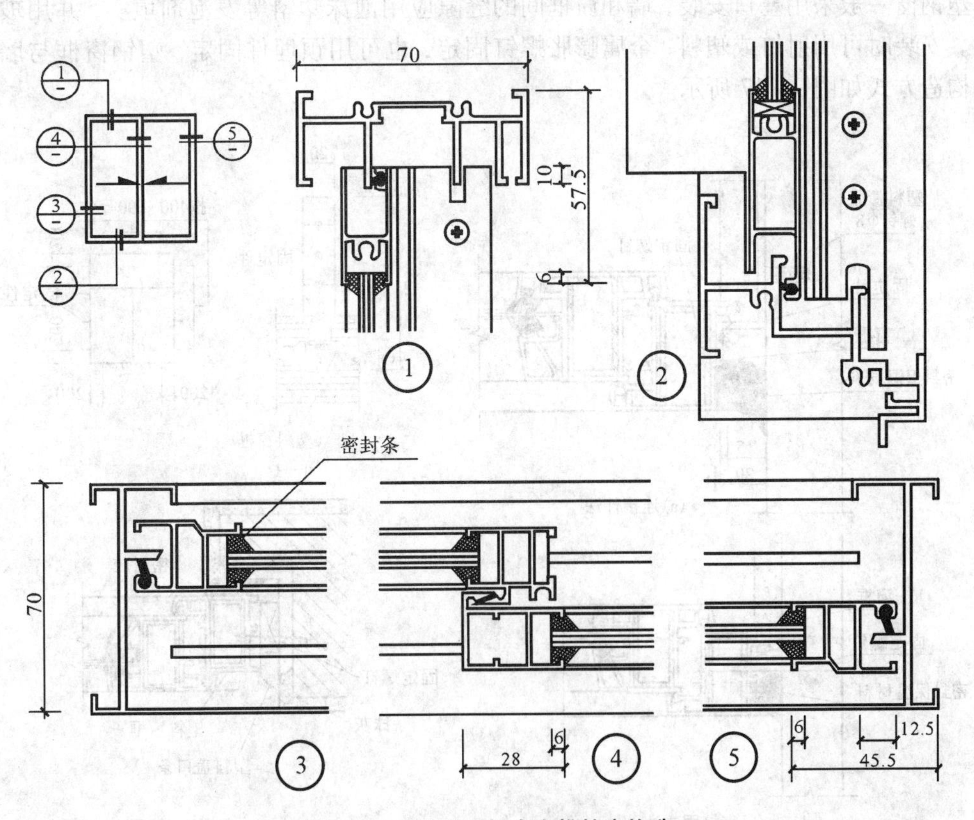

图 9－15 70 系列铝合金推拉窗构造

2. 塑钢门窗的特点

塑钢门窗耐水、耐腐蚀、抗冲击、耐老化、阻燃，不需涂装，使用寿命可达30年。节约木材，比铝合金门窗的密闭性、保温性好，经济。

3. 塑钢门窗的组成

塑钢窗由窗框、窗扇、窗用五金零件等部分组成。窗框和窗扇应视窗的尺寸、用途、开启方法等因素选用合适的型材，材质应符合国家标准的规定。一般情况下，型材框扇外壁厚度≥2.3 mm，内腔加强筋厚度≥1.2 mm，内腔加衬的增强型钢厚度≥1.2 mm，且尺寸必须与型材内腔尺寸一致。增强型钢及紧固件应采用热镀锌的低碳钢，其镀膜厚度≥12 μm。固定窗可选用50 mm、60 mm厚度系列型材，平开窗可选用50 mm、60 mm、80 mm厚度系列型材，推拉窗可选用60 mm、80 mm、90 mm、100 mm厚度系列型材。平开窗扇的尺寸不宜超过600 mm×1500 mm，推拉窗的窗扇尺寸不宜超过900 mm×1800 mm，如图9－16所示。

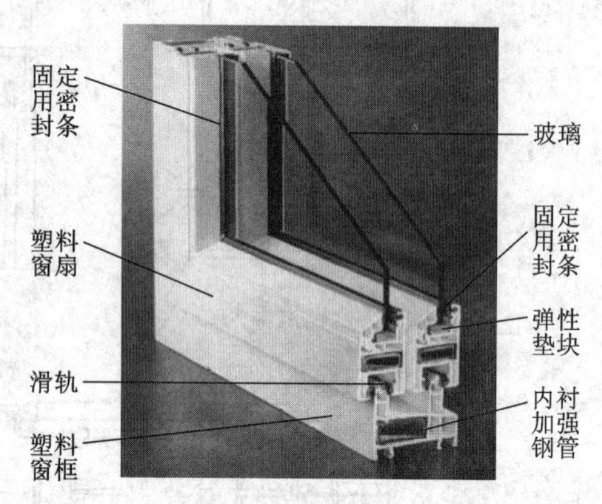

图9－16　双层玻璃塑钢推拉窗构造

4. 塑钢门窗的安装

塑钢窗一般采用塞口安装，墙和窗框间的缝隙应用泡沫塑料等发泡剂填实，并用玻璃胶密封。安装时可用射钉或塑料、金属膨胀螺钉固定，也可用预埋件固定，塑钢窗框与墙体的连接构造方式如图9－17所示。

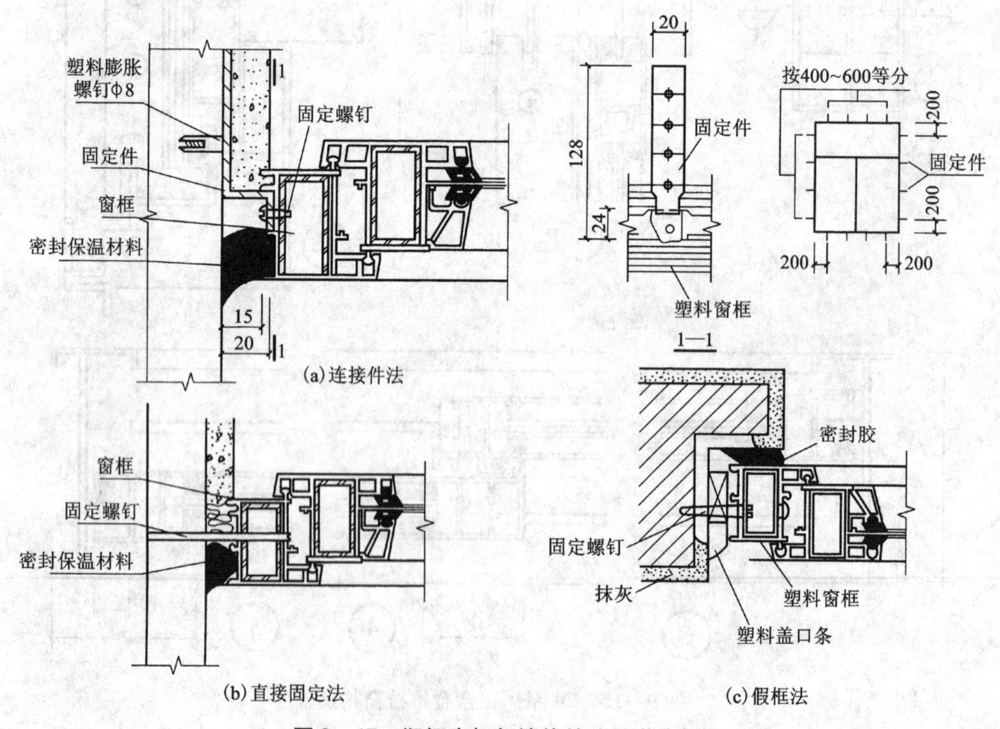

图9－17　塑钢窗框与墙体的连接节点图

9.4 遮阳设施

9.4.1 遮阳的目的

1. 避免太阳光射入室内

在夏热冬冷和夏热冬暖地区的夏季，如有阳光直接射入室内，会使室内温度过高，使得室内的热舒适度下降，还会使得室内的光照均匀度变差，从而影响人们的工作和生活，甚至有可能影响到人们的健康。设置遮阳，可以减少辐射热对室内的影响。

2. 避免眩光刺激眼睛

不论在工作或生活过程中，当阳光直接照射到工作面上时，常常会产生强烈的眩光，这种眩光不仅刺激眼睛，对于身体健康也是不利的。

3. 保护陈列品和名贵藏书

太阳光中含有红外线和紫外线，特别是红外线，产生很大热量，照射长久后会使纸张、陈列品变色发脆，以致损坏，所以橱窗、陈列室、书库等房间和部位应该有遮阳设计。特别名贵的藏书库，应有长期遮阳设施。

4. 节省能源

太阳光直接射入室内会增高室温，产生室内气流波动，从而增加空调设备的使用费用。设置合理的遮阳设施可以减少室外温度升高对室内热环境的影响，从而达到建筑节能的目的。

5. 满足某些特殊建筑物的特殊要求

在某些有特殊功能要求的建筑物中，不允许或要求尽量降低室外环境对室内的不良影响，如恒温实验室等，可以采用遮阳设施来辅助达到室内相对恒温的状态。

在窗外设置遮阳设施对室内通风和采光均会产生不利影响，对建筑造型和立面设计也会产生影响。因此，遮阳构造设计时应根据采光、通风、遮阳、美观等统一考虑。

9.4.2 遮阳的措施

(1)绿化遮阳；

(2)调整建筑物的构配件遮阳；

(3)在窗洞口周围设置专门的遮阳设施来遮阳。

9.4.3 遮阳的基本形式

按照遮阳设施的基本形式，大致可分为四种，即水平式遮阳设施、垂直式遮阳设施、综合式遮阳设施和挡板式遮阳，如图 9－18 所示。

1. 水平式遮阳

在窗口上方设置一定宽度的水平方向的遮阳板，能够遮挡高度角较大时从窗口上方照射来的阳光，它适用于南向及附近的窗口或北回归线以南低纬度地区之北向及其附近的窗口。可以设计为实心板、栅格板或百页板。在北回归线以南低纬度的地区，特别是在夏至前后几

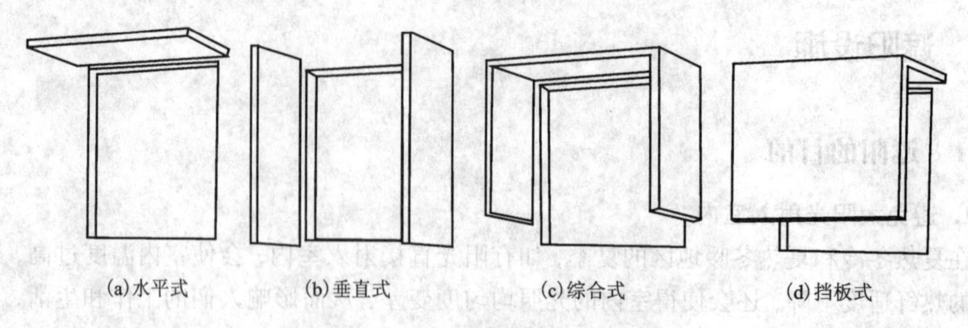

图 9-18　遮阳的基本形式

个月中，北向或接近该方向的窗口，有时也可采用。

2. 垂直式遮阳

在窗口两侧设置的垂直方向的遮阳板，能够遮挡高度角较小的从窗口两侧斜射过来的阳光。根据光线的来向不同，垂直遮阳板可以垂直于墙面，也可倾斜于墙面。主要适用于偏东偏西的南向或北向窗口。适宜用来遮挡从窗户侧向射来的阳光，也就是适宜遮挡高度角较小的太阳光。常常用在北回归线以南的低纬度地区的北向或接近该方向的窗户。

3. 综合式遮阳

水平遮阳和垂直遮阳的综合，能够遮挡从窗左右侧及前上方斜射阳光，遮挡效果比较均匀，主要适用于南、东南、西南及其附近的窗口。这种遮阳可以每个窗户设置，称为个体式；也可以整个墙面做成整片，称为综合式，

4. 挡板式遮阳

这种遮阳特别用来遮挡平射过来的阳光，适用于东向、西向或接近该朝向的窗户。

以上各种遮阳均有固定式和活动式两种。后者可以调节日照、采光、通风，而且可用各种材料制作。在遮阳板做法上，也有实心板和百叶板等不同的形式。

在实际工程中，遮阳可由基本形式演变出造型丰富的其他形式，构成建筑立面丰富的线条。如为避免单层水平式遮阳板的出挑尺寸过大，可将水平式遮阳板重复设置成双层或多层[如图 9-19(a)]；当窗间墙较窄时，将综合式遮阳板连续设置[如图 9-19(b)、(c)]；挡板式遮阳板结合建筑立面处理，或连续或间断[如图 9-19(d)]。

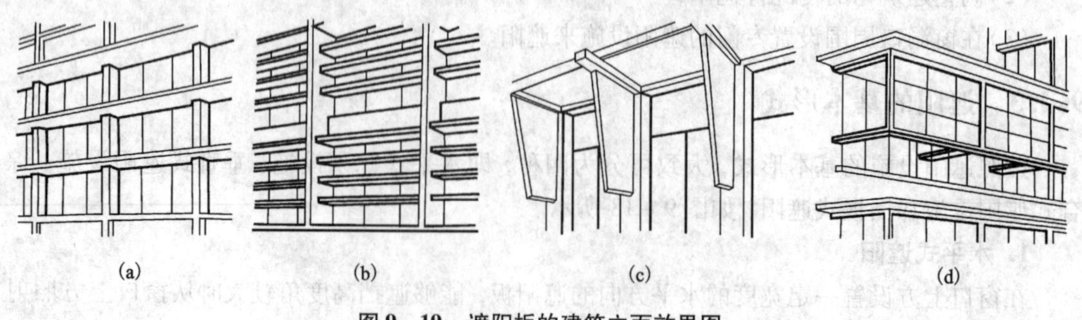

图 9-19　遮阳板的建筑立面效果图

能力训练

基础知识训练

1. 判断正误

(1)门窗框的安装根据施工方式分立口和塞口两种。立口施工顺序是先砌墙留洞口后安装门框。 ( )

(2)窗户按开启方式分为固定窗、平开窗、悬窗、立转窗、推拉窗等。等面积情况下通风效果最好的是推拉窗。 ( )

(3)塑钢门窗是一种钢门窗。 ( )

(4)窗地比即房间窗洞面积与房间地面面积之比。 ( )

(5)门一般由门框、门扇、亮子、五金零件及其附件组成。 ( )

(6)按照遮阳设施的基本形式，大致可分为水平式遮阳设施、垂直式遮阳设施、综合式遮阳设施和挡板式遮阳。 ( )

(7)窗在洞口中的位置应根据墙体厚度和使用要求来确定，一般有与墙内平、与墙外平和居中等形式。 ( )

(8)裁口是为了铝合金推拉门关闭更密实而设置的构造。 ( )

2. 选择正确答案

(1)木窗的窗扇是由( )组成。

A. 上、下冒头、窗芯、玻璃　　B. 边框、上下框、玻璃

C. 边框、五金零件、玻璃　　D. 亮子、上冒头、下冒头、玻璃

(2)( )开启时不占室内空间，但擦窗及维修不便；( )擦窗安全方便，但影响家具布置和使用。

A. 内开窗、固定窗　　B. 内开窗、外开窗

C. 立转窗、外开窗　　D. 外开窗、内开窗

(3)一般住宅的户门、厨房、卫生间门的最小宽度分别是( )。

A. 800, 800, 700　　B. 800, 900, 700

C. 900, 800, 700　　D. 900, 800, 800

(4)下列描述中，( )是正确的。

A. 铝合金窗因其优越的性能，常被应用为高层甚至超高层建筑的外窗

B. 50 系列铝合金平开门，是指其门框厚度构造尺寸为 50 mm

C. 铝合金窗在安装时，外框应与墙体连接牢固，最好直接埋入墙中

D. 铝合金框材表面的氧化层易褪色，容易出现“花脸”现象

(5)请选出错误的一项( )。

A. 塑料门窗有良好的隔热性和密封性

B. 塑料门窗变形大，刚度差，在大风地区应慎用

C. 塑料门窗耐腐蚀，不用涂涂料

D. 塑料门窗变形小，刚度大

(6)常用门的高度一般应大于( )。

A. 1800　　B. 1500　　C. 2100　　D. 2400

(7) 一间 16 m^2 的居室，合适的采光面积为(　　　　) m^2。(居室采光系数为 1/8 ~ 1/10)

A. 2 ~ 3　　B. 1.6 ~ 2　　C. 2 ~ 2.5　　D. 2.5 ~ 3.5

(8) 安装窗框时，若采用塞口的施工方法，预留的洞口比窗框的外廓尺寸要大，最少大于(　　)mm。

A. 20　　B. 30　　C. 40　　D. 50

(9) 窗框的外围尺寸，应按洞口尺寸的宽高方向各缩小(　　　　)mm。

A. 15　　B. 20　　C. 25　　D. 10

(10) 单扇门的宽度为(　　　　)mm。

A. 800 ~ 1000　　B. 900 ~ 1100　　C. 700 ~ 1000　　D. 800 ~ 1100

识图能力训练

(1) 在图 9 - 20 木门框构造示意图中，A 为__________，B 为__________。

(2) 指出图 9 - 21 平开木窗剖面图中各部位的名称。

1—__________；2—__________；3—__________；4—__________；

5—__________；6—__________；7—__________；8—__________。

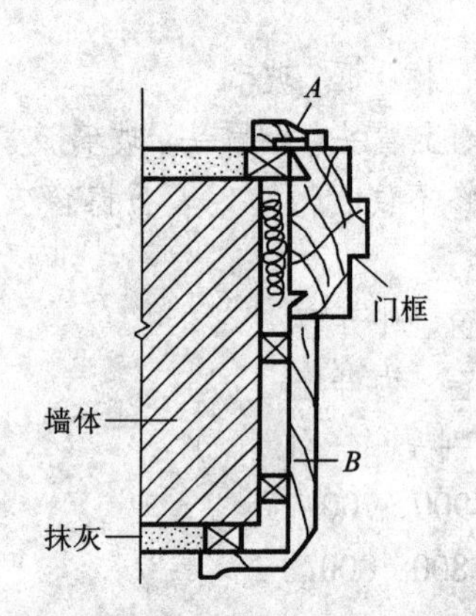

图 9 - 20　木门框构造示意图

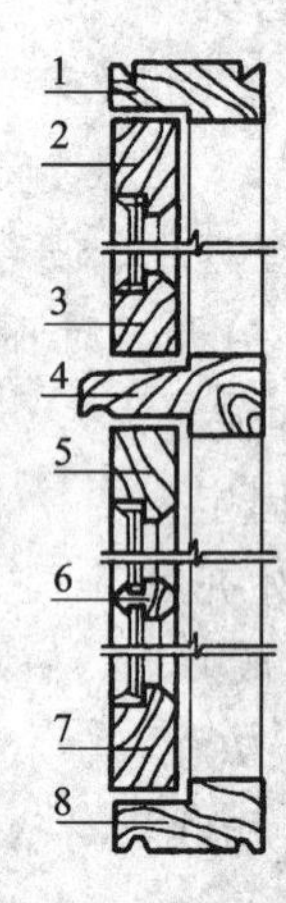

图 9 - 21　平开木窗剖面图

10 变形缝

教学目标

知识目标：(1)了解变形缝的类型和作用；
(2)熟悉其设置原则和要求；
(3)掌握变形缝在墙体、楼地面、屋面等处的构造作法。

能力目标：(1)能识读变形缝构造图；
(2)能根据房屋的设计要求进行变形缝的设置并能处理其构造。

10.1 变形缝类型和作用

建筑物由于温度变化、地基不均匀沉降以及地震力的影响，会导致结构产生开裂以至破坏，建筑设计时用缝隙将建筑物分为若干相对独立的部分，允许其自由变形，这种缝隙称为变形缝。

变形缝包括伸缩缝、沉降缝和防震缝三种。

1. 伸缩缝

为防止建筑构件因温度变化而产生热胀冷缩，使房屋出现裂缝，甚至破坏，沿建筑物长度方向每隔一定距离设置的垂直缝隙称为伸缩缝，也叫温度缝。

2. 沉降缝

沉降缝是在房屋可能产生不均匀沉降而设置的垂直缝隙，它把房屋划分为若干个刚度较一致的单元，使相邻单元可以自由沉降，而不影响房屋整体。沉降缝可以防止地基不均匀沉降而造成某些薄弱部位产生错动开裂。

3. 防震缝

建造在抗震设防烈度为7~9度地区的房屋，当建筑物体型复杂或各部分的结构刚度、高度、重量相差较大，在地震力的作用下会造成房屋破坏。为避免由于地震作用导致房屋破坏而设置的变形缝即防震缝。防震缝应在变形敏感部位按抗震要求设置，将建筑物分成若干个体型简单、结构刚度较均匀的独立单元。

10.2 变形缝的构造

10.2.1 伸缩缝的构造

1. 伸缩缝的设置原则

房屋温度变化将发生热胀冷缩的变形，这种变形与房屋的长度有关，长度越大变形越大。变形受到约束，就会在房屋的某些构件中产生应力，从而导致破坏。伸缩缝的最大间距与建筑的结构类型、屋面保温材料有直接关系。伸缩缝的间距取值见表10－1、表10－2。

表10－1　钢筋混凝土结构房屋伸缩缝最大间距

结构类型		室内或土中/m	露天/m
排架结构	装配式	100	70
框架结构	装配式	75	50
	现浇式	55	35
剪力墙结构	装配式	65	40
	现浇式	45	30
挡土墙及地下室墙等结构	装配式	40	30
	现浇式	30	20

表10－2　砌体房屋伸缩缝最大间距

砌体类别	屋顶或楼板层的类别		间距/m
各种砌体	整体式钢筋混凝土结构	有保温层	50
		无保温层	40
	装配式无檩钢筋混凝土结构	有保温层	60
		无保温层	50
	装配式有檩钢筋混凝土结构	有保温层	75
		无保温层	60
烧结普通砖空心砖	黏土瓦或石棉水泥屋顶 木屋顶或楼板层 砖石屋顶或楼板层		100
石砌体			80

2．伸缩缝的宽度

根据建筑物的材料、构配件的最大膨胀率而确定的，一般20～40 mm即可，为方便施工，通常取30 mm。

3．伸缩缝设置的位置

从基础以上（不包括基础）至屋顶全部垂直断开，基础因埋在地面以下，受温度影响小，因此，基础可以不断开。

4．墙体伸缩缝的构造

1）缝的形式

墙体伸缩缝一般做成平缝、错口缝、企口缝，如图10－1所示。平缝构造简单，但不利于保温隔热，适用于厚度不超过240 mm的墙体，当墙体厚度较大时应采用错口缝或企口缝。

2）墙体伸缩缝的结构处理

砖混结构的墙和楼板及屋顶结构布置可采用单墙也可采用双墙承重方案，如图10－2所示，最好设置在平面图形有变化处，以利隐藏处理。

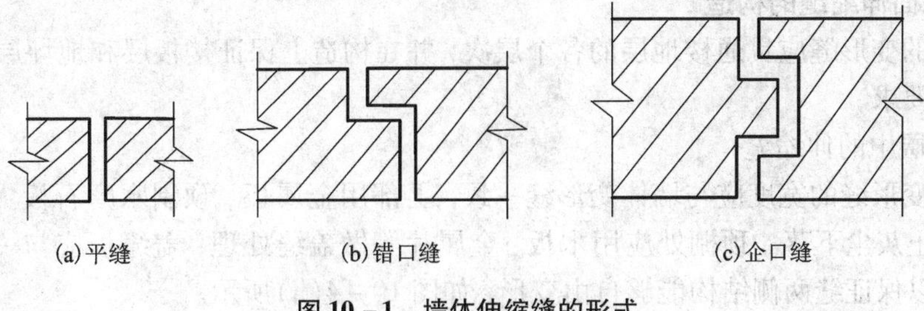

图 10－1 墙体伸缩缝的形式

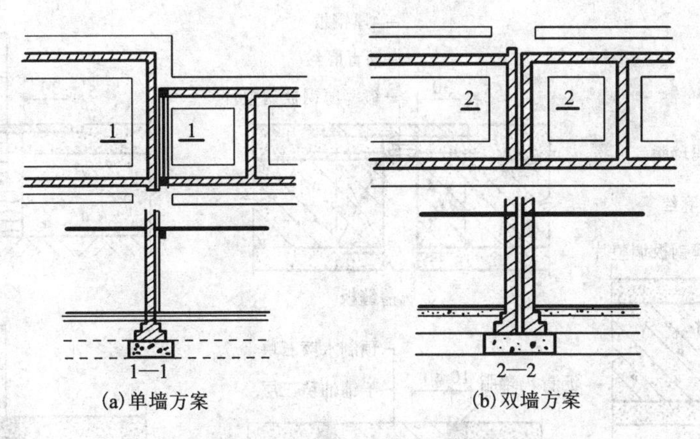

图 10－2 墙体变形缝的结构处理

3)墙体伸缩缝处的构造做法

变形缝内填塞防水、防腐蚀的弹性材料，如沥青麻丝、沥青木丝板、泡沫塑料条、橡胶条、油膏等弹性材料。外墙封口可用镀锌铁皮、铝皮做盖缝处理，内墙可用金属板或木盖缝板作为盖缝。在盖缝处理时，应注意缝与所在墙面相协调。所有填缝及盖缝材料和构造应保证结构在水平方向自由伸缩而不破坏，如图 10－3 所示。

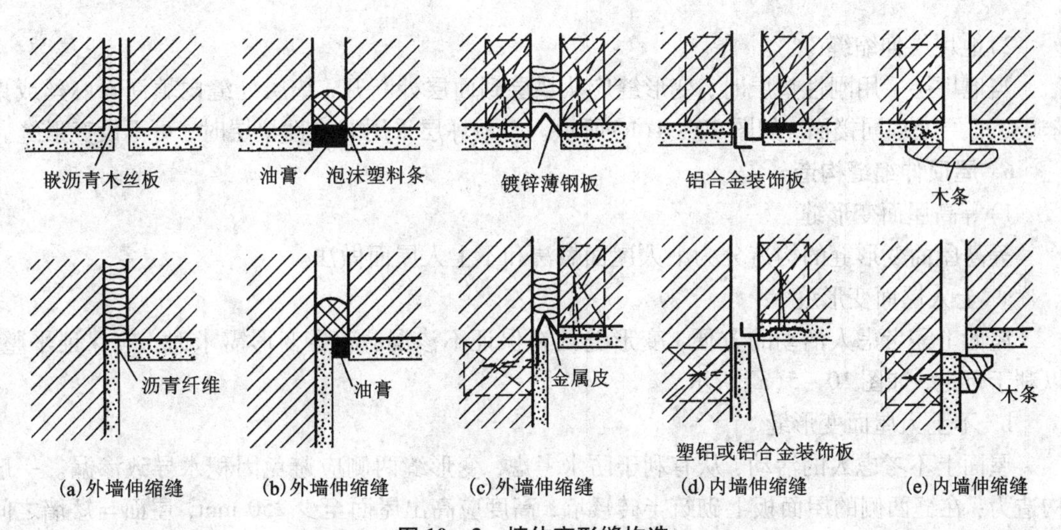

图 10－3 墙体变形缝构造

5. 楼地面伸缩缝的构造

楼地层的变形缝应贯通楼地层的各个层次，并在构造上保证楼板层和地坪层能够满足变形和美观的要求。

1)楼板层中的伸缩缝

楼板层变形缝的宽度应与墙体变形缝一致，上部用金属板、预制水磨石板、硬塑料板等盖缝，以防止灰尘下落。顶棚处应用木板、金属片等做盖缝处理，盖缝板应与一侧固定，另一侧自由，以保证缝两侧结构能够自由变形，如图 10 –4(a)所示。

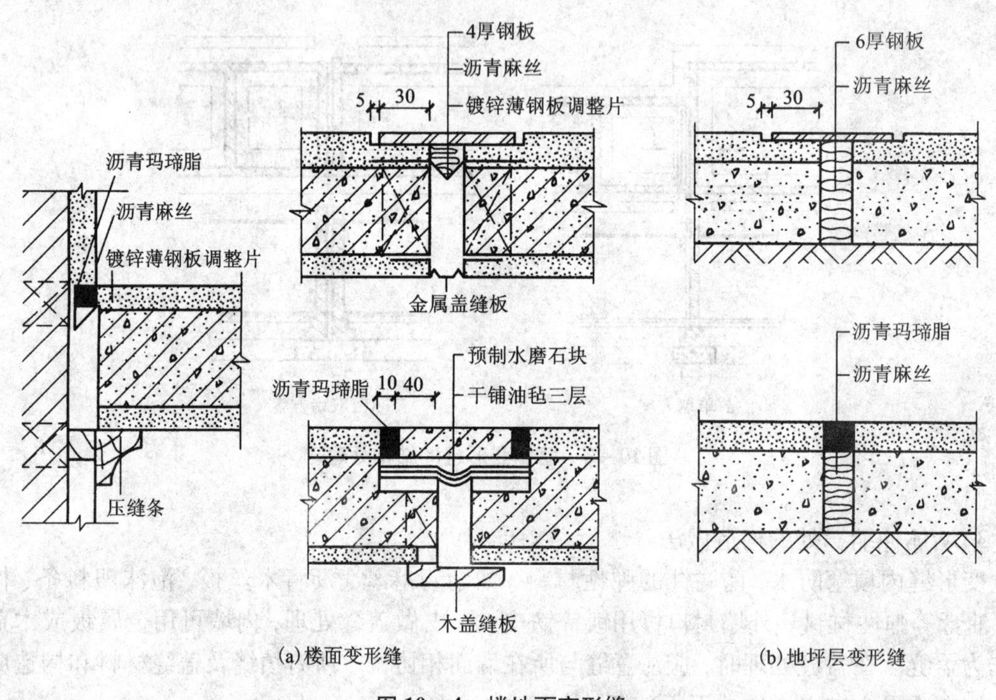

图 10 –4 楼地面变形缝

2)地坪层伸缩缝

当地坪层采用刚性垫层时，变形缝应从垫层到面层处断开，垫层处缝内填沥青麻丝或聚苯板，面层处理同楼面，如图 10 –4(b)所示。当地坪层采用非刚性垫层时，可不设变形缝。

6. 屋顶伸缩缝构造

1)等高屋面变形缝

等高屋面变形缝的构造分为上人屋面做法和不上人屋面做法。

a. 上人屋面变形缝

屋面上需考虑人活动的方便，变形缝处在保证不渗漏、满足变形需求时，应保证平整，以利于行走，如图 10 –5(a)所示。

b. 不上人屋面变形缝

屋面上不考虑人的活动，从有利于防水考虑，变形缝两侧应避免因积水导致渗漏。一般构造为：在缝两侧的屋面板上砌筑半砖矮墙，高度应高出屋面至少 250 mm，屋面与矮墙之间按泛水处理，矮墙的顶部用镀锌铁皮或混凝土压顶进行盖缝，如图 10 –5(b)所示。

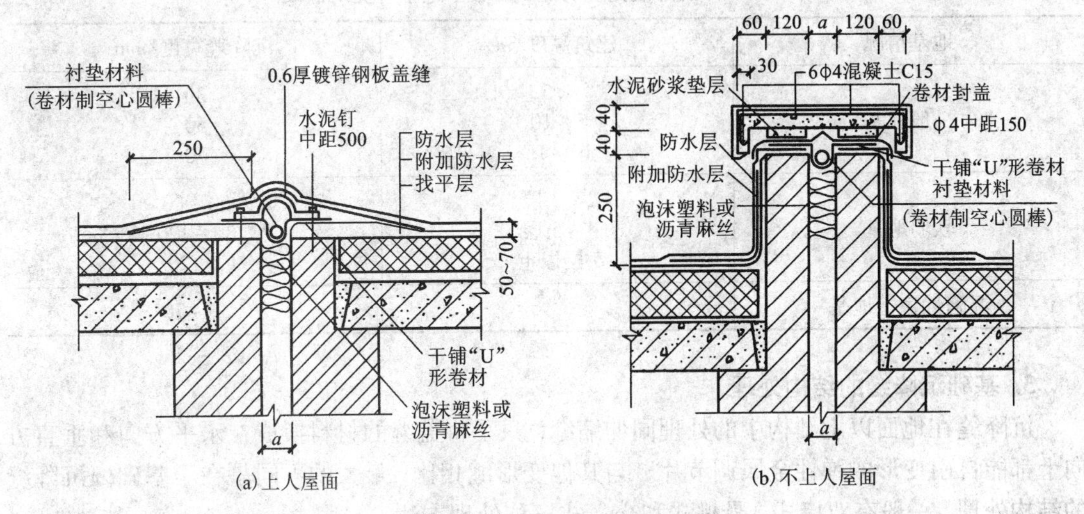

(a)上人屋面 (b)不上人屋面

图 10-5 屋面变形缝构造

2)高低屋面伸缩缝

不等高屋面变形缝，应在低侧屋面板上砌筑半砖矮墙，与高侧墙体之间留出变形缝。矮墙与低侧屋面之间做好泛水，变形缝上部由高侧墙体挑出的钢筋混凝土板或在高侧墙体上固定镀锌钢板进行盖缝，如图 10-6 所示。

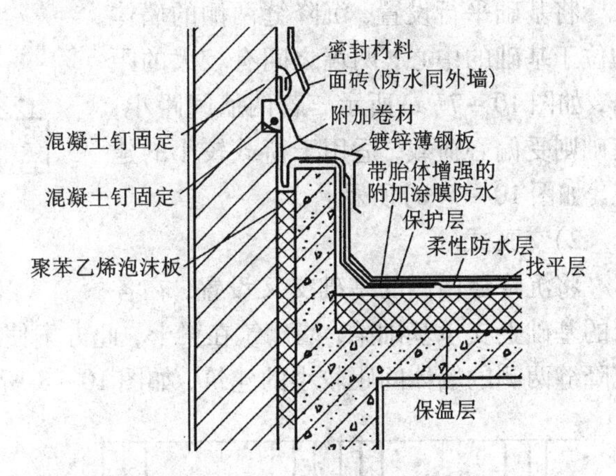

图 10-6 不等高屋面变形缝

10.2.2 沉降缝构造

沉降缝与伸缩缝的最大区别在于伸缩缝只需保证建筑物在水平方向的自由伸缩变形，而沉降缝主要应满足建筑物各部分在垂直方向的自由变形，故应将建筑物从基础到屋顶全部断开。同时沉降缝也可兼顾伸缩缝的作用，在构造上应满足伸缩与沉降的双重要求。

1. 沉降缝设置原则

(1)建筑物两组成部分高差两层或 6 m 以上处；

(2)建筑长度较大的适当部位；

(3)建筑平面形状复杂；

(4)建筑两部分地基承载力相差较大；

(5)建筑两部分荷载相差较大。

2. 沉降缝的宽度

一般沉降缝的宽度与地基、建筑物高度有关，见表 10-3。

表 10－3　沉降缝宽度与建筑高度、地基种类对照表

地基情况	建筑高度/m	沉降缝宽度/mm
一般地基	<5 5～10 10～15	30 50 70
软弱地基	2～3 层 4～5 层 5 层以上	50～80 80～120 >120
湿陷性黄土地基		30～70

3．基础沉降缝的结构处理

沉降缝在地面以上结构中的处理同伸缩缝，只是将盖缝的材料换成在水平方向和垂直方向上都能自由变形的弹性金属调节片。与其他变形缝相比，最大的不同是在于基础内沉降缝的结构处理，一般有双墙式、悬挑式和交叉式三种处理方法。

1）双墙式

将基础平行设置，沉降缝两侧的墙体均位于基础的中心，两墙之间有较大的距离，如图 10－7（a）所示。若两墙间距小，基础则受偏心荷载，适用于荷载较小的建筑，如图 10－7（b）所示。

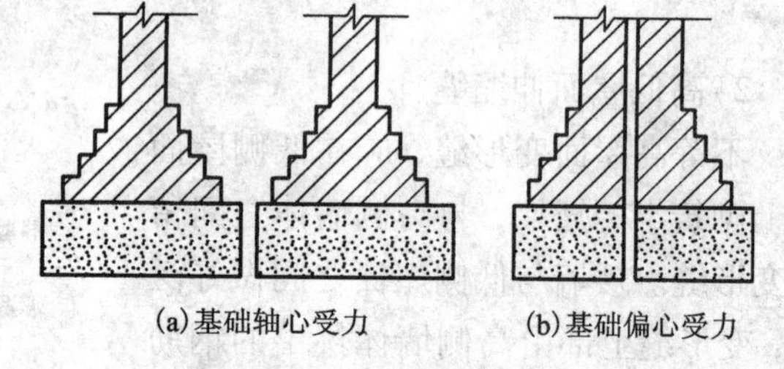

图 10－7　双墙处理

2）交叉式

将沉降缝两侧的基础交叉设置，在各自的基础上支承基础梁，墙砌筑在梁上，此方案使基础偏心受力得到改善，适用于荷载较大，沉降缝两侧的墙体间距较小的建筑，如图 10－8 所示。

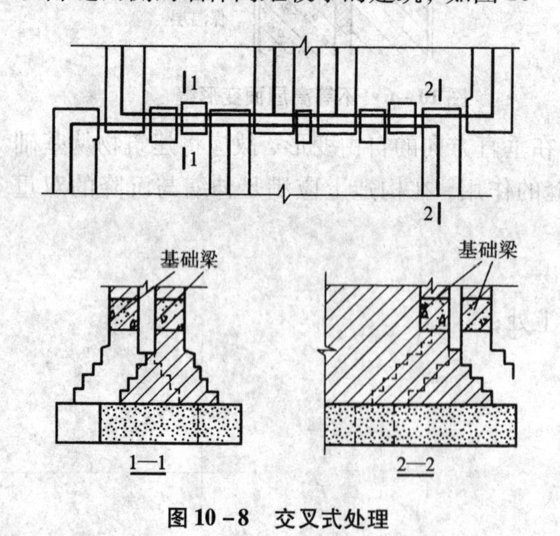

图 10－8　交叉式处理

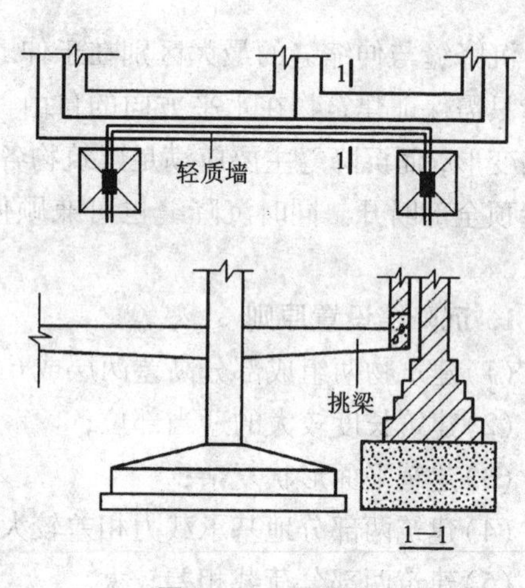

图 10－9　悬挑式

3）悬挑式

将沉降缝一侧的基础按一般设计，而另一侧采用挑梁支承基础梁，在基础梁上砌墙，墙体材料尽量采用轻质材料，此方案可用于沉降缝两侧基础埋深较大以及新建筑与原有建筑相邻等情况，如图 10－9 所示。

4. 墙体沉降缝构造

墙体沉降缝的盖缝处应满足水平伸缩和垂直变形的要求，同时，也要满足抵御外界影响以及美观的要求。墙体沉降缝构造如图 10－10 所示。

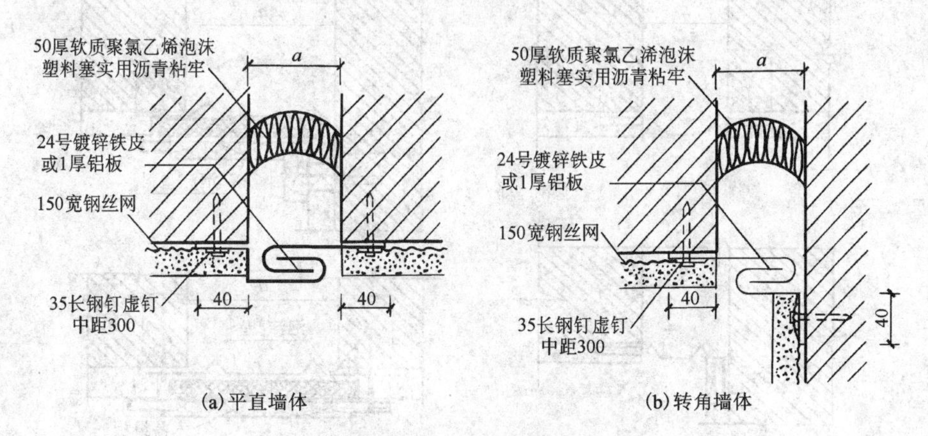

图 10－10 墙体沉降缝

10.2.3 防震缝的构造

1. 防震缝设置原则

处于抗震地区的房屋，应力求建筑体形简单，重量、刚度对称并均匀分布，建筑物的形心和重心尽可能接近，避免在平面和立面上的突然变化。为保证建筑结构的整体性，尽量避免设缝，但有下列情况之一时，必须设置防震缝。

(1)建筑物平面体型复杂，凹角长度过大或突出部分较多，应用防震缝将其分开，使其形成几个简单规整的独立单元；

(2)建筑物立面高差在 6 m 以上，在高差变化处应设缝；

(3)建筑物毗连部分的结构刚度或荷载相差悬殊的应设缝；

(4)建筑物有错层，且楼板错开距离较大，须在变化处设缝。

2. 沉降缝宽度

防震缝的最小宽度与地震设计烈度、房屋的高度有关。一般多层砌体结构建筑的缝宽采用 50～100 mm，对于多层和高层钢筋混凝土结构房屋，其最小宽度应符合下列要求：当高度不超过 15 m 时，缝宽为 70 mm；当高度超过 15 m 时，应按设防烈度及增加高度进行调整，见表 10－5。

表 10－5 防震缝宽度与抗震烈度、建筑高度的增加值对照表

设计烈度	建筑物高度	防震缝宽度
6 度	每增加 5 m	在 70 mm 基础上增加 20 mm
7 度	每增加 4 m	
8 度	每增加 3 m	
9 度	每增加 2 m	

3. 防震缝的构造处理

防震缝应沿建筑物全高设置，一般基础可不断开，但平面复杂或结构需要时也可断开。

由于防震缝的宽度比较大，构造上应注意做好盖缝防护构造处理，以保证其牢固性和适应变形的需要。

防震缝一般与伸缩缝、沉降缝协调布置，做到一缝多用或多缝合一，但当地震区需设置伸缩缝和沉降缝时，须按防震缝构造要求处理，如图 10－11 所示。

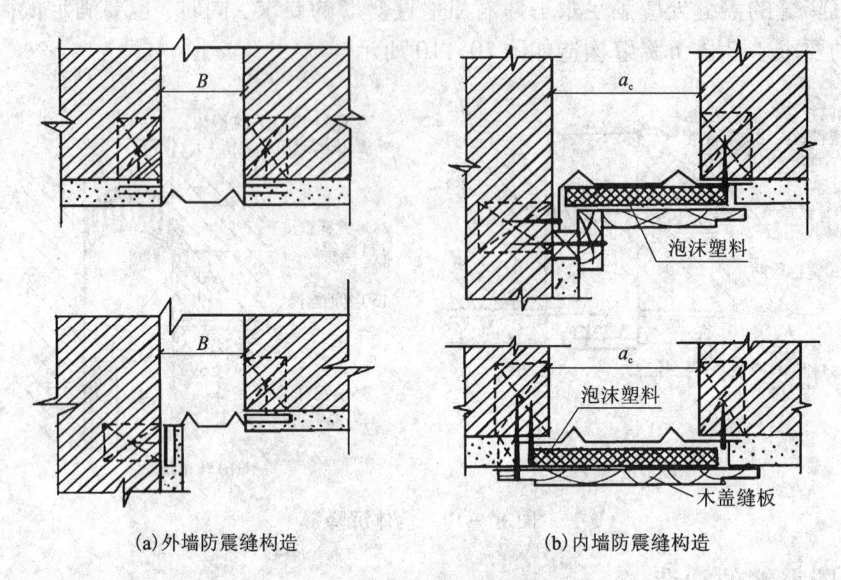

图 10－11　墙身防震缝构造

楼地面和屋面的防震缝构造与伸缩缝、沉降缝三缝在楼地面和屋面的构造处理相同。屋面防震缝构造见图 10－12 所示。

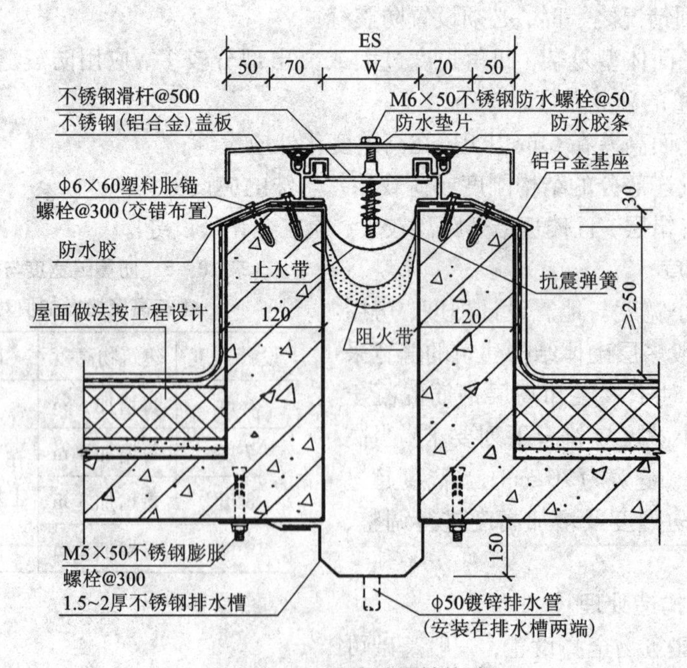

图 10－12　屋面防震缝构造

能力训练

基础知识训练

1. 判断正误

(1)设置变形缝的根本目的是防止地基的不均匀沉降。（　　）

(2)伸缩缝、沉降缝、抗震缝可互相替代。（　　）

(3)沉降缝是由基础顶面断开，并贯穿建筑物全部。（　　）

(4)设防震缝的目的是将房屋分成若干体形简单、结构刚度均匀的独立单元。（　　）

(5)在抗震地区伸缩缝、沉降缝的宽度都必须满足防震缝的宽度要求。（　　）

2. 选择正确答案

(1)关于变形逢的构造做法，下列哪个是不正确的？（　　）

A. 当建筑物的长度或宽度超过一定限度时，要设伸缩缝

B. 在沉降缝处应将基础以上的墙体、楼板全部分开，基础可不分开

C. 当建筑物竖向高度相差悬殊时，应设防震缝

(2)为防止建筑物在外界因素影响下产生变形和开裂导致结构破坏而设计的缝叫（　　）。

A. 分仓缝　　B. 构造缝

C. 变形缝　　D. 通缝

(3)在8度抗震设防区多层钢筋砼框架建筑中，建筑物高度在18 m时，防震缝的缝宽为（　　）。

A. 50 mm　　B. 70 mm　　C. 90 mm　　D. 110 mm

(4)多层砌体结构建筑防震缝缝宽不得小于（　　）。

A. 70 mm　　B. 50 mm　　C. 100 mm　　D. 20 mm

(5)为防止建筑物因温度变化而发生不规则破坏而设的缝为（　　）。

A. 分仓缝　　B. 沉降缝　　C. 抗震缝　　D. 伸缩缝

(6)为防止建筑物因不均匀沉降而导致破坏而设的缝为（　　）。

A. 分仓缝　　B. 沉降缝　　C. 抗震缝　　D. 伸缩缝

(7)抗震设防烈度为（　　）地区应考虑设置防震缝。

A. 6度　　B. 6度以下

C. 7度到9度　　D. 9度以上

(8)关于变形逢的构造做法，下列哪个是不正确的？（　　）

A. 当建筑物的长度或宽度超过一定限度时，要设伸缩缝

B. 在沉降缝处应将基础以上的墙体、楼板全部分开，基础可不分开

C. 当建筑物竖向高度相差悬殊时，应设沉降缝

D. 伸缩缝宽为20～30 mm

(9)防震缝必须使（　　）断开。

A. 基础　　B. 地基

C. 楼板　　D. 门窗

(10)沉降缝的构造做法中要求基础（　　）。

A. 断开　　B. 不断开
C. 可断开也可不断开　　D. 刚性连接

识图能力训练

识读下列图，回答问题：

(1)该图可以作为下列哪几种变形缝的构造图？(　　)

A. 伸缩缝　　B. 沉降缝
C. 防震缝　　D. 分仓缝

(2)图 10－13 中变形缝位于建筑物什么部位？(　　)

A. 外墙　　B. 内墙
C. 屋面　　D. 屋面高低错落处

(3)图 10－14 中变形缝位于建筑物什么部位？(　　)

A. 外墙　　B. 内墙
C. 屋面　　D. 屋面高低错落处

(4)在 6 度抗震设防区一般多层砌体结构建筑的防震缝宽 W 最小取值为(　　)。

A. 50 mm　　B. 60 mm
C. 70 mm　　D. 80 mm

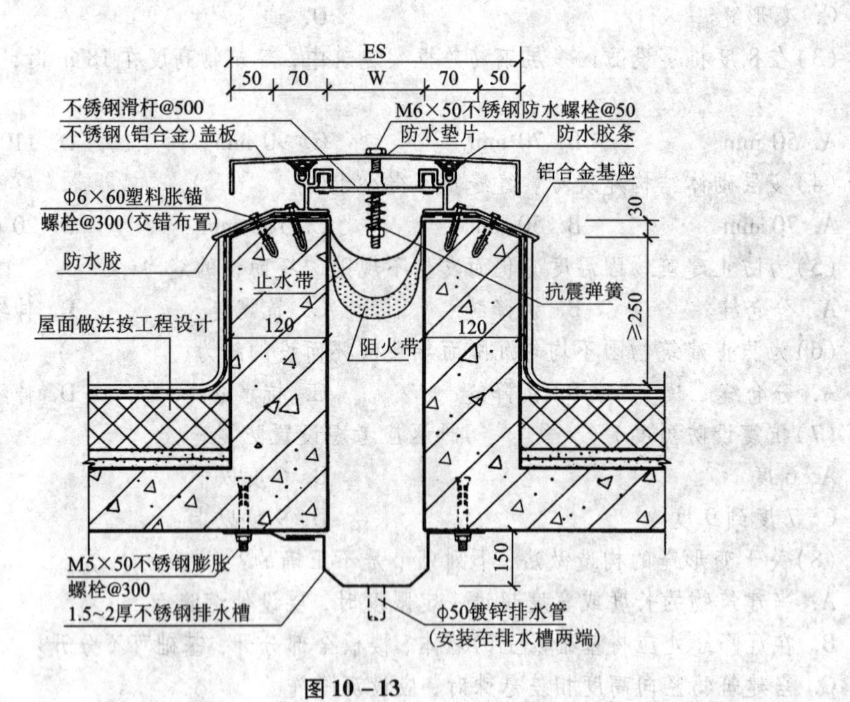

图 10－13

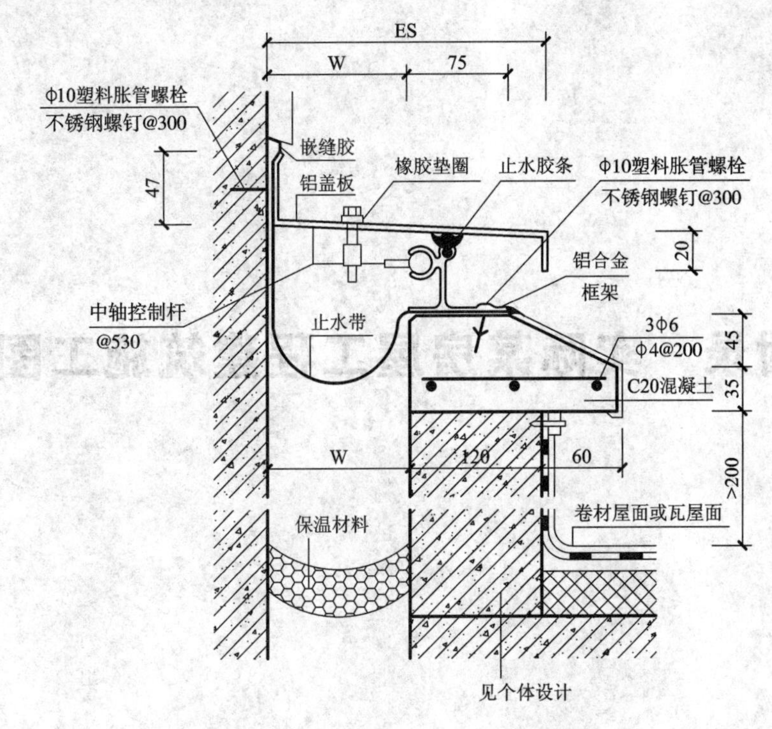

图 10－14

绘图能力训练

图 10－15 为某外墙沉降缝盖缝构造图，找出图中的错误并绘制正确的构造图。

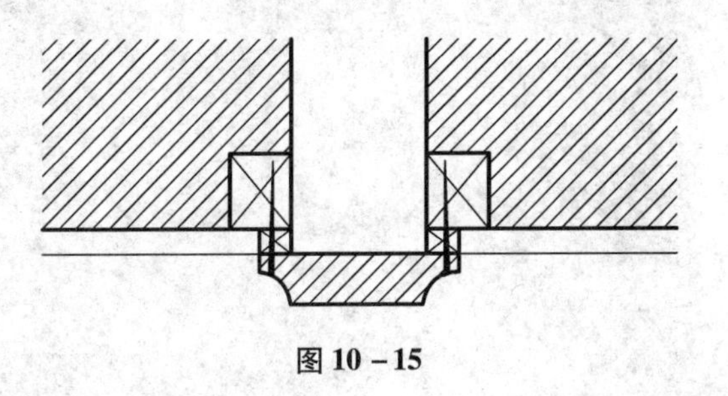

图 10－15

附录　实际某房屋工程建筑施工图

图纸目录

序号	图别图号	图纸内容	图幅	备注
1	首页 00	图纸目录 门窗表 建筑装修做法	A2	
2	建施 01	建筑施工图设计说明	A2	
3	建施 02	总平面图	A2	
4	建施 03	一层平面图	A2	
5	建施 04	二层平面图	A2	
6	建施 05	三层平面图	A2	
7	建施 06	四层平面图	A2	
8	建施 07	五层平面图	A2	
9	建施 08	屋顶平面图	A2	
10	建施 09	①～⑩立面图	A2	
11	建施 10	⑩～①立面图	A2	
12	建施 11	1—1剖面图 Ⓐ～Ⓕ立面图	A2	
13	建施 12	2—2剖面图 Ⓕ～Ⓐ立面图	A2	
14	建施 13	3—3剖面图	A2	
15	建施 14	楼梯平面详图	A2	
16	建施 15	楼梯剖面详图	A2	

门窗表

编号	数量	连框(洞口)尺寸		图集编号	备注
		宽(B)	高(H)		
C-1	68	1800	1800		墨绿色彩钢窗5mm平板白玻，专业制作安装
C-2	10	1500	1800		墨绿色彩钢窗5mm平板白玻，专业制作安装
C-3	10	900	900	98ZJ721	铝合金推拉窗离地1.8m安装
C-4	5	1800	1500		墨绿色彩钢窗5mm平板白玻，离地1.2m安装
M-1	2	1800	3000		彩钢门
M-2	3	1500	2100		防盗门
M-3	50	1000	2100		防盗门
M-4	1	1500	2100		卷闸门
M-5	16	800	2100	98ZJ681	夹板门
M-6	3	按实	3000	88ZJ611	卷闸门
M-7	1	按实	3000	88ZJ611	卷闸门
M-8	1	按实	3000	88ZJ611	卷闸门

建筑装修做法表

分类	图集	编号	名称	使用部位
地面	中南标 05ZJ001	地 1	水泥地面	器械库
		地 24	花岗岩地面	走道，楼梯间地面
		地 54	陶瓷锦砖卫生间地面	卫生间
		地 18	800×800色全瓷砖地面	其他
楼面	中南标 05ZJ001	楼 13	花岗岩楼面	走道，楼梯间楼面
		楼 32	陶瓷锦砖卫生间楼面	卫生间
		楼 10	800×800色全瓷砖楼面	办公室楼面
外墙装修	中南标 05ZJ001	外墙 12	面砖外墙(见立面图)	
内墙装修	中南标 05ZJ001	内墙 4	混合砂浆墙面面层仿瓷3遍	所有房间
墙裙	中南标 05ZJ001	裙 10	200×300面砖墙裙1.8m高	洗手间，卫生间
踢脚	中南标 05ZJ001	踢 29	花岗石踢脚(一)	楼梯间、走道
		踢 17	面砖踢脚	其余所有踢脚
顶棚	中南标 05ZJ001	顶 3	混合砂浆顶棚(面层仿瓷 3遍)	所有房间
屋面	中南标 05ZJ001	屋 6	刚性防水屋面	
散水明暗沟	中南标 98ZJ901	4/5	砖砌散水明沟	

XX设计院		XX农业局		
设计		图纸目录 门窗表 建筑装修做法	图别	首页
绘图			图号	00
审核			日期	

施工图设计总说明

一、施工图设计依据

1. 建设主管单位对初步设计或方案设计的批复。
2. 规划主管单位对初步设计或方案设计的批复。
3. 消防、人防等有关主管部门对初步设计或方案设计的批复。
4. 建设主管单位对初步设计"设计修改意见和确认书"。
5. 经批准的本工程设计任务书，设计合同书(或委托书)，方案设计文件，建设方的意见。
6. 建设单位所提供有关部门划定的用地红线、建筑红线和地质勘测报告等设计基础资料。
7. 本工程初步设计文本和图纸。
8. 现行的国家、省、市有关政策、规范、规定和标准，以及国家有关工程施工及验收规范。
9. 本施工图需经图纸审查中心审查批准后方可用于施工。

二、工程概况

1. 建设地点、设计范围详总平面图
2. 建筑规模：建筑面积：2040.09m²，建筑基底面积：402.15m²
3. 建筑耐久年限：二级(50年)
4. 建筑层数：5层
5. 建筑高度：17.700m
6. 耐火等级为Ⅱ级
7. 屋面防水等级：二级

三、建筑单体图纸一般说明

1. 由建设方首先根据总图中的坐标和标高进行试放线，无误后才能组织施工。如发现不符应及时通知设计方做调整。设计标高：±0.000=76.35m(黄海高程基准)。

2. 本设计不含二次装修，仅提供部分部位基本装修做法，详室内装修表。二次装修设计方案与设计方协商确定后，方可进行实施。施工中共同做好配合与协调工作。

四、建筑构造说明

(一)墙体工程

1. 材料：墙体：粘土多孔砖
   墙厚：除厕所120厚，其余墙体为240厚。
2. 预埋在柱，梁，墙内的管件，预埋件和孔洞均应在浇捣混凝土前和砌筑时就位，建施图中未标注的，施工时应见结施和设备图，并且配合留洞，切勿遗漏。待管道设备安装完毕后，用非燃烧材料将缝隙紧密填塞。
3. 除施工图中注明外，墙体开门处墙垛宽均为120。

(二)墙体防水工程

1. 有防水、防潮要求的墙面应使用水泥砂浆或水泥混合砂浆底灰。水泥砂浆层不得做在石灰砂浆层上。
2. 墙身防潮层：砖砌墙水平防潮层应设置在室外地面以上，室内地面以下60mm处，室内相邻地面有高差时，应在高差处墙身的侧面加设防潮层，做法为20厚1∶2水泥砂浆内加5%防水剂，墙身(兼挡土墙)防潮层做法详98ZJ311 3/36页。
3. 卫生间墙根部应做C15现浇混凝土，高度为120mm的条带。直接被淋水的墙面，应做墙面防水砂浆隔离层，详国标03J930-1 22/76页。大便槽、蹲位与墙根部和地面交接处防潮层做法详98ZJ512 3/20页。

(三)楼地面防水工程

1. 凡设有地漏房间建筑地面就应做防水隔离层，地楼面应低于相邻房间大于20mm，均在地漏周围1m范围内做1%~2%坡度坡向地漏；有大量排水要求建筑地面的应设排水沟和集水坑；本地多雨潮湿其无地下室的底层地面应做防潮处理。结构板面设计标高应按照地楼面选用材料构造厚度作相应调整。卫生间、厨房下沉楼板防水做法详右图二。
2. 根据需要地面增设混凝土防潮层，做法详98ZJ001 地55/12页。
3. 首层地面现浇混凝土设垫层伸缩缝：器械库地面面积较大垫层应设置纵横缩缝。其中纵向缝采用平头缝，缝宽20mm，缝距3~6m，横向缝宜用假缝，缝宽5~20mm，缝距3~6m，缝深30mm，缝内填1∶3水泥砂浆。

(四)屋面防水工程

1. 屋面为钢筋混凝土平屋面，采用二级防水，结构找坡或保温层找坡，做法详05ZJ001屋9，卷材防水、保温、上人屋面。屋面(含天沟、檐沟)找平层的排水坡度，必须符合设计要求。
2. 屋面的找平层、刚性防水层应设分格缝：缝宽20mm，做法详05ZJ201 1、3/27页。
3. 女儿墙，高低跨及管井出屋面等处均设泛水，泛水高度未注明者为350，做法参照05ZJ201 1、2/21页。
4. 砖砌女儿墙构造柱、压顶板详见结施图，女儿墙与框架梁柱相接处，应增设钢丝网抹灰，防止表面开裂。
5. 内排水雨水管见水施图，外排水雨水管、雨水斗：为$D=110$白色硬质PVC雨水管(单个雨水斗汇水面积雨水斗及配件选用200m²)，配套成品，参照 05ZJ201 2/32页。
6. 伸出屋面的排气管道防水，参05ZJ201 1/15页。

(五)门窗工程

1. 本工程位置，基本风压0.35 kN/m²，建筑外窗物理性能三项指标(抗风压性能、气密性能、水密性能)要求按新标准"铝合金窗GB/T8479—2003"、"PVC塑料窗(JC/T3018—94)"执行。门窗尺寸及材质详见门窗表。
2. 建施图中所注门窗尺寸均为洞口尺寸，要求先在施工现场复核实际洞口尺寸，并按饰面材料缝隙尺寸不同，调整窗构造尺寸，放样无误后才可制作安装。门窗图门中只表示门窗分樘开启方式及尺寸，框料系列，玻璃厚度和颜色。
3. 木门窗立樘定位均立里，所有木内门均做夹板门套，油漆做法，详05ZJ001涂5/88页。

(六)幕墙工程

1. 玻璃幕墙，金属与石材幕墙的设计、制作和安装应符合《玻璃幕墙工程技术规范》GJ102—96和《金属与石材幕墙工程技术规范》JGJ33—2001 J113—2001的要求。应选择有相应设计、生产、施工资质的幕墙设计单位负责具体设计，并向建筑设计单位提供预埋件的设置要求。
2. 靠近幕墙的首层地面处宜设置绿化带，防止行人靠近幕墙；对使用中容易受到撞击的部位，应设置明显的警示标志。
3. 幕墙应有自身的防雷体系与主体结构防雷体系相连接。

(七)楼梯间栏杆 窗台栏杆 窗台板工程

1. 楼梯间采用钢筋楼梯栏杆，扶手采用榉木木扶手，做法参照05ZJ401 1、2W/5页，9/28页。
2. 当楼面窗台低于0.9m时，不论窗扇开启如何，均应增设防护栏杆，或在窗下部设置相当于栏杆高度，其厚度不小于6.38mm夹层玻璃的固定窗作防护措施。详 05ZJ401 2G/26页。

五、室外装修工程

1. 外墙装修详见立面图，所选用的各种石材、面砖、铝材、涂料等材料，除有出厂合格证和检测报告外，实际材料到货后，须抽样送检，检测合格后才能使用。装饰面均由施工单位提供样板，由设计和建设单位确认后进行封样，并据此验收。
2. 内外墙和墙裙饰面对基层抹灰施工要点详建筑装饰工程施工及验收规范(JGJ73—91)和选用标准图有关说明。
3. 凡窗顶线、外窗台、窗套、雨蓬、飘板、屋檐口、空调器安装搁板等均应做泛水坡度、滴水线或滴水槽，做法详98ZJ901 20~27页。
4. 室外台阶、踏步、散水、坡道、花池、雨蓬泛水、墙身节点和变形缝等做法详图中标注。

六、其他工程

1. 卫生间排气道均选用成品排气道
2. 配电箱：所有配电箱均暗装，位置及尺寸详见电气图，施工时与电气专业配合留洞。
3. 铁制构配件和木件：铁件外露部分先除锈，红丹打底，在刷二遍防锈漆。而所有露明木件均需做防火处理。
4. 本说明未尽事宜，须严格按照国家"建筑施工安装工程验收规范"执行.本施工图未经本设计单位和设计人员的同意不得擅自修改。

××设计院		××农业局		
设计		建筑施工图设计总说明	图别	建施
绘图			图号	01
审核			日期	

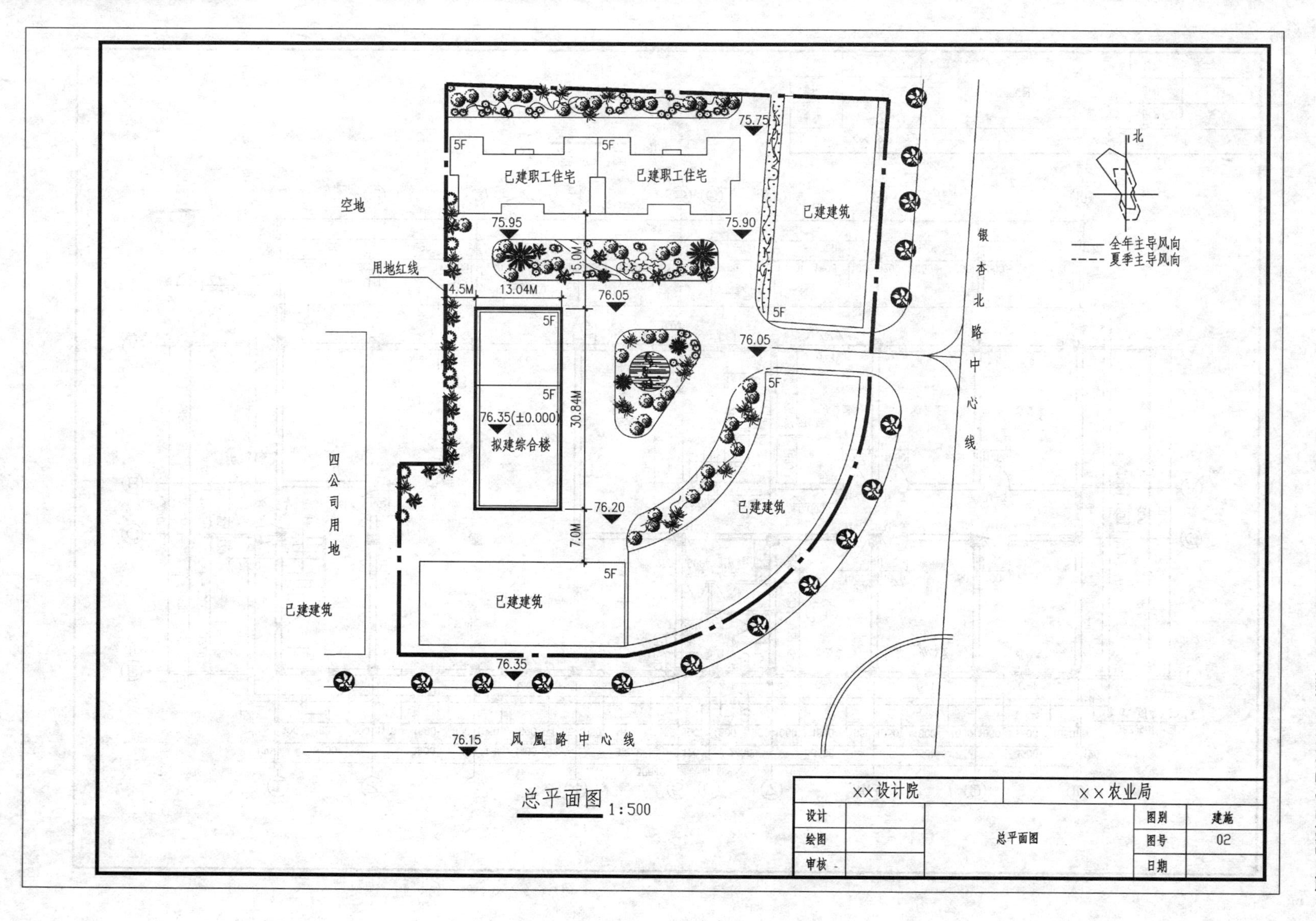
北
全年主导风向
夏季主导风向
已建职工住宅
已建职工住宅
已建建筑
空地
用地红线
四公司用地
拟建综合楼
76.35(±0.000)
已建建筑
已建建筑
已建建筑
银杏北路中心线
凤凰路中心线
5F
75.75
75.95
75.90
76.05
76.05
76.20
76.35
76.15
4.5M
13.04M
15.0M
30.84M
7.0M
总平面图 1:500
××设计院
××农业局
设计
绘图
审核
总平面图
图别 建施
图号 02
日期

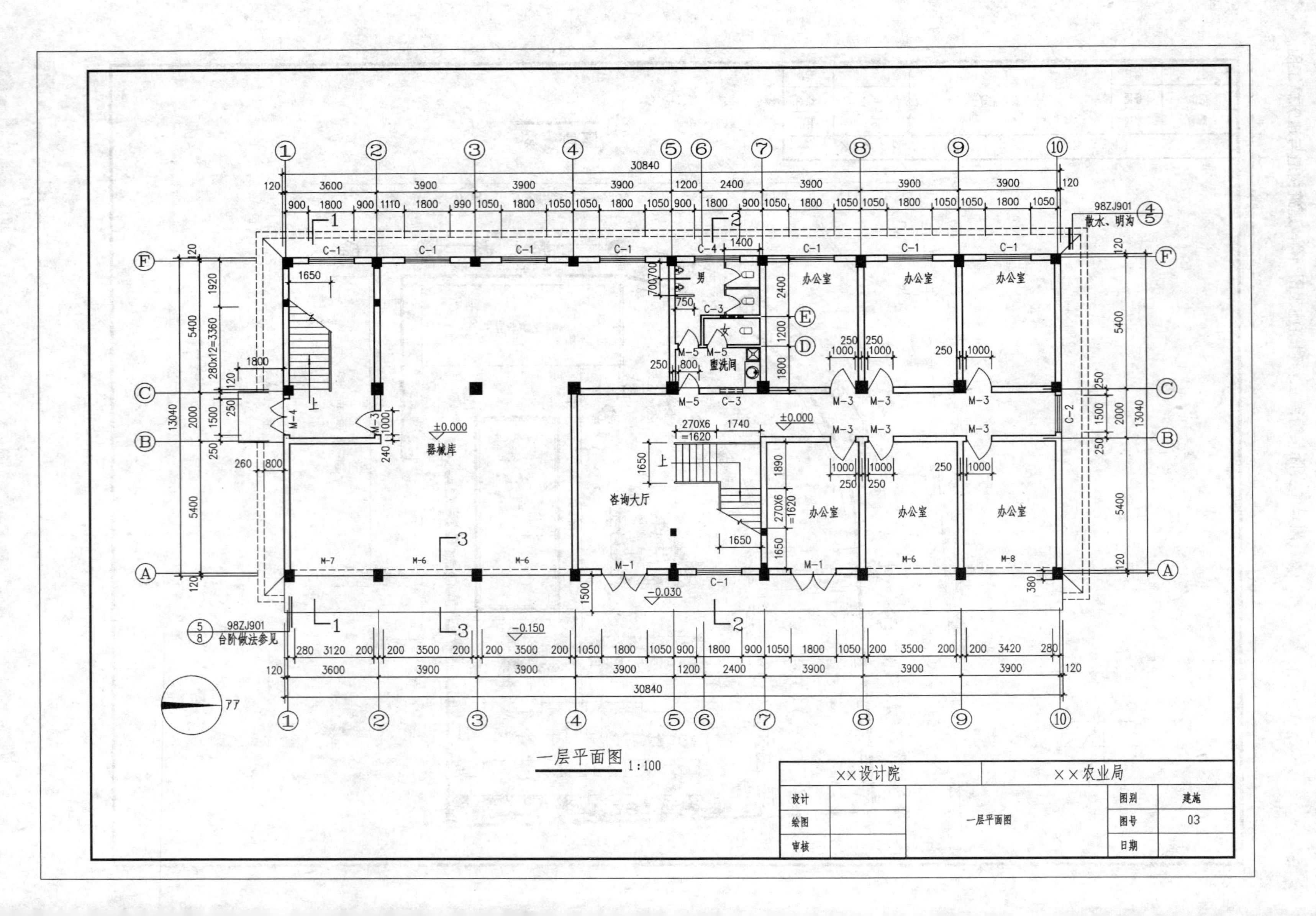
办公室
咨询大厅
器械库
男
女
盥洗间
±0.000
-0.030
-0.150
98ZJ901
散水、明沟
台阶做法参见
30840
13040
一层平面图 1:100
XX设计院
XX农业局
设计
绘图
审核
一层平面图
图别
建施
图号
03
日期

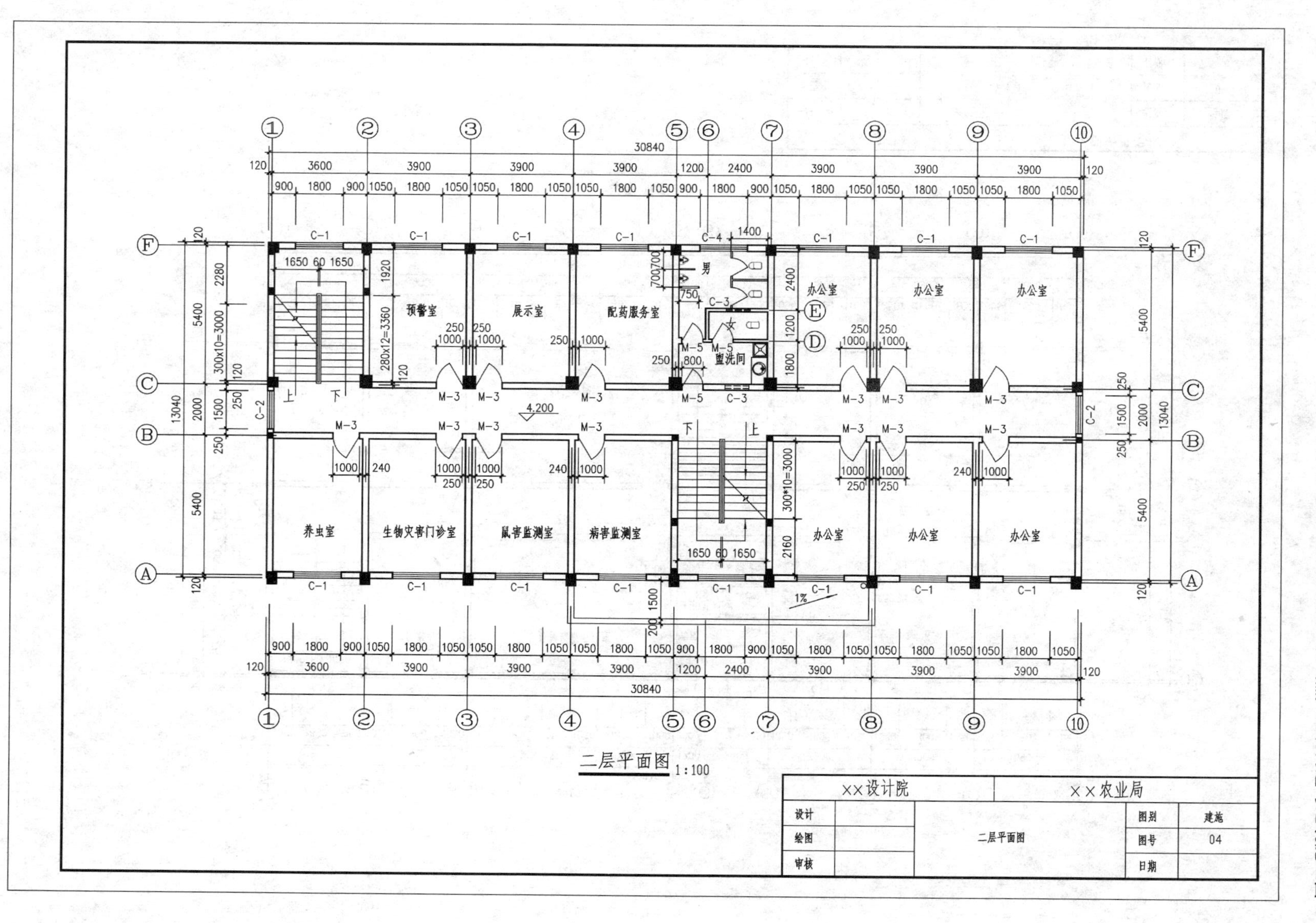
二层平面图 1:100
XX设计院
XX农业局
设计
绘图
审核
二层平面图
图别 建施
图号 04
日期
预警室
展示室
配药服务室
男
女
盥洗间
办公室
养虫室
生物灾害门诊室
鼠害监测室
病害监测室
4.200

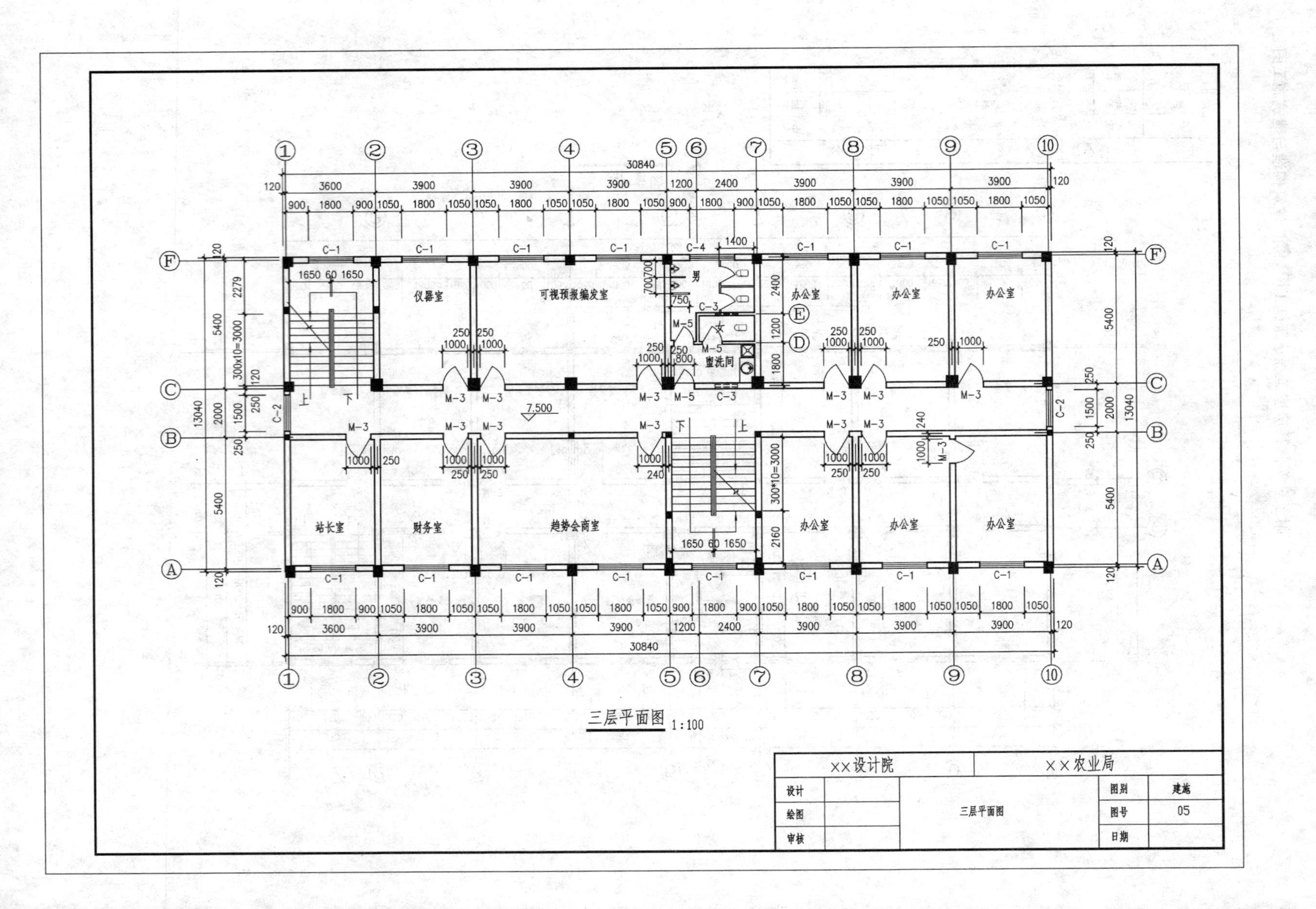
仪器室
可视预报编发室
男
女
盥洗间
办公室
办公室
办公室
站长室
财务室
趋势会商室
办公室
办公室
办公室
7.500
三层平面图 1:100
XX设计院
XX农业局
设计
绘图
审核
三层平面图
图别 建施
图号 05
日期

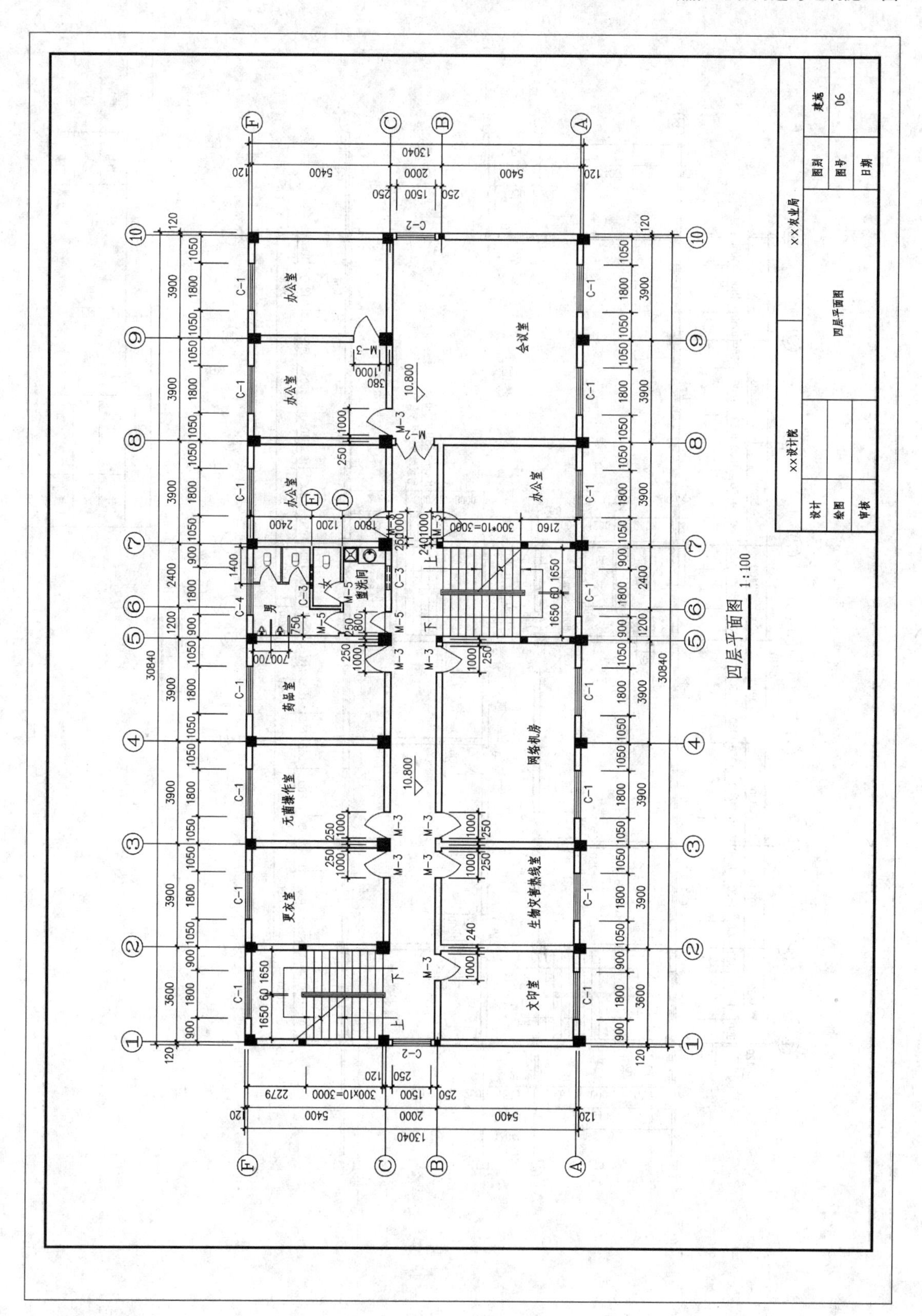

四层平面图 1:100
办公室
会议室
办公室
办公室
办公室
男
女
盥洗间
药品室
无菌操作室
更衣室
网络机房
生物灾害热线室
文印室
××设计院
××农业局
四层平面图
设计
绘图
审核
图别
建施
图号
06
日期

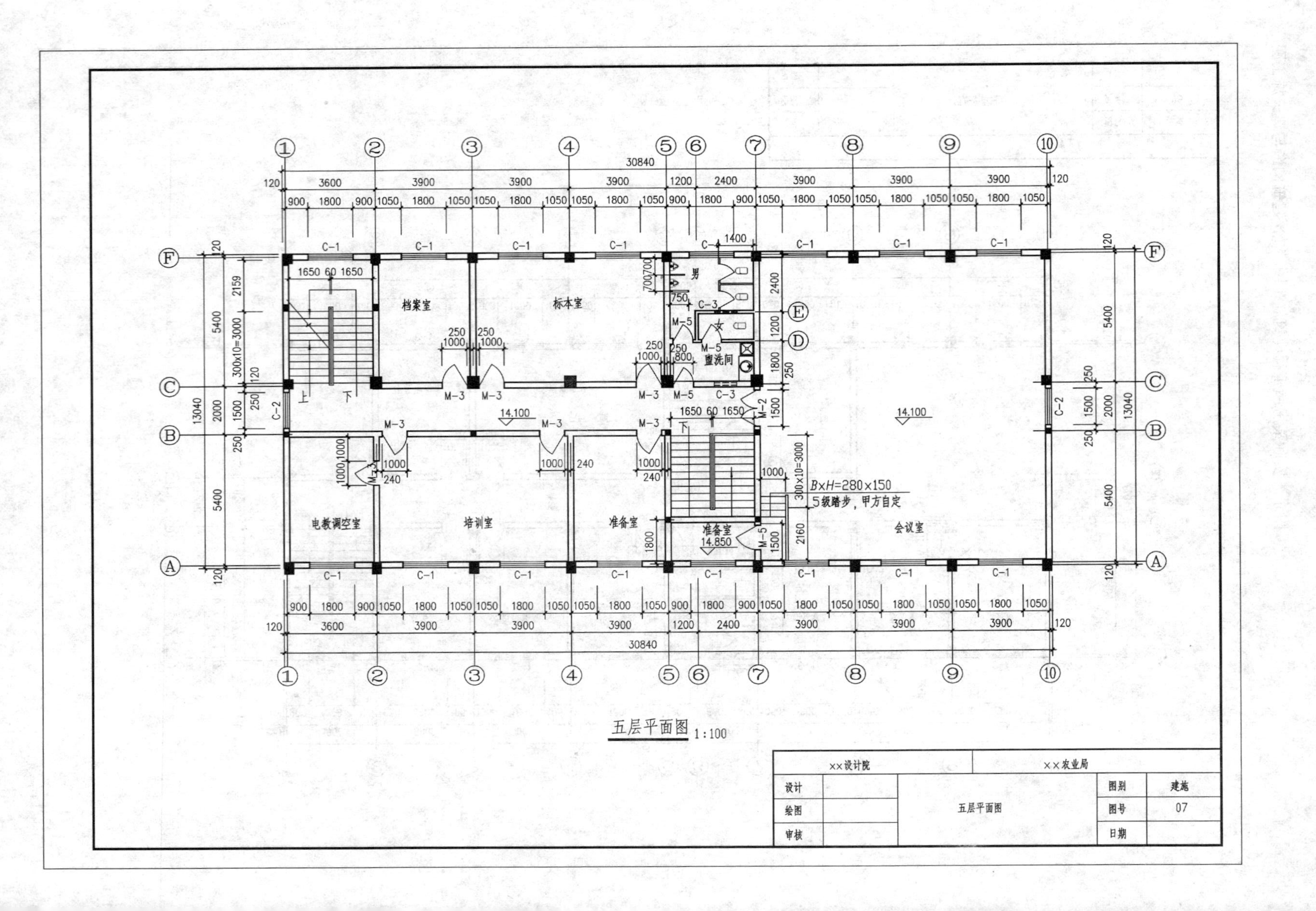
档案室
标本室
男
女
盥洗间
14.100
电教调空室
培训室
准备室
准备室
14.850
B×H=280×150
5级踏步，甲方自定
会议室
五层平面图 1:100
××设计院
××农业局
设计
绘图
审核
五层平面图
图别
建施
图号
07
日期

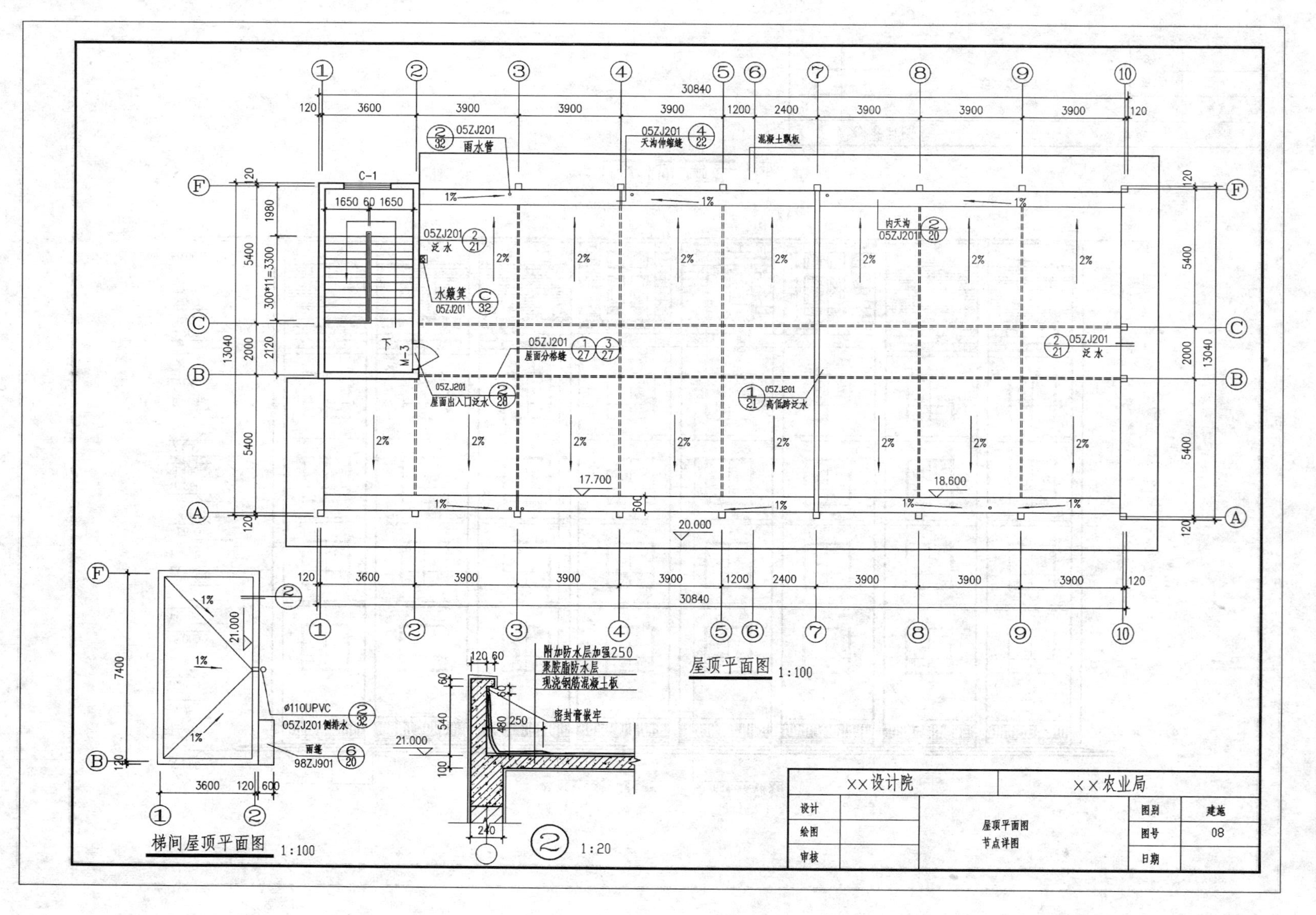
屋顶平面图 1:100
梯间屋顶平面图 1:100
② 1:20
05ZJ201 雨水管
05ZJ201 天沟伸缩缝
混凝土飘板
05ZJ201 泛水
水篦箕 05ZJ201
05ZJ201 屋面分格缝
05ZJ201 屋面出入口泛水
05ZJ201 高低跨泛水
内天沟 05ZJ201
ø110UPVC
05ZJ201 侧排水
雨篷 98ZJ901
附加防水层加强250
聚胺脂防水层
现浇钢筋混凝土板
密封膏嵌牢
XX设计院
XX农业局
设计
绘图
审核
屋顶平面图
节点详图
图别 建施
图号 08
日期

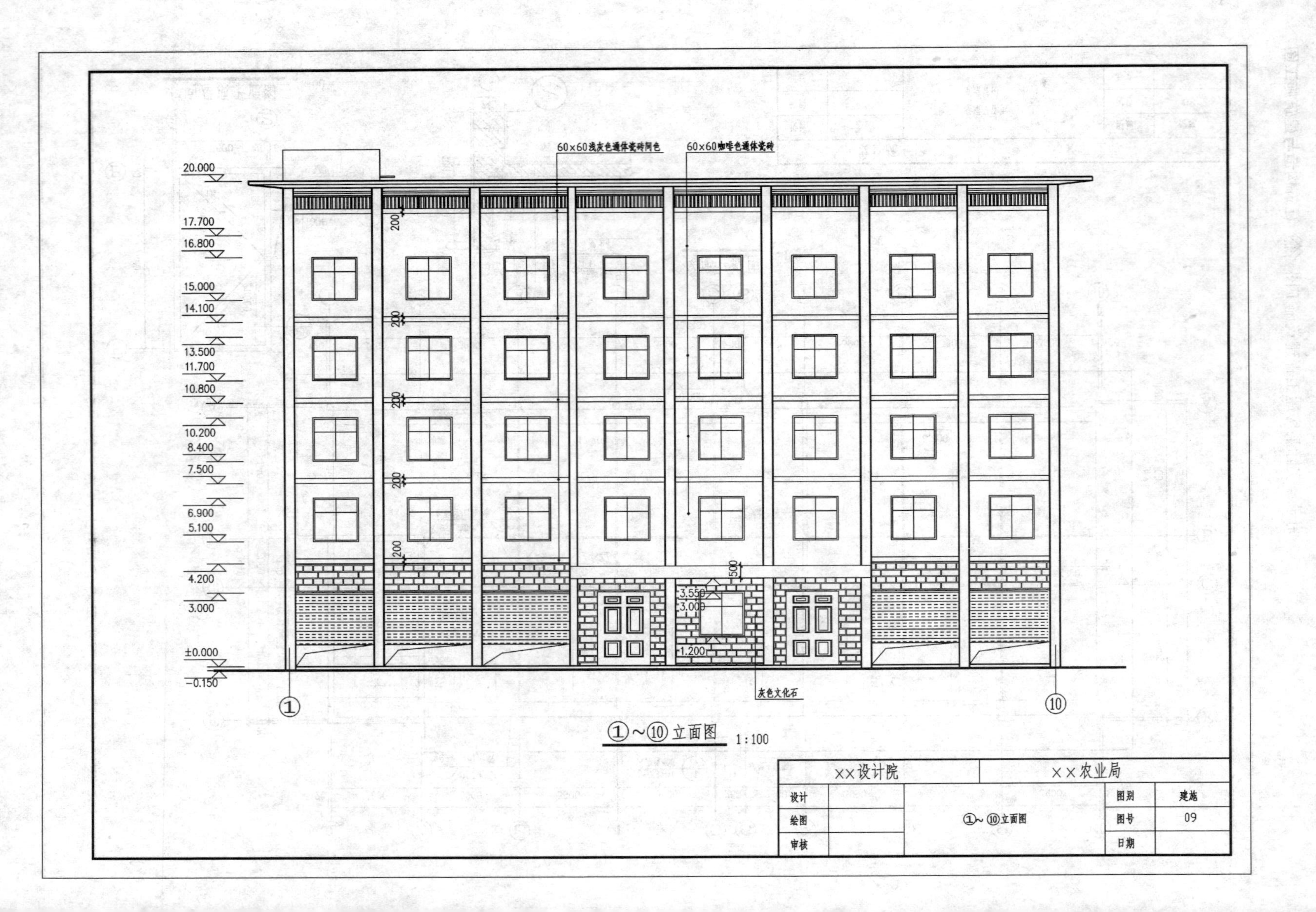
60×60浅灰色通体瓷砖同色
60×60咖啡色通体瓷砖
20.000
17.700
16.800
15.000
14.100
13.500
11.700
10.800
10.200
8.400
7.500
6.900
5.100
4.200
3.000
±0.000
−0.150
200
500
3.550
3.000
1.200
灰色文化石
①
⑩
①~⑩立面图 1:100
XX设计院
XX农业局
设计
绘图
审核
①~⑩立面图
图别
建施
图号
09
日期

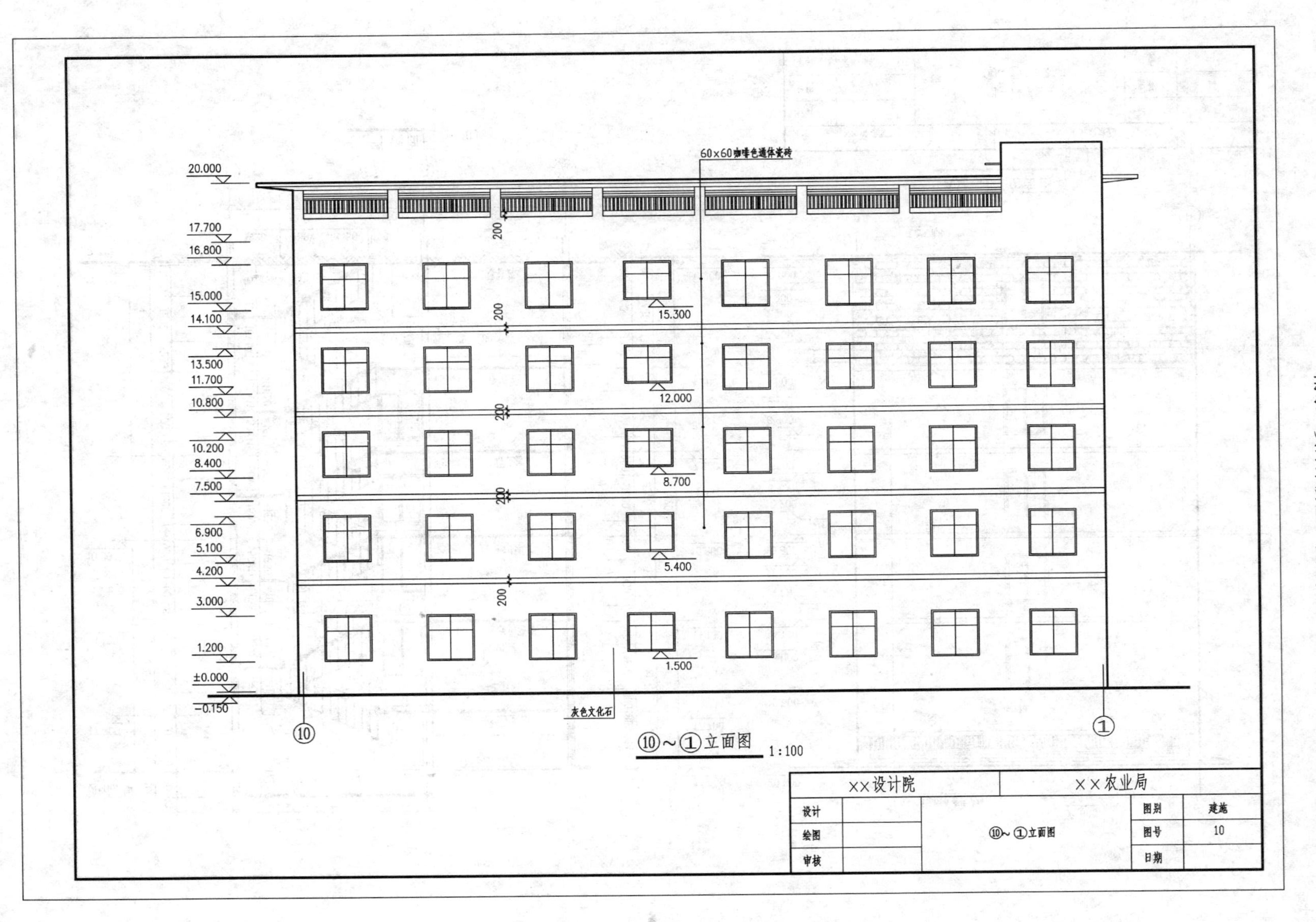
60×60咖啡色通体瓷砖
20.000
17.700
16.800
15.000
14.100
13.500
11.700
10.800
10.200
8.400
7.500
6.900
5.100
4.200
3.000
1.200
±0.000
-0.150
15.300
12.000
8.700
5.400
1.500
200
灰色文化石
⑩
①
⑩~①立面图 1:100
XX设计院
XX农业局
设计
绘图
审核
⑩~①立面图
图别 建施
图号 10
日期

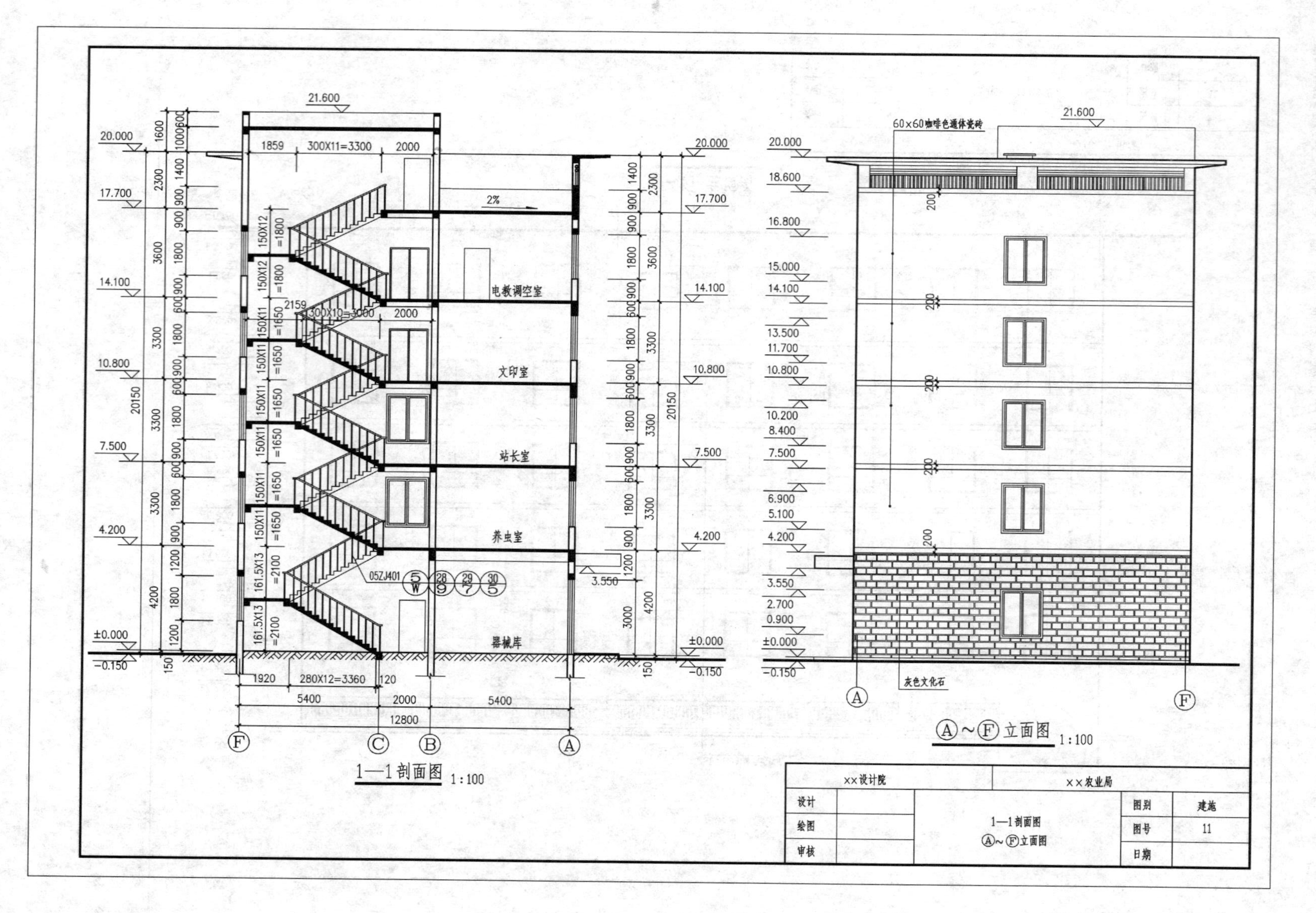
21.600
20.000
17.700
14.100
10.800
7.500
4.200
±0.000
−0.150
1859
300X11=3300
2000
2%
150X12
=1800
2159
300X10=3000
150X11
=1650
161.5X13
=2100
05ZJ401
电教调空室
文印室
站长室
养虫室
器械库
3.550
1920
280X12=3360
120
5400
12800
20150
60×60咖啡色通体瓷砖
18.600
16.800
15.000
13.500
11.700
10.200
8.400
6.900
5.100
2.700
0.900
200
灰色文化石
1—1剖面图 1:100
Ⓐ～Ⓕ立面图 1:100
××设计院
××农业局
设计
绘图
审核
1—1剖面图
Ⓐ～Ⓕ立面图
图别
建施
图号
11
日期

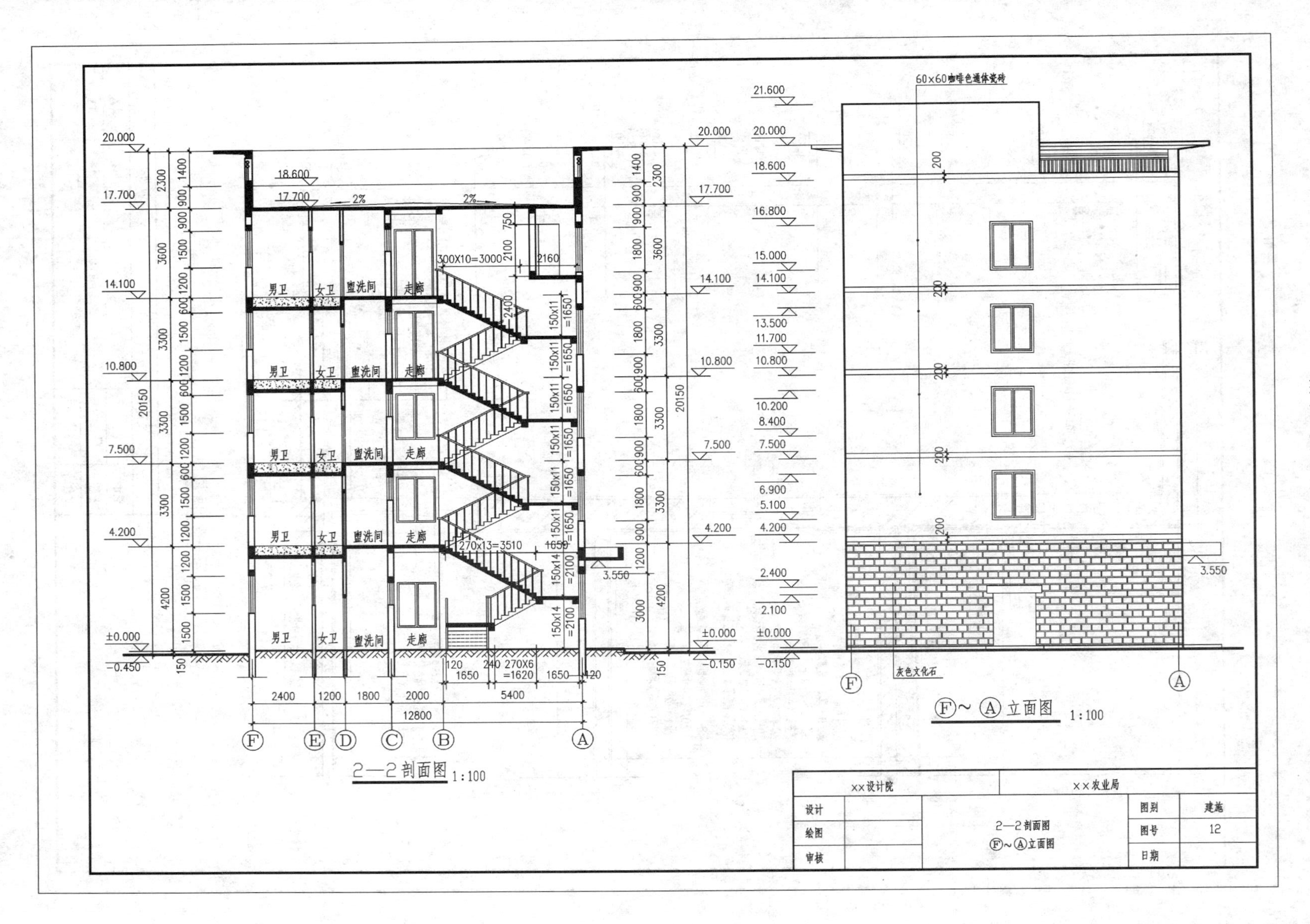
2—2剖面图 1:100
Ⓕ~Ⓐ立面图 1:100
60×60咖啡色通体瓷砖
灰色文化石
男卫
女卫
盥洗间
走廊
300X10=3000
270X13=3510
××设计院
××农业局
设计
绘图
审核
2—2剖面图
Ⓕ~Ⓐ立面图
图别
建施
图号
12
日期

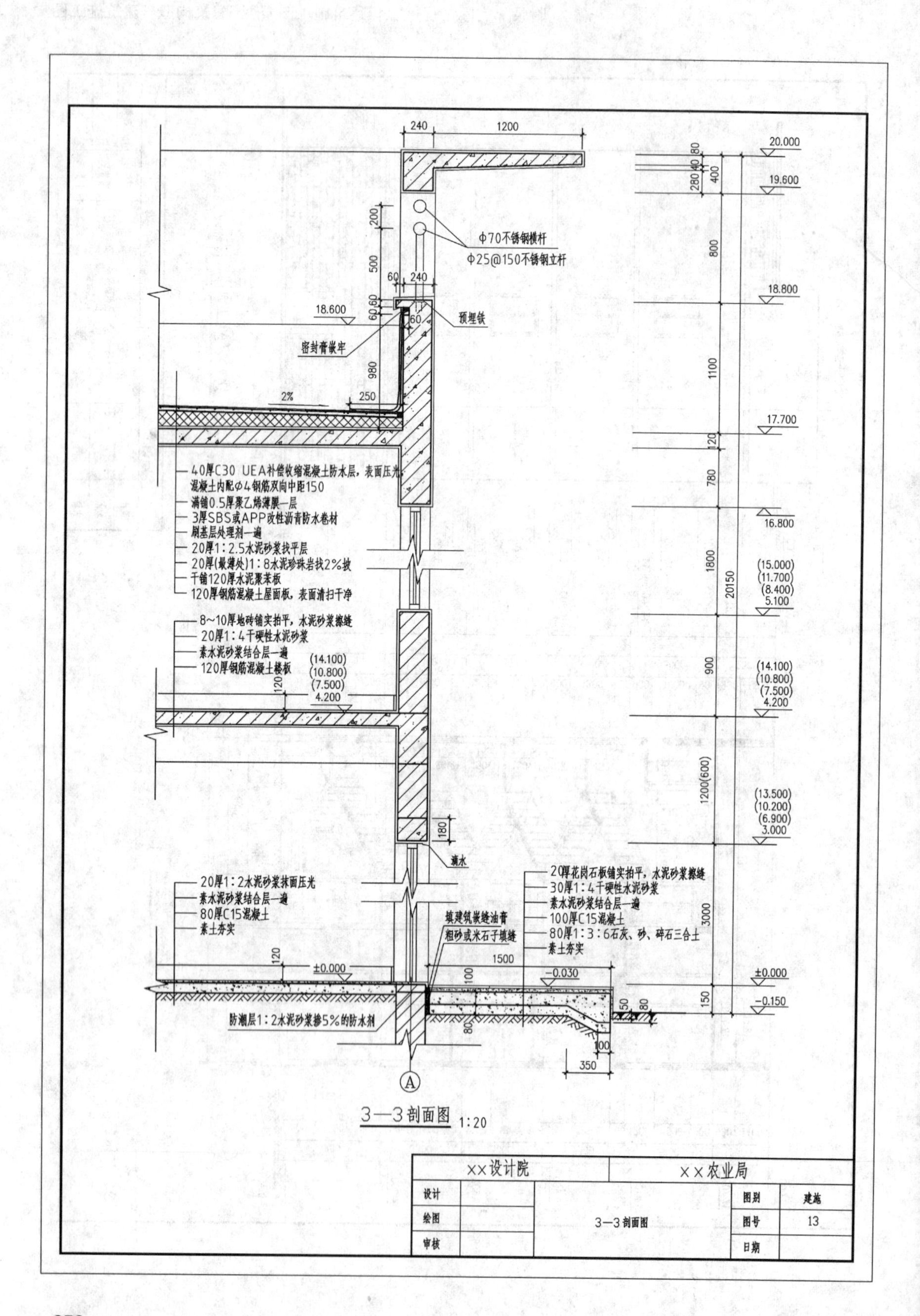

3—3剖面图 1:20

××设计院		××农业局		
设计		3—3剖面图	图别	建施
绘图			图号	13
审核			日期	

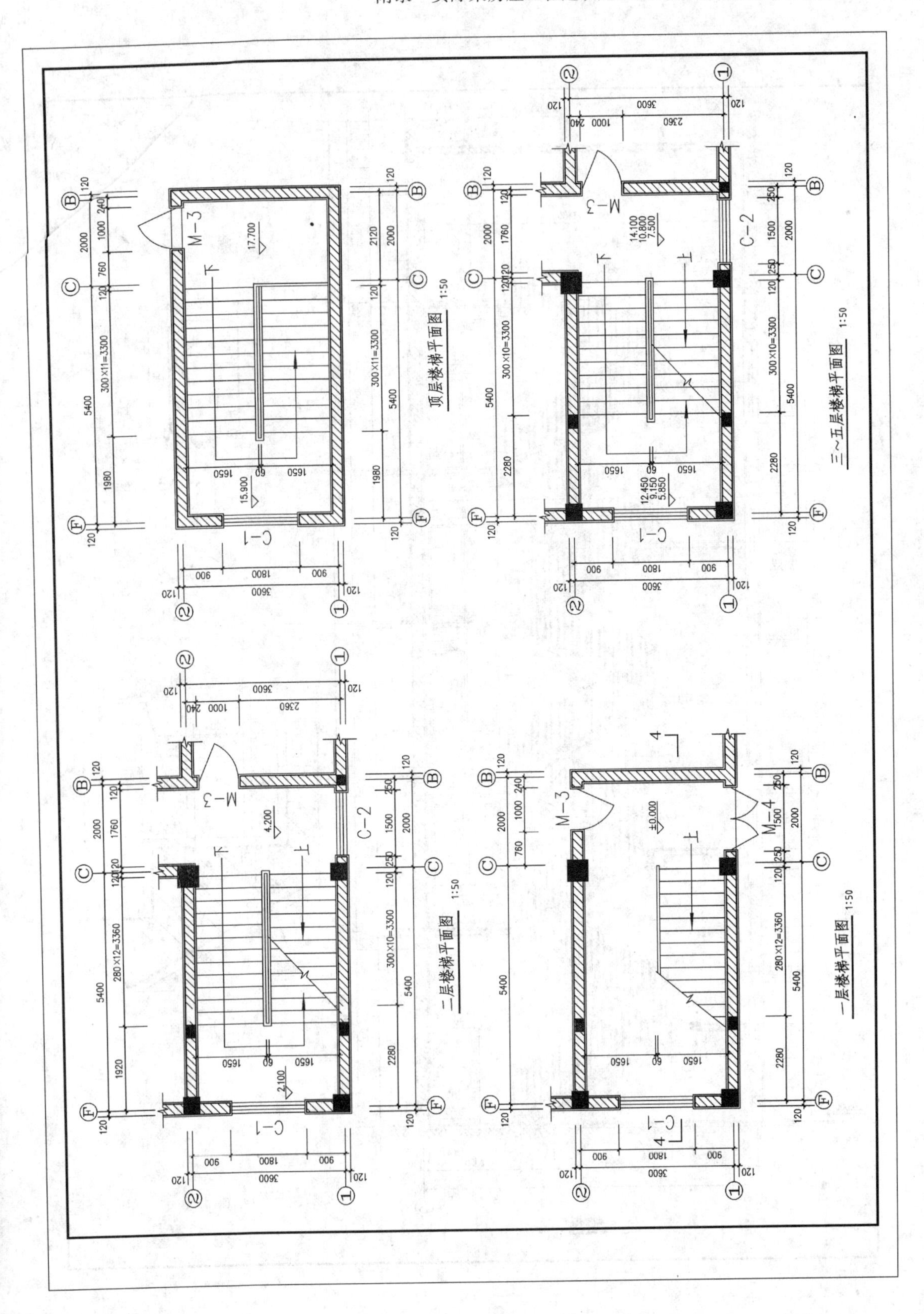
顶层楼梯平面图 1:50
三～五层楼梯平面图 1:50
二层楼梯平面图 1:50
一层楼梯平面图 1:50
M-3
M-4
C-1
C-2
17.700
15.900
14.100
10.800
7.500
12.450
9.150
5.850
4.200
2.100
±0.000
300×11=3300
300×10=3300
280×12=3360
5400
3600

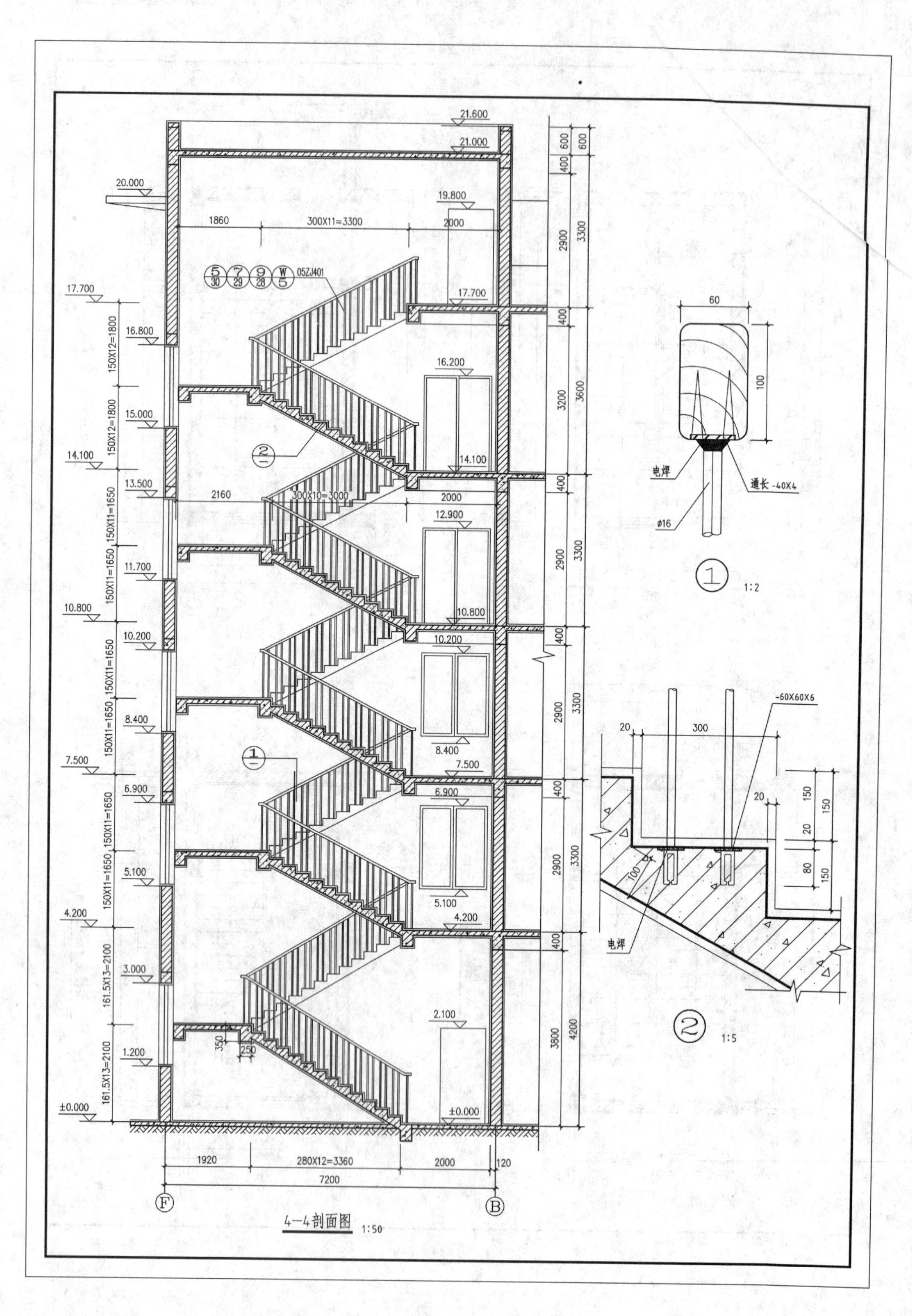
4-4剖面图 1:50
05ZJ401
电焊
通长 -40X4
ø16
1:2
-60X60X6
电焊
1:5

参考文献

[1] 刘小聪. 建筑构造与识图. 长沙：中南大学出版社，2015
[2] 刘小聪. 建筑构造与识图实训. 长沙：中南大学出版社，2015
[3] 尚久明. 建筑识图与房屋构造(第2版). 北京：电子工业出版社，2010
[4] 白丽红. 建筑识图与构造. 北京：机械工业出版社，2009
[5] 刘景秀，徐第，李帼. 建筑识图一日通. 北京：时代传播音像出版社，机械工业出版社，2008
[6] 赵研. 建筑识图与构造. 北京：中国建筑工业出版社，2004
[7] 李必瑜. 建筑材料与构造(第7版). 北京：中国建筑工业出版社，2011
[8] 舒秋华. 房屋建筑学(第2版). 武汉：武汉理工大学出版社，2002
[9] 张艳芳. 建筑构造与识图. 北京：人民交通出版社，2009
[10] 孙玉红. 房屋建筑构造(第2版). 北京：机械工业出版社，2011
[11] 中华人民共和国住房和城乡建设部. 房屋建筑制图统一标准(GB/T 50001—2010). 北京：中国计划出版社，2011
[12] 中华人民共和国住房和城乡建设部. 建筑制图统一标准(GB/T 50104—2010). 北京：中国计划出版社，2011
[13] 中华人民共和国住房和城乡建设部. 总图制图标准(GB/T 50103—2010). 北京：中国计划出版社，2011
[14] 建筑地基基础设计规范(GB 5007—2002). 北京：中国建筑工业出版社，2002
[15] 建筑抗震设计规范(GB 50011—2010). 北京：中国建筑工业出版社，2010
[16] 民用建筑设计通则(GB 50352—2005). 北京：中国建筑工业出版社，2005
[17] 建筑设计资料集. 北京：中国建筑工业出版社，1996
[18] 中南地区工程建设标准设计办公室. 建筑图集. 北京：中国建筑工业出版社，2011

图书在版编目(CIP)数据

建筑构造与建筑施工图 / 魏秀瑛,李龙主编.
—长沙: 中南大学出版社, 2013.9(2021.1 重印)

ISBN 978-7-5487-0800-1

Ⅰ.建… Ⅱ.①魏…②李… Ⅲ.①建筑制图—识别—高等职业教育—教材②建筑构造—高等职业教育—教材 Ⅳ.TU2

中国版本图书馆 CIP 数据核字(2013)第 020855 号

建筑构造与建筑施工图

(第 2 版)

魏秀瑛 李 龙 主编

□责任编辑 周兴武
□责任印制 周 颖
□出版发行 中南大学出版社
社址: 长沙市麓山南路 邮编: 410083
发行科电话: 0731-88876770 传真: 0731-88710482
□印 装 长沙德三印刷有限公司

□开 本 787 mm×1092 mm 1/16 □印张 17 □字数 429 千字
□版 次 2016 年 1 月第 2 版 □2021 年 1 月第 2 次印刷
□书 号 ISBN 978-7-5487-0800-1
□定 价 38.00 元

图书出现印装问题, 请与经销商调换